梁启超美学思想研究

金雅 著

南京大学出版社

图书在版编目(CIP)数据

梁启超美学思想研究 / 金雅著. — 南京：南京大学出版社，2022.11
ISBN 978-7-305-25920-3

Ⅰ.①梁… Ⅱ.①金… Ⅲ.①梁启超(1873—1929)-美学思想-研究 Ⅳ.①B83-092

中国版本图书馆CIP数据核字(2022)第125499号

出版发行	南京大学出版社
社　　址	南京市汉口路22号　　邮　编　210093
出 版 人	金鑫荣
书　　名	**梁启超美学思想研究**
著　　者	金　雅
责任编辑	郭艳娟
照　　排	南京南琳图文制作有限公司
印　　刷	南京京新印刷有限公司
开　　本	635×965　1/16　印张 26.75　字数 360千
版　　次	2022年11月第1版　2022年11月第1次印刷
ISBN	978-7-305-25920-3
定　　价	88.00元
网　　址	http://www.njupco.com
官方微博	http://weibo.com/njupco
官方微信	njupress
销售热线	(025) 83594756

* 版权所有，侵权必究

* 凡购买南大版图书，如有印装质量问题，请与所购图书销售部门联系调换

目 录

- 001　引　言

第一章　梁启超美学思想的逻辑脉络
- 013　第一节　乡人·国人·世界人:梁启超生平与思想轨迹
- 025　第二节　开放新构与学用相谐:梁启超的文化方法论与学术个性
- 042　第三节　变而非变:梁启超美学思想发展分期与演化
- 057　第四节　不有之为:梁启超美学思想渊源与潜在逻辑

第二章　梁启超美学思想的四大范畴
- 078　第一节　"趣味"与美之本体
- 094　第二节　"情感"与美之创造
- 111　第三节　"力"、"移人"与美之功能

第三章　梁启超的文艺思想和艺术美论
- 126　第一节　"三界革命"与文学审美意识的更新
- 144　第二节　"三大作家批评"与艺术情感、个性审美
- 154　第三节　崇高审美与艺术开新
- 173　第四节　女性意识与女性文学审美

第四章 梁启超与中国现代美学精神

187　第四章　梁启超与中国现代美学精神
188　　第一节　"趣味"与"境界":梁启超与王国维
208　　第二节　"趣味"与"情趣":梁启超与朱光潜
230　　第三节　"趣味"与"情调":梁启超与宗白华

247　第五章　梁启超美学思想的价值与启迪
247　　第一节　梁启超美学思想研究中的三个问题
267　　第二节　梁启超美学思想的理论贡献与局限
288　　第三节　梁启超美学思想的当代启思

305　主要参考文献

309　附录一　梁启超美学思想及相关研究主要论著简目

357　附录二　梁启超美学文化言论辑录

407　附录三　初版序一/钱中文

410　附录四　初版序二/王元骧

415　附录五　初版序三/聂振斌

418　附录六　初版后记

422　跋

引 言

梁启超(1873—1929)是十九、二十世纪之交中国近现代史上一个极富个性、激情飞扬、才华出众、兴趣广泛的传奇人物;也是一个以天下为己任、与忧患共此生的入世志士。[1]梁启超进入世人的视野,首推其作为戊戌变法的领袖之一,在中国近代政治史上的重要影响。但是,另一方面,作为十九、二十世纪之交的精神宗师与文化巨匠之一,作为中西古今文化大撞击大交融时代中华民族文化由古典向现代转型的重要推进者与奠基人之一,作为一个政治家型的思想家和思想家型的学者,梁启超对于中国近现代思想文化的发展演化亦做出了不容忽视的突出贡献,具有重要的深刻影响。而且,随着时间的推移,随着新的世纪的来临,随着民族新文化建设的伟大工程向着纵深的拓进,梁启超在中华现代新文化的初创期融通中西、传承古今而努力创成新说的独特意义正越来越为世人所瞩目。

自鸦片战争始,救亡图存的严峻社会主题,中西撞击的基本文化环境,中国传统文化日趋泥滞缺失生气的现实,使得中国思想界的一批时俊不约而同地把自己的目光投向了民族命运之复兴和民族文化之新变相统一的历史性课题中。执着地为建设一个新的富有生命力的民族新文化而论争、探索、开拓,是中国近现代民族文化的主要价值走向。在这样一个特定的时代,对于异族文化从消极抵触到被动接纳到主动对话,对于民族文化从盲目自大到否定自卑到自立自强,不仅仅是中华民族文化新生的一段历史之旅,也是几代民族精英艰难前行的思想之旅。在这个呼唤激情与责任、呼唤热血与睿智的民族性思想文化旅程中,梁启超正是其中的"论著遍传九州,声名远腾四裔"[2]的承前启后、开创风气之人。从十九世纪末到二十世纪二十年代,梁启超为我们留下了1400余万字的宏富著述,内容涉及了政治、哲学、史学、经学、美学、文学、教育、经济、法律、新闻、宗教、考古学、金石学、文献学以及地理、算学等诸多领域。他具有开阔的文化视阈,是近代较早自觉而积极地大范围吸纳呼应"西学"的思想先驱之一;他又具有坚实的民族立场,非常可贵地不轻易盲从时流,并对民族文化的新生始终保持了热切的诉求与乐观的自信。同时,作为一个思想家型而非书斋式的学者,梁启超总是从当下的现实出发来思考与提问,具有自觉而强烈的问题意识。因此,梁启超的学术文化创构不仅具有鲜明的时代色彩,典型地体现出中国学术文化现代性转型中的某些历史轨迹与历史特征;也具有突出的个体特质,从而在中国近现代思想文化的历史图谱中独树一帜。可以说,不管对梁启超思想文化成果的具体评价如何,只要论及中国近现代思想文化,就不可能无视梁启超的存在及其典型意义。梁启超为中国近现代思想文化的开创做出了不可磨灭的重要贡献。

从整体而言,梁启超关于中华民族新文化创构的理论实践与思考着重体现为两个方面的问题:一是中西交融与民族性的关系问题;二是古今交替(转换)与当代性的关系问题。他视野开阔,立足现实而又高瞻远瞩。其中的一些探索在今天仍极富启示。

关于中华民族新文化创构的基本方法立场,梁启超主要有"三论"非常值得我们关注。第一是文化"结婚论"。梁启超认为中国文化应迎娶西方优秀文化(即"西方美人")为自己的文化育出"宁馨儿"。第二是文化"化(冶)合论"。梁启超认为要将不同文化的特质化(冶)合,产生第三种更好的特质。第三是文化"系统论"。梁启超指出中华文明的责任不仅仅是建设自我,还要对人类全体有所贡献,要把中华文明融入世界文明的大系统中去。从世界文明的视阈来看中华民族文化的建设,梁启超提出了"四步走"的策略:即第一步要尊重爱护本国文化;第二步要用西方方法去研究西方文化以求得其真相;第三步要把自己的文化综合起来,用其他文化来补充,最终化合成一个新文化系统;第四步要把这个新文化系统往外扩充,使全人类获益。梁启超还指出这样的一个新文化系统不是一蹴而就的,要花几十年的时间去建设与实现。"三论"从方法论角度看,都主张中西融会,把西方文明的吸纳作为中华民族文化新生的一个必要促进因素。从文化立场来看,从"结婚"到"化(冶)合"到"系统","三论"都具有坚实的民族价值立场,同时,其文化视阈又是开放的。从思想内涵与价值向度来看,"三论"各具特色,在内涵上逐步丰满,对于民族文化的价值及其在世界文明中的地位亦日趋自信。"三论"各有侧重,从不同侧面共同建构了梁启超关于民族新文化建设的方法论。

关于民族新文化建设的基本目标,梁启超则深刻而富有远见地提出了物质文明建设与精神文明建设的关系问题。他指出:"文明者,有形质焉,有精神焉。求形质之文明易,求精神之文明难。精神既具,则形质自生。精神不存,则形质无附。然则真文明者,只有精神而已";"求文明而从形质入,如行死港,处处遇窒碍,而更无他路可以别通,其势必不能达其目的,至尽弃其前功而后已。求文明而从精神入,如导大川,一清其源,则千里直泻,沛然莫之能御也"。[3]梁启超并不否定人的物质存在及需求,他认为人总有"生存的要求心及活动力"[4]。但他把人的精神生命视为人的最高本质,并认为人必须知情意三件具备且完美,才能成为一个真正的人。人格人的追求是梁启超文化思想中的核心目标。戊戌变法失败后,梁启超提出了"新民"的学说,并进行了系统的阐释。"新民"的理想是梁启超人格人追求的重要理论起点与一面理论旗帜。二十世纪二十年代,梁启超全面展开了对于民族新文化的建设工作。这些建设一方面是对各现代学科的基本理论建设,同时,其中始终贯穿的一条红线就是新的民族人格与民族精神的建构。

从美学思想建设来看,美学思想是梁启超整个思想文化创构中的一个有机组成部分。梁启超的美学思想活动约从1896至1928年间。这一阶段,既是中华民族文化在中西古今的交汇中寻求新生与重构的历史转折期,也是中国美学直接接受西方美学的影响,而初步开拓与建设自己的现代学科体系的奠基期。从实绩与影响来看,梁启超是中国现代美学这一初创与奠基期的代表性人物之一。梁启超的美学思想主要思考了这样几个问题:什么是美?如何建构审美的人格与审美的人生观?如何开展审美实践与审美教育?如何实现审美的生存与现实的生存的统一?或者换一句话说,梁启超美学思想的核心命题就是美、艺术、人生之间的关系问题。若直接从文字数量言,美学思想在梁启超的整个思想文化创构中所占比重并不大。但是,梁启超的美学思想以哲学人生观为根基,把人生精神、美学精神、艺术精神的探讨内在地联系在一起。他的美学思想是一种人生大美学。因此,梁启超直接论美的文字虽然不多,但他在哲学、文学、艺术、教育、宗教乃至地理等各类著述以及给家人的书信中都不同程度地内在地涉及了美与审美的问题。美与审美的问题在梁启超整个思想体系中具有非常内在而重要的意义;并且随着时间的推移,愈至晚年其地位愈益突出。梁启超一生涉足的领域众多,从事的实践丰富多彩,其人生履历大有令人眼花缭乱之感,但最终,其所苦苦思索与孜孜追求的理想人格与理想人生,惟有其自己所界定的趣味主义才能予以最恰当的诠释与展现。可以说,在某种程度上,梁启超对于美的问题的理论思考与其人生实践的现实步履水乳交融。我认为,不深入研究梁启超的美学思想,是很难深入地了解梁启超这个人的。从这个意义上说,研究梁启超美学思想的意义或许要超出其学科理论本身。或者说,研究梁启超美学思想正是我们走近梁启超的一个重要途径。当然,解读梁启超是不可能光凭梁启超美学思想的。但是,基于梁启超美学思考在其思想结构与人生践履中的重要地位与意义，我以为，研究梁启超美学思想将既是中国美学史研究、中国美学理论研究的重要课题，也是研究梁启超其人与其整个思想文化创构的不可或缺的重要背景。而且，基于梁启超在十九、二十世纪之交所处的特定时代背景及其所做出的开创性贡献，梁启超美学思想也必然成为我们研究与观照中国思想文化现代性转型的一个重要个案。

梁启超美学思想以1918年欧游为界，可分为1896至1917年的萌芽期与1918至1928年的成型期。梁启超美学思想的萌芽期主要以文学思想特别是文学体裁变革为中心，体现了新的文学审美意识与文体审美理想的萌芽；成型期则以哲学美学与艺术美学为两翼，集中围绕趣味美理想的建构与趣味人格的建设，探讨了审美、艺术、生活的一系列相关问题。梁启超的美学言论形式多样，涉及了专题论文、演讲、诗话、词话、书信等多种形态。从具体内容看，则主要表述了关于美与审美、关于美·人生·艺术之间关系的基本见解，并对中国诗歌史、具体艺术体裁、作家作品等进行了富有个性的研究、批评与赏鉴。什么是美？梁启超提出了"趣味"即美的本体性界定。趣味是梁启超美学思想中最有特色的核心理论范畴。梁启超从中西文化中借用了"趣味"的术语，但却注入了自己的新的内涵。梁启超所界定的"趣味"既非中国传统文论中单纯的艺术情趣也非西方近现代美学中纯粹的审美趣味。在本质上，梁启超的"趣味"是一种潜蕴审美精神的生命意趣，具有鲜明的人生实践向度与精神理想向度。何谓"趣味"？梁启超认为趣味的本质就是"无所为而为"与"为而不有"的统一所达成的"有责任"的"兴味"。梁启超把"为"视为人类个体存在的本然姿态，强调真正的人不仅要"为"，还要超越个体之"为"的成败之忧与得失之执，从而达成"不有"的境界，实现并体验个体与众生与宇宙"进合"之"春意"。不有之为的趣味之境既是梁启超的理想人生，也是梁启超的审美至境。趣味之境的追求在现实（生活）审美中表现为一种英雄主义意向，追求一种至高无畏的献身精神；在艺术审美中表现为一种崇高意向,追求作家人格与作品精神的高尚性。如何实现"趣味"的人生?梁启超认为其中的关键就是"趣味"人格的建构。他指出趣味人格的建构既要在生活实践中涵养,更有效的途径就是艺术审美教育。在早期文学思想中,梁启超提出了"力"与"移人"的命题。他意识到艺术有独特之"力",可以"移人"。但这个"力"的本质究竟是什么?"移人"的关键目标又是什么?早期的梁启超是并不明晰的。及至后期"情感"与"趣味"范畴的提出,梁启超关于艺术与审美问题的思考才丰满并明晰起来。"情感"的范畴解释了艺术之"力"的本质规定。"趣味"的范畴使"移人"有了富有特色的具体落脚点。通过趣味,梁启超将审美人生、现实人生与艺术人生紧密相融,并从前期较为狭隘的文学视阈逐步拓展到丰富多样的整体生活与艺术实践领域,从前期较为外在的社会性功能视阈逐渐衍深到人与人生的本体性价值视阈。审美、人生、艺术的同一构成了梁启超美学思想的重要理论特色与价值向度,哲学美论与艺术美论构成了梁启超美学思想的重要两翼。虽然梁启超从未刻意在理论上营构体系,但其始终直面现实、积极入世的价值向度,由社会政治理性观向文化人文价值观演进的纵向思想轨迹,以趣味为核心、情感为基石、力为中介、移人为目标所构筑的内在思想逻辑,向我们展示了一个融求是与致用为一体、融精神理想与现实执着为一体的富有自身特色的趣味主义人生论美学思想体系。毫无疑问,梁启超美学思想具有鲜明的时代特色与独特的主体性特征。它既呈现出新的启蒙意向、人文理想和具有悠久传统的伦理意蕴的某种个性化整合,亦折射着中国传统批评与西方经典学术的多重特征;它既充满了矛盾与变化,又在不断的探索中发展、丰富并形成了自己的特色。

梁启超美学思想是中西古今交汇时代中国近现代美学范式创新与探索的一个重要范例。在中国近现代美学学科的创构中,正是梁启超、王国维、蔡元培等重要先驱各自从不同的侧面与层面,共同开拓了中国近现代美学学科的研究意识、研究视角、研究领域、研究对象与研究方法,从而成为中国近现代美学学科建设的第一代开拓者与奠基人。而从目前的研究现状来看,对这一代美学思想家及其理论成果的研究无疑是美学研究中的薄弱环节。已有研究的焦点与成果主要集中于王国维身上。

在梁启超思想研究领域,长期以来,国内外学界的视点主要集中于政治和社会思想,在学术思想上则侧重于哲学和史学。关于梁启超美学思想的研究,不仅在数量上难尽人意,在研究意识、研究视角、研究领域、研究方法和研究结论上也都较为滞后。我以为,导致这一状况的原因主要有二。一是研究意识的局限。具体表现为以政治倾向来取代学术研究,简单地贴标签。二十世纪八十年代前,主要就是这种情况。寥寥可数的研究论文因梁启超后期在政治思想上趋于保守,而多持批判否定的态度。二是研究范围的狭隘。这个问题主要表现为对梁启超美学思想的研究往往只以前期为对象,结论也往往只根据前期思想的特点与状况得出。且在学界似乎已经形成了某种惯性,一谈梁启超美学或文学,就是其前期文学革命思想。这种状况实际上已成为梁启超文学与美学思想研究的一个瓶颈。从梁启超美学思想发展的实际情况来看,其后期美学思想具有非常重要而突出的地位。梁启超后期论美的文字不仅在数量上大大超过了前期,其关于美的问题思考的广度与深度也大大超越了前期。梁启超后期美学思想在研究的领域、意识、内涵、观点、方法上均有较大发展。不夸张地说,梁启超美学思想的主要成果是在后期完成的。正是在后期,梁启超逐步形成并凸显了自己关于美的问题思考的特色与深度。因此,研究梁启超的美学思想,只研究前期,不研究后期,必然遗失了大量精彩的材料,局限了研究的视野,得出的结论也不可能是科学公允的。

1979年,李泽厚先生在《历史研究》上发表了《梁启超王国维简论》。这篇文章是中国近代文化研究中的重要转折点,也是梁启超思想研究中的重要转折点。在这篇文章中,李泽厚先生明确提出:"科学地评价历史人物,就不只是批判他的唯心主义或政治思想了事,而应该根据他在历史上所作的贡献,所起的客观作用和影响来作全面衡量,给以准确的符合实际的地位。如果从这个角度和标准着眼,梁启超和王国维都是应该肯定的人物。他们在中国近代历史上所起的客观作用和影响,其主要方面是积极的。"同时,他指出:梁启超"在历史上的地位,是在思想方面"。他还进一步强调,梁启超的贡献"不仅在一般的思想观念领域中,而且还特殊地突出表现在文艺和史学这两个重要方面"[5]。《梁启超王国维简论》吹响了梁启超文艺美学思想研究的号角。二十世纪八十年代后,梁启超文艺美学思想开始从学术与文化的层面进入研究者的视阈。从1980年到2000年,国内出现了数十篇相关研究论文,但主要侧重于文学思想研究。1991年,上海人民出版社出版了夏晓虹先生的专著《觉世与传世——梁启超的文学道路》。同年,漓江出版社出版了连燕堂先生的专著《梁启超与晚清文学革命》。这是我所见到的国内公开出版的最早的两部研究梁启超文学思想的专著。此后,直到2002年,四川民族出版社出版了杨晓明先生的专著《梁启超文论的现代性阐释》,成为国内该领域目前所能见到的公开出版的第三部专著。尽管在梁启超文学思想研究上国内学界自二十世纪八十年代以来作出了重要的开拓,也取得了一定的成果,但对梁启超整个美学思想的研究仍显滞后。这方面的专著,在本著2005年初版前,国内外尚为空白。国内仅有叶朗、聂振斌、卢善庆、封孝伦诸先生所著美学史著作内个别章节涉及。关于梁启超美学思想研究的单篇专题论文也曾长期较为少见。1981年,姚全兴先生在《文学评论丛刊》上发表了《论梁启超的情感说》,可能是国内最早的试图对梁启超美学思想做学理研究的专题论文。1983年,万健先生在《西北民族学院学报》上发表了《梁启超美学思想述评》一文。1984年,陈永标先生在《华南师大学报》上发表了《试论梁启超的美学思想》一文。此两文亦是我目前所见的最早试图从整体上观照梁启超美学思想的专题论文。总的来看,从二十世纪八十到九十年代,关于梁启超美学思想研究的专题论文相当少见。1987年,聂振斌先生在《美育》杂志上发表了《趣味教育——梁启超》一文。1988年,聂振斌先生又在《美学研究》杂志上发表了《论梁启超的审美观》一文。同年,卢善庆先生在《美育》杂志上发表了《梁启超的情感教育思想》一文。这些论文均是这一阶段比较重要的研究成果。进入二十一世纪后,梁启超美学思想研究的状况有了较大的进展。首先,陈望衡、陈文忠、邢建昌、徐林祥、杨平、蒋广学诸先生的涉及中国近现代美学、美育、审美文化方面的专著几乎都将梁启超纳入了自己的视野。其次,单篇论文的数量也有了较为明显的增加。更为可喜的是,这些论著和论文在研究的立场、视阈、观点、方法上均有了较大的开拓与发展。梁启超美学思想正在被发现!

系统研究梁启超美学思想,还梁启超美学思想以本来面貌与公允地位,这是本书力求展开的工作与达成的目标。具体来说,本书主要试图解决三个方面的问题。一是思想的事实。无论何种研究,没有对对象内涵的具体总结,其他结论都将是空中楼阁。梁启超美学思想究竟说了什么?关于这个问题的研究,是已有梁启超美学思想研究中成果较集中的领域。可以说,已有的成果绝大多数是对梁启超美学思想内容与观点的整理和总结,但其中大多数以前期文学革命思想为重心,同时侧重于社会学视角的阐释。在"说什么"这个问题上,本书一方面希望跳出侧重于社会学阐释的片面视角,尊重梁启超美学思想的实际,着重从哲学美学与艺术美学的角度予以整理;另一方面也希望跳出拘泥于前期文学思想研究的狭隘视阈,展开相对全面又有重点的观照。为此,本书主要选取了梁启超美学思想的重要范畴与命题作为中心展开研究,希望能够提纲挈领,尽量准确地反映出梁启超美学思想本身的基本理论内涵;并从这些重要范畴与命题的理论特征中具体透视梁启超美学思想在古今中西文化传承与交汇中的历史转型意义及其理论价值。二是思想的脉络。本书试图对梁启超美学思想的纵向发展演化轨迹与横向潜在思想逻辑予以概括与总结。我认为,梁启超美学思想长期以来未能引起应有的关注,与只见树木不见森林的研究角度有很大的关系——具体的细部的内容观点整理多,整体的理论概括与观照少。当然,关于梁启超美学思想的纵向发展演化问题实际上也已有不少学者谈及,但均属在其他论题中带及,以我所见资料,似尚无专文详加研讨。梁启超美学思想的横向潜在逻辑问题更是一个敏感的难题。学界似乎已经形成了某种定见,即大多认为梁启超美学思想没有体系或不成体系,各范畴与命题间缺乏逻辑的关联。仔细阅读,这些观点在表述上多属印象式的判断,基本上未详加论证展开。在认真研读一手资料的过程中,我逐渐对这类结论产生了疑惑。我发现,梁启超美学思想有着自己相当坚实的逻辑根基,他的一切言说,都是从这个根基生发出来的;当然,他的具体言说内容有变化,具体言说命题有发展,具体言说方式又显具个性。我认为,梁启超美学思想是以自己独特的言说方式勾连了一个不同于我们所习见的西方经典学术显性逻辑模式的潜逻辑话语体系。当然,讨论这个问题无疑是本书的一个理论难点,但这是研究过程中自然而然产生的。思想脉络的梳理是对理论内涵的整体清理。我相信这样的梳理是有意义的。它不仅仅只是一种纵横的逻辑勾连,也必然是对其美学思想的逻辑根基——美的理念的宏观观照与整体把握。本书提出"趣味"是梁启超美论的本体范畴,"不有之为"是梁启超美论的核心理念。在这个部分,本书也较为概括地梳理了梁启超的整个人生历程、思想轨迹与学术精神特质,梳理了其美学思想的中西文化渊源,希望能从社会、个体、文化相融会的视角上来透视理解梁启超美学思想的理论特质与理论特点。三是思想的价值。梁启超美学思想说得如何?这个问题既与对象本身的特质特点相联系,又与研究的立场与角度相关联。同时,对于梁启超美学思想的价值视角实际上也是研究展开的话语基础与前提。作为一种历史资源,我们研究它,应该既基于其历史意义,也基于其现代价值。本书亦试图从这样两个方面来观照这一问题。首先是梁启超美学思想本身的学术理论史意义。即它在中国美学思想发展、美学精神建构、美学学科建设上的创新开拓、承启转型的独特意义。其次是梁启超美学思想的当代启迪。即它的理论、精神、方法对于新世纪民族美学与民族学术文化建设的普遍精神启思与方法启迪。当然,价值从辩证法的意义上来说,应该包含正反两方面的质询。这一点对梁启超美学思想来说亦不例外。作为转型与奠基时期的思想先锋与理论开拓者,时代的局限与个体的局限在梁启超身上也不可避免,甚至由于其突出的个性色彩而在某种程度上更具复杂性与鲜明性。因此,对于梁启超美学思想及理论缺欠的研讨,也是本书的题中之义。此外,本书附录了《梁启超美学思想及相关研究主要论著简目》与《梁启超美学文化言论辑录》两个资料辑录,这是课题研究过程中所做的部分基础性工作,搜集的资料必然尚有纰漏,但在个人能及的范围内力求不遗漏重要篇目与重点言论。希望这些资料对于梁启超美学思想及其相关研究会有一定的助益。

作为二十世纪中国近现代民族新美学的开航者之一,作为中国美学思想由传统向现代推进的关键人物之一,我们无法无视梁启超的筚路蓝缕之功。梁启超是中国近现代民族新美学的开拓者与奠基人之一,这是本书的基本结论。

梁启超为我们留下了丰富而极富个性的论美文字,也为我们留下了不尽的话题。本书所做的只是一次抛砖引玉的工作。关于梁启超美学思想尚有许多研究课题有待展开与深入。由于梁启超所处的中国社会及学术文化转型的中西交汇与古今交替的独特历史背景,由于梁启超美学思想独特的个体特质及其在中国美学及文化发展史中的重要意义,可以预见,当我们以开放而又富有民族根基的学术文化理念去观照时,梁启超美学思想必将引起更多美学学者与文化学者的关注,更多地进入学人的视阈,介入我们的生活。

注:本引言 2005 年春成稿。2012 年春第 2 次校订。2022 年春第 3 次校订。

注释:

〔1〕梁启勋先生撰有其兄小传一则,言简意赅,概述了梁启超生平。现录于此:"梁启超,字卓如,号任公,广东新会人。年十六,入学海堂为正科生。十九,入万木草堂。甲午以后,加入国事运动。年廿四,创《时务报》于上海。翌年冬,主讲长沙时务学堂。年廿六,值戊戌政变,走日本。又二年,自檀香山赴唐才常汉口之役,抵沪而事败,避地澳洲,旋适日本。四十岁,始归国,参与民国新政。洪宪及复辟两役,奔走反抗甚力。欧战起,主张加入协约国。年四十六,漫游欧洲。翌年东归,萃精力于讲学著述。卒于民国十八年己巳,溯生于同治十二年癸酉,得年五十六。乙亥冬,启勋谨记。"见《饮冰室合集》。《饮冰室合集》共收录梁著约一千多篇,总字数在九百二十余万字,有 1936 年初版、1941 年重印、1989 年重印共三个版本。《饮冰室合集》为迄今较权威的梁氏文集。

〔2〕丁文江、赵丰田编:《梁启超年谱长编》,上海人民出版社 1983 年版,1208 页。

〔3〕梁启超:《国民十大元气论》,《饮冰室合集》第 1 册,中华书局 1989 年版。

〔4〕梁启超:《什么是文化》,《饮冰室合集》第 5 册,中华书局 1989 年版。

〔5〕李泽厚:《梁启超王国维简论》,《历史研究》1979 年 7 期。

第一章　梁启超美学思想的逻辑脉络

梁启超是十九、二十世纪之交中国思想文化由古典向现代转型的重要开拓者与奠基人之一。其孕生于特定时代的思想轨迹与学术特质是其美学思想创构的基础,也是理解其美学思想特点的前视阈。梁启超美学思想在纵向上可分为萌芽期和成型期两个发展阶段,并呈现出变而非变的基本演化特征。同时,梁启超美学思想以趣味、情感、力、移人为主要范畴,建构起一个极具个性的人生论美学思想体系,集中体现了不有之为的趣味美理想。

第一节　乡人·国人·世界人:
梁启超生平与思想轨迹

在中国思想文化史上,梁启超是一个极具人生责任感、民族立场、世界意识的入世学人。其生平与思想轨迹按其自身概括经历了"乡人"——"国人"——"世界人"三个发展阶段:"余乡人也。……余生九年,乃始游他县。生十七年,乃始游他省。犹了了然无大志,梦梦然不知有天下事。余盖完全无缺不带杂质之乡人也。曾几何时,为十九世纪世界大风潮之势力所簸荡所冲激所驱遣,乃使我不得不为国人焉,浸假将使我不得不为世界人焉。是岂十年前熊子谷(熊子谷吾乡名也)中一童子所及料也。虽然,既生于此国,义固不可不为国人。既生于世界,义固不可不为世界人。"[1]由"乡人"到"国人"到"世界人",形象地概括了梁启超一生的人生历程与思想发展,在这个过程中,梁启超也完成了由传统士大夫到政治改良家到新型知识分子的蜕变,并成为中国近现代思想文化创构的一面旗帜。

一、勤勉向学、淳朴聪敏的"乡人"

梁启超字卓如,一字任甫,号任公,别号沧江,以饮冰室主人名于世。[2]其一生活动频繁,色彩斑斓;亦官亦学,才华盖世;重情率真,聪敏健捷。在世56个春秋,梁启超中过秀才,成过举人,发动过戊戌变法,主编过诸多报刊。其为官任过司法总长、币制局总裁、财政总长,乃至护国讨袁战争的都参谋等,成为中国政坛的传奇人物;其为学则留下了1400多万字饱含浓情、富有思想的自由文字[3],给十九、二十世纪之交的中国思想界和社会民众以强烈的震撼。梁启超是一个深刻影响中国近代历史命运的政治人物,也是一个与中国思想文化的现代化历程无法割断的思想巨人。与悲剧性的政治生涯相比,梁启超在思想文化上的开拓则卓有实绩。胡适、鲁迅、郭沫若、毛泽东等二十世纪早期中国最为重要的政治家、思想家、学人无不受到梁启超的影响。新文化运动的领袖人物胡适把梁启超称为"当代力量最伟大的学者"[4],"其功在革新吾国之思想界"[5]。郑振铎先生认为梁启超在文坛活动了30余年,其影响与势力,"是普遍的,无远不届的,无地不深入的,无人不受到的"[6]。1929年,梁氏病逝。美国学界在当年4月出版的《美国历史评论》上撰文介绍了梁氏生平,认为梁启超"以非凡的精神活力和自成一格的文风,赢得全中国知识界的领袖头衔,并保留它一直到去世"[7]。日本学者石川祯浩先生在《梁启超与文明的视点》一文中也认为:"在改变了近代中国思想界面貌这点上,梁启超是首屈一指的。"[8]这些中外学者主要从思想文化的角度肯定了梁启超的巨大功绩,持论基本公允。但是,客观地看,梁启超的思想本身充满了复杂性。他是一个特殊时代的独特人物,既烙下了深刻的时代印记,也具有鲜明的个体特质;既横跨几大领域,又不断自我超越;既逐渐失望于政治,又始终不能忘情于时世;既具有内在的民族立场,又胸襟广阔、视野恢弘。那么,梁启超究竟是一个怎样的人物?其思想与学术的基本面貌如何?梳理梁启超的人生经历、思想轨迹和学术特质是我们进入并理解梁启超美学思想的基本阶梯。

梁启超自己在《自由书·英雄与时势》一文中写道:"英雄固能造时势,时势亦能造英雄。英雄与时势,二者如形影之相随,未尝少离。既有英雄,必有时势;既有时势,必有英雄。"[9]自1840年鸦片战争以来,以英国为代表的现代西方文明以军事、经济、文化的整体入侵打破了东西方的均衡与独立。以中国为代表的东方古国则沦为殖民侵略、经济掠夺与文化渗透的对象,其世界中心与天朝帝国的地位早已倾覆。一方面是古老中华民族饱经列强的蹂躏,正日渐沦入民族灾难的深渊;另一方面是西方发达国家正在将科技与现代文明转化为侵略与压迫的工具,成为凌驾于落后民族之上的新的国际强人。这是一个需要英雄的时代!也是一个注定要诞生英雄的时代!肩负着千年沉重历史的古老中国,面对着血与火的洗礼,期待着一次新生!期待着一次痛苦而灿烂的涅槃!期待着那些以天下为己任的旷世英雄的横空出世!

1873年2月23日(清同治十二年正月二十六日),梁启超生于广东新会熊(音奶)子乡茶坑村。在1902年底所作《三十自述》中,梁启超曾以宏阔的历史视阈对这一年作了如此阐释:"余生同治癸酉正月二十六日,实太平天国亡于金陵后十年,清大学士曾国藩卒后一年,普法战争后三年,而意大利建国罗马之岁也。"[10]将个人的出生日放在世界历史的大背景中,"是梁启超的表现特征"[11]。这不仅客观地凸显了这一历史年代的不凡特质,也鲜明地体现出梁启超的政治热情,昭示了梁启超的宏伟抱负,形象地表征了个人与历史、个体与时代的关系正是梁启超这样的时代弄潮儿所思虑的焦点。任公仙逝后,郑振铎先生亦对梁氏出生与成长年代的特征做过精到的概括:

"他生于同治十二年癸酉正月二十六日,正是中国受外患最危急的一个时代,也正是西欧的科学、文艺以排山倒海之势输入中国的时代;一切旧的东西,自日常用品以至社会政治的组织,自圣经旧典以至思想,生活,都渐渐的崩解了,被破坏了,代之而起的是一种崭新的外来的东西。梁氏恰恰诞生于这一个伟大的时代,为这一个伟大的时代的主动角之一。"[12]

据《新会县志》载:"新会气候,一岁之间暑热过半,冬无霰雪,草木不凋,一日之间,雨旸寒暑,顷刻辄易。夏秋之间,时有飓风,或一岁数发,或数岁一发。又有石尤风,其作则黑云翔涌,猝起俄顷。濒海地卑土薄,故阳燠之气常泄,阴湿之气常盛。二者相搏,少寒多暑。而村落依山,炎气郁蒸尤甚。"此间风俗,"尚门第,矜气节,慷慨好义,无所诡屈"。境内之民"多农鲜贾,依山濒海者,以薪炭耕渔为业。民无积聚而多贫,故其俗朴而野,其流弊也犷而不驯"[13]。熊子乡为新会县属诸岛之一,位于西江入海之冲,居江口七岛的中央,南面距南宋帝昺殉国处仅七里许。乡中有山名熊子山,山上有塪名凌云塪。乡内共有五个村庄,以茶坑村为最大。梁启超为家中长子。先祖世代为农,"数百年栖于山谷,族之伯叔兄弟,且耕且读,不问世事,如桃源中人"[14]。但至梁启超的祖父梁维清(号镜泉),却使梁氏家族出了第一个秀才,并官至掌一县文教事业的八品教谕。从此,梁家由地道的农民转为半农半儒的下层乡绅。据叶大焯先生《镜泉梁老先生庆寿序》载,镜泉先生"勤俭朴实,其行己也密,忠厚仁慈,其待人也周,其治家也严,而训子也谨,其课诸孙也详而明"[15]。镜泉先生对于世事和公益事业极为热心,他从28岁起,任乡里"叠绳堂"值理三十余年[16],是乡里举足轻重的人物。父亲梁宝瑛(字莲涧)则科举不顺,一生都未取得功名,后在乡里教授孩童。但他同样热心于乡里的公益事业,也是乡里的重要人物之一。梁启超曾在《哀启》一文中专门述及先父的性情品格:"先君子常以为所贵乎学者,淑身与济物而已。淑身之道,在严其格以自绳。济物之道,在随所遇以为施。故生平不苟言笑,跬步必衷于礼。恒情嗜好无大小,一切屏绝。取予之间,一介必谨。自奉至素约,终身未尝改其度。"梁宝瑛不仅孝慈睦友,严以律己,而且非常热心于乡里间排难解纷。当地"民俗夙剽悍,赌盗械斗,视为常业。先君子常疾首痛恨,谓三害不去,乡治无由"[17]。因此,他常苦口劝息赌盗械斗之风。他曾率梁启超一起赴邻乡行礼求和,使熊子、东甲这两个械斗三十年不解的近邻归于友睦。他也曾在风雨之夜,前去搜索赌徒,诲以利害,苦口相劝,使他们深受感动,改过自新。他还复兴乡团,以防盗侵,使村民生命财产得保平安。梁启超的母亲赵氏则出身于书香门第,聪明贤惠,治家颇严,远近闻名。据梁仲策先生《高祖以下之家谱》载:"先慈赵太夫人以贤孝名,最为先祖父所钟爱。乡中诸姑姐妹多就吾家从先慈识字及习女工。数十年前,儿女婚姻悉凭媒妁。人但闻此女尝从先慈习女工,则不待访问而信其德性必佳矣。至今邑中尚传为美谈。"[18]梁启超最初识字,母亲是他的启蒙老师。四五岁起,梁启超从祖父学《四子书》与《诗经》。六岁起在父亲授业的私塾读书,学习中国略史与《五经》。祖父与父母在对梁启超的教育中,均注意知识与品德的并进,尤注重励志之训。祖父梁维清"日与言古豪杰哲人嘉言懿行,而尤喜举亡宋亡明国难之事,津津道之"[19]。每年元宵、清明节,梁维清都要带子孙去观看本乡古庙里岳飞等忠臣孝子的画像,凭吊南宋名将陆秀夫与元军激战、壮烈牺牲的古战场。父亲梁宝瑛亦时常告诫儿子淑身济物,要从小立志做一番事业。在《三十自述》中,梁启超回忆道:"父慈而严,督课之外,使之劳作。言语举动稍不谨,辄呵斥不少假借。常训之曰:'汝自视乃如常儿乎?'至今诵此语不敢忘。"[20]母亲待子慈爱,但对其不良行为绝不宽恕。梁启超专门有一篇《我之为童子时》的文章,追述了母亲对他的教育与影响。文中特别写到有一次梁启超说谎,被母亲发现,不仅"力鞭十数",还有许多教训之言,使梁启超"至今常记在心"。[21]梁家的家教可谓激励与励志为先、知识与品德并重,这不仅使梁启超奠定了坚实的传统文化的根基,也培养了其良好的道德风范,催生了其最初的爱国意识与济世理念。同时,梁启超所接受的家庭教育虽严格却不刻板,在教育中重启发讲励志,这对梁启超独立自由的精神风貌、乐观自信的个性品格与积极入世的人生哲学的形成具有重要的影响。

"汝自视乃如常儿乎?"父辈的厚望是鞭策,也是期待,是梁启超人生旅程的最初动力。天资聪颖的梁启超勤勉向学。八岁起父亲教他学写文章,九岁即能写出洋洋洒洒的千字文。十岁外出拜师,并赴广州参加童子试。这次虽未被录取,却因途中赋诗而获"神童"美誉。梁启超十二岁考中秀才,十七岁考中举人,成为名噪一方的"乡人"。从十岁始,梁启超先后拜周惺吾、吕拔湖、陈梅坪、石星巢诸儒为师。1887年及第后,梁启超进入广州府官学五大书院之一,当时广东著名的最高学府学海堂为生[22]。学海堂不习八股,而专授汉儒的考据学、经史、词章及宋儒的性理之学。梁启超"至是乃决舍帖括",对中国古代学术文化产生了浓厚的兴趣。1890年前,梁启超如饥似渴地汲取广泛的文化知识,在传统学术方面打下了丰厚坚实的基础。这一时期的梁启超是一个勤勉向学、淳朴聪敏,希望通过科举之路来进仕耀祖、修身济世的传统士大夫。

二、奋发求变、叱咤风云的"国人"

1890年,对于梁启超来说,是意义重大的一年。这一年,梁启超第一次进京会试,科场失利。他从上海转道,看到了上海制造局翻译的各种新书,并购买了清末思想家徐继畬编著的《瀛环志略》。《瀛环志略》是一本世界地理著作。书中不仅辑录了世界各国的地理风貌、风土人情、史地沿革及社会变迁等方面的情况,还介绍了西方资本主义国家的政治状况、民主制度与工商业的发展,勾勒了世界文明的强弱之势。《瀛环志略》在梁启超面前展现了一个新世界。梁启超是此"始知有五大洲各国"[23]。对于世界大势的了解促使梁启超思考中国在世界上的地位与处境,对于此后贯穿他一生的国家观念与忧国意识的产生具有重要的意义。6年后,梁启超在《适可斋记言记行序》中也回忆道:"启超自十七岁颇有怵于中外强弱之迹。"自此,梁启超萌生了了解西学的强烈愿望,企图通过"识"西人"沿革递嬗之理,通变强盛之原","以审中国受弱之所在"。[24]尽管鸦片战争以来,整个世界的格局已经发生了根本性的变化。但对于梁启超这样的尚处于旧知识营垒中的封建士大夫来说,倘没有一扇面向世界的窗口,他们只能一心一意地在科举仕途的道路上挣扎,以科举进仕光宗耀祖为人生唯一的目标。《瀛环志略》是在梁启超面前打开的第一扇窗,它使梁启超看待人生的视阈发生了翻天覆地的变化。同年秋,梁启超结识了另一位毕业于学海堂的高才生陈通甫。陈通甫提及了向皇帝上书请求变法的传奇人物康有为。于是,梁启超随陈通甫往谒康有为,并拜当时尚为秀才的康有为为师。在《三十自述》中,梁启超对康有为给予自己的影响作了高度评价:"生平知有学自兹始。"梁启超详细回忆了第一次见面的情景:"时余以少年科第,且于时流所推重之训诂词章学,颇有所知,辄沾沾自喜。先生乃以大海潮音,作狮子吼,取其所挟持之数百年无用旧学更端驳诘,悉举而摧陷廓清之。自辰入见,及戌始退。冷水浇背,当头一棒。一旦尽失其故垒,惘惘然不知所从事。且惊且喜,且怨且艾,且疑且惧,与通甫联床竟夕不能寐。"第二天"再谒","请教为学方针"。"自是决然舍去旧学。自退出学海堂,而间日请业南海之门。"[25]投身康门,是梁启超一生道路的重要转折点。这一选择使梁启超由醉心金榜题名、期待光宗耀祖的旧式士大夫开始了向吸纳西方思想文化、关心国家前途命运的政治改良家的转化。从此,梁启超最关心的不再是个人的仕途,而是国家与民族的命运。他的天性,他自小从父辈那里接受的爱国思想与济世理念也在此找到了孕生的土壤。1891年,康有为在广州创办"长兴学舍",开馆授徒。1893年,学校更名为"万木草堂"。学校教旨专在"激励气节,发扬精神,广求智慧"[26]。梁启超等随康有为入万木草堂学习。万木草堂成为培养变革志士的重要基地。1894年,中日甲午战争爆发。因顽固派上书弹劾康有为,清廷禁令康有为讲学并严加惩处,梁启超四处奔走营救,结识了曾广钧、文廷式、张謇等一批具有维新倾向的清廷"名士"。1895年春,梁启超入京会试,适逢中日《马关条约》签订。4月,康梁在京发动了由18省1300余名举人签名的"公车上书",主张维新变法。其间,他与康有为创办《万国公报》,成立强学会。1896年,梁启超在上海与黄遵宪等一起创办《时务报》。1897年,又在上海发起创办了不缠足会与中国第一个女子学堂。1898年,针对沙俄企图强占旅顺、大连,康梁主张拒俄变法。4月,他们在京成立保国会。5月,康梁联合举人百余名上书请求变法。6月11日,光绪帝颁布"定国是"诏书,宣布自即日起实行变法。9月21日,光绪帝被禁中南海瀛台,"百日维新"落下帷幕。康梁先后逃亡日本避难。年底,梁启超在日本创办了《清议报》。其间,梁启超与孙中山多有接触,并开始提倡自由、民权、破坏主义等思想。1900年8月,梁启超秘密潜回上海。因国内局势紧张,旋赴澳洲。1901年,返回日本。1902年,梁启超在日本创办了《新民丛报》与《新小说报》,发表了著名的《新民说》与《新中国未来记》等理论文章和文学作品。《新民说》是梁启超思想发展中的重要里程碑。它明确地提出了国民再造的目标和思想启蒙的道路。《新民说》标志着对西方文化的开放由物质、制度转向了思想的层面,标志着启蒙成为梁启超思想体系中的基本价值取向,新民成为梁启超思想中的核心宗旨。1903至1917年,梁启超以政治人物与文化人物的双重身份活跃于中国历史舞台,他不仅参与了一系列重大的历史事件,还针对政治、经济、哲学、文学等问题发表了大量的文章与演讲。梁启超文化视野开阔、开放,他主张"须将世界学说为无制限的尽量输入"[27]。这一时期,梁启超绍介了数十位国外知名学者及其学说。1917年11月,梁启超辞去段祺瑞内阁财政总长之职,将主要精力转向学术。1918年,梁启超罹患肋膜炎、肺炎,被迫中止写作。把国家与民族的命运作为关注的中心,并投入了所有的精力与热情,是梁启超这一时期行动与思想的基本特征。奋发求变、叱咤风云的政治改良家是梁启超这一时期的生动写照。

三、胸怀天下、忧国虑世的"世界人"

1918年底,"一战"结束,处理战后问题的巴黎和会于1919年1月召开。北京政府派往出席巴黎和会的正式代表为五人。梁启超亦想亲赴和会,为中国争权利。鉴于段祺瑞执政时,梁启超力倡对德宣战,并亲自撰写了对德宣战宣言。北京政府给了梁启超一个"政府考察团"的名义,算作政府代表团的会外顾问。1918年12月28日,梁启超携蒋百里、张君劢、刘崇杰、丁文江、徐新六赴欧。1919年2月,梁启超一行抵达巴黎。梁启超作为民间代表,积极呼吁欧美各国支持中国收回在山东的权益。但北京政府丧权辱国,与日本订下密约,承认其为德国在中国权益的合法继承人。4月30日,英、美、法三国议定将德国在山东的权益全部转让给日本。梁启超将此情况电告国内,并经媒体披露。北京学生群情激愤。5月4日,震惊中外的"五四"运动爆发。[28]梁启超一行没有直接回国,而是带着"求一点学问"、"拓一拓眼界"的目的,继续游历了欧洲诸国,至1920年3月回国。这次游历,大大拓展了梁启超的视野,使他对"一战"以后欧洲社会的现实以及西方文化的特点有了感性的体会。物质文化与现代文明并没有给西方社会带来期待中的理想天堂,反而给人们带来战争、流血、死亡与信仰的破灭。冷峻的现实,使梁启超的思想渐趋深沉。他意识到一国的革命并不能彻底改变民族的命运。中国的问题必须放置在更深广的世界历史背景中,放置在人类文化与心理的深层基础上,才可能有彻底的解决。游历重新坚定了梁启超对于中华民族文化的信念,也加剧了他对于中华民族乃至整个人类前景的忧思。他将这一思虑写成了《欧游心影录》。《欧游心影录》标志着梁启超继《新民说》后对中国问题思考的一个新起点。在文中,梁启超对西方文明作出了反思,对中西文明进行了比较,对民族新文化的创构提出了个人的见解,还就个人、国家、世界的关系问题,就"一战"后中国人的责任与努力方向提出了自己较为系统的看法。从根本上看,在《欧游心影录》中,梁启超对整个人类文明的前景,是持乐观主义态度的。此前,梁启超更多地是想从西方文化中为中华文化新生寻找武器。而在此,梁启超显然能以更辩证的心态对待中西文化的关系以及民族新文化创构的问题,明显突破了前期对于西方文明崇敬多批判少的仰视心态,对西方文明的物质主义与工具理性进行了尖锐的批评,强调了精神文化与价值理想对于人类生活的重要意义。《欧游心影录》为梁启超后期的思想演化与文化创构确立了纲领,成为梁启超整个思想发展中的新的里程碑。二十年代,梁启超从新的思想起点出发,对中国传统文化进行了大量的研究工作,完成了《清代学术概论》、《先秦政治思想史》、《五十年中国进化概论》、《中国近三百年学术史》等一大批学术名著。这些论著体现了梁启超由学术文化介入现实、全面再造国民心理素质、重振国家与民族命运的一贯宗旨。同时,这些论著也表达了梁启超面对西方物质文化与现代文明的弊病,试图从民族传统文化中发掘现代价值,重新思考民族前途与人类命运的深层心理。将民族前途与人类命运相联系,重新发掘民族文化的现代价值,在深广的文化视阈中思考中国乃至整个世界的问题,是梁启超这一时期的主要特征。这一时期的梁启超不断拓宽拓深自己的视阈,成为一个胸怀天下、满怀忧思的"世界人"。

梁启超生长于一个风云变幻的艰难时世,中华民族的血泪、人类战争的灾难,使他的思考与视野不断拓宽和深化。同时,他又置身于中西古今思想文化的撞击交融之中,切身感受并自觉推动着思想文化与社会潮流的变迁。由"乡人"而"国人"而"世界人",既是梁启超人生旅程的三部曲,也是梁启超思想演化的三乐章。作为"乡人"的梁启超期待科举耀祖,在思想文化上尚处于吸纳接受传统的阶段;作为"国人"的梁启超力导制度改良,开始借西方文明倡导思想启蒙;作为"世界人"的梁启超则把思维的触角延伸到了更深的文化心理层面,在更为宽广的视野上展开中西文化比较,重新审视民族传统文化的意蕴,关注更具普遍意义的人的生存与价值。若从思想文化创构的角度来看,作为"乡人"的梁启超初露头角,蓄势待发;作为"国人"的梁启超锋芒已现,犀利明快;作为"世界人"的梁启超则渐趋深沉,沉稳睿智。由"乡人"而"国人"而"世界人"也即由"家"而"国"而"人类",视野的横向拓展与思想的纵向递嬗紧密交融,昭示着梁启超由传统士大夫到新型知识分子、由启蒙志士到文化智者的人生轨迹,也昭示着梁启超由制度革命到文化开拓的思想旅程。

注释:

〔1〕梁启超:《夏威夷游记》,《饮冰室合集》第7册,中华书局1989年版。

〔2〕"饮冰"二字语出《庄子·人间世》之"今吾朝受命而夕饮冰,我其内热与"(陈鼓应注释《庄子今注今译》,中华书局1983年版)。说的是叶公子高接受了出使齐国的使命,因内心极度忧虑焦灼,早上接受命令,到了晚上就要喝冰水。梁启超以"饮冰"为号,喻含了他对国难当头、事业惟艰的焦灼,可见其忧世之深与责任之切。此号充分体现了他作为近代思想精英的精神风貌。另据沈大德、吴廷嘉《梁启超评传·附录三》(百花洲文艺出版社1996年版)统计,梁启超一生还用了哀时客、中国少年、中国新民、新民子、新会等40多个笔名。

〔3〕《饮冰室合集》(中华书局出版)约900万字。未收入集内论著约100万字。书信约400万字。

〔4〕曹伯言选编:《胡适自传》,黄山书社1986年版,第89页。

〔5〕黄敏兰:《中国知识分子第一人·梁启超》,湖北教育出版社1999年版,第4页。

〔6〕〔12〕夏晓虹编:《追忆梁启超》,中国广播电视出版社1997年版,第64页,第65页。

〔7〕〔13〕〔15〕〔18〕丁文江等编:《梁启超年谱长编》,上海人民出版社1983年版,

第 1212 页,第 12 - 13 页,第 7 页,第 9 页。

〔8〕[日]狭间直树编:《梁启超·明治日本·西方》,社会科学文献出版社 2001 年版,第 95 页。

〔9〕梁启超:《自由书》,《饮冰室合集》第 6 册,中华书局 1989 年版。

〔10〕〔14〕〔19〕〔20〕〔23〕〔25〕梁启超:《三十自述》,《饮冰室合集》第 2 册,中华书局 1989 年版。

〔11〕[美]约瑟夫·阿·列文森著,刘伟等译:《梁启超与中国近代思想》,四川人民出版社 1986 年版,第 21 页。

〔16〕"叠绳堂"是梁氏宗祠,也是梁氏的自治机关。"叠绳堂"的权力机构是"耆老"会议,由五十岁以上的梁姓子孙组成,并设值理 4 至 6 人,由壮年子弟担任。值理负责办理日常事务,也可列席"耆老"会议。

〔17〕梁启超:《哀启》,《饮冰室合集》第 8 册,中华书局 1989 年版。

〔21〕梁启超:《我之为童子时》,《饮冰室合集》第 2 册,中华书局 1989 年版。

〔22〕当时广州府官学"五大书院"为学海堂、菊坡精舍、粤秀书院、粤华书院、广雅书院。

〔24〕梁启超:《适可斋记言记行序》,《饮冰室合集》第 1 册,中华书局 1989 年版。

〔26〕李平、杨柏岭:《梁启超传》,安徽人民出版社 1997 年版,第 17 页。

〔27〕梁启超:《清代学术概论》,《饮冰室合集》第 8 册,中华书局 1989 年版。

〔28〕据李喜所、元青《梁启超传》(人民出版社 1993 年版)与王勋敏、申一辛《梁启超传》(团结出版社 1998 年版),梁启超在法国得知美、英、法三国议定将原德国在山东的权益全部转让给日本,北京政府的外交代表考虑签字的消息后,即电告国内,要求"警告政府及国民,严责各全权,万勿署名,以示决心"。林长民接电后,立即撰写了一篇新闻稿发表于 5 月 2 日的《晨报》上。第二天,北大壁报贴出了十三院校学生代表召集紧急会议的通告。会议决定于 5 月 4 日举行游行示威。"五四"运动终于爆发。李喜所、元青著认为梁"虽未直接参加'五四'运动,但却是'五四'运动的间接推动者";王勋敏、申一辛著则认为梁"在巴黎向国内及时通报和会的进展,在电文中力主拒签和主张发起拒签运动,这是引发'五四'运动的直接导火索"。

第二节 开放新构与学用相谐：
梁启超的文化方法论与学术个性

梁启超的学术文化创构是中国近现代学术文化转型期的一个突出个案,不仅典型地体现出十九、二十世纪之交中西古今文化撞击交汇的基本历史面貌,也鲜明地体现出一个深怀爱国之心忧世之志的文化学术巨人以民族命运为基点、人类前景为目标的自觉文化求索与学术创构。如何复兴民族文化？梁启超提出了以开放新构为核心的著名的文化建设"三论",即文化"结婚论"、文化"化合论"和文化"系统论"。如何推进民族学术？梁启超则主张启蒙"新民"、学用相谐的学术宗旨,除心奴反依傍、自由独立的学术原则,化合结婚、为我所用的学术方法。

一、梁启超的文化"三论"

发生于十九世纪末二十世纪初中国文化的现代转型,基本上是以一种外来的、对于中国人来说是全新的西方文化理念为价值参照,对中国传统文化理念进行整体性批判与改造的文化历程。日本京都大学石川祯浩先生在《梁启超与文明的视点》一文中指出:"回首19世纪,正可谓其为'文明'的世纪;在这个世纪里,西洋各国满怀信心地把他们到达的水准称做'文明',并将其当作认识世界的普遍尺度。"他认为,不管接受与否,"文明"都是十九世纪后半期包括中国与日本在内的亚洲国家"不得不面对的客观世界体系",这些亚洲国家必须"通过汇入这一'文明'体系而跨过通往近代世界的大门"。[1]确实,严酷而又发人深思的事实是:鸦片战争以来,以贪欲为动机以掠夺为手段的列强的侵略,一方面侵犯了中国的主权和民族尊严,使中国沦为半封建半殖民地社会;另一方面又打破了晚清中国闭关锁国、自高自大的井蛙状态。伴随着侵略者的铁蹄而来的是西方的物质文明与精神文化，一方面是主权沦丧带来的深切痛楚，一方面是西方文明汹涌而来的强势冲击和全新视阈。如何应对西方他者？在《五十年中国进化概论》中，梁启超明确地对中国吸纳西方文化的过程进行了概括总结和批判反思。他指出："近五十年来，中国人渐渐知道自己的不足了，这点子觉悟，一面算是学问进步的原因，一面也算是学问进步的结果。"[2]他将鸦片战争后至二十世纪二十年代初，中国面对西方文化的姿态划出了三个阶段。第一个阶段先从器物上感觉不足。鸦片战争后，洋务派登上历史舞台，他们在"船坚炮利"上"舍己从人"，准备"师夷长技以制夷"。这一时期，清朝官僚和士大夫精英对于西方文化的应和，更多的是出于无奈，是在西方文化的强势撞击下，出于民族自救本能的被动反应。他们信奉的是"中学为体，西学为用"。甲午一战使洋务派的"富国强兵"之梦从此破灭，也彻底惊醒了国人。第二个阶段是从制度上感觉不足。甲午惨败把维新派推上了中国历史的前台。他们从洋务派的"西技"转向"西政"，认为西方的强大主要在于制度的优良，由此推出了以士大夫精英为主体的昙花一现的百日维新运动。洋务运动与维新运动昭示了从器物与制度两个层面应对西方他者的失败。中西文化的撞击由浅入深，由片面到全面，由经济政治到文化意识，开始进入一个自觉主动的阶段。第三个阶段便是从文化根本上感觉不足。开始意识到社会文化是整套的，要拿旧心理运用新制度，决计不可能。中西文化的撞击终于聚焦到了思想精神层面，聚焦到了人与意识层面。这个由物质、体制到精神，由技术、制度到人，由被动到主动的转折是"西学东渐"的西方文化霸权主义与率先觉悟的中国新型知识分子以民族命运为基点的文化反思、批判、选择的历史结果。千年沉寂自大的超稳定古国终于迎来了"莽莽欧风卷亚雨"的思想文化壮观。

从梁启超个人来看，戊戌变法的失败使其将目光从政治领域转向思想文化领域，开始关注思想启蒙与文化创构的重要意义。二十世纪初，他率先提出了"新民"的思想，明确地把国民性改造提上了社会变革的现实议程,呼唤国民心理与民族人格的新生。1918至1920年欧洲游历后,梁启超以更为宏阔的视野与深邃的目光对西方现代文明与中华民族文化的前景予以了高度的关注,呼唤精神生活的高扬与人性人格的完善。可以说,从十九世纪末至二十世纪二十年代,梁启超始终以巨大的热情与责任感,探索民族新生与文化新变的历史道路。他从政治变革与社会变革逐步走向了国民再造与文化建设。他将文化创新与社会变革相联系,将文化建设与人的建设相联系,将中西文化交融与民族文化新生相联系,以宽广的胸怀兼纳中西文明,形成了以开放新构为核心的民族文化建设理论,期待民族文化新构与人类文明前行的交辉。

纵观中西文明发展的历史,凡是文化繁荣发展的时期,无不是不同文明开放遇合相触相融化生推进的结果。闭关锁国是一种弱势文化心态,最终只能成井底之蛙,落后挨打。既不盲目媚外,也不妄自菲薄,在世界文化之林中创新推进民族文化的建设,打造民族文化的品牌,扩大民族文化的影响,并最终实现民族文化的繁荣和共同推进人类文化的进步发展,是一个民族文化觉醒、自信、自强的重要体现和新生、发展、演进的必要步履。

正是从中西交融古今转换的广阔视野和民族新文化创建的现实需求出发,梁启超提出了著名的文化"三论",即文化"结婚论"、文化"化合论"和文化"系统论",对民族文化新构的策略、步骤、目标等作出了较为系统的规划。所谓文化"结婚论",即梁启超认为中国文化应"迎娶"西方优秀文化("西方美人")为自己的文化育出"宁馨儿"。他在《论中国学术思想变迁之大势》一文中说:"盖大地今日只有两文明。一泰西文明,欧美是也。二泰东文明,中华是也。二十世纪,则两文明结婚之时代也。吾欲我同胞张灯置酒,迓轮俟门,三揖三让,以行亲迎之大典。彼西方美人,必能为我家育宁馨儿以亢我宗也。"[3]文化"结婚论"的前提是认为西方文化是科学的先进的,中国的传统文化则需要新鲜血脉的输入以促进变革创新。但是,文化"结婚论"的结果是"为我家育宁馨儿以亢我宗",因此,它的民族立场仍然是非常清晰坚定的。这一阶段的梁启超虽对西方文化肯定较多,主张应该无制限的输入,但他也明确反对欧化派沉醉西风惟洋是从的民族虚无倾向。所谓文化"化合论",即梁启超认为要将不同文化的特质化合,以产生出第三种更好的文明。他在《欧游心影录》中说:"我们的国家有个绝大的责任横在前途。什么责任呢?是拿西洋文明来扩充我的文明,又拿我的文明去补助西洋文明,叫他化合起来成一种新文明。"[4]"化合论"和"结婚论"的共同点都是主张文化的开放、交融、新变。值得注意的是,"结婚论"对西方文化是仰视的,"化合论"则是平视的。"化合论"的基本立场是不同的文化各有自己的优长和局限,因此,需要在不同文化的化合中扬长避短,创新发展。化合的结果是一种更优秀的新文明的产生。在同一篇文章中,梁启超又对文化"化合"的方法途径作出了具体的设想,即他的文化"系统论"。所谓文化"系统论",即梁启超认为民族文化的责任不仅仅是建设一国的文化,还要对人类全体有所贡献,要建设具有世界意义的新文化系统,为全人类服务。从世界的视阈来看民族文化的建设,梁启超提出了"四步走"的策略。他说:"第一步,要人人存一个尊重爱护本国文化的诚意;第二步,要用那西洋人研究学问的方法去研究他,得他的真相;第三步,把自己的文化综合起来,还拿别人的补助他,叫他起一种化合作用,成了一个新文化系统;第四步,把这新系统往外扩充,叫人类全体都得着他好处。"[5]"化合论"与"系统论"表明梁启超已开始突破前期对于西方文明崇敬多批判少的仰视心态,他的文化立场也由单维的本民族利益向度转向不同民族和人类的共同发展进步。简单讲,"结婚论"是以西补中,"化合论"是中西互补,"系统论"是人类视野。"三论"体现了梁启超思想与文化视野的不断拓展与深化,不仅与梁启超由"乡人"到"国人"到"世界人"的人生历程相呼应,也是二十世纪初年中国优秀知识分子不断提升自身思想襟怀的形象写照,较为集中完整地体现了梁启超对民族文化建设问题认识的不断深入和发展演化。"吾窃信数十年以后之中国,必有合泰西各国学术思想于一炉而冶之,以造成我国特别之新文明,以照耀天壤之一日。"[6]梁启超在二十世纪初年写下的这段激情文字,也激励着他自己朝着这个目标不懈努力。他的自然生命与学术生命合而为一,最终绝唱于《辛稼轩年谱》的写作。而他广涉哲学、政治、经济、伦理、法学、艺术、文学等十数个领域的学术创构不仅在二十世纪初年的中国卓领风骚,直到今天仍余响绵延,让后人无法漠视。

二、梁启超的学术个性

梁启超的学术文化创构对中国学术文化的发展演化产生了无法忽视的深刻影响。其成果是十九、二十世纪之交中西文化撞击、古今文化交替的独特产品,也是一个深怀爱国之心、忧世之志的时代巨子所奉献的呕血之作。时代特色与个体特质的创造性融会孕育了一个个性卓具的学术文化产品,构筑了其自身独特鲜明的个体风貌。在短短的三十余年时间里,梁启超为后人留下了1400余万字极富感染力与个性风采的文字,内容涉及了多个领域。概括来看,主要包括以下五大专题:(一)首创中国"新民"之说;(二)大量绍介评说西方学人学说;(三)运用新观念新方法整理中国旧学;(四)文史哲研究;(五)美学艺术文学研究。

我个人认为,梁启超学术创构的个体精神特质主要体现在学术宗旨、学术原则与学术方法三个方面。

其一是启蒙"新民"、学用相谐的学术宗旨。忧世忧民是梁启超身上最深层的内质,是梁启超一切思想与行动的基础。戊戌变法失败了,梁启超却没有消沉与颓丧,他从失败中找教训,对失败之原因率先进行了自觉的反思。一方面,他考察了欧洲诸国特别是日本的变革历程,认识到光靠几个"魁儒硕学"、"仁人志士"是难以成就大业的。另一方面,他对中国的历史与现实亦进行了深刻的反思,意识到民众的心理状态与整体素质是国家强弱的根基。"国之有民,犹身之有四肢五脏筋脉血轮也。未有四肢已断,五脏已瘵,筋脉已伤,血轮已涸,而身犹能存者。则亦未有其民愚陋怯弱涣散混浊,而国犹能立者。故欲其身之长生久视,则摄生之术不可不明,欲其国之安富尊荣,则新民之道不可不讲。"[7]1902年起,梁启超在《新民丛报》第一至第七十二号上,以"中国之新民"为笔名,陆续连载了传世名著《新民说》,提出"新民为今日中国第一急务",并系统地论述了"新民"的内涵与目标。《新民从报》的创刊与"新民"思想的确立标志着梁启超对于百日维新失败的新的反思,也体现了他对于中国历史发展规律的新认识,标志着他从单一的政治变革转向更具深刻意义的人的革新。"新民"思想的核心内涵在于,不全面改造人的素质,不激发人自身的生命活力,任何社会的变革与历史进化都无从谈起。在近代中国,"梁启超最早发起思想启蒙运动,并提出塑造中国新民的任务"[8];正是从"新民"思想出发,梁启超成为中国历史上第一个自觉关注人的现代化的新型知识分子。

国民的素质决定了国家的强弱,这一思想是《新民说》的立论根基。"新民"不是针对几个精英,而是要"改铸所有的民众"。[9]也就是使全体旧国民成为新国民,从而使民族强盛,国家富强。实际上,也正是在这里,"新民"找到了学术与现实的切合点。

"新民"一词源自儒家《大学》。《大学》一开篇即曰:"大学之道,在明明德,在亲民,在止于至善。"[10]"亲民"是与"明明德"、"止于至善"并列的儒家学派"三纲领"之一。对于"亲民"的具体内涵,《大学》中专门有一节予以解释:"汤之《盘铭》曰:'苟日新,日日新,又日新。'《康诰》曰:'作新民。'《诗曰》:'周虽旧邦,其命维新。'是故君子无所不用其极。"[11]可见,"亲"即"新"之义。朱熹在《四书集注》中也把"亲"解作"新",认为"亲""新"通用,"亲民"即革除旧习,作一个"新民"。按儒家的观点,人性本来都是善的。因此,仁义礼智等道德意识也是与生俱来,先天固有的。但在现实生活中,外部环境会对先验的道德意识产生遮蔽与妨碍,使人产生不善的欲念。因此,"亲民"也就是要以仁义礼智等道德意识为准则与目标,使人革除不善的欲念,成为一个符合儒家道德规范的人。从根本上说,"亲民"是通过伦理的改造来达成政治的目标。作为主流意识形态,儒家的伦理当然是要维护已有的社会秩序与严谨规范。因此,"亲民"虽讲要作一个"新民",实际上,它的价值取向在本质上不是向前的,而是守成的。这样的"亲民"与作为维新志士的梁启超的精神理想是有显著差异的。梁启超用旧瓶装新酒,他借用了"亲民"弃旧从新的方法论意义,并直接将其改造为"新民";同时,梁启超又从新的社会现实出发,特别是以西方新的思想文化作为精神内核,对"新民"的具体内涵作了辩证的论释。梁启超说:"新民云者,非欲吾民尽弃其旧以从人也。新之义有二。一曰,淬厉其所本有而新之。二曰,采补其所本无而新之。二者缺一,时乃无功。"[12]新民是对传统人格的淬厉与采补的统一。在构造新民理想时,梁启超对传统人格并非一概否定。他的"新民"理念与中国古典"圣人"理想具有千丝万缕的联系。"新民"并不排斥"圣人"经世致用、尽忠报国的价值追求(或者说两者在这一点上是一致的);同时,它又否定了"圣人"作为民族希望的精英理念(这是从戊戌变法的惨痛教训中得出的经验)。因此,梁氏的"新民"既是对"圣人"理想中的贵族意识和纯精神追求的一种消解(肯定了德、智、力的全面发展,自主平等的理念),也是对中国近代开始的"现代化进程"的一种呐喊与呼应(并不讳言对权利与进取的功利追求)。值得注意的是,梁启超明确指出:"新民"乃"自新之谓也"。新民的核心是"自新",是主体通过各方面的自我陶冶来实现新生。与"亲民"的纯伦理指向不同,"新民"强调的主要是理性的自觉。"新民"并不反对伦理的完善,甚至伦理的完善也是"新民"的一种重要品质,但是,"新民"是一种全面觉醒的人,是以全新的人格理想来构造的新人。它的重要特色是,个人的完善不是为了迎合已有的社会规范,而是要革新与改造并不完美的现实社会。"新民"是具有责任感的社会与国家改造的主人。这种对于拥有新理想与新精神的"新民"的呼唤主要是一种西方资产阶级的启蒙精神话语。康德指出:"启蒙运动就是人类脱离自己加之于自己的不成熟状态。"[13]启蒙是对主体自觉的呼唤。启蒙精神在西方萌芽于十四世纪文艺复兴时代,首先就是对中世纪扼杀个性和人权的反拨。在西方文明的不同历史时期,启蒙精神均有自己的独特的内涵与风貌。但归根结底,启蒙精神就是强调主体意识的觉醒,强调个体生命的活力,强调个人对于社会的责任、价值与意义。因此,启蒙精神在本质上是向前的。在《新民说》中,梁启超这样描绘了"新民"的形象,这是一个具有公德与国家思想、进取与冒险精神、权利与义务观念、自由与自尊意识、合群与自治能力、生利与分利追求、进步与政治理念的新人,他还有毅力、能尚武、具有鲜明的个体意识。这样的形象更多的不是中国传统文化所崇尚的文质彬彬、温柔敦厚、耻以言利、克己复礼的君子或圣人,而是内涵丰满、个性突出、虎虎有生气的鲁宾逊式的改革家与实践家。归根结底,是具有鲜明的爱国思想与强烈的社会责任感的新人。梁启超的"新民"具有明确的现实指向。它指向的是现实中麻木浑噩的人,指向的是现实中愚昧自私的人。梁启超热切地呼唤着"新人物"的诞生,呼唤着新的精神风貌的诞生。实际上,也就是呼唤一种富有生命活力与责任意识的新的健康人格的诞生。

十九、二十世纪之交,梁启超率先以宏阔的历史视野与炽烈的爱国热情敏锐地洞悉了"文化的现代化和人的现代化"的深刻意义。[14]新民不仅仅是中国人的自救,也是中国人融入现代世界这个大体系中的重要前提。梁启超试图通过"新民"的理念来全面影响与改造国人的心理,唤醒长期受传统文化濡染缺乏生气几近僵化的国人。新民的理念奠定了梁启超作为近代启蒙领袖的精神地位,也成为其学术文化创构的根本出发点。梁启超强调学术文化创构应坚持求是与致用、现实与理想的统一,即既要坚持学术自身的意义与价值,又要关注现实问题。基于当时的时代特点与民族现状,梁启超还始终把现实问题作为学术思考的重要出发点,他力求把学术建设与人的建设统一起来,把社会改造与文化变革统一起来。"新民"既是他的政治理想,也是他的学术宗旨。"改造国民性"这个"五四"文化的重要主题正是从"新民"思想开始萌蘖的。从民族自新的思想启蒙中,梁启超获得了学术文化创构的激情与灵感;也正是附着于民族自新的思想启蒙,梁启超的学术文化创构才具有了特殊的意义与辉煌。学用相谐构成了梁启超学术思想最为核心的价值宗旨与最为鲜明的理论风貌,贯穿了梁启超从十九世纪末到二十世纪二十年代整个学术文化创构的历程。

其二是除心奴反依傍、自由独立的学术原则。对于精神文化重要性的深刻认识与极力弘扬,是梁启超学术文化体系的重要特色。十九、二十世纪之交,梁启超是最早从现实的历史发展中认识到中国的落后不仅在于器物、制度,更在于精神、文化的思想先觉者之一。梁启超指出:"文明者,有形质焉,有精神焉。求形质之文明易,求精神之文明难。精神既具,则形质自生。精神不存,则形质无附。"他对单纯学习西方物质文明的行止予以了尖锐的批评:"陆有石室,川有铁桥,海有轮舟,竭国力以购军舰,朘民财以效洋操,如此者可谓之文明乎?决不可。何也?皆其形质也,非精神也。"他得出结论:"求文明而从形质入,如行死港,处处遇窒碍,而更无他路可以别通,其势必不能达其目的,至尽弃前功而后已。求文明而从精神入,如导大川,一清其源,则千里之泻,沛然莫之能御也。"[15]梁启超对物质与精神关系的精辟见解,不仅将近代向西方的开放由器物制度导向了思想精神层面,并为二十世纪中国思想启蒙运动奠定了重要的理论基石。作为十九、二十世纪之交的思想先驱之一,梁启超的伟大还不仅仅在于从现实的层面深刻地洞悉了思想文化的变革对于民族命运的巨大意义,他还从哲理的层面深刻发掘了精神生活对于人类命运的永恒价值。梁启超指出,人类生活包括物质精神两界,文化也包含"物质精神两面"。因此,"人类欲望最低限度,至少也想到'利用厚生'。为满足这类欲望,所以要求物质的文化,如衣食住及其他工具等之进步。但欲望决不是如此简单便了。人类还要求秩序、求愉乐、求安慰、求拓大,为满足这类欲望,所以要求精神的文化,如言语、伦理、政治、学术、美感、宗教等。这两部分拢合起来,便是文化的总量"[16]。梁启超认为与物质、精神两种文化形态相对应,人的生命也具有两界:"一曰物质界。一曰非物质界。物质界属于幺匿体(即 Unite 的音译,笔者注),个人自私之;非物质界属于拓都体(即 Total 的音译,笔者注),人人共有之。"[17]也就是说,物质界属于个体,它体现的是人的生物属性。非物质界属于群体,它体现的是人的类属性。梁启超认为,在人的生命两界中,精神界高于物质界。因为人与动物不同,动物只有生物需求,人有精神需求,即有类本质。人的精神生活体现的是只属于人的真正的内在本性。他反复强调人与动物的不同在于人所拥有的精神生活。在《先秦政治思想史》中,梁启超说:"吾侪确信'人之所以异于禽兽者'在其有精神生活,但吾侪又确信人类不能离却物质生活而独自存在。吾侪又确信人类之物质生活,应以不妨害精神生活之发展为限度,太丰妨焉,太觳亦妨焉。应使人人皆为不丰不觳的平均享用,以助成精神生活之自由而向上。"[18]在这里,梁启超虽然辩证地指出了人的生活不能脱离物质生活,但他更重视的显然是精神生活的高扬。

正是基于对精神生活重要性的深刻认识,梁启超在《新民说》中提出了"辱莫大于心奴,而身奴斯为末矣"的深刻见地。"身奴"为外在的束缚,"心奴"则是思想与精神的束缚。"心奴"非由他力之所得加,而是"如蚕在茧,着着自缚;如膏在釜,日日自煎"。"除心奴"即解除人的精神的各种奴役,恢复其先天本有的生机与灵性。"欲求真自由",必"自除心中之奴隶始";而欲除"心奴",必先找根源。在《新民说》中,梁启超指出导致"心奴"产生的原因有四种。一是言必诵法孔子,"为古人之奴隶";二是动必仰俯随人,"为世俗之奴隶";三是听天由命,随遇而安,"为境遇之奴隶";四是追逐物欲,心为形役,"为情欲之奴隶"。[19]这四种"心奴"为害匪浅,两千多年来使中国国民养成了根深蒂固的奴性而不自知,使中国学术因循守旧而不思改革。

对于中国学界与思想界的奴性,梁启超毫不留情地做了猛烈的抨击。在《近世文明初祖二大家之说》中,梁启超明确举起了"破学界之奴性"、"不傍门户不拾唾余"的大旗!他盛赞培根与笛卡儿为"近世文明初祖二大家",对他们的学说作了热情的阐释与高度的肯定。梁启超认为,从表面上看,培根与笛卡儿的观点是截然相反的。培根强调一切从研究外物出发,知识都是通过外界经验获得的,感觉、实验、归纳是人们获得知识、认识真理的根本途径。笛卡儿则强调一切从内心思考出发,人天生而具有认识、思考、获得知识的能力,知识都是由独立自由的思考而获得。但从实质来看,"培氏之意,以为无论大圣鸿哲谁某之所说,苟非验诸实物而有证者,吾弗屑从也。笛氏之意,以为无论大圣鸿哲谁某之所说,苟非反诸本心而悉安者,吾不敢信也"。因此,两者都是倡导在学术上要"自有耳目","自有心思"。即"我有耳目,我物我格"、"我有心思,我理我穷"的学术独立精神与自由意志。梁启超指出,中国学界,在战国时代,学术繁荣,是因为"学界之奴性未成";而自汉代罢黜百家,思想丧失自由以后,便学风日下,其根子不在形式,而在精神,即缺乏"一种自由独立不傍门户不拾唾余之气概"。[20]

"除心奴",必须"空依傍"。梁启超认为中国人问学好依傍,凡言必有出处,缺乏思想创新。学术不过是拾前人之唾余,炒陈年之冷饭。梁启超对这种陈腐学风痛下批评,指出"拿一个人的思想做金科玉律,范围一世人心,无论其人为今人为古人,为凡人为圣人,无论他的思想好不好,总之是将别人的创造力抹杀,将社会的进步勒令停止了"[21]。他认为这正是"我国千余年来,学术所以衰落"的重要原因。他还敏锐地指出,西风东渐后,学界又惟西学是瞻,亦步亦趋,全盘接纳,生出崇信西学之新奴。对于此种情况,梁启超认为不可等闲视之,"不然,脱崇拜古人之奴隶性,而复生出一种崇拜外人蔑视本族之奴隶性",则"得不偿失也"。鉴此,梁启超提出了民族学术创构的两大基本原则:"第一,勿为中国旧学之奴隶。第二,勿为西人新学之奴隶。"[22]

值得注意的是,梁启超强调除心奴,反依傍,但并不等于他要切断一切思想与文化的乳液。他既讥讽保守派"西学中源"、夜郎自大的无知可笑,要求无限制地输入西方思想文化;又批评欧化派"沉醉西风"、惟洋是从的民族虚无主义。他敏锐地提出当前最堪忧的还不是西学的引进问题,而是中学的存亡问题。梁启超坚持各种文明的化合与融会。他精辟地指出,学一种思想,不是亦步亦趋,而是要"学那思想的根本精神"[23];在领会根本精神的基础上,再根据自己的需求加以创化。只有这样,文化传统才可能超越时代;也只有这样,学术自由与精神独立才可能确立。

其三是化合结婚、为我所用的学术方法。作为从传统士大夫转化而来的中国第一代新型知识分子的代表之一,梁启超不仅坚持中华民族的新生与学术文化创构之间的联系,也对民族新文化创构的具体原则与方法,作了富有开拓性的思考。在《论中国学术思想变迁之大势》中,梁启超明确提出了著名的中西文化"结婚论",提出"迎娶"西方文化为中国文化孕育"宁馨儿"。在《论中国学术思想变迁之大势》与《欧游心影录》中,梁启超还提出了不同文化化合的构想,认为这是产生第三种更好的文化特质的有效途径。

走向文化交汇,对于近代中国,是历史的大势所趋。然而,在不同个体身上,却表现为非自觉的被动的与自觉的积极的等不同的姿态。梁启超的伟大之处正在于他以开放的胸襟、为我所用的自信一改近代前期对于外来文化冲击的被动姿态。他是深刻地意识到文化交汇的重要意义,并坚定地站在民族立场上自觉地向异质文明寻求新的思想武器的文化先驱之一。梁启超对世界文明的发展历史进行了考察:"大地文明祖国凡五,各辽远隔绝,不相沟通,惟埃及安息,藉地中海之力,两文明相遇,遂产出欧洲之文明,光耀大地焉。其后阿剌伯之西渐,十字军东征,欧亚文明再交媾一度,乃成近世震天铄地之现象,皆此公例之明验也。"梁启超认为世界文明的发达离不开不同文明的遇合与交媾,这是文明发展之公例。这一认识是极为深刻的。他以此验之于中华文明的发展,指出:"我中华当战国之时,南北两文明初相接触,而古代之学术思想达于全盛。及隋唐间与印度文明相接触,而中世之学术思想放大光明。"[24]中国古代文化的两个繁盛期战国和隋唐都离不开文化间的相触相融。梁启超指出"生理学之公例,凡两异性相合者,其所得结果必加良"[25];而文化演化亦符合这样的规律。抱着对中华文化演化前景的积极乐观的态度,在《欧游心影录》中,梁启超还就文化结婚与化合理想的实现具体提出了"四步走"策略,从而为中华文化的新生及对世界文化的贡献予以了宏观规划。

化合结婚、为我所用、创构新文化系统体现了梁启超对于民族新文化建设的基本理想,也是其走向民族新文化创构的具体途径。他逐步突破了洋务时期何为"用"、何为"体"的思维模式,以非常自信开阔的胸襟来迎娶化合各家之说。[26]在《饮冰室合集》中,梁启超介绍评说的欧美、日本、印度世界级文化名人达数十位。其中涉及柏拉图、亚里士多德、苏格拉底、卢梭、颉德、培根、笛卡儿、达尔文、康德、亚当·斯密、孟德斯鸠、霍布士、洛克、斯宾诺沙、休谟、尼采、柏格森、克伦威尔、莱布尼茨、沃尔弗、布伦奇利、边沁、基督、哥白尼、瓦特、牛顿、斯宾塞、富兰克林、泰戈尔、立普斯、福田谕吉等。从政治学说到经济学说,从进化理论到生命理论,梁启超都作了生动而富有个性的描绘与评议,内容涉及了哲学、政治、经济、法学、伦理、文学、心理、逻辑、地理、教育等社会科学、自然科学、人文科学的诸多领域。可以说,在十九、二十世纪之交中西文化大撞击的时代,还没有一个人像梁启超这样集中地为中国读者奉献了如此丰富多样的世界文化食粮。"在'拿来主义'这一点上,中国还没有第二个人像梁启超那样做得完全彻底。"[27]通过热烈地拥抱西方文明,梁启超广泛吸纳了西方文化与学说思想。此间,他对西方文化也以欧游为中介,经历了二十年代以前的全面吸纳到二十年代以后的批判吸纳的发展过程。他以化合结婚、为我所用为方法立场,将西方近代文明中的民主、平等、个性、进化、科学等理念融入了自己的文化创构中。

从建构新的民族文化"宁馨儿"的理想出发,梁启超也自觉地对传统文化进行了反刍。他敏锐地发现了传统文化中落后、陈腐的一面,但他并不妄自菲薄,弃祖抛宗,而是从启蒙新民的价值宗旨出发,积极从传统文化中发掘有益的精神滋养。梁启超在中国传统文化上的根基非常深厚。他少年及第,遍读《四子书》、《诗经》、《五经》、《中国略史》、《唐诗》、《史记》、《汉书》、《古文辞类纂》、《纲鉴易知录》、《皇清正解》、《四库提要》、《二十二子》、《四史》、《百子全书》等中国文化典籍。师从康有为后,在康氏指导下,梁启超又精心研读了《公羊传》、《春秋繁露》、《二十四史》、《宋元学案》、《明儒学案》、《资治通鉴》、《文献通考》等传统经典,并参与编撰或有幸先睹了康氏《新学伪经考》、《孔子改制考》、《大同书》三部巨著。师从康氏,不仅使梁启超关于传统文化的具体观点深受震撼,而且对老师借古述今的治学方法也有了直接的领悟。时代的激荡、康氏的影响,使梁启超逐渐形成了自己对待传统文化的价值取向与治学方法。他不再满足于单纯的接受掌握,而是力图在"贯穿群书"的基础上,"自出议论"、"自成条理"。尤其是结合启蒙新民的价值目标,梁启超对传统文化进行了批判扬弃与选择吸纳。他对儒学文化以及脱胎于儒学和禅宗的"心学"情有所衷。儒学源远流长,是几千年中国学术文化的主脉。梁启超发掘了儒学中倡导乐生入世,强调人格修养,注重美善相济,坚持个体社会责任的积极因素。"心学"则由宋代陆九渊所开创,强调人的主体能力,张扬个体的意义与权利;注重精神的价值,主张"收拾精神,自作主宰"。[28]至明代,"心学"经王阳明、王艮的发展,进一步丰富了自己的内涵。王阳明提出"良知说",认为人人都可以成为圣人。[29]王艮则将天视为与人平等的存在,并反对"圣化"孔子的现象。[30]"心学"在传统文化中并不是学术的主流,但它的思想倾向与梁启超注重个体能动性的新民理念具有相洽之处。

作为文化结婚论的倡导者与积极实践者,梁启超对于两晋之间传入中国的佛学也大有兴趣。其间,挚友谭嗣同、夏曾佑对佛理的嗜好对他颇有影响。佛教所宣扬的"众生平等"、"涅槃新生",佛理中的感悟与思辨,都被梁启超统统摄入自己的文化创构中。1902年,与《论小说与群治之关系》一起,梁启超推出了《论佛教与群治之关系》一文,力数佛教的六大优点。尽管这一时期,梁启超对佛学的实际认识远远不如晚年精深,但他试图将佛学融入其整个启蒙新民的思想体系之中的价值取向则不可谓不明显。

值得注意的是,梁启超提倡化合与结婚并不是单纯的异质文化的简单相加,而是要在化合与结婚中创成新变,即通过化合与结婚孕育自己的新的"宁馨儿",即"成一个新文化系统"。在历史观上,梁启超坚持历史进化论。他早年受康有为公羊三世进化说的影响,后来又受到达尔文、斯宾塞的影响,历史进化论成为他的历史观的核心。[31]梁启超认为:"凡在天地之间者,莫不变","上下千岁,无时不变,无事不变"。变是"古今之公理"。[32]地球人类,乃至一切事物,皆循进化之公理,而日赴于文明。因此,梁启超不仅对历史与文明发展持乐观的态度,也把历史与文明进化视为基本的规律,提倡除旧布新,不断超越。

关于梁启超在近代中国"学术文化方面确立的历史功绩",日本著名的中国问题专家狭间直树先生认为"是怎么评价都不过分的"。[33]我以为,这一观点当不只是对梁启超在学术文化创构中所表述的具体观点的肯定,更应是对于其在特定的历史时代,在政治、民族与文化危机同时并至的民族现实环境中,对中华民族文化的新生这一严峻的历史课题所把持的视角、原则与方法之探索的肯定。现代新儒家的代表人物梁漱溟先生在《纪念梁任公先生》一文中说:"当任公先生全盛时代,广大社会俱感受他的启发,接受他的领导。其势力之普遍,为其前后同时任何人物——如康有为、严几道、章太炎、章行严、陈独秀、胡适之等等——所赶不及。我们简直没有看见过一个人可以发生像他那样广泛而有力的影响。"在这篇文章中,梁漱溟先生认为可与梁启超并提的只有蔡元培:"两位同于近五十年的中国有最伟大之贡献,而且,其贡献同在思想学术界,特别是同一引进新思潮,冲破旧罗网,推动了整个国家大局。"在同一篇文章中,梁漱溟先生又言:梁启超一生成就"独在他迎接新世运,开出新潮流,撼动全国人心,达成历史上中国社会应有之一段转变"[34]。我对梁漱溟先生的观点基本上是赞同的。实际上,梁启超自己对于中国社会及其思想学术的发展演化亦有精湛的观点。他指出一个民族思想学术的发展是有不同的演化阶段的,不同的阶段有不同的使命,衍生也决定了不同的学术精神与学术风范。确实,像梁启超这样的一个古今交替中西交汇的历史转折点上的思想开新者与学术新构者,其意义不仅在于具体的观点,更在于其继往开来酿成潮流的宏观方法精神和整体理论走向。只有从这样的视角与层面去认识梁启超其人其学,才可能更准确地把握其学术思想的客观面貌,理解其内涵特质,并作出客观科学的评价;而对梁启超美学思想的认识考察,也只能放置在其整个思想发展与学术创构的宏阔背景上,才能更科学深入地理解。

注释:

〔1〕〔9〕〔33〕[日]狭间直树编:《梁启超·明治日本·西方》,社会科学文献出版社 2001 年版,第 95 页,第 88 页,第 93 页。

〔2〕梁启超:《五十年中国进化概论》,《饮冰室合集》第 5 册,中华书局 1989 年版。

〔3〕〔6〕〔24〕〔25〕梁启超:《论中国学术思想变迁之大势》,《饮冰室合集》第 1 册,中华书局 1989 年版。

〔4〕〔5〕〔21〕〔23〕梁启超:《欧游心影录》,《饮冰室合集》第 7 册,中华书局 1989 年版。

〔7〕〔12〕〔19〕梁启超:《新民说》,《饮冰室合集》第 6 册,中华书局 1989 年版。

〔8〕〔14〕黄敏兰:《中国知识分子第一人·梁启超》,湖北教育出版社 1999 年版,

第 12 页,第 3 页。

〔10〕〔11〕陈戍国点校:《四书五经·大学》,岳麓书店 2002 年版。

〔13〕[德]康德著,何兆武译:《历史理性批判文集》,商务印书馆 1991 年版,第 22 页。

〔15〕梁启超:《国民十大元气论》,《饮冰室合集》第 1 册,中华书局 1989 年版。

〔16〕梁启超:《什么是文化》,《饮冰室合集》第 5 册,中华书局 1989 年版。

〔17〕梁启超:《余之死生观》,《饮冰室合集》第 2 册,中华书局 1989 年版。

〔18〕梁启超:《先秦政治思想史》,《饮冰室合集》第 9 册,中华书局 1989 年版。

〔20〕〔22〕梁启超:《近世文明初祖二大家之说》,《饮冰室合集》第 2 册,中华书局 1989 年版。

〔26〕梁启超一生对中西文化及其关系的认识也经历了几个发展的阶段,由只知中学(早年)到初涉西学(万木草堂时期)到批判中学(戊戌变法失败后)到中西化合创构民族新文化(欧游归来)。

〔27〕王勋敏、申一辛:《梁启超传》,团结出版社 1998 年版,第 84 页。

〔28〕陆九渊:《象山全集》卷三十五,中华书局 1936 年版。

〔29〕任继愈编:《中国哲学史》第 3 册,人民出版社 1964 年版。

〔30〕王艮学生耿定向撰《王心斋传》载:"同里人商贩东鲁,间经孔林,先生入谒夫子庙,低徊久之。慨然奋曰:'此亦人身,胡可以师之称圣耶?'"可参看侯外庐主编《中国思想通史》第 4 卷(下),人民出版社 1957 年版。

〔31〕可参看陈鹏鸣:《梁启超学术思想评传》,北京图书馆出版社 1999 年版,第 246—247 页。

〔32〕梁启超:《变法通议·自序》,《饮冰室合集》第 1 册,中华书局 1989 年版。

〔34〕夏晓虹编:《追忆梁启超》,中国广播电视出版社 1997 年版,第 258—262 页。

第三节　变而非变：梁启超美学思想发展分期与演化

从现存资料看，梁启超的美学思想活动主要为1896至1928年间。其间以1918年欧游为界，可分为1896至1917年的萌芽期与1918至1928年的成型期。萌芽期以《变法通议·论幼学》为起点，借《论小说与群治之关系》和《惟心》奠定了审美、人生、艺术三位一体的美学思想的基石，并通过"力"与"移人"的范畴突出了艺术审美的功能问题。成型期以《欧游心影录》为起点，借《"知不可而为"主义与"为而不有"主义》、《中国韵文里头所表现的情感》等一批论著，论释并建构了"趣味"这一极富特色的本体范畴，并以"趣味"为扭结将美的人生价值层面与艺术的情感实践层面相联结，延续、丰富、深化了前期的美学思想。梁启超美学思想的前后期发展呈现出"变而非变"的演化特征，凸现了其人生论美学的基本学术立场和由社会政治理性观向文化人文价值观迈进的基本轨迹走向。

一、梁启超美学思想发展之萌芽期

梁启超美学思想发展的第一个阶段约从1896至1917年间，是其美学思想的萌芽期。这一阶段，从梁启超的人生历程与整体思想轨迹来看，主要为"国人"时期。这一时期的梁启超主要作为政治家的形象活跃于中国历史舞台，其关注中心在政治，学术活动是其政治改良活动的有机组成部分。这一阶段，梁启超关于审美问题研究的视野相对狭隘。其对美学问题的思考主要包含在文学问题中，较少纯粹与形上的美之研讨。梁启超这一阶段的美学思想贡献主要体现在关于"三界革命"的理论倡导中。倡导包括"诗界革命"、"小说界革命"与"文界革命"在内的文学革新运动是梁启超这一阶段文学活动的中心。在"三界革命"的理论倡导中，梁启超提出了关于中国文学变革的许多重要思想,体现了对于新的文体审美理想与文学审美意识的开拓与呼唤。同时,在"三界革命"的理论倡导中,梁启超也明确体现出对美(艺术)与人生(社会)"进化"之内在联系的自觉认识,他提出了"力"与"移人"这两个在其整个美学思想体系中占据重要地位的范畴与命题。"三界革命"的理论及其"力"与"移人"的思想奠定了梁启超美学思想将审美实践与人生实践相融会的基本学术取向与研究视角,也构筑了梁启超美学思想的重要内核。

1896年,梁启超发表了《变法通议·论幼学》。《变法通议》是一篇倡导社会变革的政治论文。但在《论幼学》中,梁启超专门谈到了"说部书",即小说。其中涉及两个比较重要的观点:第一,他指出小说运用俚语写作,故"妇孺农氓"皆可读之,因此,从实际情形看,"读者反多于六经"。第二,他认为小说读者面广,对社会风气具有重要影响。尽管在《论幼学》中,梁启超对小说的艺术特质缺乏深入的认识,还把《红楼梦》、《三国演义》、《水浒传》等中国优秀古典小说与其他小说混为一谈,将社会风气的败坏简单地归结为传统小说的影响,这种认识不仅肤浅也是极为片面化的。但是梁启超意识到了小说与经书对读者感染力的差异,意识到文学与世道人心具有密不可分的联系,从而明确地把小说作为自己关注与研究的一个对象,提出正是因为长期以来士大夫文人轻视小说,结果任其"游戏恣肆,诲淫诲盗",败坏"天下之风气"。他提倡"今宜专用俚语,广著群书。上之可以借阐圣教,下之可以杂述史事,近之可以激发国耻,远之可以旁及彝情,乃至宦途丑态,试场恶趣,鸦片顽癖,缠足虐刑,皆可穷极异形,振厉末俗。其为补益,岂有量耶"![1]实际上即提倡利用小说的形式,规范小说的内容,来发挥小说功能,使其对社会风气产生正面的影响。因此,《论幼学》正是梁启超面向现实、学用相谐的文学思想的源头,也是梁启超审美与人生相统一的美学思想的起点。

1902年,是梁启超前期美学思想发展的一个高峰。这一年,梁启超发表了著名的小说论文《论小说与群治之关系》。戊戌变法失利后,康梁避难日本。为了继续为维新思潮摇旗呐喊,梁启超在日本先后创办了《清议报》、《新民丛报》、《新小说》等刊物。《新民丛报》创刊于1902年。在创刊号上,梁启超陈述了该报的宗旨:本报取《大学》新民之义,以为欲维新吾国,当先维新吾民;本报以教育为主脑,以政论为附从;本报为吾国前途起见,一以国民公利公益为目的。[2]可见,此时作为政治家的梁启超思想重心已经发生了位移。他对救国道路的寻找由直接的政治革命转向文化启蒙,由制度变革转向新民塑造。从1902至1906年,梁启超在《新民丛报》上陆续发表了《新民说》共二十节,全面阐述了启蒙新民的思想主张。他指出欲救国先新民,欲新民"莫急于以新学说变其思想"[3]。"新学说"即当时所接触到的各种西方思潮与理论,特别是近代西方资产阶级的各种思想学说。在传播新学说、改革旧思想的现实需求下,文学及其变革引起了梁启超极大的关注。因为文学不仅是传统文化的重要组成部分,它还是传统文化的主要承载与阐释工具。不变革文学的特质与功能,就不能有效地实现新思想的传播。关于文学与民众素养及社会变革的关系,梁启超在戊戌变法前写作的《变法通议》(1896)、《蒙学报演义报合叙》(1897)、《译印政治小说序》(1898)等文中已有涉及。1902年,在《论小说与群治之关系》一文中,梁启超更是作了集中阐发,提出"欲新道德,必新小说;欲新宗教,必新小说;欲新政治,必新小说;欲新风俗,必新小说;欲新学艺,必新小说;乃至欲新人心欲新人格,必新小说",他得出结论"欲改良群治,必自小说界革命始;欲新民,必自新小说始"。[4]尽管这篇论文在对小说的艺术本性和审美功能的认识上有很大的偏颇,他不仅无限地夸大了小说的社会功能,还把审美功能放在工具性层面,把社会功能放在终极性层面,从而扭曲了艺术的社会功能与审美功能的关系。但在这篇论文中,梁启超从"力"的命题出发,概括并阐释了小说所具有的"熏"、"浸"、"刺"、"提"四种艺术感染力,"渐"化和"骤"觉两种基本艺术感染形式,"自外而灌之使入"和"自内而脱之使出"两大艺术作用机理,从而得出了小说"有不可思议之力支配人道",并能达成"移人"之境的基本结论。这一阐释从小说艺术特征和读者审美心理的角度来探讨小说发挥功能的独特方法与途径,体现了梁启超深厚的艺术功底,也呈现出较为丰富的美学内蕴。在这篇文章中,梁启超还对小说的艺术特性和人的本性之间的关系作了探讨,指出小说具有既能摹"现境界"之景又能极"他境界"之状,和"寓谲谏于诙谐,发忠爱于馨艳"的艺术表现特性,强调这两种特性可以满足人性的基本需求,从而"因人之情而利导之"。在探讨小说艺术特性时,梁启超还涉及了"理想派"与"写实派"的概念。"理想派"与"写实派"这一组概念是梁启超从西方文论中引入的。在中国文论与美学理论史上,属首次触及。因此尽管《论小说与群治之关系》中的小说美学阐释是以社会功能为终极归宿的,其本身存在着致命的弱点,但正是这篇文章,首次在中国文学与美学理论史上以现代理论思维模式概括了小说的审美特性,并通过对小说审美功能和社会功能的高度肯定使小说获得了文学殿堂的正式通行证,从根本上改变了中国传统文化关于小说"小道"、"稗史"的价值定位,从理论上将小说由文学的边缘导向了中心。中国文学传统,历来以诗文为正宗。明代以后,小说创作虽已相当繁荣,出现了《三国演义》、《水浒传》、《西游记》、《金瓶梅》、《红楼梦》以及"三言两拍"等脍炙人口的长短篇小说名著,但小说在主流社会中,仍不登大雅之堂,被士大夫和正统文人排斥在文学正殿之外。明代以来,也有一些思想家和作家提出了肯定小说功能与地位的见解。在梁启超之前,有李贽、冯梦龙、凌濛初等;与梁启超大体同时,则有康有为、严复、夏曾佑等。但他们均从小说与经史的比附入手,抬高小说的地位。如冯梦龙认为小说是"六国经史之辅"[5]。严复认为小说为"正史之根"[6]。康有为则认为"宜译小说"来讲通"经义史故"。[7]这些观点实际上均将小说视为经史的羽翼和辅助工具。与这类既肯定小说的功能地位又犹抱琵琶的态度相比,梁启超则直接将小说与"支配人道"、与"吾国前途"相联系,还明确宣称"小说为文学之最上乘"。《论小说与群治之关系》集中论释了小说的社会功能与审美特质。尤须注意的是，梁启超对小说功能的肯定不是以文学以外的经史为标准，而是开始触及文学自身的艺术特点和审美特征。《论小说与群治之关系》使梁启超成为中国小说思想由古典向现代转换的关键人物。这篇论文也成为梁启超前期美学思想的第一篇扛鼎之作，是梁启超文学审美理念的一篇檄文与宣言，也是梁启超人生实践与审美实践相统一的美学思想的重要理论代表作之一。

这一阶段，梁启超涉及美学问题的相关重要论文还有《惟心》（1899）、《饮冰室诗话》（1902—1907）、《夏威夷游记》（1903）、《告小说家》（1915）等。《惟心》是梁启超早期美学思想中值得引起关注的另一篇重要论文。如果说《论小说与群治之关系》是从文学角度切入讨论了艺术的特质与审美的功能问题，《惟心》则从哲学与心理层面切入讨论了美的本质及其与美感的关系问题。《惟心》是梁启超哲学观与美学观的一次重要表述。梁启超说："境者心造也。一切物境皆虚幻，惟心所造之境为真实"；"天下岂有物境哉，但有心境而已"；"然则欲言物境之果为何状，将谁氏之从乎？仁者见之谓之仁，智者见之谓之智，忧者见之谓之忧，乐者见之谓之乐。吾之所见者，即吾所受之境之真实相也"。[8]在这里，梁启超提出了境之实质以及物境与心境的关系问题。梁启超把境视为心即人的主观精神的创造物。由此出发，他认为一切物境皆著心之主体色彩。因此，就"境"之实质言，没有纯客观之物境的存在，而只有渗透了主体色彩的心境。这种认识就其哲学立场来说具有主观唯心主义倾向。[9]梁启超是一个非常重视人的精神能动性的社会历史的主动者。在哲学观上他把精神能力视为人的生命本质与宇宙创化的根本动力。这种立场体现在审美观上，则表现为对主体心理要素及其美感在审美中的地位的高度重视。在《惟心》中，梁启超所体认的"境"就是一种纯心灵的精神自由创化。他对于审美中美感的差异性及其与所营构的审美意境的关系作了生动精到的描绘："'月上柳梢头，人约黄昏后'，与'杜宇声声不忍闻，欲黄昏,雨打梨花深闭门',同一黄昏也,而一为欢憨,一为愁惨,其境绝异。'桃花流水杳然去,别有天地非人间',与'人面不知何处去,桃花依旧笑春风',同一桃花也,而一为清净,一为爱恋,其境绝异。'舳舻千里,旌旗蔽空,酾酒临江,横槊赋诗',与'浔阳江头夜送客,枫叶荻花秋瑟瑟。主人下马客在船,举酒欲饮无管弦',同一江也,同一舟也,同一酒也,而一为雄壮,一为冷落,其境绝异。"[10]《惟心》体现出价值论美学的思想萌芽,对于理解梁启超后期美学思想中"趣味"和"情感"范畴的建构具有重要的意义。

《论小说与群治之关系》和《惟心》是梁启超前期美学思想的代表性作品。《惟心》实质上是梁启超的美之本体论,《论小说与群治之关系》则是梁启超的美之功能论。两文关注的中心问题不同,却具有共同的哲学立场,即重视主体精神的作用与地位。两文体现了梁启超作为十九、二十世纪之交中国重要启蒙思想家的基本特色,也共同奠定了梁启超美学思想发展的基础,开启了其将审美、艺术、人生紧密相连的既脱胎于传统又颠覆传统、既积极入世又极富玄想的美学思想之路。

二、梁启超美学思想发展之成型期

1918 至 1928 年,为梁启超美学思想的成型期。这一阶段,梁启超辞去政职,从政坛转入学界。这一时期,也正是梁启超自谓的人生三阶段中的"世界人"时期。其中,欧洲之旅对梁启超的思想产生了巨大的触动。回国后,梁启超主要以学者的身份活跃于中国历史舞台,关注的中心在学术文化。他对于民族新文化的建设倾注了极大的热情,为中国现代思想学术的建设做出了巨大的贡献。[11]在美学思想上,梁启超则从前期以文学革新与文学功能为中心拓宽到关于美的普遍形上思考,关注美的本质与特征,提出并阐释了极富个性特色的重要美学范畴"趣味",并对艺术审美中的"情感"问题做了深入的研讨。梁启超这一时期的思考进一步凸现了自身的特色,更富有思想深度与理论色彩。同时,这一时期关于美的思考,不仅延续了前期侧重于美的功能与价值的特色,其观照的视阈亦进一步从前期主要集中于文学衍化到整个艺术与人生领域。

戊戌变法失败后,梁启超虽然对思想文化问题已有相当的认识,但他始终未脱离政界。他期冀通过对民众的思想启蒙来实现政治变革国家强盛的目标。其间,经历了立宪运动、武昌起义、拥袁反袁,出任段阁财长,梁启超单纯的政治热情一次次化为泡影。1917年底,梁启超辞去段阁财长之职,正式退出政界。在形式上结束了"好攘臂扼腕以谭政治",一切活动皆以政治为中心的阶段。1918年底,梁启超赴欧。一方面是以民间代表的名义赴巴黎和会,准备为中国争取权益。另一方面,此时的梁启超思想上也是非常苦闷的。他在国内的政治中看不到光明,因此想赴欧"拓一拓眼界"、"求一点学问",实际上也是想为中国社会的前途寻找一条新的出路。战后的欧洲到处是断垣残壁,昔日"绝好风景的所在,弄成狼藉不堪"。这一令梁启超充满向往的近代文明的发祥地,如今却令他连连感叹文明人的暴力。梁启超花了近一年的时间考察了法国、英国、比利时、荷兰、瑞士、意大利、德国等欧洲主要国家的二十几个名城。欧洲之旅不仅使梁启超直接接触了西方思想文化,也使他对东西文化的特点有了具体的比较。他开始以更开阔的视野、更深邃的目光来思考中国的前途及其与整个人类文明的关系。他认为,目前中国社会最迫切的问题是扬长避短,"化合"中西文明,建构价值理想,创构一种民族的"新的文明"。[12]二十年代,梁启超主要投身于这样一个民族新文明系统的创构,并把这一新文明系统的创构视为解决中国问题的一条新路径。

写于1919年的《欧游心影录》是梁启超第二阶段的开篇之作。[13]它以对西方文明的反思、中西文明的比较和对民族新文化创构的精辟见解成为梁启超整个思想发展中的重要里程碑。《欧游心影录》包括多篇文章,以《欧游中之一般观察及一般感想》最为重要。该文分"大战前后之欧洲"与"中国人之自觉"上下两篇,较为系统地阐述了对战后世界局势与人类历史发展趋向的看法,对于东西文明的看法,对于个人、国家、世界关系的看法,尤其集中阐释了对于当前中国人的责任与努力方向的看法。梁启超认为,"一战"是人类历史的转折点。它使人类认识到了物质主义和科学万能的弊病,暴露了西方近代文明的缺点。但西方近代文明不会灭绝,因为它不像古代文明一样是贵族文明,是少数人的文明。西方近代文明是大众的文明,与大多数人息息相关,尽管有问题,但根基还是结实的,不会"人亡政息"。关键是现在发现了毛病,就要找办法去医治它。梁启超精辟地指出:人最怕是对于现状心满意足。感觉与揭破毛病,是一种进步。天下从无没办法的事,不办却真没法。从根本上看,梁启超对西方及整个人类文明的前景,是持乐观主义态度的。在《欧游心影录》中,梁启超引用了柏格森的老师蒲陀罗的话:"一个国民,最要紧的是把本国文化,发挥广大,好象子孙袭了祖父遗产,就要保住他,而且叫他发生功用,就算很浅薄的文明,发挥出来都是好的。因为他总有他的特质,把他的特质和别人的特质化合,自然会产出第三种更好的特质来。"[14]实际上,早在1902年,梁启超就已提出文化结婚的思想。蒲陀罗的观点与他可谓不谋而合。只不过在欧游之前,梁启超更多地是想从西方文化中为中华文化新生寻找武器。而现在,经历了对欧洲文明的亲历亲受,梁启超显然能以更辩证的心态对待中西文化的关系以及民族新文化创构的问题。梁启超指出:"我们的国家,有个绝大责任横在前途。什么责任呢?是拿西洋的文明来扩充我的文明,又拿我的文明去补助西洋的文明,叫他化合起来成一种新文明。"同时,新文明的创构不仅是要把自己的国家挽救建设起来,还"要向人类全体有所贡献"[15]。在《欧游心影录》中,梁启超对新文明创构的途径与原则作了具体思考。与《新民说》一样,梁启超也把目光聚焦到国民身上。但是,《新民说》是从民族主义的立场来看思想启蒙对于中国命运的重要意义;《欧游心影录》则从世界主义的立场来看文化创构对于中国与人类前途的重要意义。《新民说》更多地强调了个体的道德意识与爱国理念;《欧游心影录》则更多地强调了个体的文化责任与历史使命。《新民说》把目光更多地投射到国民的整体人格建构上;《欧游心影录》则将目光更具体地潜入国民的思想解放与人性自由层面上。《新民说》更多的是对国民的生命活力与精神觉醒的整体呼唤;《欧游心影录》则是对觉醒后的国民必备的人格基础与精神特质的具体思考。从对人的现代化的思考来看,我认为《欧游心影录》要比《新民说》更深沉更深刻。同时,这种思考的脉络与演化轨迹与梁启超一贯的文化思想是完全一致的。强调"彻底"的"思想解放"和"尽性主义"是《欧游心影录》的重要观点。梁启超指出,中国旧社会喜将"国人一式铸造",人的个性都被国家吞灭,国家也就无从发展。他主张要"人人各用其所长","把各人的天赋良能,发挥到十分圆满"。[16]同时,他指出,个性要发展,必须先从思想解放入手。每一种思想都有它派生的条件,都要受时代的支配。落实到具体的观点上,只有在特定的时代条件下才是合适的。因此,发扬中华文化传统,关键在于发扬思想的根本精神,而不是食古不化。这种"除心奴"的思想理念在《惟心》中已有明确的表述。但《惟心》主要是针对外部世界与主观精神的关系而言的。《欧游心影录》则将这种关系转化为西方文明与东方文明、物质文明与精神文明的关系。在《欧游心影录》中,梁启超将西方文明界定为物质文明,将东方文明界定为精神文明。这样的界定明显地具有某种简单化的倾向,但梁启超已经开始突破前期对于西方文明崇敬多批判少的仰视心态,对西方文明的物质基础与工具理性进行了尖锐的批评,强调了精神文化与价值理想对于人类的重要意义。《欧游心影录》是《新民说》关于民族前途与命运思考的延伸与深化,为梁启超后期的思想演化与文化创构确立了纲领。

　　《欧游心影录》对西方文化作出了较为全面的反思。其中"文学的反射"一节专门讨论了欧洲文学的发展及特点。梁启超认为社会思潮是政治现象的背景,而文学又是社会思潮的具体体现。根据这个观点,梁启超把欧洲十九世纪文学分为前后两个阶段。前期为浪漫忒派,主要受唯心主义与自由主义思潮影响,崇尚想象与情感。后期为自然派,主要受唯物主义和科学主义思潮影响,注重写实求真。自然派文学将人类心理层层解剖,将社会实相逼真描写,就像拿显微镜来观照人类,"把人类丑的方面兽性的方面和盘托出,写得个淋漓尽致"。这样创作,固然达到了真的要求,但人类的价值也几乎等于零了。他认为:"自从自然派文学盛行之后,越发令人觉得人类是从下等动物变来,和那猛兽弱虫没有多大分别,越发令人觉得人类没有意志自由,一切行为,都是受肉感的冲动和四围环境所支配";"十九世纪末全欧洲社会,都是阴沉沉地一片秋气,就是为此"。[17]这样地认识文学的功能,与早期的《论小说与群治之关系》,可以说基本是一个思路。但在"文学的反射"中,梁启超在政治与文学之间找到了社会思潮的中介,在谈文学对社会影响的同时也谈到了社会发展与社会思潮对文学的作用,应该说他的认识还是有发展的,他对文学与社会关系的认识趋于辩证了。同时,他通过对欧洲浪漫忒派与自然派文学的评析,明确地表达了自己的价值取向,提出了文学要表现价值理想的问题,提出了人的意志自由的问题。这是对于文学审美特性与审美规律的重要拓展,也是对于美的本质与规律的拓深。因此,《欧游心影录》可视为梁启超后期美学思想的起点,标志着梁启超由前期侧重对美的现实功能的探求拓深到对美的价值本质的思寻。

这一时期,梁启超的美学研究进入丰硕期。在研究领域上,从前期以文学为主要对象拓展到书法等其他艺术领域以及广阔的人生实践领域,研究的视野大大开阔了。在研究目标上,从前期将文学与政治直接相联到关注美与人本身的联系,关注审美的人生本体意蕴,思考的深度大大加强了。在研究形态上,从前期对西方逻辑论证方法与专题论文形态的初步尝试,到此时更为广泛自觉的借鉴,较为鲜明地呈现出与传统文论不同的新特色。这一阶段,与美学建构相关的重要著述除《欧游心影录》(1919)外,还有《翻译文学与佛典》(1920)、《欧洲文艺复兴史序》(1920)、《"知不可而为"主义与"为而不有"主义》(1921)、《中国韵文里头所表现的情感》(1922)、《情圣杜甫》(1922)、《屈原研究》(1922)、《什么是文化》(1922)、《美术与科学》(1922)、《美术与生活》(1922)、《趣味教育与教育趣味》(1922)、《学问之趣味》(1922)、《为学与做人》(1922)、《敬业与乐业》(1922)、《人生观与科学》(1923)、《陶渊明》(1923)、《中国之美文及其历史》(1924)、《书法指导》(1927)、《为什么要注重叙事文学》(1927)、《知命与努力》(1927)等。这批论著从涉及问题看，大致可分为两类。一类是从哲学与人生层面上来谈人生观与价值观问题，其中涉及对美的本质的体认与感悟。这部分论著包括《"知不可而为"主义与"为而不有"主义》、《什么是文化》、《美术与科学》、《美术与生活》、《趣味教育与教育趣味》、《学问之趣味》、《为学与做人》、《敬业与乐业》、《人生观与科学》、《知命与努力》等名篇。在这部分论著中，梁启超主要突出了"趣味"的命题。他从不同的侧面阐述了趣味的本质、特征及其在人生中的意蕴，构筑了一个趣味主义的人生理想与美学理想。"趣味"在梁启超的美学思想体系中，既是一个审美的范畴，又不是一个纯审美的范畴。它不是一种纯粹的审美判断，而是一种融人生实践与审美实践为一体的具体感性生命的真实存在状态，是一种由情感、生命、创造所熔铸的不有之为的精神自由之境。在趣味之境中，感性个体的自由创化与众生、宇宙之理性生命运化融为一体，从而使主体获得酣畅淋漓之"春意"，即实现有责任的趣味。趣味的范畴集中体现了梁启超对美的哲理思索与价值探寻，也体现了梁启超对于人生的现实责任感。这一部分论著是梁启超的哲学美学和人生美学。另一大类是从文学与艺术层面来谈具体作家作品，谈创作与鉴赏，其中涉及对美、美感、审美及艺术问题的具体认识与具体见解，尤其突出地研讨了艺术中的"情感"问题及其与美和审美的关系。这部分论著主要有《中国韵文里头所表现的情感》、《中国之美文及其历史》、《屈原研究》、《陶渊明》、《情圣杜甫》等名篇。《屈原研究》、《陶渊明》、《情圣杜甫》是中国文论史上较早的作家专论，它们运用了社会学与心理学的视角对作家个性与作品风格进行解读,使传统的以诗论为主的古典诗人研究焕然一新。《中国韵文里头所表现的情感》与《中国之美文及其历史》是对中国古典诗歌的系统性研究。后者虽未完成,但它们在中国诗学研究中均占有重要的地位。这部分论著不仅在研究视角与理论形态上有明显区别于传统文论的显著特征,而且它们都有一个共同的中心主题,就是围绕艺术中的"情感"问题展开研究与探讨,把情感视为艺术的本质特征与最高标准,具体研究了艺术中情感的不同表现特征、表现方式及其与作家作品的关系。这部分论著是梁启超的艺术美学。

梁启超后期美学思想以"趣味"这个核心范畴为扭结,将趣味的人生哲学层面与情感的艺术实践层面相联系,延续并丰富了审美、艺术、人生三位一体的美学构想,也实现了对前期以美的功能为中心的美学观的丰富、发展与升华。梁启超后期美学思想是其整个美学思想的高峰,代表了梁启超美学思想的最高成就。

1928年秋,梁启超开始编撰《辛稼轩年谱》,稍后罹病,但仍坚持写作。10月12日,编至"辛弃疾61岁。是年,朱熹去世,辛往吊唁",梁录辛作祭文四句:"所不朽者,垂万世名,孰为公死,凛凛犹生。"[18]此为梁公绝笔。1929年1月19日,梁启超在北京病逝。其已显特色的美学思考亦溘然而止。

三、变而非变:梁启超美学思想的演化特征

从前期的萌生到后期的成型,梁启超美学思想的发展形成了审美、艺术、人生相融汇的既脱胎于传统又颠覆传统、既积极入世又极富玄想、既发展变化又执着如一的鲜明轨迹。其发展从对具体社会实践的关注到对人生价值理想的思寻,从对美的现实功能的强调到对美的人文价值底蕴的观照,其关于美的理论思考的广度、深度不断拓展,而其学用相谐的学术取向则始终如一。

关于梁启超美学思想前后期的发展演化,国内学界较为流行的

一种观点是认为梁启超美学思想前期为功利主义美学,后期演化为超功利美学,两者间具有根本性差异。[19]我以为,这样的看法虽触及了梁启超美学思想发展过程中的某些现象与特点,但并未全面把握梁启超整个美学思想发展演化的逻辑轨迹与内在联系,亦未能深入把握梁启超整个美学思想的实际内涵与整体特质。事实上,梁启超美学思想的发展演化不是梁启超对于美的价值认识的根本性变异,而是梁启超关于美的问题思考的不断拓展与深化。从学理的层面看,梁启超后期以"趣味"("情感")为中心的美学思想正是其前期以"移人"("力")为中心的文学思想的丰富、发展、深化与完善。"趣味"与"移人"、"情感"与"力"在梁启超美学思想体系中是互为呼应的范畴。"趣味"与"移人"在本质上都是指向人的。梁启超明确地说自己的人生观是拿趣味做根柢的。趣味作为个体感性生命的具体存在状态,是与无生气、无情趣、无自由、无创造相对立的。梁启超强调人作为个体生命应具有趣味主义的人生态度和实践原则,即饱含热情、不计得失、兴会淋漓地从事人生实践,用"以趣味始以趣味终"的超越直接得失之执和成败之忧的实践原则来达成手段与目的的同一,将外在的目的追求转化为内在的情感需求,从而实现"有味的生活"。在这里,关键就是要养成具有趣味主义人生观的实践主体。由此,梁启超提出了"趣味教育"的思想,指出"趣味教育"的根本目标是拿趣味当目的,也就是使人成为趣味的人。这种趣味的人在本质上正体现了梁启超作为启蒙主义思想家的根本特色,它指向的就是二十世纪中国几代思想家所关注的中国国民性问题。从这个意义上说,"趣味"的终极目标也就是"移人"。"趣味"将"移人"的内涵具体化、人文化,使"移人"有了具体的落脚点。也正是在这一点上,"趣味"与"移人"具有内在理论取向的一致性,它们既是审美中的学理问题,也是人生中的实践问题。通过"趣味"("情感")的范畴梁启超把前期以"移人"("力")为中心所展开的对于小说艺术感染力与社会功能的论释扩展深化了。梁启超前后期美学思想共同构筑了一个以趣味为核心、以情感为基石、以力为中介、以移人为目标的人生论美学思想体系。这个体系从前期更多地关注审美(艺术)与社会(政治)的关系到后期更多地关注审美与人(人生)的关系,不管研究视野、研究重点、具体观点有哪些变化,其把审美视为启蒙的重要途径与人格塑造的重要工具的基本思想具有内在的一致性。可以说,终其一生,梁启超都不能算是一个唯美的美学家。[20]梁启超的美学观既与无视情感的所谓文以载道的政教论审美理念相区别,又与旧式文人纯粹借艺术以自慰或寄情的所谓纯审美观相区别。梁启超美学思想体现了其对美的独特理解与创构,是关于美的尚实理性与人文理想的梁式化合。应该说,简单地用功利主义或超功利主义来概括梁启超美学思想的发展演化、臧否其美学思想的价值意义都是不科学的,也必然会对梁启超美学思想的准确理解造成困难。梁启超美学思想的前后期发展并不构成思想的断层,而是一种具有内在根基的主动探索与发展。这种"变而非变"的理论风貌不仅蕴藏着自觉介入现实、追求学用相谐的内在一致性与统一性,也典型地体现出十九、二十世纪之交先进知识分子追随社会步伐、努力求新求变的时代特征,凸现了其人生论美学的基本学术立场和由社会政治理性观向文化人文价值观迈进的基本轨迹走向。同时,梁启超美学思想发展演化的轨迹也典型地映照着二十世纪中国学术日渐向着自身本质回归的历史脚印。

注释:

[1] 梁启超:《变法通议·论幼学》,《饮冰室合集》第1册,中华书局1989年版。

[2] 丁文江等编:《梁启超年谱长编》,上海人民出版社1983年版,第272页。

[3] 梁启超:《与康有为书》,转引自黄珅评注《新民说》,中州古籍出版社1998年版,第29页。

[4] 梁启超:《论小说与群治之关系》,《饮冰室合集》第2册,中华书局1989年版。

[5] 冯梦龙:《醒世恒言·序》,《中国历代文论选》第3册,上海古籍出版社1980年版,第223页。

〔6〕严复、夏曾佑:《本馆附印说部缘起》,陈平原、夏晓虹主编《二十世纪中国小说理论资料》第1卷,北京大学出版社1997年版,第27页。

〔7〕康有为:《〈日本书目志〉识语》,陈平原、夏晓虹主编《二十世纪中国小说理论资料》第1卷,北京大学出版社1997年版,第29页。

〔8〕〔10〕梁启超:《自由书·惟心》,《饮冰室合集》第6册,中华书局1989年版。

〔9〕1924年,梁启超又专门著有《非"唯"》(《饮冰室合集》第5册)一文阐释自己的哲学立场,表示自己既反对唯物主义,也反对唯心主义。但在《非"唯"》中,梁启超提出"心力"是人类进化的根本力量,因此,他在本质上还是一个具有主观唯心主义色彩的哲学家。

〔11〕1917年,梁启超辞去政务,但仍关注政治形势的发展。此间,他的学生与友人曾多次劝他重返政坛,他自己内心也屡有矛盾。但革命失败的现实与欧洲之旅对西方文化的切身体会及其中西文化的具体比较,使梁启超将对救国道路的思考由政治革新与思想启蒙转向新的民族文化的建设。二十年代,他广泛地涉猎了政治、哲学、历史、教育、经济、法律、新闻、美学、文学、宗教等各个领域,留下了数量巨大的文字著述。

〔12〕〔14〕〔15〕〔16〕〔17〕梁启超:《欧游心影录》,《饮冰室合集》第7册,中华书局1989年版。

〔13〕《欧游心影录》写于1919年欧行途中,刊于1920年3月—6月《晨报》。

〔18〕梁启超:《辛稼轩先生年谱》,《饮冰室合集》第12册,中华书局1989年版。

〔19〕如有学者指出:"'五四'运动以后,梁启超完全退出政治舞台,潜心于学术思想研究。职业上的变化,也促成他审美观的变化,由文艺上的功利论者变为超功利论者。……这是他对早期的文艺服务于新民的主张的全面修正,也使他前后的理论变化表现出一种截然的反向。"(见蒋广学、张中秋:《华夏审美风尚史·凤凰涅槃》,河南人民出版社2000年版,第331页)这样的看法,在梁启超美学思想研究中具有相当的代表性。

〔20〕夏晓虹:《觉世与传世——梁启超的文学道路》(上海人民出版社1991年版)一书侧重从梁启超的文学思想谈了这个问题。她认为梁启超的文学思想经历了由"文学救国"到"情感中心"的转变。但即使在突出情感、注重文学的审美价值时,梁启超也绝对不是个唯美主义者。在文学的有用性上,梁启超从来就不超脱。

第四节　不有之为:梁启超美学思想渊源与潜在逻辑

梁启超美学思想枝权繁芜,这是一个客观的事实。但是,其具体思想无一不从美与人生之关系这个根本性问题萌出,并随着对这一问题认识的发展而不断深化。正是基于对美与人生关系的执着思考,梁启超逐渐发展、丰富并构筑起自己的基本美学理念——"不有之为"的趣味主义美论。梁启超的趣味美论是东西方文化精神滋养与个性化创造的思想结晶。在"不有"和"为"的两极张力中,梁启超紧紧抓住了"趣味"这个核心范畴,并以此贯通了"情感"、"力"、"移人"等重要范畴,富有特色地表述了对美的本体论、创造论、功能论、价值论的独到理念,在这一过程中梁启超也集中体现了自己融审美、艺术、人生为一体的人生论美学理想。

一、梁启超美学思想的文化精神渊源

任何一种思想都不可能凭空产生。它总是以各种方式承接文化渊源,以各种姿态吸纳文化传统,并或多或少、或主动或被动、或直接或间接地表现着这种关系,动态地演绎着继承、扬弃、创新、超越的复杂过程。而在文化转型时期的一些杰出人物身上,这种冲突、融合、否定、传承的文化关系更是获得了充分的体现,并成为他们文化开拓与创新的基本前提。

在美学思想发展史上,早在先秦与古希腊时代,人类就拥有了丰富的美学思想,但这些美学思想处于零散的状态,直到十八世纪,德国哲学家鲍姆加登创立了"Aesthetics"一词,美学才真正作为一门独立的学科而诞生。二十世纪初,西方美学随"西学东渐"的大潮传入中国。二十世纪二十年代后,西方美学在中国现代美学学科的建设中产生了广泛的影响,其中康德、叔本华、尼采、柏格森、立普斯等人的影响尤其深刻。中国古典文化中有取得了突出成就的诗学,但没有真正学科意义上的美学。美学是一个外来儿。虽然现代学科意义上的美学是以西方美学学科模式作为基础的。但对于中国现代美学的第一代建设者来说,首先思考的还不是学科的格局问题,而是美的理念问题,其核心就是美论的建设问题。十九、二十世纪之交,国家与民族的严峻现实,使美学本有的启蒙意义突出地凸显出来。美的思考与美的人格的建设、美的追求与美的人生的建设就不仅仅是一种文化理想,还具有了切实而独特的现实意蕴。同时,对于中国美学的第一代建设者来说,兼容并包、广泛吸纳是他们面对西学的共同姿态。而就自身而言,他们首先又是士大夫阵营中的一员,有着深厚的民族文化根基。可以想象,如果没有西方列强的入侵,没民族民运的危亡,他们也就不可能萌生对于民族文化的深切反思。欣慰的是,这一代美学建设者面对强势冲击的西方文化,不是采取夜郎自大的姿态,而是既直面民族现实,把持民族立场,又践履文化开放,富有开阔胸襟。这种中西融会的开放性成为梁启超等中国现代美学先驱的重要理论建构特色。西方文化在中国近现代美学的建设中产生了重要的影响。

在对西方文化与审美理念的吸纳中,梁启超主要选择了康德与柏格森。

康德是西方美学思想史上的关键性人物之一。康德的哲学与美学思想对梁启超产生了深刻的影响。梁启超对康德(Immanuel Kant,1724—1804)推崇备至,把康德誉为"近世第一大哲"。在美学史上,鲍姆加登是第一个为美学正名,也是第一个写出美学专著,并第一个在大学里开设美学课程予以讲授的。但是,鲍姆加登关于美学学科的定位并不准确。鲍姆加登把美学命名为"Aesthetics"。"Aesthetics"在希腊文中的原义是"感性学"。鲍姆加登认为研究高级理性认识的是逻辑学,研究低级感性认识的就是"Aesthetics"。美学即研究感性认识的完善。在鲍姆加登这里,美学实际上只是逻辑学的小妹妹。他说:"我们不用怀疑也可以有一种有效的科学,它能够指导低级认识能力从感性方面认识事物","理性事物应当凭高级认识能力作为逻辑学的对象去认识,而感性事物(应该凭低级认识能力去认识)则属于知觉的科学,或感性学"。[1]显然,鲍姆加登是在认识论的范畴中开拓美学领地的。与鲍姆加登建立在人与感性对象关系上的美学认识论不同,康德则从哲学本体论、从美与人自身关系的意义上开拓了美学新视野。康德把人的心理要素区分为知、情与意,把世界区分为现象界与物自体。他认为,人的知只能认识现象界,不能认识物自体。物自体不以人的意志为转移,又在人的感觉范围之外,因而是不可知的。但人要安身立命,又渴望把握物自体,从而使生活具有坚实的根基。因此,在实践上去信仰就是跨越知性与理性、有限与无限、必然与自由、理论与实践的桥梁。这样,康德就为美的信仰预留了领地。康德指出,从纯粹理性的知到实践理性的意,中间还需要一个贯通的媒介,即审美判断力。审美判断不涉及利害,却有类似实践的快感;不涉及概念,却需要想象力与知解力的合作;没有目的,但有合目的性;既是个别的,又可以普遍传达。康德强调审美判断在本质上是与情感相联系的价值判断,要"判别某一对象是美或不美,我们不是把(它的)表象凭借悟性连系于客体以求得知识,而是凭借想象力(或者想象力与悟性相结合)联系于主体和它的快感和不快感"[2]。康德以其深邃的哲学思辨和对人性的天才洞悉揭示了美的价值与特质,从而真正为美学学科揭开了序幕。康德的意义在于把由鲍姆加登确立的美学"从认识论中解脱出来",从而使美学"具有了最一般的形而上学(即哲学)的意义",[3]为美的情感本体与价值本质拉开了帷幕。从康德始,美开始走向情感、走向个性、走向人的完善与人自身的价值。因此可以说,自康德始,美学才名正实至,开始真正赢得自身的安身立命之所。康德对美的哲学思辨与情感界定对梁启超的哲学思考与美学创构产生了深刻的影响。梁启超对美的思考,首先是将其放在哲学(人生)的范畴中来观照的。他提出了趣味主义的人生哲学,并将趣味作为自己美学体系中的核心范畴,成为美学理想建构的起点与归宿。同时,梁启超把情感视为趣味的内因,强调情感是趣味之美实现的基质。这种关于美的思考的情感视角与价值立场,明显地折射着康德美学的身影。

对梁启超美学思想建构产生重要影响的还有二十世纪生命哲学的重要代表人物亨利·柏格森(Henri Bergson,1859—1941)。在二十世纪世界文化演进的历史进程中,亨利·柏格森是一个不容忽视的关键性人物。柏格森认为生命冲动是宇宙的本质,是最真实的存在。但生命不是一种客观的物质存在,而是一种心理意识现象,是一种意识或超意识的精神创造之需要。生命只有在生命冲动中,在向上喷发的自然运动中,也即创造中才产生生命形式,才显现自己。但生命冲动要受到生命自然运动的逆转,即向下坠落的物质的阻碍。生命必须洞穿这些物质的碎片,奋力为自己打开一条道路。因此,作为宇宙本质的生命冲动,虽受制于物质,但终究能战而胜之,保持其不向物质臣服、自由自在的品性,开辟出新境界。在柏格森这里,生命在本质上是一种与物质、与惰性、与机械相抗衡的东西,它总是不断创新、不断克服物质的阻力、不断追求精神与意志的自由。因此,生命也就是无间断的绵延。绵延是一条神秘的河流,每一瞬间都是新质的出现。由于绵延瞬息万变,因此绵延不能用理性和科学的方法来度量与认识,而只能依靠非理性的直觉。柏格森认为感觉、概念、判断等一切理智的认识形式和分析、综合、演绎、归纳等一切理智的认识方法,都是从凝固、静止的观点去认识事物的。它们当然永远也无法把握只有纯粹的质的飞跃的绵延。柏格森倡导以直觉去把握绵延。对于直觉,他有一个经典的定义:"所谓直觉,就是一种理智的交融,这种交融使人们置身于对象之内,以便与其中独特的,从而是无法表达的东西相符合。"[4]可见直觉是一种置身于对象内部的体验。柏格森认为,它比理智优越的地方就在于它通过置身于"实在之内",来真正体察"实在的那种不断变化的方向",从而来接近绵延即生命冲动的本质。生命冲动、绵延、直觉构成了柏格森特有的绚烂世界。柏格森强调惟有不惜一切代价征服物质的阻碍与引诱,生命才能向上发展,才能绵延。而绵延就是美。因为绵延充分体现了生命的本质,体现了生命的运动与生长,体现了生命的变化与统一。在绵延中,我们"掌握了时间的川流,在现时中把住了未来"[5]。柏格森的美学思想将美与人的本体生命相联系,弘扬精神生命的活力与价值,强调美与审美在人生实践中的本体意义,重视审美中的生命体验,对二十世纪西方美学思想的演化产生了深刻的影响。柏格森代表了西方文化中反抗物质至上、高扬精神自由的文化反省,代表了对于科学理性的反抗与意志能动性的肯定。1913年,《东方杂志》第10卷第1号发表了钱智修所撰写的《现今两大哲学家学说概略》,柏格森首次进入了中国人的视野,[6]并在中国知识界产生了广泛的影响。梁启超将柏格森称为"新派哲学巨子"。他对柏格森十分敬仰,旅法期间,特意彻夜精心准备资料,造访了这位"十年来梦寐愿见之人"。柏格森对梁启超亦大加褒叹,称赞梁启超研究自己的哲学"极深邃",两人一见即成良友。归国后,梁启超还曾准备邀请柏格森前来讲学,后因故未能成行。柏格森的哲学与美学呼唤绵延创化的生命力,肯定意志自由与精神能动性,这对于急于重振民族自信的梁启超来说,无疑是雪里送炭,自然要举臂相拥了。梁启超在《欧游心影录》中说:"直觉的创化论,由法国柏格森首创,德国倭铿所说,也大同小异。柏格森拿科学上进化原则做个立脚点,说宇宙一切现象,都是意识流转所构成。方生已灭,方灭已生,生灭相衔,便成进化。这些生灭,都是人类自由意志发动的结果,所以人类日日创造,日日进化,这'意识流转'就唤做'精神生活',是要从反省直觉得来的。我们既知道变化流转就是世界实相,又知道变化流转的权操之在我,自然可以得个'大无畏',一味努力前进便了。这些见地,能够把种种怀疑失望,一扫而空,给人类一服'丈夫再造散'。"[7]梁启超对柏格森的哲学评价甚高,并把其视为"新文明再造"的重要途径。在梁启超看来,只要对生活满怀信心与热情，只要永远高扬精神与意识的能动性，那么，人类的前途永远是可乐观的。但是，柏格森的哲学以绝对运动来否定相对静止，以直觉冲动来否定理性意识，从而也使他的创造性学说蒙上了神秘主义的面纱，打上了形而上学思维方式的烙印。柏格森的学说为西方人本主义哲学开拓了重要的理论基础。他的学说在梁启超的美学思想中也有鲜明的痕迹。梁启超关于美与生命关系的思考，关于趣味之美的界定，关于艺术活动特性的阐释都留下了柏格森生命哲学的烙印。但是，梁启超与柏格森又有重要的区别。在柏格森那里，生命的直觉冲动是对西方工业社会理性扩张的反抗。美在柏格森那里是医治机械理性的一剂良方。而对于梁启超来说，他既需要生命的感性冲动来激发生活的热情，又需要理性与良知来承担社会的责任。因此，他一方面倡导人生的"趣味"和生命之"为"，另一方面又以人生的"责任"和超越个体之"有"的"不有"来实现有"责任"的"趣味"、构筑"不有之为"的趣味主义人生境界。因此，梁启超的趣味思想既是对生命本质的感性肯定，也是对生活意义的理性考量。

如果说梁启超对于西方文化与美学思想的吸纳是一种自觉的吸乳，那么中国传统文化对于梁启超来说，则已深入骨髓。而且与同时代部分国人一味崇洋相比，梁启超对中西文化持有更为辩证的观点，对中国文化的新生更具有自信。他并不以中西的简单外在区别来论文化价值，而是以民族文化的创新为基点，主张文化结婚，会通融合。这一文化建设的立场与方法在其美学思想创构中也获得了充分的体现。

梁启超的美学思想是中西文化交融的结晶。中国传统文化的两大代表儒家文化与道家文化对其均有重要的影响。孔子是儒家文化的代表人物，也是中国美学思想的源头之一。孔子以"志于道，据于德，依于仁，游于艺"[8]为毕生追求，强调个体应以"仁"为中心，自觉服从群体社会规范。他强调个体的社会责任，主张积极入世。"仁"是孔子的人生境界与社会理想，也是孔子的美学理想。理想的人要

"志于道,据于德,依于仁",即在"道"与"德"的基础上达到"仁"的标准。但这还不够,真正的"成人"还要将"仁"在"游"中臻于化境,使个体感性心理与社会理性道德融为一体,使"仁"成为人的内心情感的自觉要求。所以,孔子既主张道德人格艺术化,即驱理通情;又主张审美情感伦理化,即以理提情。孔子的美学是一种伦理美学。他的美学境界蕴涵着丰富的理性精神和伦理品格。他的人生至境与审美至境就是善与美的统一。"天行健,君子当自强不息"[9]。孔子把天人合一的境界视为文质彬彬的君子对于社会责任的自觉践履,是将个体的生命融入社会的运化之中。因此,孔子的美学精神始终是健动的、尚实的、情理合一的。梁启超曾将孔老墨并称"三圣",著有专文研究他们的思想,但他最为推崇的还是孔子。梁启超的美学思想对于"为"的执着,留下了孔子美学的深刻烙印。这种烙印不是一种外在的文饰,而是深入骨髓的,这也是梁启超美学思想独特性的一个内在根源。

梁启超在根子上是儒家的,无论在哪个阶段,无论处何种境况,无论谈什么问题,梁启超总不能超脱个体的社会责任。然而,他在情趣上又是真切地憧憬道家的。他向往个体生命的解放与自由。在对于感性生命境界的追求中,梁启超的美学思想也比较鲜明地体现出道家美学的影响。在道家美学中,有一个最高范畴"道"。"道"是超越时空的永恒的存在。它"无为而无不为","泽及万物而不为仁"。"不为仁"不是不要"仁",而是不刻意求"仁",却达到了最高的"仁"的境界,即"爱人利物"。庄子说:"天地有大美而不言。"[10]体"道"即"原天地之美"。因此,道家美学强调的是超越具体的忧患得失,而去追求个体生命的自由发展,是把超越外在必然而取得精神自由视为美的根源。这种以超越的态度来体悟自由畅神的现世美的理念,对梁启超所推崇的"不有之为"的人生理念和美学追求具有重要的影响。实际上,在道家美学中,梁启超读出的不是一般人认为的消极无为,而是对于生命胜境与精神自由追求的一种独特方式。

古今中外各种文化资源,给梁启超美学思想提供了良好的滋养。值得注意的是,梁启超对各家各派均持开放姿态,但他并非生拉硬扯,而是主张化合结婚,创出自己的新文化。在美学思想领域,这个新文化就是他的趣味主义美学。趣味主义美学潜涌着康德美学的价值论视角、柏格森美学的生命力理念、儒家美学的健动观、道家美学的超越观。[11]但梁启超的趣味主义美学又始终具有自身提问的特定出发点,它直面的是十九、二十世纪之交中华民众的生存现实与精神现状。正是从这个特定基点出发,梁启超吸纳了中西各家的精神滋养,从"力"与"移人"到"情感"与"趣味",他不断地思考探索艺术、人生、审美之间的内在关系,并逐步形成了将现实人生与审美(艺术)人生融为一体的趣味主义人生论美学理想。趣味美理念与趣味美学思想在中国近现代美学思想中独树一帜,值得也需要我们认真解读。

二、不有之为:梁启超美学思想潜在逻辑解读

就现存资料看,梁启超美学思想的具体内容可归为哲学美论与艺术美论两大部分。以哲学美论与艺术美论为两翼,梁启超美学思想以趣味主义为中心,逻辑地勾连了现实人生与审美(艺术)人生的关系,凸显了不有之为的人生论美学精神。

哲学美论是梁启超美学思想的核心内容,是梁启超关于美的本体论。主要涉及对美的本质及价值的看法。这部分思想是梁启超美学思想中最具特色的内容,也是梁启超整个美学思想建构的理论基础。梁启超关于美的哲学思考不是在一两篇论文中集中表述的,而是渗透在哲学、教育、艺术、生活、文化等论著中,须认真梳理总结。其中相关的重要篇目主要有《惟心》(1899)、《非"唯"》(1924)、《欧游心影录》(1918)、《进化论革命者颉德之学说》(1902)、《近世文明初祖二大家之说》(1902)、《近世第一大哲康德之学说》(1903)、《余之死生观》(1904)、《学与术》(1911)、《东南大学课毕告别辞》(1923)、《"知不可而为"主义与"为而不有"主义》(1921)、《什么是文化》(1922)、《美

术与科学》(1922)、《美术与生活》(1922)、《科学精神与东西文化》(1922)、《趣味教育与教育趣味》(1922)、《学问之趣味》(1922)、《为学与做人》(1922)、《敬业与乐业》(1922)、《人生观与科学》(1923)、《知命与努力》(1927)等。梁启超美学思想在本质上是一种大美学观,是将人生境界与审美境界相统一的人生论美学。梁启超认为美是一种人生胜境,是生命个体以饱满的热情将自我的感性实践融入宇宙的整体运化之中,从而达到个体与众生与宇宙迸合的蕴溢春意的趣味之境。对于何为趣味、趣味产生的条件、趣味的类型与具体特点、艺术与趣味欣赏的关系等问题,梁启超均有具体论述,其中不乏精彩之见。由于趣味不仅是一个审美的问题,也是梁启超对自身人生哲学的一种概括与诠释,是梁启超人生与哲学理想的具体表述。因此,在关于趣味的研讨中,梁启超比较多地涉及了哲学与文化问题;或者更准确地说,梁启超正是在对于哲学和文化问题的思考与观照中,表达了自己的美的理念。梁启超的哲学思想与文化理念在本质上与其美的思考和理想具有内在的一致性。因此,在这部分论著中,梁启超不仅探讨了美的本质的问题,也探讨了美的价值与意义。作为一种人生美论,梁启超从人生出发来观照美,也从人生出发来期待美。他把美育视为审美实践的归宿,对审美人格的培养给予了极大的关注。在二十世纪前半叶中国现代美学思想史上,梁启超是第一个也是唯一的倡导"趣味教育"的思想家。他率先提出了趣味教育与人格培养的问题,认为教育的关键不在知识的传授而在人生态度的培育。他把传统的纯知教育称为"物的教育",提出现代教育应向"人的教育"转化,指出只有首先成为一个人,知识才是有价值和意义的。而何为一个人,在梁启超看来,也就是知、情、意和谐发展,具有趣味态度与趣味人格的人。趣味教育思想体现了梁启超关于美的价值思考与价值取向,它与梁启超关于美的本质的思考相联系,构成了梁启超美学思想的本体论层面。在关于美的本体的思考中,梁启超也比较多地涉及了情感的问题。他认为情感是趣味发生的内在动力与主体条件,也是趣味之境的建构基石,因此,趣味与情感具有密切的有机联系。情感是孕生趣味美的必要前提。由情感与趣味的关系,梁启超也涉及了美与真,即情感与理性的关系问题,并对美感的特性与美的心理功能特点屡有精见。可以说,哲学美论紧紧围绕"趣味"这个核心范畴,较为系统地表述了对美的本质、特点、条件、价值等问题的看法,其中特别突出了对美的本质的形上思考以及讨论了美与审美主体建构的关系问题。哲学美学在集中讨论"趣味"的同时,实际上也集中讨论了以美育人("移人")的问题。

艺术美论是梁启超美学思想的重要组成部分,是梁启超关于美的实践论。梁启超把美与人生相联系,而艺术则是梁启超沟通美与人生的具体桥梁。这部分论著集中体现了梁启超关于艺术美创造、鉴赏批评、文体审美、艺术功能等问题的认识。主要有《中国韵文里头所表现的情感》(1922)、《中国之美文及其历史》(1924)、《屈原研究》(1922)、《陶渊明》(1923)、《情圣杜甫》(1922)、《译印政治小说序》(1898)、《论小说与群治之关系》(1902)、《小说丛话》(1903)、《丽韩十家文钞序》(1914)、《告小说家》(1915)、《翻译文学与佛典》(1920)、《欧洲文艺复兴史序》(1920)、《稷山论书诗序》(1923)、《晚清两大家诗钞题辞》(约1927)、《诗话》(1902—1905)、《诗话补辑》(1906—1907)、《书跋》(1911—1928)、《画跋》(1924—1928)等。在这些论著中,梁启超以艺术作为直接观照对象,对于艺术的特点、价值、功能、体裁、语言、表现方式以及艺术革新等问题都提出了自己的见解。其中特别是在以下几个方面,对于中国现代艺术美论的建设具有重要的意义:一,对艺术情感问题作出了富有现代意义的较为系统的论释。涉及了情感的本质、特征,艺术情感的表现类型、作用特征、价值功能等重要问题。其中相当一部分观点具有理论的深度与创新意义。二,明确肯定了作家个性在艺术中的意义与价值,并将其作为艺术美评判的一个重要标准。以此为理论基础,对中国古典代表性作家作出了新解读,超越了传统研究的评点模式与技巧探讨,使这些耳熟能详的传统作家凸现了全新的价值意义。三,弘扬艺术新变的意义,尤其是对崇高型艺术风格的发掘与肯定,有力地冲击了传统的和谐美理念,推动了艺术美意识的丰富与变革。四,高度肯定了在中国传统艺术中长期没有地位的叙事型文学体裁——小说的价值,第一个较为深入且颇具系统地探讨了小说的艺术特征与艺术感染力。五,对于艺术创造中的一些具体心理问题与技巧手法提出了精到的看法。六,强调了艺术实践与情感教育的重要意义,将其视为趣味主体建构的重要实践途径。总的来看,艺术美论的中心范畴是"情感"。由情感的实践功能,梁启超将"力"、"移人"等范畴统一到艺术的具体层面上,不仅较为丰富地研讨了艺术"情感"、"力"、"移人"的关系问题,实际上,也集中研讨了由"情感"到"移人"的具体途径问题。即如何通过艺术"情感"、"力"、"移人"的贯通,来实现艺术与人生的同一,即美的人生或趣味人生建设的具体道路问题。因此,在艺术美论中,情感虽是一个显性的中心范畴,趣味则是潜在的核心范畴,而移人则是一个内在的目标范畴。

哲学美论与艺术美论是梁启超美学思想的两大重要组成部分。两者之间有侧重有交渗,共同体现了梁启超关于美的本体、美的创造、美的功能的较为系统的看法。而在其中,趣味始终是最为重要的范畴。以趣味为扭结,趣味、情感、力、移人四大范畴构筑起一个充满内在张力的逻辑命题,集中体现了"不有之为"的趣味美原则与理想。

"趣味"是梁启超美学思想的本体论范畴,也是梁启超美学思想逻辑勾连的基石。"趣味"这个概念在梁启超之前,中西均有人使用过。中国文化中的"趣味",主要是一个艺术学中的词汇,具有比较感性的实践性意蕴。它主要是指艺术鉴赏中的美感趣好,即欣赏者品评艺术作品时的个体取向。在美学史上,第一个从理论上明确提出"趣味"问题的是十八世纪英国经验主义美学家休谟(David Hume,1711—1776)。在康德之前,西方美学主要问的是"美是什么"的问题。不管是古希腊人追问美的本质,还是鲍姆加登讨论感性认识,美学家们最终试图把握的就是客观的美的本来面貌。这一点,实质上在休谟这里也不例外。休谟的美学主要讨论了两个问题,一个是美的本质问题,另一个就是审美趣味问题。美的本质是什么,休谟认为它不是对象的一种性质,而是主体的一种感觉,这种感觉不是我们所说的五官感觉,而是心里的情感感受,即快感(美)和痛感(丑)。休谟认为要寻找"客观的美"和"客观的丑"完全是徒劳的,我们只需要关注这些感觉。感觉是一种切实的经验。休谟把自然科学中的经验主义原则运用到审美的领域中。与理性主义美学家相比,休谟强调了审美中的感性状态。但他仍然没有脱离传统美学的认识论立场。因此,他的美学具有深刻的内在矛盾。这一点在关于审美趣味的讨论中体现得最为明显。根据休谟的美论,美完全不在客体,而在主体。这样对于同一对象,主体的感觉如果是不同的,那么对象究竟美不美呢?这种关于感觉的趣味判断是真实的吗?应该如何评判?休谟自然地由美通向了美的趣味的问题。在休谟这里,趣味首先是一种审美能力,即审美鉴赏力或审美判断力。休谟说:"理智传达真和伪的知识,趣味产生美与丑的及善与恶的情感。"[12]理智与真相联系,是冷静的超脱的;趣味与情感相联系,形成了一种新的创造。这种新的创造在休谟看来,就是用从内在情感借来的色彩来渲染一切自然事物。那么事物本来的面貌究竟是怎样的呢?休谟认为只能从经验或感觉中去判断。因此,休谟关于美或审美趣味的探讨陷入了这样的内在矛盾之中,一方面他承认美的个体性与差异性,另一方面休谟又并不否定客观的美的存在。只是从他的方法论立场来看,这个客观的美无从把握,所能把握的只有经验层面上的美感。休谟的美学冲击了理性主义的美学,但他并未能够彻底超越理性主义的机械论。朱光潜先生在《西方美学史》中认为休谟是经验主义的集大成者,周来祥先生主编的《西方美学主潮》则将休谟定位为经验主义的终结者。不管是集大成者还是终结者,实际上,休谟美学的理论成就正在于他的矛盾性中。正是在休谟的矛盾中,西方传统美学的认识论方法受到了怀疑。有学者认为,现代美学确立的重要标志是由"美是什么"转向"审美何以可能"?[13] 这是一个由认识论向体验论的转向。在这个意义上,休谟是通向康德的一座桥梁。但是,我们必须承认,作为休谟美学的重要范畴的趣味,虽然是一个与情感、创造联系在一起的概念,具有变化性、不确定性,但它仍然是一个认识论范畴中的概念。趣味作为审美判断,休谟通过它想揭示的仍然是美的普遍性问题,即把美还原为客观对象。所以,休谟所探讨的并不是趣味在美学中的本体性意义,而是审美趣味的标准问题。康德美学也谈到了趣味。康德把审美判断称为反思判断。反思判断不同于一般的规定判断,康德认为作为反思判断的审美判断是从特殊出发寻求普遍。这个特殊不是休谟意义上来自外部世界但又无从把握其本源的情感,而是能够通向普遍的情感。康德的反思判断首先是情感判断,它既不同于以概念为基础的认识判断,也不同于以善为基础的道德判断。康德主张从体验通向反思。因此,康德的反思之"思"不是对象性的,而是要让内在情感直接走出遮蔽状态而显现出来。反思是返回情感的手段。对于康德来说,物体本身不可能成为审美的对象,审美对象只能被审美活动创造出来。康德在谈到崇高美时就认为崇高并不是对象的崇高,而是主体自我的崇高,是主体在鉴赏活动中对自我崇高精神与人格的情感体认。因此,情感是康德美学的旗帜,判断力是康德美学的核心。康德说:"没有关于美的科学,只有关于美的评判。"[14] 为此,康德美学超越了客观主义认识论。同时,康德美学强调审美不涉利害。审美反思也是先验反思,应该超越个人的偶然的经验,去寻求普遍的自由的声音。为此,康德美学也触及了审美判断与道德判断的分水岭,从而把审美判断直接提升到纯粹趣味判断的层面。因此,在康德美学中,趣味既是具体的审美判断,又具有形而上的批判意义。

把趣味作为美学的哲学基础与核心范畴来建构,是梁启超美学思想的基本特色与突出特征。可以说,中国文化中艺术论的趣味论和西方文化中审美论的趣味论在梁启超的美学思想中都留下了一定的痕迹。同时,梁启超的趣味美论还具有自身的特色。

在梁启超这里,趣味既不是单纯的艺术品味,也不是单纯的审美判断。在本质上,梁启超的"趣味"是一种广义的生命意趣。梁启超将趣味视为生命的本质和生活的意义。由此,他提出了一个"趣味主义"的人生哲学问题。何为"趣味主义"?二十世纪二十年代,梁启超在《"知不可而为"主义与"为而不有"主义》(1921)、《趣味教育与教育趣味》(1922)、《敬业与乐业》(1922)、《为学与做人》(1922)、《学问之趣味》(1922)、《东南大学课毕告别辞》(1923)、《治国学的两条大路》(1923)、《知命与努力》(1927)等演讲辞中多次做了阐释。梁启超认为人生是无边无际的宇(空间)宙(时间)中的"微尘"与"断片"。人生、宇宙是不可分的。他认为人与宇宙有两个基本关系:一,宇宙不断进化,基于人类创造;二,宇宙永不圆满,须人类不断创造。同时,他认为人是一种动物,动是人的本能。如何看待并处理好人之动与宇宙运化的关系?关于这个问题的答案也就是梁启超的基本哲学观。而梁启超给出的答案就是"趣味主义"的人生原则与态度。所谓"趣味主义",在梁启超这里,有几种不同的语言表述方式:一是"知不可而为"主义与"为而不有"主义的统一;一是"无所为而为"主义;一是"责任心"与"兴味"的调和。这些表述,形异而实同,其中讨论的核心问题,就是"为"与"不有"的关系问题。在中国美学思想史上,王国维向来被公认为中国现代美学思想的奠基人。其中很重要的就在于他提出了美乃"可爱玩不可利用者"也,其价值"存于美之自身,而不存乎其外"的观点。[15]这一对美的本质和价值意义的认识与中国古典美学"美善相济"的主流意识构成了鲜明的差别。但是,这一思想"不是王国维的发明创造,而是直接接受康德的观点"[16]。撇开思想的原创性问题,王国维美学的核心问题是讨论美的"用"与"非用"的关系问题。它的实质是对美的功利观或者说是中国传统美学的政治、道德论倾向的否定与批判。无疑,王国维美学思想在中国美学思想的发展进程中尤其是现代性转型中是有其重要而突出的意义的。与王国维相较,梁启超美学思想也体现出中国美学思想现代性转型的一些共同特征,那就是对西方现代审美理念的吸纳和对中国传统美学思想的超越。但是梁启超美学思想体现得更多的是中西化合后的个体性创造特质。梁启超的"趣味主义"也触及了"用"与"非用"的关系问题,但其更核心的是"无所为"与"为"的关系问题,更准确地说,是"不有"与"为"的关系问题。在梁启超这里,"为"与"无所为"相对,具有目的性意义,从而与"用"具有相通性;同时,"为"也与"不可为"相对,是一种实践性范畴。"为"的基本意义就是"动",就是"做事",就是"创造"。"要想不做事,除非不做人"。"为"是人的本质存在。梁启超认为,"为"不是每个人都能做到的。"为"的实现必须"破妄"与"去妄"。"破妄"是破除成败之执。他说,"天下事无绝对的'可'与'不可',即无绝对的成功与失败"[17]。成功与失败是相对的名词。"一般人所说的成功不见得便是成功,一般人所说的失败不见得便是失败。天下事有许多从此一方面看说是成功,从别一方面看也可说是失败。从目前看可说是成功,从将来看也可说是失败。"[18]梁启超的这一观点强调了对事物认识的多面性,应该说是有一定的辩证意识的。由此出发,梁启超还进一步从大宇宙观出发,认为"宇宙间的事绝对没有成功,只有失败",因为"成功这个名词,是表示圆满的观念。失败这个名词,是表示缺陷的观念。圆满就是宇宙进化的终点。到了进化终点,进化便休止"。[19]因此,无论就宇宙整体运化来说,还是就宇宙"小断片"的人生来说,都始终在进行的过程中。若执着于成败,那么势必"成功的便去做","失败的便躲避",以至"十件事至少有八件事因为怕失败,不去做了";或者"不能不勉强去做",则时时有"无限的忧疑,无限的惊恐,终日生活在摇荡的苦恼里"。对于每一个体来说,只不过在无穷无尽的宇宙运化长途中,发脚蹒跚而行,这就是人类历史的现实。个人所"为",相对于众生所成,相对于宇宙运化,总是不圆满的。在这个意义上,梁启超说:"无论就学问上讲就事实上讲总一句话说,只有失败的,没有成功的。"[20]这就是破成功之妄。破成功之妄并非要人消极失望,丧失做事的勇气。恰恰相反,梁启超把破成功之妄视为"为"的第一个前提,即"知不可而为"。这个"知不可而为"大有置之死地而后生的意思,是因为超越了个体的成败之执,而在宏阔的宇宙视阈上来认识事理。"许多的'不可'加起来却是一个'可',许多的'失败'加起来却是一个'大成功'。"[21]当个体与众生与宇宙"进合"为一时,他的"为"就融进了宇宙的整体运化中,从而使自身之"为"成为宇宙运化的一级级阶梯。"知不可而为"者由于超越了"为"的成败之执,从而使自身之"为"可能成就"有味的生活"。"为"的第二个前提是"去妄"。"去妄"也就是去得失之计。得失之计即利害的计较,也就是"为"与"用"的关系。但梁启超不用"用"的范畴,而用"有"的范畴。"用"突出的是对象的性质。"有"突出的则是主体的特质。梁启超说:"常人每做一事,必要报酬,常把劳动当作利益的交换品,这种交换品只准自己独有,不许他人同有,这就叫做'为而有'。"[22]"为而有"就是主体的实践性占有冲动。只有"有",才去"为"。因此,他在"为"前必然要问"为什么?"若问"为什么"?那么"什么事都不能做了"。因为许多"为"是不须也不能问"为什么"的。"为"虽有"为一身"、"为一家"、"为一国"之别,但以梁启超的观点,若将这一切上升到宇宙运化的整体上,则都只能是"知不可而为"。因此,"为"与"有"的关系,既是主体的一种道德修养,即主体如何对待个人得失的问题;同时,也是主体的一种人生态度,即主体如何从本质上直面成败之执与利害之计,直面自身的占有冲动与创造冲动的问题。梁启超反对的是"为而有"的人生态度。他说"为而有","不是劳动的真目的"。人生的纯粹境界就是"无所为而为",是"为劳动而劳动,为生活而生活"。这样,才"可以说是劳动的艺术化生活的艺术化";[23]才是"有味"的生活;才值得生活。因此,梁启超所讨论的问题的焦点不是"为"的"有用"与"无用"的问题,即不是"为"的目的性问题;而是"为"的"有"与"不有",即"为"的根本姿态与基本原则问题。两者的区别在于,前一个是问"为什么",后一个是问"如何为"。当然,"如何为"是不可能脱离"为什么"的。但"如何为"最终不以"用"与"非用"作为终极界定,而是追问如何超越"用"与"不用"的关系而进入"有"与"不有"的境界。值得注意的是,梁启超的"不有"并非绝对的不有,而是强调对有限之"有"的超越来实现无限之"有",即"做事的自由的解放"。这就是梁启超的"不有之为",也就是梁启超的"趣味主义"。因此,与王国维把美学批判的锋芒指向传统审美观不同,梁启超的趣味主义美学理想是直面现实人生的。

梁启超指出,美是人类生活的第一要素,而趣味主义的践履则是美的实现的前提与现实。只有激活生命的意趣,才能拥有人生的春意。趣味作为美的实现与标志,必然贯穿并存在于人的感性生活和具体实践中。同时,趣味作为个体生命的本质运化,又要进合到众生与宇宙的整体运化中,才能实现自我的存在。趣味的实现作为主客的会通与交融,体现了生命的活力与创造的自由,从而使人生呈现出生命的胜境,即美。对于梁启超而言,趣味与美具有内在的同一性。这种同一不是艺术鉴赏与审美判断意义上的同一,而是一种生命实践与价值追求的本源性同一。因此,梁启超的趣味不同于中国艺术中的美感趣好,也不同于休谟甚至康德意义上的审美鉴赏力与审美判断力。在梁启超这里,通过将趣味提升到人生哲学与生命哲学的意味上来阐释,从而使趣味和人的生命实践和审美实践具有了直接而具体的同一性,由此也将趣味从较为单纯的艺术论与审美论范畴导向了更为广阔的人生论范畴。在梁启超的趣味美学中,人生与艺术的关系始终是其思考的一个中心问题。或者说,两者的关系正是趣味实现的重要基础。梁启超主张人生与艺术的同一。他提出有价值的生活就是"有味的生活","有味的生活"就是"生活的艺术化"。"生活的艺术化"就是践履"知不可而为"主义和"为而不有"主义的统一,使生活"变为艺术的情感的"。[24]因此,在梁启超这里,艺术的境界与其所向往的理想人生境界具有某种内在的一致性。梁启超把艺术实践视为感性个体生命追求趣味实现的一个现实途径。他非常重视艺术的情感之"力",认为艺术以"力"为中介,通过熏、浸、刺、提诸过程,而达至"移人"之境。"移人"是对人的精神生命的全面改造。"移人"的最终结果是"提",即改造人的生命境界。值得注意的是,从时间上看,"移人"的命题在"趣味"之前,两者直接的目标指向具有显著的差异。"移人"强调的是"为"的目的与结果。"趣味"强调的是"为"的过程与状态。但从思想内涵上看,"趣味"与"移人"之间具有潜在而密切的逻辑联系。对于梁启超来说,趣味美学不仅是一种理论的创构,更是直面时代与民族现实的一种思想武器。在二十世纪初年,梁启超就提出了"新民"的问题,并一直以此为己任寻找有效的道路。他的趣味以对"为"的张扬肯定了生命的本质与意义,肯定了人生的过程与价值,由此与腐蔽的现实与浑噩的人性形成了鲜明的对照。而他的"移人"则以"力"为中介肯定了审美实践对于人的精神改造的积极效能,同样把锋芒指向了现实中的人的改造及其社会变革。从理论上看,"趣味"与"移人"以美与人与人生的联系为焦点,直面美的生命与审美人生实现的根本问题。在对美的人生价值和人学意义的追求上,梁启超美学思想中的"趣味"与"移人"不仅获得了内在的交融,也与其整个学术思想的启蒙宗旨完全呼应起来。可以说,把人与人生实践放在关注的中心位置上,使审美力与生命力、审美趣味与人生意义的实现相统一是梁启超美学思想的基本追求之一。与此相呼应的是,梁启超在谈"趣味"与"情感"这两个重要范畴时也自然而然地谈到了"趣味教育"与"情感教育"的问题。美与美育、审美实践与审美人格、美的追求与人生理想、现实人生与审美人生的关系,共同构筑了梁启超趣味主义的美学理想。梁启超的"趣味"是一种"有责任"的"趣味"。如果说趣味就其价值本义来说,是对于个体情感与审美自由的向往,这是康德所开拓的理论道路,而梁启超则将其落到了现实的人生土壤上。梁启超将康德意义上的情感自由与审美解放与中国特定现实中的审美使命相结合,别出心裁地试图糅合自由与责任、情感与理性、个体与社会的关系。因此,不管梁启超向着康德、柏格森乃至庄子们的道路迈出多远,他的手中始终一头攥着感性的激扬解放,一头攥着个体的社会责任。

综观梁启超的美学思想,其以趣味美理想为中心,通过倡导入世乐生、爱美创美的审美实践与艺术实践,将趣味、情感、力、移人这四大范畴相贯通,形成了一个独具特色的人生论美学思想体系。它有自己的理论基础——美的启蒙功能,有自己的理论目标——美对人生的介入,有自己的理论范畴——以"趣味"、"情感"、"力"、"移人"为核心与代表的概念群,有自己的理论形态——以演讲辞与专题论文为代表的阐释方式,有自己的论证特征——激情与逻辑相交融的言说方式。它通过"不有"和"为"的内在张力与矛盾统一构筑了对于美的既形上又具体的追寻。这种追寻在本质上正是对充满生命活力的人生境界之追寻,是对于洋溢着理想精神的审美人格之追寻。其实质便是期待通过审美来激活生命、改造主体、完善人格。

让美融入人生,激活生命,是梁启超美学思想最根本的追求,也是其理论阐释与建构的重心。在本质上,梁启超所憧憬的审美至境就是将积极入世与自由畅神融合为一、将理性追求与生命激扬融合为一的人生胜境。"不有"在梁启超这里不是老子式的终极目标,而是一个逻辑前提。"不有之为"是个体生活的艺术化与审美化,也是个体克服占有冲动而进入纯粹创造境界的必然途径与现实实现。"不有"与"为"的内在张力及其逻辑统一使梁启超的美学思想呈现出突出的当下性与独特的超越性。严格说来,梁启超的美学思想并不具备通常意义上的逻辑完善性与明晰性。他并未有意识地按照现代美学学科的规范展开系统全面的静态理论建构。由此,把握其思想的内在特质,解读与勾连其潜在逻辑,正是我们要做的基本工作之一。而这也正是梁启超美学思想的特殊性所在。

注释：

〔1〕[德]鲍姆加登：《关于诗的哲学沉思录》，转引自李醒尘《西方美学史教程》，北京大学出版社 1994 年版，第 256—257 页。

〔2〕伍蠡甫：《西方文艺理论名著选编》，北京大学出版社 1985 年版，第 369 页。

〔3〕蒋孔阳、朱立元：《西方美学通史》第 4 卷，上海文艺出版社 1999 年版，第 29—30 页。

〔4〕[法]柏格森著，刘放桐译：《形而上学导言》，商务印书馆 1963 年版，第 3—4 页。

〔5〕[法]柏格森著，吴士栋译：《时间与自由意志》，商务印书馆 1997 年版，第 8 页。

〔6〕参看董德福：《生命哲学在中国》，广东人民出版社 2001 年版，第 5 页。

〔7〕梁启超：《欧游心影录》，《饮冰室合集》第 7 册，中华书局 1989 年版。

〔8〕[春秋]孔子著，[魏]何晏集解：《论语》，上海古籍出版社 2003 年版。

〔9〕陈戍国点校：《四书五经·周易》，岳麓书社 2002 年版。

〔10〕陈鼓应注译：《庄子今注今译》，中华书局 1983 年版。

〔11〕梁启超受到的影响远非这几家，这里仅就对其美论形成特别重要的来谈。

〔12〕北大哲学系美学教研室编著：《西方美学家论美与美感》，商务印书馆 1980 年版，第 111 页。

〔13〕参看戴茂堂、雷绍锋：《西方美学史》，武汉理工大学出版社 2003 年，第二章，第三章。

〔14〕[德]康德著，宗白华译：《判断力批判》上卷，商务印书馆 1964 年版，第 150 页。

〔15〕王国维：《古雅之在美学上之位置》，《王国维文集》第 3 卷，中国文史出版社 1997 年版。

〔16〕聂振斌：《王国维美学思想述评》，辽宁大学出版社 1997 年版，第 60 页。

〔17〕〔18〕〔19〕〔20〕〔21〕〔22〕〔23〕〔24〕梁启超：《"知不可而为"主义与"为而不有"主义》，《饮冰室合集》第 4 册，中华书局 1989 年版。

第二章　梁启超美学思想的四大范畴

范畴是理论创造的最高表现形式,是思想的精华和理论的内核,也是一种思想和学说中最富魅力的骨肉,是思想体系建立的基本概念和基本用词。尤其是那些在思想和学说中占据核心和重要地位的范畴,更是我们把握这种学说和思想的重点纽结。二十世纪八十年代中期,叶朗先生在《中国美学史大纲》一书中首开了从范畴史的角度研究中国美学史的范例。他说:"每个时代的审美意识,总是集中表现在每个时代的一些大思想家的美学思想中。而这些大思想家的美学思想,又往往凝聚、结晶为若干美学范畴和美学命题";"一部美学史,主要就是美学范畴、美学命题的产生、发展、转化的历史"。[1]他特别指出,着重研究中国美学的范畴与命题,有助于我们把握中国美学的体系、特点、主要线索及发展规律,从而使历史和逻辑统一起来。本书上一章大致描述了梁启超美学思想的纵向发展轨迹与演化特征,基本梳理了梁启超美学思想的核心美学理念及内在逻辑关联,是对梁启超美学思想历史与逻辑的整体性观照。本章开始将具体展开对梁启超美学思想主要范畴与重要命题的研究。本章的重心是研讨趣味、情感、力、移人这四大范畴的理论特质、理论内涵与理论意义。

第一节 "趣味"与美之本体

"趣味"是梁启超美学思想的哲学基础与核心理论范畴。通过"趣味",梁启超完成了美的本体论建构,也通向了美的价值论思考。"趣味"是梁启超美学思想的根本标识。

一、趣味的本质与美的构想

梁启超关于"趣味"的思想与相关论述,主要集中于二十世纪二十年代《"知不可而为"主义与"为而不有"主义》(1921)、《趣味教育与教育趣味》(1922)、《美术与生活》(1922)、《美术与科学》(1922)、《学问之趣味》(1922)、《为学与做人》(1922)、《敬业与乐业》(1922)、《人生观与科学》(1923)、《知命与努力》(1927)、《晚清两大家诗钞题辞》(约1927)等专题论文与演讲稿中。

1922年4月10日,梁启超在直隶教育联合研究会讲演。他说:"假如有人问我:'你信仰的甚么主义?'我便答道:'我信仰的是趣味主义。'有人问我:'你的人生观拿什么做根柢?'我便答道:'拿趣味做根柢。'"[2]趣味主义是梁启超人生哲学的核心。他把趣味视为生活的基本价值与根本动力:"趣味是生活的原动力"[3];人类只有"常常生活于趣味之中,生活才有价值"[4]。因此,"趣味"的状态也应是人生的自然状态。为"趣味"而忙碌,是"人生最合理的生活"。作为人类"活动的源泉","趣味干竭,活动便跟着停止";"趣味丧掉,生活便成了无意义"。[5]梁启超强调:没趣便不成生活。那么,趣味的内质是什么?对于这个问题,梁启超并没有直接作出界定,而是通过对两个互为关联的问题的阐发,表达了自己的见解。首先,梁启超对无趣的生活作了界定。他认为趣味的反面就是"干瘪",就是"萧索"。因此,无趣的生活就是"石缝的生活"和"沙漠的生活"。"石缝的生活""挤得紧紧的没有丝毫开拓的余地。又好象披枷带锁,永远走不出监牢一样"。[6]这是一种人生的禁锢,没有一点创造性与自由。"沙漠的生活"则"干透了没有一毫润泽,板死了没有一毫变化。又好象蜡人一般,没有一点血色"。[7]这样的生活是一无生气与生命力的。梁启超否定了这种无趣的生活,认为这不能叫作"生活"。在这里,梁启超运用否定之否定的思维方法,通过对无趣(生活)特点的否定,而达成对于趣味(生活)内质的两个界定。即(一)趣味是生命的活力。(二)趣味是创造的自由。其次,梁启超通过对趣味发生条件的探讨,从而对趣味的内质进行了进一步的研讨。梁启超认为趣味是"由内发的情感和外受的环境交媾发生出来"的。[8]因此,趣味既在主体,也在客体,是主客的会通与交融。就主体而言,趣味是与情感相联系的。没有情感的激发,也就没有趣味的萌生。因此,情感与生命活力、创造自由一起,构成了趣味内质的三大要素;同时,在趣味中,情感又是生命活力与创造自由的前提。情感、生命活力、创造自由在趣味发生中构成了层层递进的关系,成为趣味实现的基本前提和条件。而其中情感又具有最基础最根本的意义。梁启超的思维逻辑是:只有情感的激发,才能激活生命的活力;只有富有活力的生命,才能实现自由的创造。因此,在梁启超这里,趣味(生活)的内质表现为这样三个层次:底层——情感的激发;中层——生命的活力;顶层——创造的自由。也就是说,趣味是一种由情感、生命、创造所熔铸的独特而富有魅力的主客会通的特定生命状态。[9]这种状态既是特定主体之目的达成,也是主客之间的感性契合。在趣味状态中,主体与客体的关系是和谐自由的。主体因为客体的完美契合而使自己的情感、生命与创造获得了最佳状态的释放,从而进入充满意趣的精神自由之境,达成"趣味的性质"——"以趣味始以趣味终"之实现。[10]

把趣味提到生命本体的高度、放置到人生实践的具体境界中来认识,是梁启超趣味主义哲学的根本特点,也是其趣味与美融通的关键。在梁启超这里,谈趣味就是谈生活,就是谈生命,也就是谈美。趣味是在生活与生命的层面上展开的,是对于具体的人和人的生命活动而言的。梁启超说:人与动物不同,动物的活动是本能的,人的活动是有目的的,人只有在生活中、在实践中才能获得趣味。对于实践中的具体的人而言,何以获得趣味,实现趣味?梁启超认为:"趣味主义最重要的条件是'无所为而为'。"[11]"无所为而为"与"趣味"的关系问题,梁启超在《"知不可而为"主义与"为而不有"主义》、《学问之趣味》、《敬业与乐业》、《为学与做人》、《美术与生活》、《趣味教育与教育趣味》等多篇论文中做了论释,并有"知不可而为"主义和"为而不有"主义的统一、"无所为而为"主义、"责任"与"兴味"的统一等多种表述方式。"知不可而为"源出孔子《论语》。"为而不有"源出老子《道德经》。《论语·宪问》的原文为:"子路宿于石门。晨门曰:奚自。子路曰:自孔氏。曰:是知其不可而为之者与。"[12]这是晨门对孔子人格的评价。《道德经》第51章的原文则为"生而不有,为而不恃,长而不宰,是谓玄德"[13],这是对大道之德的描绘。梁启超据此发挥说:"'知不可而为'主义,是我们做一件事明白知道他不能得着预料的效果,甚至于一无效果,但认为应该做的便热心做去。换一句话说,就是做事时候把成功与失败的念头都撇开一边,一味埋头埋脑的去做";"'为而不有'的意思是不以所有观念作标准,不因为所有观念始劳动。简单一句话,便是为劳动而劳动。"梁启超认为:"'知不可而为'主义与'为而不有'主义,都是要把人类无聊的计较一扫而空,喜欢做便做,不必瞻前顾后。所以归并起来,可以说这两种主义就是'无所为而为'主义。"[14]因此,梁启超的"无所为而为"并不是不为,而是"不有"与"为"的矛盾统一,准确地说,就是不有之为。不有之为不是绝对的超功利,而是追求大有大用。它强调的是个体在投身生活、从事感性实践时,应超越小我的成败之执与得失之计,将外在具体的功利追求转化为内在本质的情感需求与生命需求,实现个体与众生与宇宙运化的迸合,使个体之"为"达成过程与结果的统一、手段与目的的统一,从而进入酣畅淋漓的趣味之境。[15]所以,不有之为也是超越了"所为"之"为",它的最终立足点仍是"为",是"大"为。梁启超认为,从个体感性生命而言,人生是永远充满缺憾充满烦恼的。因为相对于永无穷尽的宇宙而言,个体感性实践永远只是宇宙运化中的一个断片,都是有局限,不完美的。因此,人生活动从本质上看,只须言失败,无须言成功。但是,梁启超又认为"宇宙人生是不可分的。宇宙绝不是另外一件东西,乃是人生的活动"[16]。"人格"、"人生"、"生活"与"宇宙无二无别"。[17]对个人而言,一方面,每一次感性生命实践只是宇宙运化中的一级级阶梯;另一方面,个体感性生命实践又推动了社会进步与宇宙运化。个体生命创化与宇宙整体运化的矛盾和统一是永恒的存在。梁启超说:"宇宙和人生是永远不会圆满的","易经六十四卦始'乾'而终'未济',正为在这永远不圆满的宇宙中,才永远容得我们创造进化"。[18]因此,梁启超认为,对于个体感性生命而言,关键是要去做,去动。即你在"为",那么你的人生都是有价值有意义的。也正是在这个意义上,梁启超把个体生命创化与宇宙整体运化统一了起来。他认为这样的人生才蕴溢了春意。梁启超强烈谴责无所事事的生命姿态,认为懒惰是最为人所不齿的一种品格。他强调:"我生平最受用的有两句话,一是'责任心',二是'趣味'。我自己常常力求这两句话之实现与调和。"[19]"有责任的趣味"强调的就是将个体的感性实践融入众生宇宙中去的生命姿态,就是一种认真执着的人生追求与自由创化的人生境界的统一。个人在宇宙创化的长途中发脚蹒跚,这是个人的生命现实,也是个人的生命职责。如果一个人每做一件事,在未做之前,就耿耿于事情的结果,计较于个人的得失,那么你只能永远忧烦无穷,时时患得患失。梁启超赞成"知之者不如好之者,为之者不如乐之者"[20]。他认为"意义生活"不等于"趣味生活","趣味生活"是人生的最佳境界。在这种境界中,人生实践的外在规范已沉淀为主体的内在情感欲求,成为主体的内在生命本质追求。此时,每一次个体实践本身作为生命的创化,超越了与对象的直接功利对置,超越了狭隘的感性个体存在。因此,感性个体的自由创化之境也就达成了感性实践与理性追求的统一,实现了个体、众生与宇宙的迸合,成为饱含"春意"的人生胜境。梁启超指出,作为个体生命,应该永远保持"生趣盎然的向前进",永远保持"以趣味始以趣味终"的精神追求。梁启超把趣味主义称为"劳动的艺术化"、"生活的艺术化",是"把人类计较利害的观念变为艺术的、情感的。"[21]趣味生活才算"最高尚最圆满的人生",才是"有味的生活"。值得注意的是,梁启超把趣味主义推广到了整个人生的领域。因此,梁启超的人生观在本质上就是审美的。在梁启超的论文中,没有一篇是专门集中谈美的,但他又无时不在谈美。梁启超从没有对美正面做过界定,但他又无处不在谈美的理念。在谈人生态度与人生哲学中,梁启超完成了对趣味的界定与阐释;而在对趣味的界定与阐释中,梁启超亦触及了美与审美的本质。

趣味主义是梁启超人生哲学的根基,也是其美学思想的内核。正如梁启超谈趣味从来不是脱离人生实践来谈抽象趣味或者脱离现实关系来谈纯粹趣味,梁启超谈美也总是将其置于整个人生实践的大框架中来展开的。可以说,在梁启超这里,趣味与人生与美紧密相连。趣味作为通向美的桥梁,在本质上,求趣味即是求美,趣味的实现就是美的实现,也就是理想人生的实现。在《美术与生活》一文中,梁启超说:"问人类生活于什么?我便一点不迟疑答道:'生活于趣味'","人若活得无趣,恐怕不活着还好些,而且勉强活也活不下去"。在同一文章中,他又说:"'美'是人类生活一要素——或者还是各种要素中之最要者,倘若在生活全内容中把'美'的成分抽出,恐怕便活得不自在甚至活不成。"[22]这些文字,看似论证上不无矛盾,实质上正体现了梁启超将美、趣味、人生相联系相贯通的基本思想脉络。由趣味出发,梁启超构筑了一个以趣味为根基、以人生为指向的人生论美学思想体系。

二、趣味的特点与生成

从趣味的本质出发,梁启超对趣味的特点作了具体的探讨。概括来看,梁启超的基本认识是:第一,趣味具有在场性。梁启超认为趣味不属于认识的范畴,不是单凭理智就可把握的。他强调"趣味总要自己领略","自己未曾领略得到时,旁人没有法子告诉你"。[23]因此,对于主体来说,要获得趣味,必须亲自去实践去体验。第二,趣味具有多变性。就整体言,"各个时代趣味不同";就个体言,每个人的"趣味亦刻刻发生变化"。梁启超举例说:"任凭怎么好的食品,若是顿顿照样吃,自然讨厌。若是将剩下来的嚼了又嚼,那更一毫滋味都没有了。"[24]多变是趣味的基本特性。第三,趣味具有差别性。梁启超认为就性质言,趣味有不同层次,有高下之别。与高尚趣味相对举的就是"下等趣味"。他认为"下等趣味"主要有三种:一是"要瞒人的";二是"拿别人的苦痛换自己的快乐"的;三是"快乐和烦恼相间相续的"。[25]第四,趣味具有可导性。梁启超认为,趣味是可引导的。趣味的引导有两个目标:一是将趣味引得"高"。因为,"人生在幼年青年期,趣味是最浓的。成天价乱碰乱迸,若不引他到高等趣味的路上,他们便非流入下等趣味不可"。二是将趣味引得"深"。"趣味的性质,是越引越深。"因此,"想引得深,总要时间和精力比较的集中才可"[26]。

梁启超认为,在现实实践中,引发趣味所要实现的情感与环境之"交媾"的具体途径主要有三种。第一种是"对境之赏会与复现"。这一种研讨的是对大自然的趣味的引发。梁启超认为,一个人不管操何种卑下职业,处何种烦劳境界,总是"有机会和自然之美相接触"的。面对"水流花放,云卷月明",一种方法是"赏会",即全身心投入,"在一刹那间领略出"自然的妙味,从而"把一天的疲劳忽然恢复,把多少时的烦恼丢在九霄云外";另一种方法是"复现",是将"初次领略"的"影像""印在脑子里头令他不时复现"。相比较而言,梁启超更注重的是"赏会"。第二种是"心态之抽出与印契"。这一种强调的是人心之间的沟通。梁启超说,每一个人在生活中都会遇到快乐或痛苦的事。遇到快乐的事,不仅自己反复品鉴,还希望有人来评点。遇到痛苦的事,不仅自己渴望倾诉,还希望有人代言。在自己,是因为说出了快乐而更快乐,倾诉了痛苦而减轻了痛苦;在他人,是因为看出了别人的快乐而更快乐,说出了别人的痛苦而减轻了自己的痛苦。这种心灵的沟通是把人心的"微妙之门"打开了。这样的状态就是"开心",是人生的一种趣味。第三种是"他界之冥构与蓦进"。这一种强调的是人对现实生活的超越。梁启超认为富于幻想是人类的普遍心理。"肉体上的生活,虽然被现实的环境捆死了。精神上的生活,却常常对于环境宣告独立。"[27]或者幻想"将来",或者幻想"别个世界"。这样,人就能在"忽然间超越现实界闯入理想界去",从而进入一种精神的"自由天地"。梁启超认为精神幻想既是人类对现实环境"生厌"与"不满"的消极"脱离",也是人类"进化"的重要原因。精神的"冥构与蓦进"可以带来人生的趣味。梁启超对趣味引发途径的探讨,强调了趣味与自然、与人生、与理想之间的关系,提倡在人生实践中感受自然、加强沟通、富于想象,从而体现了其趣味哲学积极健康的价值取向。

梁启超指出以上三种趣味发生的途径,每个人都有机会实现,但因诱发条件的不同,不同主体对趣味享用的程度则有差别。他认为差别的产生主要取决于两个条件:第一是感觉器官的敏钝程度。"感觉器官敏则趣味增,感觉器官钝则趣味减。"[28]第二是诱发机缘的多少差异。"诱发机缘多则趣味强,诱发机缘少则趣味弱。"[29]对于主体来说,增加诱发机会,刺激感觉器官是提高趣味享用程度的重要条件。梁启超以美术为例,具体分析了美术刺激感官、营造趣味的三种方法。第一种是描写自然之美。使过去赏会过的永存,过去"赏会不出"的也通过自身的创作实践而懂得了"赏会方法"。第二种是刻画心态。把日常习见的喜怒哀乐刻画得惟妙惟肖,在不知不觉中拨动自我的心弦。第三种是不写实境实态,只描绘由理想所构造的境界。这种境界是一般人难以构想的、想不到的、优美高尚的,是一个超越的自由天地。它可以给予人无穷的趣味。这三种方法正与梁启超关于主客交嬗趣味引发的三种途径遥相呼应,是上述理论的具体化。

三、审美实践与趣味教育

梁启超认为,在现实生活中,并不是人人都享有趣味。因此可以通过对趣味的载体——美的审美实践来开展趣味教育。在中国近现代美学思想先驱中,论及审美教育我们首先想到的就是王国维与蔡元培。王国维第一个从西方引入了"美育"的概念。蔡元培第一个将"美育"确立为国家教育的方针。但是,只要我们以客观的态度来研读梁启超的相关文稿,就会发现,梁启超虽然没有明确提出"美育"的概念,但他所倡导的"趣味教育"具有鲜明的特色与独特的内涵,对于中国现代美育思想的发展具有不容忽视的重要意义。

总的来看,梁启超的趣味教育思想主要涉及了教育目标、教育方式、教育原则等三个方面的问题。

首先,梁启超把趣味主义人生态度的建构作为"趣味教育"的根本目标。他说:"'趣味教育'这个名词,并不是我所创造。近代欧美教育界早已通行了,但他们还是拿趣味当手段。我想进一步,拿趣味当目的。"[30]梁启超指出趣味教育的目的,就是倡导一种趣味主义的人生观。这种趣味主义的人生观包括两个层面,一就是对于人生的趣味态度的培养;二是对于好的纯正的趣味态度的培养。梁启超把趣味视为生活的原动力,认为人生在世首先就要培养与建立一种趣味的精神。他说:"我所做的事,常常失败——严格的可以说没有一件不失败——然而我总是一面失败一面做。因为我不但在成功里头感觉趣味,就在失败里头也感觉趣味。我每天除了睡觉外,没有一分钟一秒钟不是积极的活动,然而我绝不觉得疲倦,而且很少生病。因为我每天的活动有趣得很,精神上的快乐,补得过物质上的消耗而有余。"[31]这种不计得失、只求做事的热情就是一种对待现实人生的趣味主义态度。它远离成败之忧与得失之计,远离悲观厌世与颓唐消沉,永远津津有味、兴会淋漓。梁启超认为,人生若丧掉了趣味,那就失掉了内在的生意,即使勉强留在世间,也不过是行尸走肉,犹如一棵外荣内枯的大树,生命必然日趋没落。但是,梁启超又指出,真正的趣味又不只是一种热情与兴会。他说:"凡一种趣味事项,倘或是要瞒人的,或是拿别人的苦痛换自己的快乐,或是快乐和烦恼相间相续的,这等统名为下等趣味。严格说起来,他就根本不能做趣味的主体。因为认这类事当趣味的人,常常遇着败兴,而且结果必至于俗语说的'没兴一齐来'而后已,所以我们讲趣味主义的人,绝不承认此等为趣味。"[32]为什么这类趣味不能算趣味?按照梁启超的观点,因为这类趣味不纯正,即不能以趣味始以趣味终。梁启超认为真正纯粹的趣味应该从直接的物质功利得失中超越出来,又始终保持对感性具体生活的热情与对精神理想的追求,实现手段与目的、过程与结果的同一。只有这样的"趣味",才是可以令人终身受用的趣味。梁启超主张应该从幼年青年期,就实施这样的趣味教育。教育家最要紧的就是"教学生知道是为学问而学问,为活动而活动;所有学问,所有活动,都是目的,不是手段,学生能领会得这个见解,他的趣味,自然终身不衰了"[33]。

其次,梁启超认为艺术是趣味教育的主要内容与形式。梁启超主张通过文学艺术来开展审美教育,培养高尚趣味。他指出,艺术品作为精神文化的一种形态,就是美感落到字句上成一首诗落到颜色上成一幅画,它们体现的就是人类爱美的要求和精神活力,是人类寻求精神价值、追求精神解放的重要途径。中国人却把美与艺术视为奢侈品,这正是生活"不能向上"的重要原因。由于缺乏艺术与审美实践,致使人人都有的"审美本能"趋于"麻木"。梁启超指出恢复审美感觉的途径只能是审美实践。审美实践把人"从麻木状态恢复过来,令没趣变成有趣","把那渐渐坏掉了的爱美胃口,替他复原,令他常常吸受趣味的营养,以维持增进自己的生活康健"。他强调:"专从事诱发以刺戟各人感官不使钝的有三种利器。一是文学,二是音乐,三是美术。"[34]他尤其关注文学的功能,认为"文学的本质和作用,最主要的就是'趣味'","文学是人生最高尚的嗜好",[35]主张通过文学审美来培养纯正的美感与趣味。

其三,梁启超认为实施趣味教育应该以引导与促发作为基本原则。他说:"教育事业,从积极方面说,全在唤起趣味。从消极方面说,要十分注意,不可以摧残趣味。"[36]他认为教育摧残趣味有几条路,其中第一条就是"注射式"的教育,即教师将课本里的知识硬要学生强记;第二就是课目太多,结果走马观花,应接不暇,任何方面的趣味都不能养成;第三是把学问当手段,结果将趣味完全丧掉。梁启超认为无论有多大能力的教育家,都不可能把某种学问教通了学生,其关键在于引起学生对某种学问的兴趣,或者学生对某种学问原有兴趣,教育家将他引深引浓。只有这样,教育家自身在教育中才能享受到趣味。梁启超的趣味教育原则,充分体现了对于教育对象主体性的尊重。对于趣味教育的这一原则,梁启超可谓身体力行。他的女儿梁思庄早年留学,梁启超曾写信建议她选学生物学,但梁思庄不感兴趣。梁启超从儿子处得知这一情况后,立即给思庄去信让其"以自己体察为主","不必泥定爹爹的话"。梁思庄听从父亲的劝告,改学图书馆学,成为我国著名的图书馆学专家。这可说是梁启超"趣味教育"的一个成功实例。[37]

梁启超的"趣味教育"理论把教育者提升到教育家的高度来思考,体现了对于教育观念的深度认识,具有鲜明的思想特色,触及了现代美育的特质,是中国现代美育思想的重要滥觞。

四、趣味之美的理论意义

从理论史来看,趣味这个概念并非梁启超首创,在中西文化中古已有之。味从文字学的意义上说,本指食物的口感。《韩非之·外储说左下》曰:"食不二味,坐不重席。"[38]这里的"味",就是指人对食物口感的要求,即味觉特征。先秦诸子,儒道两家也谈到"味"。《论语·述而》曰:"子在齐闻《韶》,三月不知肉味,曰:'不图为乐之至于斯也'。"[39]这里既把"味"与欣赏音乐获得的快感相联系,又明确指出"味"作为口腹之欲的满足不同于艺术欣赏的快感。先秦诸子虽把"味"限制在直接的感官欲望的满足上,但他们又多少窥见了"味"与美感之间的某种可比性。"味"与音乐欣赏的关联,是"味"在中国古代审美批评中的最早运用。超越"味"的感官层面,明确地将"味"与精神感觉相联系,用于品评艺术给予人的美感享受,始于魏晋。魏晋时期,出现了"滋味"、"可味"、"余味"、"遗味"、"道味"、"辞味"、"义味"等诸多之味,并将这些概念用于品评音乐诗文等艺术作品的美感。阮籍的《乐论》第一个明确地把"无味"与音乐的美感相联系。《乐论》中说:"乾坤易简,故雅乐不烦;道德平淡,故无声无味;不烦则阴阳自通,无味则百物自乐,日迁善成化而不自知,风移俗易而同于是乐。"[40]"无味"是超越一切有限之欲望追求的纯美境界。嵇康在《声无哀乐论》中则直接地将"味"、"滋味"与"美"相比拟:"夫曲用每殊,而情之处变,犹滋味异美,而口辄识之也。五味万殊,而大同于美;曲变虽众,亦大同于和。"[41]而第一个以"味"论诗的大概是陆机。陆机在《文赋》中以"缺大羹之余味"来形容诗味之不足。[42]此后,钟嵘把"滋味"作为论诗的基本标准,对"滋味"的概念做了较为系统的发挥,对此后的诗文理论与美学思想产生了重要的影响。"趣"在魏晋时代,亦进入文论之中,其用法和含义相对于"味"却要复杂得多。《文心雕龙》中多处出现了"趣",但是用来指称"意"或"旨"的。如《体性》曰"子政简易,故趣昭而事博"。《练字》曰"扬马之作,趣幽旨深"[43],而在《晋书·王献之传》中,"趣"却被用来指称美感风格。如"献之骨力远不及父,而颇有媚趣"[44]。"媚趣"概括了王献之书法阴柔的美感。不管指称"意"或"旨",还是指称美感风格,"趣"在中国文论中一出现,就比"味"有了更多的精神指向。而直接将"趣"与"味"组合在一起,用于品评诗文之美感,可能以司空图为最早。司空图《与王驾评诗书》云:"右丞、苏州趣味澄瓊,若清沉之贯达。"[45]"趣味"在这里指的是作家创作的一种美感风格,一种情趣指向。这里的趣味范畴已较为接近以后在审美领域中所普遍使用的作为审美判断标准的趣味。

在西方美学史上,明确提出"趣味"的概念并充分肯定其在审美活动中的价值与意义的美学家,是十八世纪英国经验主义者休谟。休谟从人的感受和情感的经验特性出发去理解美的观念与审美现象,对趣味在审美中的价值与特点给予了积极的关注,他认为趣味就是人的审美判断力。趣味无共同标准,但有相通规则。休谟之后,康德从反思判断出发,以情感与体验为枢纽,探讨了审美中的趣味判断及其意义问题,指出审美判断是纯粹趣味判断。休谟与康德的趣味理论虽具有本体论立场上的差异,但他们对西方美学的演化均产生了重要的影响。由休谟到康德,正是西方美学由认识论向体验论的一种迈进。在休谟与康德之后,趣味成为西方美学中的一个重要理论范畴。如十九世纪的美国作家批评家爱伦·坡就说:"如果把精神世界分成一目了然、三种不同的东西,我们就有智力、趣味和道德感。"爱伦·坡明确地将"趣味"与精神世界中的感性成分与美相联系,指出"趣味使我们知道美"[46]。

在中西美学思想的演化史上,尽管存在着一些具体的差异,但从本质言,趣味都是一个超越"味"的物质感觉而与人的精神审美相联系的理论范畴,其最普遍的意义就是一个与对象的美感特征、与主体的审美心理和审美鉴赏力密切联系在一起的范畴,也就是一种美学风格或审美判断力。这种趣味的理论向度主要探讨的是主体与对象间的纯审美关系。但在梁启超这里,趣味突破了纯审美的界定。趣味既是一个审美的范畴,又不是一个纯审美的范畴。从本质上说,梁启超的趣味是一种广义的生命意趣。梁启超将趣味与人生实践相联系,使趣味成为一个既富形上意味又具实践意蕴的美学范畴,一个与生命本质与实践理性密切相关的理论范畴。趣味不只是一种美学风格,不只是一个审美判断,而是一种具体的人生状态。这种状态强调了生命的激情与创造、生命的感性与理性、生命的自由与责任的统一。梁启超是从人的生命本质与特征上、从趣味与人生本质与实践理性的关系上来理解趣味及其与美的联系,这一视角不仅大大拓展了趣味的内涵、丰富了趣味的底蕴,也揭示了对美的来源、特征与价值的独到理解。趣味之美就是积极入世与自由畅神、理性追求与生命激扬融合为一的饱含春意的人生胜境。趣味范畴及其在梁启超美学思想中的本体界定凸显了梁启超美学思想鲜明的个性,昭示了其美学思想独特的哲学内涵、人文意蕴与实践指向,体现出其作为改良主义思想家和启蒙主义美学家的思想特质。

应该承认,把审美当作人的一种生存状况,一种人生境界,是中国传统美学的一大特色。中国传统美学最关注的问题不是美为何物,而是审美对于人生有何意义,是人的生存如何实现审美化的问题。因此,中国美学精神从本质上说是一种人生美学精神。追求美也就是追求人生境界与审美境界的统一。中国传统美学充满了温暖的人生关怀,表现为审美、艺术与人的生存发展的密切联系。但中国传统美学主要引入善作为美的准则,它所张扬的人生境界首先是人的伦理理性生命的实现。审美的人生视野在西方人本主义美学中亦有自己的理解与阐释。如席勒认为:"美对我们是一种对象","同时又是我们主体的一种状态";"美是形式,我们可以观照它,同时美又是生命,因为我们可以感知它"。[47]把美从静止的被观赏的"对象"与"形式",充盈为满含生机的"主体的一种状态"与富有灵性的一种"生命"姿态,实际上也就是将美推向人生与生命的具体境界。个体生命的完满不仅在于理性、道德的完善与实现,也在于情感的丰沛与润泽。这种对美的人性视角,不仅体现了对人的主体生命完善(感性与理性的和谐)的关注,也潜涌着对主体生命解放与激扬的期待。而以柏格森为代表的生命哲学,则进一步强化了个体生命的解放与激扬在人生中的本质意义。在柏格森那里,生命不仅是理性的,更是感性的。柏格森把生命的冲动与本能视为生命的本质。感性生命活动即直觉成了美的表征。可以说,无论是中国传统美学,还是西方近现代美学,美与人的生命与生存的关系都是美学研究的重要课题。作为一个始终关注现实的理想主义者,梁启超从国凋民蔽的民族现实出发,既吸收了中国传统美学的审美生存精神,又吸收了西方近代美学的审美完善理念,还吸纳了柏格森美学的审美生命理念,试图将审美的人生指向、人性理想和生命理念在康德审美价值哲学的基本视点上糅合为一。美不仅是审美境界的实现与个体生命的完善,更在于这种实现与完善的本质在于生命活力的张扬。同时,这种生命的活力不是中国传统美学中主要以伦理来规范的理性生命,也不是柏格森意义上主要以直觉来范畴的本能生命,而是融理性(责任)与感性(情感)为一体的富有创造激情与价值追求的个性生命。这种生命力量在人生与艺术中的实践,就是美与趣味的实现。因此,趣味既是创造的表征,也是审美的实现;既是富有感性特质的个体生命状态,又是潜蕴责任的理性生命运化。从本质上说,只有永远保持情感与理性、趣味与责任相统一的生命活力,并融入生活与艺术的实践之中,才有美的实现与审美的怡悦。

将乐生与爱美相统一,将美的实践品格与人文意蕴相调谐,这种学术思考与学术建构的理路,是中国近代以来特定的政治、民族、文化危机并至的具体社会历史条件的产物,也是梁启超文化开放、中西融会的学术文化实践的具体结晶。趣味之美洋溢着的是饱满康健的生活激情,是热切丰沛的生命追求,是生命的活力与生活的兴味,是个性、激情与创造,是个体对于生命与社会的责任,是精神生活的价值与意义。梁启超的趣味范畴突出了美的实践品格与现实功能,也奠定了其美学思想将人生与审美紧相熔铸的基本走向。趣味美以人的生命活力之激发和人生趣味之实现的统一,直指现实腐蔽的社会与浑噩的人性。审美被赋予了鲜明的启蒙特质。当然,相对于那个苦难深重的时代,梁启超的趣味之美或许更多的只是一种浪漫的想象。因为趣味作为一种精神的追求与现实,不可能直接地变革社会。但是梁启超是以一颗炽热之心去思考民族命运寻找变革道路的,趣味美的理想是梁启超找到的一剂精神强心剂。对于那个时代苦难中的中华大众而言,它鼓舞民众挺起脊梁,热爱生活,积极实践,开拓创造,以炽热的情感投入生活,以积极的姿态面对生命,永远不放弃对于生命与生活的爱与责任。没有生命之趣,就没有审美之求;没有美的存在,就没有人生的意义;没有个体与众生与宇宙的迸合,也就没有感性个体的自由创化。应该说,这样的人生美思,早已超越了具体的历史语境!其哲学理趣与美学意趣也将融入人类呼唤美的永恒心声中!

趣味范畴的确立与趣味美论的创构,体现了梁启超对美的问题的独到颖悟。趣味一词虽非梁启超首创,但梁启超从独特的历史语境与民族语境出发,对趣味作出了不同于前人的独到论释与定位。当然,对于梁启超趣味范畴与趣味美思想的理论价值与实践意义,我们只能从具体的历史语境与文化语境出发,才能作出科学的客观分析与公允评价。但是,不管具体认识如何,作为中国近现代美学思想谱系中独树一帜的个性化美学范畴与审美理念,我们对于它的研究与认识是远远不够的。

注释:

[1] 叶朗:《中国美学史大纲》,上海人民出版社1985年版,第4页。

[2][3][5][26][30][31][32][33][36] 梁启超:《趣味教育与教育趣味》,《饮冰室合集》第5册,中华书局1989年版。

[4][10][11][23] 梁启超:《学问之趣味》,《饮冰室合集》第5册,中华书局1989年版。

[6][7][22][27][28][29][34] 梁启超:《美术与生活》,《饮冰室合集》第5册,中华书局1989年版。

[8][24][35] 梁启超:《晚清两大家诗钞题辞》,《饮冰室合集》第5册,中华书局1989年版。

[9] 梁启超最为欣赏与向往的就是趣味的生命状态。他的一生都在实践这样的生命理想,追求这样的生命境界。他永远保持着对于生活的激情与创造的渴望,永不停步,从不言败。这种趣味主义的生活既使他的历史实践与

思想创造洋溢着无穷的进取活力,也使其充满了率性的色彩。

〔12〕〔20〕〔39〕[春秋]孔子著,[魏]何晏集解:《论语》,上海古籍出版社2003年版。

〔13〕陈鼓应:《老子注译及评介》,中华书局2010年版。

〔14〕〔21〕梁启超:《"知不可而为"主义与"为而不有"主义》,《饮冰室合集》第4册,中华书局1989年版。

〔15〕"趣味"与"无所为而为"的关系可参看本书第一章第四节。

〔16〕梁启超:《治国学的两条大路》,《饮冰室合集》第5册,中华书局1989年版。

〔17〕〔18〕梁启超:《为学与做人》,《饮冰室合集》第5册,中华书局1989年版。

〔19〕梁启超:《敬业与乐业》,《饮冰室合集》第5册,中华书局1989年版。

〔25〕见梁启超《趣味教育与教育趣味》。前两种以利己为原则,被梁启超视为下等趣味,体现了梁启超趣味思想中的伦理意识。第三种我个人认为是可以商榷的。这种观点也与梁启超对美的品鉴有一定的矛盾。梁启超在《情圣杜甫》中指出美是复杂的,有纯粹的美(快)感,也有夹杂着痛感的美(快)感。这样的看法显然更为辩证。

〔37〕可参看张品兴编:《梁启超家书》,中国文联出版社2000年版。

〔38〕[战国]韩非子:《韩非子》,中国文史出版社2003年版。

〔40〕[晋]阮籍著,[清]王谟辑:《汉魏遗书钞》,清嘉庆三年刻本。

〔41〕[魏]嵇康著,吉联抗译注:《声无哀乐论》,音乐出版社1964年版。

〔42〕[晋]陆机撰,张少康集释:《文赋集释》,上海古籍出版社1984年版。

〔43〕[梁]刘勰著,韩泉欣校注:《文心雕龙》,浙江古籍出版社2001年版。

〔44〕[唐]房玄龄等撰:《晋书》,中华书局2000年版。

〔45〕[唐]司空图《司空表圣文集》,上海古籍出版社1994年版。

〔46〕伍蠡甫:《西方文论选》下册,上海文艺出版社1963年版,第499页。

〔47〕[德]席勒著,徐恒醇译:《美育书简》,中国文联出版公司1984年版,第103页。

第二节 "情感"与美之创造

"情感"是梁启超美学思想的重要范畴之一,也是二十世纪中国美学思想中的重要现代性范畴之一。通过情感这个范畴,梁启超不仅进一步深入研讨了美的特质,还具体展开了美的创造与艺术实践问题,从而也丰富了趣味思想的理论内涵。

一、情感的本质及其与美的关系

对于情感本质的认识,是梁启超情感理论的基石。情感的本质究竟是什么?梁启超大致有这样几个层面的理解:(一)情感是人的生命的基质。梁启超把情感理解为生命中最内在最本真的东西。他说:"天下最神圣的莫过于情感","情感是宇宙间一种大秘密"。"我们想入到生命之奥,把我的思想行为和我的生命进合为一,把我的生命和宇宙和众生进合为一,除却通过情感这一个关门,别无他路。"[1]也就是说,情感向内是个体完善的必要通道,向外是融入社会的基本通道。因此,情感的张扬是人的生命活跃和人生实践的基础。没有情感,就没有生命。这是梁启超关于情感问题的最基础理解。(二)情感具有强烈的行为驱动力。梁启超将情感与理智做了比较:"用理解来引导人,顶多能叫人知道那件事应该做,那件事怎样做法;却是被引导的人到底去做不去做,没有什么关系。有时所知的越发多,所做的倒越发少。用情感来激发人,好象磁石吸铁一般,有多大分量的磁,便引多大分量的铁,丝毫容不得躲闪。"[2]把情感的行为驱动作用比喻为磁石吸铁可谓贴切深刻。为何情感具有如此强大的驱动力呢?因为情感是我的生命与对象的融合为一,它源自对对象的真切体验与领略。梁启超说,"体验是要各人自己去做","领略"是"认自然和自己生命为一体"。两者都强调亲力亲为,如此得出的结论就不光是理智上的客观认识,更是一种全身心的感受,是心灵的融入。他还以艺术创作作为例子,对这个问题作了具体的分析。他说,艺术家在创作之前,先要把"那件事物的整个实在完全摄住",即"攫住他的生命","和我的生命进合为一"。在那一刻,情感体现为一种"亢进"与"突变"的状态,其结晶就是"得着一个'超现世'的新生命",也就是艺术作品了。这样的作品,作为"情感的表现","令我们读起来,不知不觉地跟着他到那新生命的领域去了"。所谓"不知不觉",也就是情感容不得躲闪的强大的吸引力。(三)情感是"本能"与"超本能"、"现在"与"超现在"的统一。梁启超说:"情感的性质是本能的,但他的力量,能引人到超本能的境界。情感的性质是现在的,但他的力量,能引人到超现在的境界。"[3]前者强调了情感是感性与理性的统一,后者强调了情感是现实与理想的统一。强调情感的性质是本能的,即强调情感是与人的感性生命同在的具有根本意义的东西。没有感性生命,也就无所谓本能,也就没有情感。因此,情感是生命存在与活跃的基本要素。但人的生命活动又不是纯粹感性的。有目的有意识的生命活动是人与动物的根本区别,这是马克思主义哲学的基本观点。梁启超虽然不是马克思主义者,但他一直把超本能的境界视为人生更高的境界,强调人生的责任。因此,他所期冀的理想情感含蕴着引导人向着超本能境界迈进的力量。同时,梁启超强调情感的性质是现在的。即情感的发生总是与特定的实践相联系的,是即时的,是在场的。因此,情感总是血肉丰满的,实际的。但梁启超又不以狭隘的目光来看待个人在社会历史进程中的位置。他强调情感具有将个体引导到迷人的超现实境界中去的神奇力量。实际上,在这里,梁启超已把个体情感活动视为感性个体生命与宏观历史运化、现实人生实践与价值理想追寻的统一。当梁启超从生命本体意义来看情感的时候,他更多地看到了情感的神秘与魔力;而当他从社会历史运化来看情感时,他又看到了情感中的理性与理想。

　　基于对情感认识的这种二重性,一方面,梁启超从根本上肯定了情感在人生实践中的价值与意义;另一方面,落实到具体的情感上,梁启超又采取了一分为二的鉴别态度。他认为情感"不能说他都是善的都是美的。他也有很恶的方面,他也有很丑的方面。他是盲目的,到处乱碰乱迸,好起来好得可爱,坏起来也坏得可怕"[4]。实际上,梁启超对于情感的评判,用的是真善统一的标准。用真的标准来看,情感发自本心,是最神圣的;但从善的标准来看,原始的情感又必须完成"本能"与"超本能"、"现在"与"超现在"的统一,即达成感性与理性、实际与理想的统一,才能成为在具体内涵上"美"的、在具体作用上"好"的情感。对于情感的两重性,梁启超采取了一种积极的态度,他不是主张压抑情感,而是主张进行情感教育,予以提升与导引。

情感是梁启超美学思想中的重要范畴之一。对于情感和趣味在梁启超美学思想体系中的具体内涵与地位,常常令人生惑。如有学者认为"在他的理论中,趣味和情感几乎没有大的区别"[5],也有学者认为:"趣味与情感本来不是一个概念,但在梁启超的文章中,似乎没有把二者明确加以区分。"[6]更有学者明确地认定:"'趣味'与'情感',在心理学上是有区别的,但梁启超却在它们之间划上了等号。"[7]应该说,趣味与情感都是梁启超美学思想体系中极为重要的理论范畴,梁启超也在多篇文章中论及这两个范畴。对于这两个范畴在梁启超美学思想体系中的特定内涵与具体地位的认识,既是对两个范畴本身的理解问题,也关系到对梁启超整个美学思想面貌与逻辑脉络的梳理问题。不能否认,梁启超在具体的表述中确有随意之处。如他在《趣味教育与教育趣味》中说:"趣味是生活的原动力"[8];在《中国韵文里头所表现的情感》中说:情感"是人类一切动作的原动力"[9];在《人生观与科学》中说:"生活的原动力,就是'情感'。"[10]这类表述就文字本身而言,难免使人得出含混甚至画等号的印象。但若对梁启超的相关论述作全面梳理,并联系梁启超整个美学思想体系的构架,我认为,梁启超对情感与趣味两者的内涵是有一定的区分、两者的地位是有不同的界定的。在梁启超的美学思想体系中,趣味与情感的内涵有着各自的侧重点,地位也并非均等。趣味是梁启超所理解的一种独特境界,是人生的一种理想状态,也是审美活动的充分条件与终极目标。因此,趣味既是一种人生态度,也是一种审美态度;既是一种人生状态,也是一种审美境界。在梁启超这里,趣味体现了梁启超对美的整体构想与审美活动的本质思考,因此,趣味是梁启超美学思想体系的核心,处于最为中心的位置,也是通向各个范畴与命题的扭结点。情感则是梁启超所理解的审美活动的必要条件,也是趣味达成的基础条件。梁启超说,趣味是由内发的情感和外受的环境交媾发生出来的。他把情感与环境视为趣味发生的两个基础要素。即只有情感的内部条件与相关的环境外部条件的确立,才为趣味的实现奠定了必要的前提。而从梁启超的整个美学思想体系来看,梁启超在审美活动展开的这两个基础要素中,更为重视的是情感这个主体心理要素。梁启超十分强调主体在审美实践中的根本性、能动性与决定性意义。他把主体内在条件视为审美活动中的根本性条件。因此,情感作为趣味发生的内在主体条件即主体心理基础之一,也是梁启超所认定的审美活动展开与实现的根本性条件。在梁启超的美学构架中,或者说,在梁启超对美的实现的理想构图中,一方面,趣味是美实现的关键与现实;另一方面,情感对美的实现又比趣味更具基础性。情感与趣味既是审美活动的两个重要因素,也是美的追求的两个不同层面。情感总是与具体行为与生命活动相联系,趣味总是与人生态度与生命境界相联系。一方面,梁启超从价值论角度把美的实现视为生活的应是状态,因此,他把趣味界定为人类生活的原动力;另一方面,梁启超又从实践论角度把美的实现理解为主体的生命创化,因此,他又把情感界定为人类行为的原动力。情感与趣味在梁启超美学思想体系中构成了既有逻辑关系又有各自所指的动态联系。情感更具有实践指向,趣味更富有哲学意蕴。也因此,梁启超谈情感更多的是联系具体审美活动、艺术活动、作家作品来谈;谈趣味则不仅触及具体的审美活动,还较多地触及了哲学观与美学观的根本问题。因此,如果我们将梁启超的美学思想做系统梳理并对趣味和情感在梁启超美学思想体系中的地位作明确的语言表述,可以说,梁启超主要是在生活、人生、审美的意义上使用趣味,在生命、行为、活动的意义上使用情感。趣味是生活的原动力,也是人生的理想态度,是审美的具体状态与美的实现;情感是行为的原动力,是趣味实现的主体心理基础,也是审美活动的必要前提。

二、情感真实与艺术本质

基于对情感本质的理解,梁启超对艺术的本质作了界定。在艺术本质观上,梁启超是坚定的主情主义者。他认为:"艺术是情感的表现"[11],"艺术的权威,是把那霎时间便过去的情感,捉住他令他随时可以再现。是把艺术家自己'个性'的情感,打进别人们的'情阈'里头,在若干期间内占领了'他心'的位置"。"音乐美术文学"等艺术形式的价值,就在于"把'情感秘密'的钥匙都掌住了"。[12] 梁启超对艺术本质的理解既继承了中国传统诗学"抒情言志"的传统,又体现出西方现代诗学把情感视为个体生命"表现"的理论痕迹。

情感真实是艺术之美的基础,这是梁启超坚持的首要原则。"情感越发真越发神圣"。何谓艺术情感之真?梁启超说:"大抵情感之文,若写的不是那一刹间的实感,任凭多大作家,也写不好。"[13] 可见,梁启超把真实的艺术情感视作来自生活的与具体事件相联系的真实感觉。那么,主体如何去捕捉"那一刹间的实感"呢?梁启超认为有两条互相联系的途径。首先,是要以"纯客观的态度",观察"自然之真"。不能抓住自然的真相,就无法产生真实的感觉。其次,是要以"热心"、"热肠","在同中观察异,从寻常人不会注意的地方,找出各人情感的特色"。真事是实感的基础。有了真事,才有真实的感觉;有了真实的感觉,还要能够捕捉体味,要能品鉴出"那一刹间的实感"的独特之处。在评价杜甫作品的过程中,梁启超指出:"真实愈写得详,真情愈发得透。"[14] "自然之真"与"情感的特色"是互为联系、相辅相成的。因此,对生活实感的捕捉与表现是艺术情感真实的两个有机层面。梁启超认为文学艺术活动中有两种创作流派,一谓浪漫派,一谓写实派。浪漫派的做法是"用想象力构造境界","把情感提往'超现实'的方向"。[15]梁启超极为推崇楚辞与屈原的作品,认为"我国古代,将这两派(即指浪漫派与现实派,笔者注)划然分出门庭的,可以说没有","但我们文学含有浪漫性的自楚辞始"。[16]实际上,梁启超在此已明确地将楚辞视为我国浪漫主义文学的开山之作。同时,他把屈原视为我国浪漫主义文学的杰出代表。梁启超认为文学应表现实感,但能"从想象力中活跳出实感来,才算极文学之能事"[17],而屈原就是这样一位将想象之活跃与情感之真实密切联系的真诗人。他的作品句句都是真性情的流露,是"有生命的文学"。后人没有屈原那种发自肺腑的真实自然的"剧烈的矛盾性",只"从形式上模仿蹈袭,往往讨厌"。这类作品不能将想象与真情相结合,不能创造出"醇化的美感",只能"走入奇谲一路"。艺术活动中的另一种创作流派是写实派。写实派的做法,是"作者把自己情感收起,纯用客观态度描写别人情感","将客观事实照原样极忠实的写出来"。[18]因为所写多是"寻常人的寻常行事或是社会上众人共见的现象",故虽"没有一个字批评",却"令读者自然会发厌恨忧危种种情感"。写实派作家以"冷眼""忠实观察""社会的偏枯缺憾",注重写"人事的实况"与"环境的实况"。他的"冷眼"底下藏着"热肠"。梁启超精辟地洞悉,写实派的作家"倘若没有热肠,那么他的冷眼也决看不到这种地方,便不成为写实家了"[19]。因此,写实家仍然拥有对生活的真情与热爱。梁启超最为推崇的写实派文学家是杜甫。他把杜甫誉为"情圣"。因为杜甫把自己的"精神和那所写之人的精神并合为一",把"下层社会的痛苦看得真切",并"当作自己的痛苦"。因此,"别人传不出"的"情绪","他都传出"。[20]可见,梁启超并非机械地理解写实派与浪漫派的创作特征。在他的批评标准中,写实与浪漫并无高低之分。不管运用何种方法,只要拥有真情,发透真情,即为大家。

梁启超坚持艺术情感必须真实,它是一切艺术创造与艺术虚构的基本前提。同时,梁启超没有停留于此,他还进一步提出了对艺术情感进行鉴别提炼的任务,提出艺术应该表现"美"的真实情感与"好"的真实情感,触及了艺术中真善美统一的问题。梁启超认为,艺术家本身必须注重情感的"陶养","艺术家认清楚自己的地位,就该知道,最要紧的工夫,是要修养自己的情感,极力往高洁纯挚的方面,向上提挈,向里体验,自己腔子里那一团优美的情感养足了,再用美妙的技术把他表现出来,这才不辱没了艺术的价值"。[21] 也就是说,艺术家体验把握真情感,又不能随性而至随情而发,而要用理性去陶养去规范,使本能的情感往"美"的与"好"的方向提升。因此,梁启超的主情主义从感性出发,以理性归宿,体现了他对情感与理性关系的辩证理解。也正是在这里,梁启超的艺术本质论与艺术功能论融合为一。

三、艺术的情感感染力与情感表现法

情感是艺术的本质、内容与目的。具有真情感的真文学有着强烈的艺术感染力,由于融情于景,故能在"客观意境"的创造中,"令自然之美和我们心灵相融逗",激发起我们的情感共鸣;而在叙写人生的作品中,更因"确实描写出社会状况","讴吟出时代的心理",而自然地引发我们的"无穷悲悯"。在伟大的艺术家笔下,这种经过陶养的"高洁纯挚"的美的情感因其强烈的艺术感染力,而对"有心人胸中"构成强烈的"刺激"。关于艺术情感所激发的审美体验,梁启超早在《论小说与群治之关系》一文中就有阐释。他说:"我本蔼然和也,乃读林冲雪天三限,武松飞云浦厄,何以忽然发指?我本愉然乐也,乃读晴雯出大观园,黛玉死潇湘馆,何以忽然泪流?我本肃然庄也,乃读实甫之琴心酬简,东塘之眠香访翠,何以忽然情动?若是者,皆所谓刺激也。大抵脑筋愈敏之人,则其受刺激力也愈速且剧。"[22] 在这段话中,梁启超指出,读者的情感发生与情绪转换,是由作品所内

含的情感力与读者的心灵心理的感应所引发的。作品所内含的情感是一种客观的刺激,是审美情感发生的前提;刺激的具体效果是因人而异的,与鉴赏主体个人的精神心理特征相联系。同时,这种情感刺激可以使主体由"蔼然"而"发指",由"愉然"而"泪流",由"肃然"而"情动",即使审美主体的情感状态发生逆转。实际上,梁启超在这里所揭示的现象类似于西方现代美学所提出的"移情"。但梁启超的落脚点不仅在情感,更在于人的整个生命状态的提升。他把艺术的这种审美功能称为"移人",并将这种"移人之力"具体分解为"熏"、"浸"、"刺"、"提"四种。[23]

艺术感染力要靠作品来承载与传达。因此,梁启超非常重视作品的情感表现技巧。他认为:"要有精良的技能,才能将高尚的情感和理想传达出来。"他以诗歌作为主要范例,对于艺术作品的"表情技能"进行了具体研究,总结出"奔迸的表情法"、"回荡的表情法"、"含蓄蕴藉的表情法"、"写实派的表情法"、"浪漫派的表情法"等五种主要表情方法。

"奔迸的表情法"是"用极简单的语句,把极真的感情尽量表出"。其特点是"忽然奔迸一泻无余"[24]。此法特别适用于哀痛情感的表现。哀痛情感往往是一种"情感突变,一烧烧到'白热度'","在这种时候,含蓄蕴藉,是一点用不着",作者"一毫不隐瞒,一毫不修饰,照那情感的原样子,迸裂到字句上"。梁启超认为艺术情感"讲真,没有真得过这一类"。这类作品,是"喷出来"的,"一个个字,都带着鲜红的血",是"语句和生命"的"迸合为一"。而且,"这种生命,只有亲历其境的人自己创造,别人断乎不能替代"。梁启超指出,虽然"奔迸的表情法"主要用于表现悲痛的情感,但也并不是不能用于表现其他的情感内涵。但不管哪一种情感,它都必须具有一种内在特质,即具有情感的突变或亢进的状态,这样才能与"奔迸"的技能相切合。同时,"奔迸的表情法"也有一定的文体限制,如词讲究缠绵悱恻,与"奔迸"的美感效果有一定的距离,因此,词家很少运用这种方法。曲中运用这种方法也较少见。

"回荡的表情法""是一种极浓厚的情感蟠结在胸中,像春蚕抽丝一般,把他抽出来"。[25]"奔进的表情法"与"回荡的表情法"都是表现热烈的情感,但前者重在"真",后者重在"浓";前者是"直线式的表现",后者是"曲线式或多角式的表现";前者的性质是"单纯"的,后者的性质是"网形"的、"搀杂""交错"的。梁启超认为,"人类情感,在这种状态之中者最多"。因此,"回荡的表情法"也是运用最多的一种表情方法。在具体的文学实践中,梁启超认为"回荡的表情法"又形成了一些不同的特点,构成了螺旋式、引曼式、堆垒式、吞咽式等四种不同的方式。螺旋式的表情是层层递进,一层深过一层;引曼式的表情是磊磊蟠郁,吐了还有;堆垒式的表情是酸甜苦辣写不出,索性不写,咬牙咏叹;吞咽式的表情是表一种极不自由的情感,故才到喉头,又咽回肚里。"回荡的表情法"诗、词、曲均可运用,历代出现了许多名篇佳构,如屈原的《离骚》,宋玉的《九辩》,杜甫的《三吏》、《三别》,辛弃疾的《摸鱼儿》、《念奴娇》,此外还有苏东坡、姜白石、李清照的词作,曲本中则有《西厢记》、《琵琶记》、《牡丹亭》、《长生殿》、《桃花扇》中的精彩曲段。梁启超认为,"回荡的表情法""是文学上最通用的,我们中国人也用得很精熟,能够尽态极妍"。

"含蓄蕴藉的表情法"是一种"温"的表情法。"奔进的表情法"与"回荡的表情法"都是"有光芒的火焰",情感是"热"的。"含蓄蕴藉"这种表情法则是"拿灰盖着的炉炭",内里也是极热的,但不细心体味,不耐心体味,就不能把捉其神韵。梁启超把这种表情法分为四类。第一类是在情感很强的时候,"用很有节制的样子去表现他"。其特点"不是用电气来震,却是用温泉来浸,令人在极平淡之中,慢慢的领略出极渊永的情趣"[26]。梁启超还将这类作品与前面奔进法、回荡法相比较,他用了非常形象传神的比喻来说明两者的区别。奔进法与回荡法就像"外国人吃咖啡,炖到极浓,还搀上白糖牛奶"。而这类作品却像"用虎跑泉泡出的雨前龙井,望过去连颜色也没有,但吃下去几点钟,还有余香留在舌上"。这种方法是"把感情收敛到十足,微微发放点出来,藏着不发放的还有许多,但发放出来的,确是全部的灵影,所以神妙"。这类作品写得好的即是"淡笔写浓情"的杰作,与古典美学所创导的"羚羊挂角,无迹可寻"、"不着一字,尽得风流"的美学品位相切合。梁启超指出:"这类诗做得好不好,全问意境如何。"而"生当今日",必须取"新意境"。若一味囿于古人的意境,那么不管怎样运笔灵妙,也"只有变成打油派"。第二类是"不直写自己的情感,乃用环境或别人的情感烘托出来"[27]。梁启超认为,这类作品的写法可算作"半写实"。所谓"写实",是指这类作品"所写的事实,全用客观的态度观察出来,专从断片的表出全相",这种方法"正是写实派所用技术"。所谓"半写实",是指这类作品"所写的事实,是用来做烘出自己情感的手段",它的目的不在写实本身。如《古诗为焦仲卿妻作》,写兰芝与仲卿言别,兰芝不说悲,只叙往日旧物;兰芝与小姑言别,兰芝同样不说现在的凄惨,只叙过去的情爱,只叙宽慰与劝勉。梁启超认为这部作品深得"半写实法"的"三昧",使"极浓厚的爱情"、"极高洁的人格"、"全盘涌现"。第三类是"把情感完全藏起不露,专写眼前实景,(或是虚构之景)把情感从实景上浮现出来"[28]。梁启超将这类作品与纯写景的作品做了比较,指出两者的区别是:纯写景的作品"以客观的景为重心,他的能事在体物入微,虽然景由人写,景中离不了情,到底是以景为主"。这类作品则"以主观的情为重心,客观的景,不过借来做工具"。这类作品,梁启超最推崇的是曹操的《观沧海》,杜甫的《倦夜》、《登高》等。他非常精辟地指出,《倦夜》"写的全是自然界很微细的现象,却是通宵睡不着很疲倦的人才能看出";而《登高》"其实不用下半首,已经能把全部情绪表出"。第四类则是"把情感本身照原样写出,却把所感的对象隐藏过去,另外拿一种事物来做象征"[29]。这种方法,作品所描绘的对象,只是作为一种"符号",意思却"别有所指"。梁启超把这种表情法比喻成"打灯谜似"的方法。写得好的有屈原的《离骚》,美人芳草,是

"于无可比拟中",以"极微妙的技能,借极美丽的事物做魂影",来比拟自己"极高尚纯洁的美感"与"极秾温的情感",着墨不多而沁人心脾。梁启超认为,《楚辞》也是中国文学纯象征派的"开宗"。至中晚唐,有人"想专从这里头辟新蹊径",但"飞卿太靡弱,长吉太纤仄",李义山则不失为一大家。总体来看,对于"含蓄蕴藉的表情法",梁启超极为推重,认为这种方法可谓"文学的正宗",是"中华民族特性的最真表现"。所谓"中华民族特性的最真表现",我认为这不是指一种艺术表现方法上的特征,而是梁启超对中华民族性格特点的一种理解,即梁启超认为中华民族的民族性格具有含蓄蕴藉的特征,故在本性上与这种表情法最相切合。

"写实派的表情法"是"作者把自己情感收起,纯用客观态度描写别人情感"。[30]其写作的要领,一是要"将客观事实照原样极忠实的写出来,还要写得详尽";二是"专替人类作断片的写照"。这种方法的特点是作者"用极冷静的态度忠实观察",再"用巧妙技术把实况描出",作者"不下一字批评",而令读者自然生发种种情感。梁启超指出,运用写实法表情要注意:(一)写实家所标旗帜是冷静客观,"不搀杂一丝一毫自己情感",但这"不过是技术上的手段罢了","其实凡是写实派大作家都是极热肠的"。(二)一般写实家的"通行作法"是"专写社会黑暗",但写实法也可用来"写社会光明"。所谓"写实派的表情法"指的是表情的方法特征,而非内容特点。(三)写实派"重在写人事的实况,但也要写环境的实况,因为环境能把人事烘托出来"。梁启超对于写实派表情法的理解是颇为深刻辩证的。

"浪漫派的表情法"是"求真美于现实界之外",把"超现实的人生观,用美的形式发摅出来"。[31]这类表情法"最主要的精神是'超现实'",最主要的手法是"想象"与"幻构"。其作品往往"想象力愈丰富愈奇诡便愈见精采",用"幻构的笔法"构造"境界",描绘"出乎人类意境以外"的"事物"。这类作品往往具有"飘逸"、"瑰丽"甚至"神秘"的风格。但若把握不好,不仅不能构造出"醇化的美感",反而"走入奇谲一路"。

梁启超对"表情法"的总结对于诗歌、艺术、美学理论都具有重要的意义。(一)梁启超结合作品展开论述分析,体现了他高度的艺术素养和精到的审美能力。(二)对艺术主要是古典诗歌的表情法进行如此系统深入的总结,在中国诗学与美学思想史上似还前无古人。(三)从西方文论中引入了"写实派"、"浪漫派""象征"等概念,使中国文论产生了新质。(四)在研究方法上突破了传统诗话只品不论的特点,有鉴赏有分析,有评点有论证,推动了中国文论在思维方法上的现代转向。

四、情感功能与情感教育

梁启超讲情感,最终归结到一点,就是情感功能与情感教育的问题。

首先,梁启超从情感的性质与功能出发,确立了情感教育即立人教育的基本原则。梁启超认为情感本身虽神圣,却美善并存,好恶互见。因此,必须对情感进行陶养。情感陶养的重要途径就是情感教育。他认为,古来大宗教家大教育家,都最注意情感的陶养,把情感教育放在第一位。[32]情感教育的目的,不外将情感善的美的方面尽量发挥,把那恶的丑的方面渐渐压伏淘汰下去。梁启超指出,知情意是人性的三大根本要素,各有各的价值,因此,情感教育对人具有独立的价值;而且情感对于人而言,有时比知识与道德更具有深刻的意义。因为,情感发自内心,是生命中最深沉最本质的东西。情感教育的"工夫做得一分,便是人类一分的进步"[33]。

其次,梁启超探讨了情感教育的方式问题。梁启超明确指出:"情感教育最大的利器,就是艺术。"[34]因为艺术的本质是情感,艺术表现的重要内容是情感,艺术在情感表现上具有丰富而独到的技能,艺术作品具有强烈的情感感染力。梁启超认为艺术审美的具体过程就是艺术功能发挥的基本过程,即"力"与"移人"的过程,而这也正是情感教育的主要方式。

此外,在关于情感教育问题的探讨中梁启超还提出了艺术家的责任与情感修养问题。艺术审美是情感教育的主要方式,而艺术审美活动的展开首先有赖于艺术家的创作。由此,梁启超提出:"艺术家的责任很重,为功为罪,间不容发。艺术家认清楚自己的地位,就该知道,最要紧的工夫,是要修养自己的情感,极力往高洁纯挚的方面,向上提挈,向里体验。自己腔子里那一团优美的感情养足了,再用美妙的技术把他表现出来,这才不辱没了艺术的价值。"[35]

梁启超如此重视情感教育,肯定艺术在情感教育中的作用,关注艺术家的责任与修养,当然是与他的启蒙理想密不可分的,他更深层的目的还在于借助艺术情感宜深入人心的作用机理,来培养人的健康积极的情感取向,激发人对于生活的激情与热爱,保持求真求善的人生理念,从而实现积极进取、乐生爱美的人生理想。因此,梁启超的情感教育并非要人陷于一己私情之中,也不是让人用情感来排斥理性,更不是要人沉入艺术耽于幻想。他的情感教育实质上也就是人生教育,是从情感通向人生,从艺术与美通向人生。从这个意义上说,"在梁启超的美学思想中,艺术的情感教育是和德育、美育相互联系在一起的"[36],梁启超追求的是美与真、善的统一。

情感教育的思想使梁启超找到了艺术的审美功能和社会功能相融相洽的通衢,这一思想也是联结其情感学说与美学思想体系的一条内在红线。

五、情感理论的特点与评价

梁启超的情感理论是东西方文化思想交融的结晶。对情感进行探讨在中国文化中久已有之。从现存史料来看,较早比较自觉地从心理角度对"情"作出理论分析的是先秦的荀子。荀子把"情"分为好、恶、喜、怒、哀、乐六种。同时,荀子又把"情"与"欲"理解为一体化的东西。他一方面开创了关于情的心理分析,另一方面又要求通过制定礼仪和自我控制来节制"情"与"欲",从而提出了"节情""导欲"论。后《中庸》将情的理想境界用"中和"作了概括:"喜怒哀乐之未发,谓之中。发而皆中节,谓之和。中也者,天下之大本也;和也者,天下之达道也。致中和,天地位焉,万物育焉。"[37]儒家各派论情大都主张节情,强调情感的中和状态。这种理论在中国古典情感理论中占有统治地位,影响很大,并逐渐发展为"存天理,灭人欲"的理学教条。"节情论"是对个人情感的压抑,它要求遵循的是封建统治者的情感法度。值得注意的是,在中国古代文化中,还涌动着"尊情说"的潜流。早在先秦时代,庄子就在其文《山木》中提出了"形莫若缘,情莫若率"的主张。[38]他在《渔父》中对"情"做了精彩的分析:"真者,精诚之至也。不精不诚,不能动人。故强哭者虽悲不哀,强怒者虽严不威,强亲者虽笑不和。真悲无声而哀,真怒未发而威,真亲未笑而和。真在内者,神动于外,是所以贵真也。……礼者,世俗之所为也;真者,所以受于天地,自然不可易也。故圣人法天贵真,不拘于俗。"[39]实际上,在这里,庄子提出了世俗之情与圣人之情的区别。世俗之情,为礼所制,牵强造作。圣人之情,受之天地,发自内心,精诚自然。庄子倡导的是"法天贵真"的圣人之情。庄子以"天地""圣人"为情张目,但实际上已为人的现实真实感情的张扬开辟了通道。自此以后,人性的张扬总是与人情的鼓吹联系在一起,魏晋、明清无不如此。特别是明代以后,李贽、汤显祖、袁宏道、袁枚等重要思想家都论述了情、性、理之间的关系,主张合情尊情。"尊情说"以"情"来对抗"礼"与"道",但在"节情论"的巨大压力下,影响甚微。龚自珍是近代情感解放的先锋。他在《长短句自序》中提出了世人对待情感的三种态度:"情之为物也,亦当有意乎锄之矣;锄之不能,而反宥之;宥之不已,而反尊之。"[40]龚自珍把情视为人之本性,反对锄情,倡导宥情、尊情,这既是对传统尊情说的丰富与继承,也是明末以来进步思想家追求思想解放的回声。

　　近代以来,随着西学东渐,以儒家文化为核心的封建宗法文化重

"礼"轻"情"、压抑主体、束缚个性的本质愈益显露。将审美从封建伦理下解放出来,将人从封建礼教下解放出来,是中国近现代文化也是近现代美学的主要任务。梁启超受传统文化影响很深。在情感问题上,他主要接受的是庄子、李贽、龚自珍一派的影响。但是,梁启超又不是简单地接受"尊情说"的影响。实际上,他的情感思想既调和了中国传统的"节情"与"尊情",又渗入了西方近现代文化对于情感的理解。首先,梁启超的情感思想调和了中国传统的"尊情说"与"节情说"。他把情感视为人类生命的基质与行为的内驱力,强调了情感与生命与生活的根本性联系。在这个基础上,梁启超认为,一方面,必须解放情感,激发情感的活力,才能充分"领略生命的妙味";另一方面,情感又是"本能"与"超本能"、"现在"与"超现在"的统一,因此,必须重视情感的理性与责任,才能实现情感的功能。因此,梁启超既在功能论上支持"尊情论",又在方法论上赞成"节情说"。其次,梁启超关于情感的理解也渗透了西方近现代文化的精神元素。西方第一个明确地将人的心理要素分为知、情、意三个部分,给予情感以本体论地位的是康德。梁启超对情感本质的界定首先来自康德的影响,在他的思想体系中,情感是一个具有独立地位的心理要素,对于人的生命与人生存在具有本体性意义。同时他也吸纳了柏格森等西方现代思想家张扬个体感性生命的理论观点,强调情感与人的感性生命力的本质联系,宏扬情感中的感性自由意志与个体生命运化。当然,梁启超还有自己思考问题的基点。他面对的是世纪之交激烈动荡的世界局势和深陷苦难少思抗争的中华民众,因此,他谈情感问题实际上并非是超脱的、宽泛的,他对情感问题的阐释角度也并非只是文化选择的结果。更重要的是这种理论选择使他将关于情感问题的论释与对现实人生的思考更紧密地联结起来了。他时时刻刻在寻找的是"挽劫难而拯生灵"的药方。可以说,梁启超的情感理论构筑了情感的生命本体地位、感性生命力量与人生责任理念的融会,他企图借助情感的动力来激活国民生命的热情,来激发国民的人生责任感,来改变国民麻木的生存状态与人生态度。也正是在这个基础上,梁启超一方面主张必须充分解放情感,激发情感的活力,张扬生命的兴味;另一方面又主张必须重视情感的理性与责任,使情感的功能能够获得完满的实现。至于对于情感的具体感染特点及作用机理,梁启超则主要选择了艺术作为基本对象,展开了相对系统的研究,提出了关于艺术情感及其审美的许多精辟见解,并通过艺术情感功能将审美与人生紧密地联系在一起。同时,梁启超将情感与艺术相联系,把艺术本质视为情感表现的观点,不仅体现了其对于艺术特点的深刻把握,也为中国现代艺术美学的发展开拓了正确的方向。总的来看,梁启超情感理论的根本出发点是感性生命的激扬,最后归宿则是生活与人生的情趣化。这一基本立场与价值取向和其趣味主义的美学理想正相契合。

情感理论是梁启超美学思想中最丰满最出彩的部分之一。但梁启超关于情感问题的阐释并不是在一篇论著中完成的,需要研究者进行梳理、提炼、归类与总结。

注释:

〔1〕〔2〕〔3〕〔4〕〔9〕〔12〕〔13〕〔15〕〔16〕〔18〕〔19〕〔21〕〔24〕〔25〕〔26〕〔27〕〔28〕〔29〕〔30〕〔31〕〔33〕〔34〕〔35〕 梁启超:《中国韵文里头所表现的情感》,《饮冰室合集》第4册,中华书局1989年版。

〔5〕 易容:《王国维的人生"欲"与"美"及梁启超的"趣味"说》,《社会科学战线》2000年第1期。

〔6〕 叶朗:《中国美学史大纲》,上海人民出版社1985年版,第583页。

〔7〕 徐林祥:《中国美学初步》,广东人民出版社2001年版,第524页。

〔8〕 梁启超:《趣味教育与教育趣味》,《饮冰室合集》第5册,中华书局1989年版。

〔10〕 梁启超:《人生观与科学》,《饮冰室合集》第5册,中华书局1989年版。

〔11〕〔14〕〔20〕 梁启超:《情圣杜甫》,《饮冰室合集》第5册,中华书局1989年版。

〔17〕 梁启超:《屈原研究》,《饮冰室合集》第5册,中华书局1989年版。

〔22〕梁启超:《论小说与群治之关系》,《饮冰室合集》第 2 册,中华书局 1989 年版。

〔23〕关于"力"和"移人"的具体分析详见本章第三节。

〔32〕陈望衡认为"把情感教育放在第一位未必是古来大宗教家大教育家的主张,应是梁启超的创见",参见陈望衡《20 世纪中国美学本体论问题》,湖南教育出版社 2001 年版,第 43 页。

〔36〕陈永标:《试论梁启超的美学思想》,《华南师大学报》1984 年第 2 期。

〔37〕[战国]子思:《中庸》,中国社会科学出版社 2000 年版。

〔38〕〔39〕[战国]庄周著,陈鼓应注译:《庄子今注今译》,中华书局 1983 年版。

〔40〕[清]龚自珍著,王佩诤校:《龚自珍全集》,上海古籍出版社 1999 年版。

第三节 "力"、"移人"与美之功能

"力"与"移人"是梁启超美学思想中的两个重要范畴,也是中国近现代美学思想中极富时代特征与主体特色的两个理论范畴。梁启超以"力"来界定美的作用机制;以"移人"来界定美的作用效能。通过"力"与"移人",梁启超不仅将美导向了人与人生,也导向了现实与社会。"力"和"移人"的范畴,就其术语运用来说,主要集中出现在梁启超的前期美学论著中,但其内在精神是通向后期趣味与情感思想的重要基础。在后期美学著作中,梁启超一方面通过对艺术表情方法的深入研究,使"力"的命题进一步具体化,另一方面他又通过"移人"向"移……情"的转化,把"移人"的命题推向了纵深;同时,梁启超还通过情感教育与趣味教育的命题,使"力"、"移人"与"情感"、"趣味"获得了精神的内在贯通。可以说,不深入理解"力"与"移人"的范畴,就无法完整深刻地把握梁启超的整个美学思想,也无法真正准确地理解梁启超美学思想的理论特质与理论特点。

一、"力"与美之作用机制

"力"在梁启超的美学命题中,是指由审美对象的多种要素综合转化而来的艺术感染力和作用力,是艺术形象丰沛、能动、向外扩展的生命力。这样意义上的"力",就其特质来说,与中国传统文化中对"力"的一般界定与运用是有明显差别的。在中国传统哲学中,有"力"的范畴,"力"是与"命"相对立的范畴。孔子讲"知命",孟子讲"立命",荀子讲"制命",庄子讲"安命",墨子讲"非命",命指的或是前定的限制或是客观的限制,它是一种不以人的意志为转移的外部力量或客观条件。"力"与此相对,则是指主体的一种努力,即主观意志力,它是与"命"相抗衡的一种力量。[1]魏晋时期编撰成书的《列子》直接将"力"与"命"相对举,假设了"力"与"命"的对话,"力"举了"寿夭

穷达,贵贱贫富"的不同,来论证自己的作用;"命"则以"穷圣而达逆,贱贤而贵愚,贫善而富恶"来否认力的作用。"力"强调的是主观努力,"命"寓意的是外部自然。在中国传统美学中,也有"力"的范畴。但它既非主要范畴,也很少独立运用。中国传统美学主要以意象、情景、形神、虚实、气韵等为主要范畴,着眼于对艺术作品形象特征的探讨。"力"在中国传统美学中主要与"骨"、"风"等术语相联,构成了"骨力"、"风力"等范畴,用来指称作品形象的风格特征。值得注意的是,梁启超美学思想中的"力"既不是指人的主观意志力,也不是指作品形象的艺术风格。梁启超的"力"在本质上是指一种"energy",即动态的能量。Energy 来自主体。但它不是中国传统哲学中那种与命相抗衡而存在的主观意志力,而是生命本身的一种本然的具体的生命能量。在艺术鉴赏活动过程中,Energy 由艺术形象自然发散出来而作用于鉴赏者。因此,这个"力"既是艺术作品艺术感染力的具体表现,也是沟通创作与鉴赏的功能机制。

"力"的范畴及其理论内涵,在梁启超前期的代表性论文《论小说与群治之关系》中有较为集中的论释。在这篇论文中,梁启超首先提出了小说"有不可思议之力支配人道"的命题。"道"是中国传统哲学中的重要范畴。《说文》云:道,"所行道也","一达谓之道"。[2]"道"即具有一定方向的道路。《左传》曾将"天道"与"人道"相对,将"日月星辰所遵循的轨道称为天道,人类生活所遵循的轨道称为人道"[3]。孔子讲的"志于道,据于德,依于仁,游于艺"[4]中的"道"指的就是人道。而在中国文化中,更有影响力的是老子关于"道"的论释。老子与孔子基本上同时代,但根据现有的考证,老子生卒年应稍早于孔子。在老子那里,"道"是其思想体系中最高也是最核心的范畴。老子说:"有物混成,先天地生。寂兮廖兮,独立而不改,周行而不殆,可以为天下母。吾不知其名,强字之曰道";"道生一,一生二,二生三,三生万物"。[5]"道"是宇宙的一种本体性和本源性存在,是宇宙的一种规律和奥秘。"道"是无规定性的,不能单凭感觉去把握;但"道"又是有限与无限的统一,是真实的存在。孔子从社会规律来理解"道",老子从宇宙生成来理解"道"。在孔子,"道"是一种普遍性社会规律。在老子,"道"是一种本体性宇宙规律(存在)。而梁启超则说:"欲新道德,必新小说;欲新宗教,必新小说;欲新政治,必新小说;欲新风俗,必新小说;欲新学艺,必新小说;乃至欲新人心欲新人格,必新小说。何以故?小说有不可思议之力支配人道故。"[6]与孔子的社会学视角和老子的哲学视角相比,梁启超的"人道"则兼具心理学与社会学的视角。在梁启超这里,"人道"指的是与人类社会诸种现象(道德、宗教、政治、风俗、学艺)相联系,与人的主体(人心、人格)特征相联系的人类心灵的奥秘。这段文字表述了这样一个理念,即由艺术之力来影响人的心灵,从而辐射具体的人心、人格,进而变革现实与社会。"人道"就是由艺术(力)到人(社会)的一个中介。

"力"与"人道"的组合构成了梁启超关于艺术审美作用机制的基本视点。梁启超以小说为具体研究对象,把艺术之"力"从横向上分解为四种,纵向上分解为二类,构成了一个"四力说"的基本理论框架,并提出了小说通过"四力"来"移人"以"支配人道"的具体作用机理问题。

小说的"四力"为"熏"、"浸"、"刺"、"提"。"熏"、"浸"、"刺"三力的共同特点是"自外而灌之使入",但三者间又有差别。"熏"之力的实质为"烘染"。人在阅读小说的过程中,"不知不觉之间,而眼识为之迷漾,而脑筋为之摇扬,而神经为之营注",即受到其"烘染",从而"今日变一二焉,明日变一二焉,刹那刹那,相断相续,久之而此小说之境界,遂入其灵台而据之,成为一特别之原质之种子。有此种子故,他日又更有所触所受者,旦旦而熏之,种子愈盛,而又以之熏他人,故此种子遂可以遍世界"[7]。因此,"熏"以空间言。"熏"的结果是范围的扩大。"熏"之力的大小,决定了所熏之界的"广狭",就像人"入云烟中为其所熏",云烟越多,所作用的范围也必然越广。"浸"之力的实质为"化"。"熏"与"浸"都是审美过程中的渐变,强调潜移默化,犹"人之读一小说也,往往既终卷后数日或数旬而终不能释然。读红楼竟者,必有余恋有余悲;读水浒竟者,必有余快有余怒"[8]。"浸"之力如饮酒,"作十日饮,则作百日醉"。"浸"以时间论。"浸"的结果是时间的绵延。故"浸"之力的大小,表现为对读者的影响时间的长短。"熏"与"浸"虽有空间与时间的区别,但都强调逐渐发生作用,接受者在这一过程中自身是浑然"不觉"的,情感是一种同质的扩展与延续。"刺"之力则是"骤觉",是由"刺激"而致的情感的异质转化。"刺"之力的特点是"使感受者骤觉","于一刹那顷,忽起异感而不能自制"。他举例说,"我本蔼然和也,乃读林冲雪天三限,武松飞云浦厄,何以忽然发指?我本愉然乐也,乃读晴雯出大观园,黛玉死潇湘馆,何以忽然泪流?我本肃然庄也,乃读实甫之琴心酬简,东塘之眠香访翠,何以忽然情动?"[9]这就是"刺"之力的审美效应。与"熏"、"浸"之力的作用原理在于"渐"不同,"刺"之力的作用原理在于"顿"。因此,"刺"之力的实现对于主客双方的条件与契合有更高的要求,它既要求作品本身具有一定的刺激力,又对接受者的思维特征有相应的要求。刺激力愈大,思维愈敏锐,"刺"的作用就愈强。同时,梁启超认为,就"刺"之力而言,"文字"的刺激功能"不如语言";"在文字中,则文言不如其俗语,庄论不如其寓言"。[10]语言就刺激物而言,它比文字更具有情景性,更具体可感,因为它有说话者的情态融于其中,从而构成对接受者的多感官综合刺激。而俗语与文言、寓言与庄论相较,俗语、寓言对思维的接受压力更少、更轻松、更富有趣味。最后,梁启超得出结论,在文学体裁中,具"刺"之力最大者,为小说。总的来看,"熏"强调的是艺术感染力的广度,"浸"强调的是艺术感染力的深度,"刺"强调的是艺术感染力的强度。但这三力对接受者的影响都是自外向内的,是被动的。"四力"中的"提"之力则是审美中最高境界,是"自内而脱之使出"。在"提"中,接受主体的审美状态由前三种境界中的侧重被动接纳转化为积极能动,他与对象融为一体,化身为对象而达到全新体验。在艺术鉴赏中,鉴赏者"常若自化其身焉,入于书中,而为书中之主人翁",这即是"提"的一种表现。"提"是梁启超最为推崇的审美境界,"提"之力也是梁启超所界定的最神奇的艺术感染力。梁启超虽将"四力"并举,但在价值的定位上是有差异的,"熏"、"浸"、"刺"是艺术感染力发挥作用的具体前提与基本环节,"提"才是最终的目的与结果。"提"是对审美主体的全面改造。在"熏"、"浸"、"刺"三界,主体虽为对象所感染,但两者的界限是明确的;在"提"中,主体与对象的界限已荡然无存,主体与对象进入物我两忘、情切思纵的审美自由境界。梁启超认为只有经过了前三者的"自外而灌之使入",才能达到"提"的"自内而脱之使出"。此"四力""文家能得其一,则为文豪;能兼其四,则为文圣"。[11]梁启超对"四力"的具体特点、作用机理、作用效能作了具体的分析。他认为"四力""最易寄者惟小说",可见他并不是把"四力"看作为小说所专有。同时,他还指出:"有此四力而用之于善,则可以福亿兆人;有此四力而用之于恶,则可以毒万千载。"[12]因此,他的"四力说"由艺术感染力的审美特征出发,经审美心理的中介,最后落到了艺术的功能问题上。

"力"的范畴与命题是梁启超在美与现实之间架设的一座桥梁。"力"是美通向人与人心、通向人类社会与现实生活的重要途径。"力"的审美命题使梁启超在观照艺术的审美心理规律的同时宏扬了艺术的现实使命,体现了其试图将艺术的现实功能与艺术的审美特性相会通的努力。同时,这一命题在梁启超的后期美学思想中,通过情感范畴的阐释以及对艺术表情方法的进一步具体研究,获得了丰富与深化。虽然梁启超对艺术之"力"的作用明显有渲染夸大之处,但其对艺术之"力"的具体特点及其作用规律的把握,基本上是符合艺术特征的。同时,其对艺术之"力"的重视程度与具体研究,在中国近现代美学与艺术思想史上,也堪为先导,产生了重要的影响。

二、"移人"与审美之功能

与"力"的范畴相比较,"移人"的范畴在梁启超的美学思想中更具有复杂性。"移人"的范畴建立在"力"的范畴的基础上,是梁启超对艺术功能的整体目标的界定。梁启超认为,艺术借"熏"、"浸"、"刺"三力在广度、深度与强度上感染读者,然后借"提"之力使读者"自内而脱之使出",即完全进入艺术境界之中,全身心与作品形象融为一体。"吾书中主人翁而华盛顿,则读者将化身为华盛顿;主人翁而拿破仑,则读者将化身为拿破仑;主人翁而释迦孔子,则读者将化身为释迦孔子"[13],也就是说,读者进入了物我两忘、情切思纵的审美自由境界。此时,"此身已非我有,截然去此界以入于彼界",从而产生"一毛孔中万亿莲花,一弹指顷百千浩劫"的神奇体验。也就是说,审美主体进入了自由的审美想象空间。这时,审美主体当然不是真正变身为作品中的人物,而只是在精神世界中化身为他,与他的思想情感感同身受,从而在精神境界上受到陶染与提升。"文字移人,至此而极。"[14]因此,梁启超所说的"移人"就是指审美活动中审美对象借助熏、浸、刺、提"四力"来感染审美接受主体,使审美接受主体完全融入审美境界之中,与审美对象浑然一体,在思想情感上受到陶染影响,从而引发心灵境界的整体变化的过程及结果。"移人"的最高境界是主体与对象的界限荡然无存,主体进入物我两忘、情切思纵的审美自由境界。"移人"的结果既是对象改造了主体,是对象对于主体的全方位濡染;也是主体的自我更新,是主体自我的脱胎换骨。

"移人"的范畴及其理论内涵,在梁启超前期的代表性论文《论小说与群治之关系》中有较为直接的论释。在此文中,曾先后两次出现了"移人"的概念。但在此文之前,梁启超在1898年所作《佳人奇遇序》[15]中,已经运用到"移人"的概念。他说:"凡人之情,莫不惮庄严而喜谐谑。……善为教者,则因人之情而利导之。故或出之以滑稽,或托之于寓言。孟子有好货好色之喻,屈平有美人芳草之辞,寓讽谏于诙谐,发忠爱于馨艳,其移人之深,视庄言危论,往往有过,殆未可以劝百讽一而轻薄之也。"[16]但是,值得注意的是,在梁启超的话语系统中,除了"移人",还有"情……移"与"移……情"的运用。在刊发于1902至1907年的《诗话》中,梁启超用了"情之移也"来描述自己鉴赏朋友杨晢子赠诗的状态:"风尘混混中,获此良友,吾一日摩挲十二回,不自觉其情之移也。"[17]在刊发于1902年的《中国地理大势论》中,梁启超用了"移我情"来概括比较不同体裁文学作品的审美特征:"散文之长江大河一泻千里者,北人为优。骈文之镂云刻月善移我情者,南人为优。"[18]在发表于1924年的《中国之美文及其历史》中,梁启超又用了"移我情"来描述欣赏《古诗十九首》时的心理变化:"其真意所在,苟非确知其'本事',则无从索解;但就令不解,而优铁涵讽,已移我情。"[19]在1925年7月3日所作《与适之足下书》中,梁启超再一次用到了"移我情"来讨论诗的审美特点与审美功能问题:"我虽不敢说无韵的诗绝对不能成立,但终觉不能移我情。"[20]其中《诗话》中的"其情之移也",译成现代句式也就是"移其情"。因此,梁启超的这类表述我们可以统一用"移……情"的模式来表示。从时间上看,"移人"的运用早于"移……情"。大体上在《论小说与群治之关系》一文同时与其后,梁启超逐渐有由"移人"向"移……情"转化的趋向。在二十年代的著作中,梁启超则主要采用了"移……情"的表述方式。这一现象值得我们研究与重视。

在梁启超这里,无论是"移人",还是"移……情","移"指的均是移易、改变之义。"移人"与"移……情"强调的均是审美活动对主体的一种改造过程及其结果。审美实践过程中主体状态的移易变化现象,中国古人早就发现,并已有"移……情"的说辞。唐人吴兢作《乐府古题要解》载:"旧说伯牙学鼓琴於成连先生,三年而成。至於精神寂寞,情志专一,尚未能也。成连云'吾师子春在海中,能移人情。'乃与伯牙延望,无人。至蓬莱山,留伯牙曰:'吾将迎吾师。'刺船而去,旬时不返,但闻海上水汩汲灕渐之声。山林窅冥,群鸟悲号。怆然叹曰:'先生将移我情。'乃援琴而歌之。曲终,成连刺船而还。伯牙遂为天下妙手。"[21]这段文字描述了美的对象改造主体情感的心理体验过程及结果,也是至今见到的最有名的"移……情"佳话之一。这里的"移"也就是移易、改变主体状态之义。在梁启超的"移人"与"移……情"思想中,我们首先看到的就是中国文化的这种传统视角。梁启超的"移人"与"移……情"强调的是审美主体在审美过程中的移易与改变,最终的落脚点就是审美的功能问题。

十九世纪后期,西方美学中出现了"移情"的范畴,后经立普斯等美学家的丰富与发展,形成了较为完整的"移情说",并成为西方现代心理美学中影响较大的一种学说。这种系统的移情学说与中国传统的移情理念有较大的差异。移情说的主要代表人物立普斯认为,当一个人对某一事物进行审美欣赏时,他所观照的对象只是外于自身的客体的形式,而这种客体形式并非产生审美愉悦的原因,此时,它与观赏者还是对立的。但这一客体形式一旦与观赏者主体情感发生某种关系后,即审美主体在观照对象的过程中产生了一系列的心理活动,如轻松、自豪、同情、激愤、兴奋、痛苦、企求等,这时,审美主体与对象的对立开始消失,审美主体的内在心理活动开始外射并移注到外于主体的审美对象之中。因此,审美欣赏实质上并不是对客体对象的欣赏,而是对移入对象之中的自我的欣赏。立普斯这样描述具体的移情现象:"我们不仅进入自然界那个和我们相接近的具有特殊生命情感的领域——进入到歌唱着小鸟欢乐的飞翔中,或者进入到小羚羊优雅的奔驰中;我们不仅把我们精神的触角收缩起来,进入到最微小的生物中,陶醉于一只贻贝狭小的生存天地及其优雅的低垂和摇曳的快乐所形成的婀娜的姿态中;不仅如此,甚至在没有生命的东西中,我们也移入了重量和支撑物转化成许许多多活的肢体,而它们的那种内在的力量也传染到我们自己身上。"[22] 立普斯的结论是,移情是主体与对象完全融为一体,美感的产生不是由对象的美所决定的,而是由主观的美感所决定的。审美主体把自己的情感渗透到对象中,使毫无意义的对象人格化,由此获得了美感与美。朱光潜先生在《文艺心理学》中对西方"移情"范畴作了这样的解释:"移情作用在德文中原为 Einfühlung。最初采用它的是德国美学家费肖尔

（R. Vischer），美国心理学家蒂庆纳（Titchener），把它译为empathy。照字面看，它的意义是'感到里面去'，这就是说，'把我的情感移注到物里去分享物的生命'。"[23]也就是说，西方"移情"的基本内涵是"感入"，即移入与移注。它关注的是审美过程中主体精神的能动性，是纯粹的审美活动的主体心理及过程特征。西方"移情说"在二十世纪初传入中国。据牛宏宝等所著《汉语语境中的西方美学》一书的研究结论，二十世纪前二十年，中国美学思想界主要受康德、叔本华的影响。1920年后，"移情说"在汉语学术界的影响渐趋强大。二十年代中期以后，立普斯与康德的理论有平分秋色之势，"移情说"成为最具影响力的西方美学学说之一。[24]

梁启超的"移人"思想有没有受到西方"移情"理论的影响？西方"移情"说的主要理论贡献是开拓了美学研究的心理视角，揭示了审美过程中主体精神的重要特征与意义。在梁启超的"移人"思想中，他把美视为主体心境的产物。没有特定的主体心境，就没有对美的体认，也就无所谓美。这种多少将美与美感相混同，强调主体精神在审美中的能动作用的美学立场与西方"移情说"有着某种一致之处。但西方"移情"是由主体指向对象，目的是通过对对象的改造而完成审美的功能，对对象的改造也就是审美的实现。梁启超的"移人"则指向主体，是由对象来改造主体；对对象审美的实现和对主体改造的实现具有同构关系，并最终指向后者。西方"移情"由于指向对象而将目标界定于审美的经验世界中。梁启超的"移人"则因指向主体而将目标延向人生与社会。西方"移情"理论是纯审美范畴中的一种心理学美学理论，探讨的主要是审美过程中的心理特征与心理状态的问题。梁启超的"移人"则将美的心理学视点与启蒙主义立场相统一，关注的是审美心理特征与审美功能之间的关系。在西方"移情"论者那里，审美心境多半是在下意识中完成的。在审美过程中，不一定要经过意识的反思，而可以凭经验、直觉在瞬间实现。梁启超则把审美心境既放在情感的层面上来理解，也放在意志的层面上来规范，认为审美心境既是审美主体个体精神的实现,也是对于主体一己之欲的超越。在这种审美心境下,情感的自由性与能动性就可能转化为意志的目的性与实践冲动。因此,"移人"不仅是在特定情境下的情感共鸣,也可以借助情感共鸣影响主体的整个精神世界,从而实现"此身已非我有"、"自内而脱之使出"的审美目的,也就是全面改造或重塑主体的精神世界。"移人"在梁启超这里不仅仅是审美的中介环节,也是由审美通向人格更新的理想环节。在此,梁启超完成了对西方"移情"论的梁式改造,将审美心理问题导入自己的人生论美学思想体系中。"移人"范畴及其理论指向典型地体现出梁启超式的学用相谐的理论思维特征。

但是,值得注意的是,正是在《论小说与群治之关系》阶段,梁启超美学思想中的"移人"范畴开始向"移……情"过渡。当然,这两个范畴的理论指向具有内在的延续性,两者都是围绕着美的功能这个中心问题展开的。但也必须看到,随着"移人"向"移……情"的转化,梁启超对美的功能的具体作用规律与特点也有了更深入的认识。卢善庆先生在《中国近代美学思想史》中,曾对"移人"与"移情"这两个范畴作过分析。他说:"先有'移情',才有'移人',没有'移情',是不可能产生'移人'的;而'有'移情',不一定就有'移人'。'移人'更需要欣赏者主观配合和努力"。[25]这一分析就"移情"与"移人"在审美鉴赏中的具体地位与实际作用而言,应是符合实际的。然而,在梁启超这里,是先有"移人",后有"移……情"。"移……情"作为美的具体感染特点与特殊心理功能,可以说是梁启超对审美"移人"特点认识的深化。"移人"与"移……情"代表了梁启超对美的功能认识的两个层面及其深化过程。"移……情"侧重于美对主体的基础效应;"移人"则是美对主体的整体效应。"移……情"是审美活动的心理基础,"移人"是审美活动的整体目标。审美之"力"由"移人"到"移……情",正是梁启超前期美学思想通往后期美学思想的逻辑路径;也正是因为"力"、"移……情"、"移人"的内在勾连,梁启超的美学思想与美育思想之间架设起了逻辑的桥梁。在后期美学思想中，梁启超非常强调审美中的趣味本质与情感要素，似乎对"移人"的问题已很少提及。但梁启超不论是谈"趣味"还是谈"情感"，最后总是落脚到趣味教育与情感教育的命题上。因此，他虽然不再直接谈"移人"，而实质上仍在谈"移人"。"移人"作为"移……情"的最终目标与结果，在梁启超的美学思想体系中始终占有重要的地位。"移……情"使"移人"的命题具体化，也获得了理论上的深化。通过"移……情"，"移人"与"趣味"才真正勾连在一起，成为梁启超所体悟的审美不可或缺的两个方面。

三、"力"与"移人"的理论意义

梁启超把审美活动理解为以人的心理为中介的美对人与社会的切入。在他的美学思想体系中，"力"是审美作用于个体心理的具体机制，"移人"是审美作用于个体心理的具体结果。"力"与"移人"的范畴及命题是梁启超由审美心理通向美的功能、建构其人生论美学思想体系的两个重要阶梯。

"力"与"移人"的命题首先确立了将审美与主体心理相联系的基本视点。"审美是一种个人的行为，它只能立足于个体心理"[26]，是一种"在情感激发下的想象力的自由活动"[27]。在梁启超这里，审美是一种独特而富有魅力的主客会通的特定生命状态，即趣味主义的状态。这种状态离不开特定主体的具体情感与具体实践。梁启超认为，即使面对同一审美对象，不同审美主体的审美感受也是各不相同的。因此，审美的展开必然建立在主体心理的基础上。它一定要审美主体"自化其身"，入于其境。同时，审美还是一种自由的心灵活动，是具体的审美主体对于直接功利的超越。因此，它不是直接指向某种物质功利目标与社会功利目标。它是通过美之事物的美的价值指向来影响审美主体的审美价值观，进而影响他的心理与精神世界，辐射与调节其实践指向。可以说，梁启超对审美活动的这一特殊规律与作用机理的认识大致是正确的。他通过"力"的命题揭示了具体的审美活动如何与特定的主体心理建立联系的作用机理,通过"移人"的命题则揭示了具体的审美活动如何对特定的审美主体进行心理改造与更新的作用效能。

其次,通过"力"与"移人"的命题,梁启超触及了美影响改造主体的方法特征问题。梁启超指出,西方文化认为每一个个体都必须具备知、情、意三个要素,才是一个完整的人。而中国儒家文化则认为一个个体必须智、仁、勇三者兼备,才是一个完美的人。所谓智者不惑、仁者不忧、勇者不惧,实际上,也就是谈的知、情、意的问题,即憧憬认知之敏慧、情感之醇厚与意志之坚强相统一的境界。由于人的心理是一个完整统一的有机整体,因此,人的心理要素中的各个要素间必然互相渗透、相互作用。"人的心理是一个统一的整体,它是由理智、意志、情感相互作用、渗透而构成的。"[28]人的知、情、意之间构成了复杂的互动关系。"就情感与理智、亦即认识的关系来说,认识不过是一种理性上的接受,所以认识了的东西不一定能变为自己真正的思想,只有体验到了的东西才能转化为自己的思想;这样,情感体验也就成了内化认识成果,实现对认识成果的真正占有的一个不可缺少的环节。而反过来由于认识和情感的结合,又可以深化和提升情感的内涵和品质,使它上升为一种情操。就情感与意志的关系来说,意志作为一种确立目的、并采取一定手段而使目的得以实现的心理机能,它对自己的行为总不免带有某种强制的性质,而通过意志与情感的结合,不仅可以为意志提供内在动力,同时也使意志活动摆脱强制而转化为自愿,即所谓意志自由和意志自律。"也就是说,知、情、意三个要素中的"任何一个方面的改变,都会带来其他方面乃至整个心理结构的变化"。因此,情感作为人心理的三个要素之一,"既受理智与意志的影响,而反过来又会影响,或压制和弱化、或激活和强化人的理智活动和意志行为"[29]。在审美活动中,通过情感的机制可以促使人的理智、意志以及情感自身都能得到全面的激活和提升。审美是构成知、情、意有机统一的完善人格，使人成为真正意义上的人的重要途径。应该说，梁启超以"移人"来概括审美活动对人的心理与精神的影响特点，已经敏锐地意识到了审美效能的这种全面性与有机性。但是，因为时代与思想的局限，梁启超对这个问题还不能作出明晰深入的把握，这也限制了他在理论上的充分展开。

通过"力"与"移人"的命题，梁启超还完成了美对人生与社会的介入。作为一个启蒙主义思想家，梁启超始终强调求是与致用的相洽性、个体与社会的统一性、美与人生的同一性。他提出"力"与"移人"的命题，不仅仅是对美的规律的思考，也是对审美如何作用于人生和社会的思考。梁启超说："'人格'离了各个的自己，是无所附丽，但专靠各个的'自己'也不能完成。假如世界上没有别人，我的'人格'从何表现？假如全社会都是罪恶，我的'人格'受了他的渐染和压迫，如何能够健全？由此可知人格是个共通的，不是个孤另的。想自己的人格向上，唯一的方法，是要社会的人格向上。然而社会的人格，本是从各个'自己'化合而成。想社会的人格向上，惟一的方法，又是要自己的人格向上。"[30]梁启超认为，明白了这个道理，个人、社会、国家、世界的种种矛盾，都可以调和过来。在这里，梁启超把人格建构视为社会改造的基本前提。他对个体与社会之间关系的认识应该说是比较辩证的。按照梁启超的理解，美通过"移人"必然通向社会。"移人"作为美之"力"在人身上的具体体现，它强调的是一种物我交融的情景状态，是整个心灵的整体升华。它是通过"感人"而"入人"，是"心理学自然之作用，非人力之所得"。通过"移人"，美自然地成为理想与现实、个体与社会、情感与理性之间的津梁。按照席勒的说法，也就是美可以"通过个体的本性去实现社会的意志"[31]。但在"力"与"移人"的命题中，梁启超也存在着夸大艺术的审美作用与审美效能的认识偏颇。他把作为审美主要形式的艺术视为人性人情与社会风貌的总根源，并以此来界定艺术审美功能的实际效应，认为社会变革的关键就在于文学艺术，将其视为社会历史发展的根本性要素,显然是一种乌托邦式的幻想。

梁启超的美学研究不是静态的纯学术研究,"力"与"移人"的审美命题鲜明地凸显了这一特点。同时,"力"与"移人"的审美命题在中国近现代美学创始人中,亦较早触及了审美心理的视角。梁启超从启蒙主义理想出发,把审美心理与审美功能相联系,强调审美实践与人生实践的密切联系,从而构成了其"力"与"移人"范畴的独特的理论特色。可惜的是,梁启超后期美学思想集中围绕"趣味"与"情感"来展开,"力"与"移人"隐居后台,这不仅直接削弱了两个范畴的理论影响,也使它们未能得到更深入丰富的理论阐释。和"趣味"、"情感"的范畴相比,"力"、"移人"的范畴明显显得单薄。但只要通读梁启超的有关论著,我们仍然可以逐步完善对于"力"与"移人"范畴的理解,把握其在梁启超整个美学思想体系中的重要地位。

注释:

〔1〕可参看张岱年:《中国古典哲学概念范畴要论》,中国社会科学出版社1987年版。

〔2〕王贵元:《说文解字校笺》,学林出版社2002年版,第75页。

〔3〕张岱年:《中国古典哲学概念范畴要论》,中国社会科学出版社1987年版,第23页。

〔4〕[春秋]孔子著,[魏]何晏集解:《论语》,上海古籍出版社2003年版。

〔5〕[春秋]老子:《老子》,上海古籍出版社2003年版,第二十五章,第四章。

〔6〕〔7〕〔8〕〔9〕〔10〕〔11〕〔12〕〔13〕〔14〕梁启超:《论小说与群治之关系》,《饮冰室合集》第2册,中华书局1989年版。

〔15〕《佳人奇遇》是日本小说家柴四郎的作品。此书是梁启超在9月26日离津逃往日本途中,在日军舰中,为一日本友人所赠。

〔16〕梁启超:《佳人奇遇序》,《饮冰室合集》第11册,中华书局1989年版。

〔17〕梁启超:《诗话》,《饮冰室合集》第5册,中华书局1989年版。

〔18〕梁启超:《中国地理大势论》,《饮冰室合集》第2册,中华书局1989年版。

〔19〕梁启超:《中国之美文及其历史》,《饮冰室合集》第 10 册,中华书局 1989 年版。

〔20〕梁启超:《与适之足下书》,转引自卢善庆《中国近代美学思想史》,华东师范大学出版社 1991 年版,第 213 页。

〔21〕欧阳修:《新唐书》卷六十三,中华书局 1975 年版。

〔22〕转引自[英]李斯托威尔著,蒋孔阳译:《近代美学史述评》,上海译文出版社 1980 年版,第 40—41 页。

〔23〕朱光潜:《文艺心理学》,安徽教育出版社 1996 年版,第 40 页。

〔24〕参看牛宏宝等:《汉语语境中的西方美学》第二章,安徽教育出版社 2001 年版。

〔25〕卢善庆:《中国近代美学思想史》,华东师范大学出版社 1991 年版,第 214 页。

〔26〕〔27〕〔28〕〔29〕王元骧:《文学原理》,广西师范大学出版社 2002 年版,第 277 页,第 269 页,第 274 页,第 274—275 页。

〔30〕梁启超:《欧游心影录》,《饮冰室合集》第 7 册,中华书局 1989 年版。

〔31〕[德]席勒著,徐恒醇译:《美育书简》,中国文联出版公司 1984 年版,第 145 页。

第三章　梁启超的文艺思想和艺术美论

艺术美论是梁启超美学思想的重要组成部分,也是其美学命题的重要体现。在中国文艺思想的现代转型中,梁启超是一个不容忽视的急先锋和一面重要的旗帜。他具有良好的艺术修养和艺术感悟力,具有开阔的文化视野和积极的新变意识,具有深切的责任感与使命感,这一切都使得他在十九、二十世纪之交的中国艺术变革与发展演化中发挥了重要的作用,产生了巨大的影响。他关于"三界革命"、关于艺术情感与个性、关于艺术崇高、关于女性形象与女性文学审美的思想与理论,以及对于中国古典美文、翻译文学等的研究与论释,或体现了独特的思想锋芒,或体现了创新的理论意识,或体现了精到的艺术见地,虽不尽完美完善,但是中国近现代美学与艺术思想宝库中不可或缺的重要瑰宝。

第一节　"三界革命"与文学审美意识的更新

梁启超是"三界革命"的倡导者与最重要的代表人物。所谓"三界革命",就是近代资产阶级文学革命运动,主要包括"诗界革命"、"小说界革命"与"文界革命"。戊戌变法的失败使改良派把目光由皇帝转向民众,把主要精力由政治改革转向思想启蒙,从而启动了以文学改革为载体的近代文学革命。文学革命的目标就是通过文学变革来传输西方新思想,促成广泛的思想启蒙。其实,从文化本身的发展演化来看,所谓的革命,更准确地说应为革新。以梁启超为代表的"三界革命"的领军人物使用"革命"一词,目的是为了强调文学变革的迫切性必要性,以在最短时间内最大程度上警醒世人。"三界革命"在配合资产阶级思想启蒙上起到了重要作用,也体现了文学自身新旧嬗变的历史要求。在"三界革命"的理论倡导中,梁启超充分表达了除旧布新的文学理念,客观上体现了新的文体审美理想与文学审美意识的萌生。"三界革命"是中国文学审美意识更新的重要阶梯。

一、"诗界革命"与新诗美学构想

诗文是中国古典文学的正宗,也是以"三界革命"为代表的近代文学革命运动首先冲击的对象。关于"诗界革命"的构想与酝酿,最早可溯至黄遵宪。晚清诗坛,充斥了以陈三立、陈衍为代表的"同光体",以王闿运为代表的"汉魏六朝诗派",以樊增祥、易顺鼎为代表的"中晚唐诗派"等拟古复古主义诗派。1868年,黄遵宪提出了"我手写我口"的诗歌创新主张。他在《杂感》五首之二中写下了这样的诗句:"我手写我口,古岂能拘牵?即今流俗语,我若登简编,五千年后人,惊为古烂斑。"胡适在《五十年来中国之文学》中认为黄遵宪的这些文字表明了"诗界革命"的动机,可以算是诗界革命的一种宣言。此后,黄遵宪在《与周朗山论诗书》、《人境庐诗草自序》等文字中,也都表达了反对传统诗坛的拟古复古倾向,主张诗歌反映现实,表现诗人的真情实感与自我个性,要将古人未有之物,未辟之境,耳目所历,皆笔而书之,要创作不名一格不专一体不失为我之诗。他将自己创作的诗歌称作"新派诗",积极进行诗歌变革的创作实践。黄遵宪是诗界革命的先行者,他的诗论与诗作是诗界革命的先声与必要准备。甲午战争后,诗坛还出现了"新学之诗",主要为夏曾佑、谭嗣同、梁启超所创。"新学之诗"以弃"旧学"、扬"新学"为目的,诗中运用了大量的翻译新名词和自造的隐语。如谭嗣同1896年所作《金陵听说法》四首之三中有这样的诗句："纲伦惨以喀私德，法会盛于巴力门。"喀私德乃印度种姓等级制Caste的译音，巴力门是英国议会Parliament的译音。梁启超后来在《饮冰室诗话》中将这些"新学之诗"直接称为"新诗"，并对当年作诗的情景做了回顾："盖当时所谓新诗者，颇喜挦扯新名词以自表异。丙申（1896）、丁酉（1897）间，吾尝数子皆好作此体。提倡之者为夏穗卿，而复生亦綦嗜之。"对这些"新诗"的特点，梁启超也客观地作了评价："苟非当时同学者，断无从索解。"[1]"新诗"的作者圈较窄，创作的时间也颇为短暂，但它们如实记录了当时思想界的先驱们崇拜"新学"、追求思想解放的浪漫激情。这些诗作虽然仍采用了传统的五七言诗体且晦涩难懂，但由于其以大量的新词新典入诗，格调已与旧诗迥然有别。"新派诗"与"新学之诗"的探索与实践已呈现出"诗界革命"的意识与萌芽。"诗界革命"口号的正式提出，则见于梁启超1899年所写的《夏威夷游记》。[2]在文中，梁启超首先针对当时正统诗坛的拟古复古逆流，作了尖锐的批判："诗之境界，被千余年来鹦鹉名士（余尝戏名词章家为鹦鹉名士自觉过于尖刻）占尽矣。虽有佳章佳句，一读之，似在某集中曾相见者，是最可恨也。"[3]同时，他也分析总结了"新派诗"、"新学之诗"的经验教训："时彦中能为诗人之诗而锐意欲造新国者，莫如黄公度。其集中有今别离四首，又吴太夫人寿诗等，皆纯以欧洲意境行之，然新语句尚少。盖由新语句与古风格，常相背弛。公度重风格者，故勉避之也。夏穗卿、谭复生，皆善选新语句，其语句则经子生涩语佛典语欧洲语杂用，颇错落可喜，然已不备诗家之资格。"[4]在批判总结的基础上，梁启超对新诗的前景作了展望，并正式发出了"诗界革命"的号召："故今日不作诗则已，若作诗，必为诗界之哥伦布玛赛郎（即麦哲伦。笔者注）然后可。……支那非有诗界革命，则诗运殆将绝。虽然，诗运无绝之时也。今日者革命之机渐熟，而哥伦布玛赛郎之出世，必不远矣。"[5]梁启超还具体地提出了关于新诗的审美理想："欲为诗界之哥伦布玛赛郎,不可不备三长。第一要新意境,第二要新语句,而又须以古人之风格入之,然后成其为诗。……若三者具备,则可以为二十世纪支那之诗王矣。"[6]"新意境"、"新语句"、"古人之风格""三长"具备是梁启超"诗界革命"的基本纲领,也是梁启超诗歌审美的基本理想。在稍后的《诗话》中,梁启超对"诗界革命"的主张作了进一步的阐发。他指出:"过渡时代,必有革命。然革命者,当革其精神,非革其形式。"[7]强调了"诗界革命"的关键在于诗歌精神的变革。按照对于新诗诗美的理解,梁启超对近代诗人的创作与作品进行了具体的鉴赏与批评。他最推崇的近代诗人是黄遵宪与谭嗣同。他认为"近世诗人能熔铸新理想以入旧风格者,当推黄公度","公度之诗,独辟境界,卓然自立于二十世纪诗界中"。[8]他最为欣赏黄公度的《出军歌》,认为古代斯巴达人在作战时以军歌鼓舞士气,战胜敌人;中国人无尚武精神,原因之一就是没有雄壮的军歌。读黄公度的《出军歌四章》,令梁启超"狂喜":"其精神之雄壮活泼沉浑深远不必论,即文藻亦二千年来所未有也,诗界革命之能事至斯而极矣。吾为一言而蔽之曰:读此诗而不起舞者,必非男子。"[9]梁启超对谭嗣同的人品与诗歌也备加赞赏:"谭浏阳(谭嗣同为浏阳人,笔者注)志节学行思想,为我中国二十世纪开幕第一人,不待言矣。其诗亦独辟新界而渊含古声。"[10]

综观梁启超对诗界革命的构想与批评实践,其关于新诗诗美的逻辑建构主要有这样几个层面:(一)诗歌改革的根本在于精神的变革。(二)精神变革在作品中的体现是"新意境"的创造。(三)新意境的表现离不开"新语句",即由"古语之文学"变为"俗语之文学"。(四)新意境在形式风格上应符合国人的审美传统。按照这样的标准,新意境在新诗中占有核心地位。新意境就是诗歌作品所表现出的与旧的传统诗歌不同的思想意蕴,实际上就是梁启超所推崇的资产阶级新思想,即"欧洲之真精神"。梁启超要求新的诗歌表现"欧洲之真精神",走通俗化的道路,为宣传普及新思想服务。这种审美理念不仅是对晚清以来传统诗坛没落诗风的批判,也是对几千年中国传统诗歌观念的冲击。中国是诗的国度。但诗作为传统知识分子的文化形态,主要以"雅"作为自己的审美理想,崇尚的是温柔敦厚的诗教与含蓄蕴藉的诗美。它融含的是士的人格精神与自我意识,精美、凝练,重表现,重意境,是士道德自省的载体,是士自我赏玩的对象。这样的诗美理念必然轻视诗歌的认知价值与社会功能。梁启超对新诗之美的构想,首先就在于新诗构造新意境、表现新精神的功能。他把对外部新世界的认知与反映,作为诗歌艺术思维的中心,从而将传统诗歌的表现与内省转向再现与观世,体现了对诗歌的阳刚之美和社会功能的呼唤。在《诗话》中,梁启超表达了与旧"词章家"的决绝态度:"至于今日,而诗词曲三者皆陈设之古玩,而词章家真社会之蠹矣。"[11]要求诗歌由"雅"入"俗"、由"陈设之古玩"变为"新民"之工具,鲜明地体现了"诗界革命"的革命性。当然,梁启超的诗美构想也有它的局限性。这种局限性主要表现为喜新恋旧、新旧参半的过渡心态。在《诗话》中,梁启超对"诗界革命"还做了这样的解读:"吾党近好言诗界革命。虽然,若以堆积满纸新名词为革命,是又满洲政府变法维新之类也。能以旧风格含新意境,斯可以举革命之实矣。"[12]这段话强调了"诗界革命"不在形式,而在内质;但这种新的内质可以也应该通过旧风格来表现。按照这段话,新诗最终只能是新内容与旧形式的统一。这样的诗歌美学理想,既是梁启超自身的局限,也是整个时代文化环境的制约。实际上,在"诗界革命"时期,除了西方新名词的引进外,西方新精神的具体内涵究竟是什么,西方诗歌的形式规律又是怎样,都还是比较朦胧的。1902年,梁启超曾用"曲本"形式翻译拜伦的《哀希腊》。1905年,马君武用歌行体来译《哀希腊》。1914年,胡适用骚体诗来译《哀希腊》。他们对西洋诗歌自身的形式均视而不见,或者说难以顾及。真正冲破传统诗歌的形式与风格特征,还需要一定的时间。这既是一个理论问题,也是一个实践问题。

梁启超的"诗界革命"理论及新诗美学构想未能全面完成现代白

话新诗的理论建构。但是,它所体现出来的新的诗美意识已经冲击了传统诗歌的根基,预示着二十世纪与整个时代紧密相联的新的文学审美意识的破土。[13]

二、"文界革命"与"新文体"审美

在"诗界革命"倡导的同时,梁启超也注意到了"文界革命"的问题。"文界革命"的提法,最早见于《夏威夷游记》。1899 年 12 月 28 日,梁启超在由日赴美的轮船上读了随身携带的日本政论家德富苏峰的文章,深受启发。他在日记中写道:"读德富苏峰所著将来之日本,及国民丛书数种。德富氏为日本三大新闻主笔之一,其文雄放隽快,善以欧西文思入日本文,实为文界别开一生面者,余甚爱之。中国若有文界革命,当亦不可不起点于是也。"[14]这是梁启超首次提及"文界革命"的设想,他的目标还是较为笼统的。1902 年,梁启超再一次发出了"文界革命"的呼号。他把目标直接对准了以严复为代表的艰深雅涩的文言散文。严复是中国译介西方人文科学著作的第一代翻译家。从 1895 至 1908 年,他先后翻译了赫胥黎的《天演论》、亚当·斯密的《原富》、孟德斯鸠的《法意》等西学名著。严复首创了著名的"信、达、雅"的翻译标准与原则。所谓"雅",就是要求用先秦古文来翻译。严复苦心孤诣创造的典雅译名,如"计学"、"玛礫"等,大都被后来日本输入的译名"经济学"、"市场"等所取代。1902 年 2 月,《新民丛报》创刊号上即开辟了"绍介新著"栏,刊登了严复译《原富》。梁启超同期发表了评《原富》译本的书评,一方面称赞译本"精善",另一方面也指出译本"文笔太务渊雅,刻意摹仿先秦文体,非多读古书之人,一翻殆难索解"。梁启超认为:"著译之业,将以播文明思想于国民也,非为藏山不朽之名誉也。"他指出:"欧美、日本诸国文体之变化,常与其文明程度成比例。况此等学理邃赜之书,非以流畅悦达之笔行之,安能使学僮受其益乎?"[15]基于以上认识,梁启超发出了"文界之宜革命久矣"的呼声,再创"文界革命"。但严复对梁启超的批评不服,写了《与梁启超书》与之论辩。严复认为:"若徒为近俗之词,以取便市井乡僻之不学,此于文界,乃所谓凌迟,非革命也。且不佞之所以从事者,学理邃赜之书也,非以饷学僮而望其受益也,吾译正以待多读中国古书之人。使其目未睹中国之古书,而欲稗贩吾译者,此其过在读者,而译者不任受责也。"[16]梁启超与严复的这场论争体现的是对著述的两种不同立场与态度,看起来是对为文问题的争论,实质上隐含的是近代中国知识分子面对风云变幻的社会现实所把持的人生指向与价值态度的论争。严复体现的是传统士大夫的价值理念,追求文字之雅与个人声誉,希望文章能传之千古。梁启超则认为写作应从大众需求出发,特别是在当时的现实下,应有"思易天下之心",而"求振动已冻之脑官"。梁启超关于"文界革命"的主张得到了黄遵宪等人的热烈呼应。实际上,早在1897年,梁启超就对自己为文的宗旨及风格做过精辟的概括。他在《湖南时务学堂学约》中说:"学者以觉天下为任,则文未能舍弃也。传世之文,或务渊懿古茂,或务沉博绝丽,或务瑰奇奥诡,无之不可。觉世之文,则辞达而已矣,当以条理细备,词笔锐达为上,不必求工也。"[17]这段话体现了梁启超对为文的两种不同追求与文体风格的清醒认识。"觉世之文""应于时势","救一时,明一义",随时变迁,转瞬即逝。对这一点,梁启超并非没有意识到。他曾在为自己的文集所作的《序》中指出:"吾辈之为文,岂其欲藏之名山,俟诸百世之后也?应于时势,发其胸中之所欲言,时势逝而不留者也。"但他又认为:即使"泰西鸿哲之著述","过其时,则以覆瓿焉可也",因为"今日天下大局日接日急,如转巨石于危崖。变异之速,非翼可喻。今日一年之变,率视前此一世纪犹或过之。故今日之为文,只能以被之报章,供一岁数月之遒铎而已"。他豪迈地宣称:"若鄙人者,无藏山传世之志,行吾心之所安,固靡所云悔。"[18]可见,梁启超的"文界革命",最主要的是变革为文的意识,是将著书立说直接推上近代社会变革的历史进程之中,要求文人志士以自觉的历史意识和社会责任感来从事写作活动,把启蒙宣传与社会效果放在最重要的位置。这样的认识,相对于近代特定的社会历史环境来说,积极意义超过了负面影响。梁启超身体力行,积极创作与古板、僵化的传统散文风格迥异的新体散文。他在《新民丛报》等报刊上发表了大量的政论文、杂文、演说辞、人物传记等。这些新体散文有这样几个特点:(一)以"俗语文体"写"欧西文思",文字平易畅达,通俗易懂。(二)文中杂以俚语、韵语、外来词汇、外国语法,纵笔所至不检束。(三)条理明晰。(四)文风生动、活泼、新鲜,笔锋常带感情。这些散文引起了巨大反响,时人纷纷仿效之。梁启超自谓:"开文章之新体,激民气之暗潮。"这些散文在当时号称"新文体"。"新文体"的实质是要解放散文,打破旧散文形式主义的种种束缚,以通俗而富有感染力的文字来传播新思想,打动广大读者。[19] 黄遵宪认为梁启超的"新文体"散文"惊心动魄,一字千金,人人笔下所无,却为人人意中所有,虽铁石人亦应感动,从古至今文字之力之大,无过于此矣"[20]。梁启超的学生吴其昌在《梁启超传》一书中也对梁启超的"新文体"做了评价:"雷鸣怒吼,恣睢淋漓,叱咤风云,震骇心魄,时或哀感曼鸣,长歌代哭,湘兰汉月,血沸神销,以饱带感情之笔,写流利畅达之文,洋洋万言,雅俗共赏,读时则摄魂忘疲,读竟或怒发冲冠,或热泪湿纸,此非阿谀,惟有梁启超之文如此耳!……就文体的改革的功绩论,经梁启超十六年来洗涤与扫荡,新文体(或名报章体)的体制、风格,乃完全确立。"[21] 实际上,梁启超的新文体已经包含了两个层次的革命:一是文思的革命,即文章思想与内涵的革命;二是文体的革命,即散文形式与语言风格的革命。对于这两个层次的革命及其相互关系,章亚昕先生在《近代文学观念流变》一书中有如下分析,他指出:梁启超"'新文体'的'平易畅达',与其说为了通俗,不如说为了化俗,不讲究形式美似乎是报章文体平民化了,其实,俗中有雅,骨子里还是近代知识分子的主体性,文章通俗不是为了取悦读者,而是为了教育读者,此乃是新型的文人之文,即梁启超所谓的'觉世之文'"[22]。"新文体"实践引入了一种全新的文章审美理念,在近代文学与美学观念的变革中产生了重要的影响。

综观梁启超倡导"文界革命"的理论主张与创作实践,其关于新体散文的基本美学观点是:(一)散文创作的目的不为传世,而为觉世。(二)散文效法的目标是日本明治维新时期的新体散文。(三)散文变革要从内容到形式实行全面的变革。内容上要表现"欧西文思",形式上要追求"雄放隽快"、"明晰"、"畅达"。(四)散文语言应力求通俗化,可兼容中西词汇语法。"文界革命"的理论主张冲破了传统散文的各种清规戒律,使散文从"文以载道"和"替圣贤立言"的目的规范中解放出来,成为融入社会现实,面向广大民众的具有新鲜血肉和切实内容的崭新文体。"文界革命"的理论主张也使散文挣脱了传统"八股"等僵化凝固的文体规范,成为不拘一格、自由抒写的崭新文体。尤其在"新文体"的创作实践中,与"欧西文思"相对应的大量西方新名词,如"国民性"、"人权"、"功利主义"、"专制主义"等,得到了介绍传播。这些"新名词"的输入冲击了"古文辞"的格律、习用典故和陈腐语汇,改造和丰富了文言的词汇系统,更新了文学语言的风格,还促进了散文创作主体价值观念与思维方式的变革。如梁启超创作的新体散文,就摒弃了以桐城古文为代表的所谓雅洁、含蓄的传统审美趣味,一任思想情感的潮水汹涌喷薄,其文风淋漓尽致、神采飞扬,饱含鼓动性与说服力。郑振铎先生认为:梁氏散文"打倒了所谓恹恹无生气的桐城派的古文,六朝体的古文,使一般的少年们都能肆笔自如,畅所欲言,而不再受已僵死的散文套式与格调的拘束"[23]。夏晓虹先生在《觉世与传世——梁启超的文学道路》中更对此作了高度的评价:"'新文体'对于现代语文最大的贡献,即在输入新名词。借助一大批来自日本的新名词,现代思想才得以在中国广泛传播。'新文体'的半文半白,也适应了过渡时代的时代要求。"[24]陈平原先生在《中国现代学术之建立》中则指出:"晚清的白话文不可能直接转变为现代白话文,只有经过梁启超的'新文体'把大量文言词汇、新名词通俗化,现代白话文才超越了自身缓慢的自然进化过程而加速实现。"[25]当然,"文界革命"也不是没有自身的局限。梁启超的"文界革命"思想虽然突破了向传统散文寻找典范的固有模式,但其关于新体散文的构想还是朦胧浮泛的。其创作实践从整体上看,还是在古文范畴内的革新。梁启超的新体散文半文半白,是由古典散文向现代白话散文演化的一种过渡形态。同时,由于作者急于传达新思想,表达新见解,着意突破传统古文"义法"的束缚,在写作上也有浮夸堆砌的毛病,衍化出一种新的"时务八股"。[26]但是,梁启超的理论倡导及其创作实践有力地冲击了传统散文的固有格局与既成面貌,并在实际上形成了巨大的影响。1920年,梁启超在《清代学术概论》中谈到了自己所作"新文体"的影响:"学者竞效之,号新文体。老辈则痛恨,诋为野狐。"[27]"野狐"形象地概括了"新文体"给予传统文坛的强烈震撼。可以设想,没有梁启超的"文界革命"主张与"新文体"创作实践,中国散文审美意识与创作实践的变革肯定还有待时日。

三、"小说界革命"和文学审美品味的颠覆

"小说界革命"的正式提出,则始自1902年梁启超在《新小说》第一号上发表的著名论文《论小说与群治之关系》。在这篇论文中,梁启超提出:"小说为文学之最上乘";"小说有不可思议之力支配人道";"今日欲改良群治,必自小说界革命始;欲新民,必自新小说始"。[28]《论小说与群治之关系》是一篇具有纲领性意义的小说理论文章,被公认为"小说界革命"的宣言书,也奠定了梁启超在中国近代小说思想舞台上的导师地位。这一地位既来自梁启超对中国传统小说思想的革命性批判和对新的小说价值理念的积极倡导,亦来自他试图以新的视角、术语、方法对小说的艺术特点与规律做出合理深入的阐释。或者说,他努力试图将两者融为一体,以后者来论证前者。在中国传统文体观念中,小说向来是不登大雅之堂的。"七略"与"四部",小说均不在其列。在传统文人眼中,小说仅仅是"街谈巷议"之

作,最多不过是学习"经义史故"的辅助工具。在梁启超之前,康有为、严复等近代思想家已对传统小说观念发起了冲击,他们指出小说比经史更易传,更适合普通百姓阅读,但他们又把小说视为"正史之根",视为讲通"经义史故"的辅助工具,这与传统文体观念视小说为经史"羽翼"并无实质差异。与康有为、严复等相比,梁启超对小说的定位则对传统文体观构成了革命性的冲击。在《论小说与群治之关系》中,他呼应了1898年《译印政治小说序》中"小说为国民之魂"的口号,以自己独特的方式将传统文论视为"小道"、"邪祟"的小说直接推上了与"支配人道"、与"吾国前途"密切联系的"大道"之位。虽然,梁启超在小说创作实践上并无多少实绩,但他对传统文体观念的革命性冲击,为现代小说真正登上文学正殿扫清了观念上的障碍。在论文中,梁启超还从小说自身的审美特性入手,对小说的独到魅力与价值做了深入的研讨,提出"小说为文学之最上乘"。梁启超指出,一般人们认为小说的魅力在文字上的"浅而易解"和内容上的"乐而多趣",这样的观点是偏颇的。他说,信函与公文也有浅显的,但人们并不喜欢读,可见,"浅而易解"不是小说感染力的内质;而最受欢迎的小说是"可惊可愕可悲可感"之作,因此,"乐而多趣"亦不能给小说魅力以合理的解释。梁启超认为,小说的魅力与价值就在于其审美特性切合了人性的基本需求。人所面对的外部世界有"现境界"与"他境界"之分。"现境界"是人的躯壳所"能触能受之境界",它有一定的时空限制;"他境界"是"世界外之世界",是想象所及的间接所触所受之境界。梁启超认为,"凡人之性,常非能以现境界而自满足",因为"现境界""顽狭短局而至有限",人则"常欲于其直接以触以受之外,而间接有所触有所受"。而小说既能摹"现境界"之景,又能极"他境界"之状,使读者"变换其常触常受之空气",从而满足"人之性"的基本需求。同时,人与外部世界的关系是身在其中,"行之不知,习矣不察";对于自己在外部世界中所产生的体验与情感,往往"知其然而不知其所以然"。故一般人即使想摹写外部世界的情状,也往往"心不能自喻,口不能自宣,笔不能自传"。小说却可以通过"和盘托出,彻底而发露之"的艺术手法,"批此窾,导此窍","神其技"而"极其妙"。在这里,梁启超实际上亦提出了小说的创作手法问题。他不仅将理想派与写实派视为小说创作的两大基本手法,还认为这两种创作手法是"文章之真谛,笔舌之能事"。而在各种文体中,最能发挥这两种创作方法特性以"移人"的,梁启超首推小说。[29]其次,梁启超也从审美心理角度具体分析了小说之"力"发挥作用的具体方式与途径。[30]梁启超用"力"的概念来指称小说通过接受活动对读者产生的具体效能。他将小说之"力"从横向上分解为"熏"、"浸"、"刺"、"提"四种,纵向上分解为"自外而灌之"与"自内而脱之"二类,认为小说可以通过"力"来"移人",潜移默化地"支配人道"。在中国小说理论史上,对小说的艺术作用方式与原理加以条分缕析,试图进行系统阐释,并产生实际的巨大影响的,梁启超应为第一人。中国古典小说理论批评主要集中于虚与实、情与理、人物性格、表达技巧等问题,对小说的艺术感染力与作用方式偶有触及,但主要是鉴赏式的感性体认,未能从理论的高度予以深入分析与系统研讨。梁启超将主体的审美心理与小说的艺术作用机理相联系,第一个较为深入地阐释了小说之"力"作用于人的具体方式与特点。再次,梁启超还进一步从审美心理角度对小说的风格特点与美学特征作出了初步的阐释,他认为小说在审美特征上有"赏心乐事"与"可惊可愕可悲可感"两类。后一类虽"读之而生出无量噩梦,抹出无量眼泪",但"最受欢迎",本欲读小说以求"乐"的读者偏愿"自苦"而"嗜此"。因为此类作品犹"禅宗之一棒一喝,皆利用其刺激力以度人"。后一类小说的审美功能实际上也就是小说"四力"中的"刺"之力。梁启超认为,在各类文字中,具此力最大者,非小说未由。实际上,这种由"噩梦"与"眼泪"转化而来的"乐"就是悲剧的审美效应。在这里梁启超已初步隐含了悲剧美的审美理念,他在价值取向上更偏重于痛而后快的崇高感。梁启超对小说艺术的这种价值取向实际上正是其倡导"小说界革命"的关键所在,即希望小说能借助独特的"移人"之"力",尤其是刚健的"刺"与"提"来警醒民众,改造麻木浑噩的"国民之魂"。在《论小说与群治之关系》中,梁启超以自己独特的思维方式与价值取向提出了"小说为文学之最上乘"的基本观点,也实现了将小说由边缘导向中心的主要理论目标。《论小说与群治之关系》及其理论观点对中国现代小说观念与文学理念的发展演化产生了深刻的影响。

"小说界革命"及其理论倡导颠覆了中国传统文坛久已形成的文体审美品味,使小说与诗、文一样登上了文学的正殿,成为二十世纪中国文学的三大主要体裁。"小说界革命"及其理论倡导也蕴含了梁启超对于中国现代小说的基本美学构想:(一)小说具有写实与理想两种基本美学境界。(二)小说可以发挥熏浸刺提"四大"艺术感染力,实现强大的审美与社会功能。(三)悲剧与崇高应成为新小说的重要美学取向。这些思考体现了梁启超对于小说特性的精到把握和对于文学发展的敏锐前瞻。但梁启超的"小说界革命"理论也具有明显的局限,他为我们画出了一个小说(力)—人道—新民—群治的逻辑链条。在这个链条中,梁启超将小说的本质分解为两个层面,一个是社会功能层面,一个是审美功能层面。后者是基础层面,兼有本体与工具的双重性质。前者是终极价值层面,是最高的理想与归宿。在这里,梁启超显然模糊了本质与本体的界限,扭曲了小说的审美功能与社会功能的关系。这是一个充满矛盾的思想成果。一方面,小说必须借他人才能自立,另一方面,也正是由此出发,梁启超为小说派发了文学殿堂的正式通行证。这种理论的矛盾在一定程度上也局限了近代新小说创作的突破性进展。包括梁启超自己身体力行创作的新小说《新中国未来记》,也留有概念先行与过于注重社会功能的明显痕迹。但无论如何,梁启超的"小说界革命"理论给了传统文学观念以前所未有的强力震撼,它对二十世纪小说文体与文学实践的发展意义深远。他以社会功能为归宿的小说审美阐释,在客观上也将中国近代小说思想推进到对小说内部规律的深层研究上。其审美阐释本身,代表了近代小说理论对于小说品性的现代审美意识的萌动,预示了二十世纪中国小说理论发展所可能有的新走向。

四、"三界革命"与文学审美意识的更新

文学革新以"革命"相标榜,蕴含了急剧变革现状、破除旧规的强烈欲望。"三界革命"是近代政治革命的副产品,但它在客观上催生了文体的变革与文学审美理念的更新。"三界革命"最重要的功绩首先就在于确立了真正意义上的"文学"概念。在梁启超之前,中国文论里的"文学"并不是一个纯粹意义上的文学。文学向来与经学、史学、应用文字纠缠不休,在梁启超这里,文学虽然还离不了致用的功能,但他第一次以"现境界"与"它境界"、"写实"与"理想"等新的概念对文学的审美特性从理论上作出了阐释,从而使得文学真正获得了独立的品格。其次,"三界革命"确立了文学进化的新的文学理念。它为破除厚古拟古的守旧文学观打下了思想的基础。在"革命"的旗帜下,梁启超推出了新的文体审美观:(一)宏扬觉世之文,欣赏悲剧和崇高的美感。(二)主张形式与语言的革命,提倡自由多样的表现方式与艺术风格。(三)颠覆传统文坛的既成模态,从社会功能与艺术特征相结合的角度将小说推上文坛的正殿,使诗、文、小说并列为现代文学的三大基本文体。(四)重视艺术感染力与读者心理的关系,强调以审美心理为中介来发挥文学的效能。"三界革命"从本质上看,还只是文体改良,并未彻底举"革命"之实。因为它把作品的社会功效与价值评判直接挂钩,认为社会功效大的作品,艺术价值也高,这与强调"经世致用"、"文以载道"的传统文体观仍具有难以割舍的联系。"三界革命"不是一次彻底的文学革命运动,但是中国有史以来最为自觉彻底的一次文学意识的革新运动,它在客观上推进了新的文艺思想的破土和新的文学观念的涌动。"三界革命"宏扬了文学特别是小说的重要地位,不仅确立了一种全新的文学体裁观念,也冲击了中国文化只重经史的传统结构,为中国新文学建设的全面开

拓斩除了荆棘。"三界革命"所强调的文学与社会的联系,也并不是要文学去作统治阶级的应声虫,去作现实矛盾的调和剂,而是突出了文学直面现实、关注人生的"觉世"功能,以悲剧、以崇高、以力来取代传统文学中和内敛、粉饰太平的审美特征。"三界革命"所强调的形式革命和语言革命以及它对读者心理与特点的关注不仅冲击了传统文学的僵化模态,也凸显出一种全新的美学价值评判。这种评判揭示了对于文学之美的判断不仅是由文人由创作主体作出的,还应该从接受的角度从客观效果来认识。几千年来,中国文学在自身发展的过程中,也不是没有变革。但是,这些变革都是在自身封闭的系统内寻找典范,修修补补。因此,"三界革命"对于中国文学审美意识更新的最深刻影响还在于它第一次将中国文学观念的变革置身于东西文化撞击的大背景中,确立了异域文学这一崭新的参照系,从西方文化与域外文学中寻找中国文学意识新生的现代性质素。从这个意义上看,可以说,"三界革命"打开了中国文坛千百年来儒家思想钳制下的一统局面,破开了中国文学久已形成的传统价值体系。"三界革命"通过吸入西方哲学、美学、文学思想的新鲜空气,使中国文学从此有了新的比对物,中国美学也开始酝酿着新的价值走向与理论形态。所以,尽管"三界革命"留有旧思想的浓重痕迹,在创作上也缺乏颇具说服力的直接影响,但它给予中国文学发展的观念冲击与意识更迭是不容忽视的。毫无疑问,"三界革命"的理论构筑了二十世纪中国文学观念与艺术审美理念由传统向现代演进的一个阶梯,在客观上对二十世纪中国现代文学观念与美学形态的建构产生了无可取代的影响。

注释:

[1][7][8][9][10][11][12] 梁启超:《诗话》,《饮冰室合集》第5册,中华书局1989年版。

[2] 1899年12月25日,梁启超由日本赴美国檀香山,他在轮船上写了一段随

笔式的文字,最初题为《汗漫录》,发表于《清议报》,后作为《夏威夷游记》的一部分收入《饮冰室合集》。"诗界革命"的口号在这段文字中正式提出。

〔3〕〔4〕〔5〕〔6〕〔14〕 梁启超:《夏威夷游记》,《饮冰室合集》第 7 册,中华书局 1989 年版。

〔13〕 二十世纪二十年代,梁启超辞去政职,主要致力于学术研究。在文学领域,他对中国古典美文(指诗歌,笔者注)进行了较为系统的研究与总结,写出了包括《中国韵文里头所表现的情感》(1922)、《情圣杜甫》(1922)、《屈原研究》(1922)、《陶渊明》(1923)、《中国之美文及其历史》(1924)、《晚清两大家诗钞题辞》(约 1927)等重要论文,进一步充实丰富了早期的文学思想,使自己对文学体裁特别是新体诗的审美构想渐趋具体化。在《晚清两大家诗钞题辞》中,梁启超说,诗人应把个人的无聊情绪抛开,"专从天然之美和社会实相两方面着力,而以新理想为主干,自然会有一种新境界出现"。这样的理解显然比早期只讲新理想的"新意境"更为扎实。此时,梁启超对"新境界"的理解是现实(即现实之美与社会实相)与理想(即新理想)的统一。二十年代以后,梁启超对新体诗语言的理解也有了更为辩证的看法。他认为文言白话各有优劣,而文学审美要求词约意丰。文言的特点是含蓄修洁,因此,用文言做的旧体诗也有特殊的美。新体诗不必一定非要用白话作为唯一的语言工具。他说:"就实质方面而论,若真有好意境,好资料,用白话也做得出好诗,用文言也做得出好诗。如其不然,文言诚属可厌,白话还加倍可厌。"但梁启超并不认为白话诗没有前景,而是客观地指出白话诗必须经过多方面的研究,才会有大成功的希望。对于旧体诗的格律问题,梁启超也提出了自己的看法。他认为中国有广义的诗,有狭义的诗。包括词、赋、曲本在内的韵文都属于广义的诗。狭义的诗就是"三百篇"和后来的"古近体"。从广义来看,中国诗和西方诗在形式上没有什么区别。但后来,中国诗自己把自己的范围弄狭窄了,造出一种自己束缚自己的东西,就是格律。梁启超主张把诗的广义概念恢复过来,诗应注重内在的精神特质。诗人"将自己的性情和所感触的对象,用极淋漓极微眇的笔力写将出来,这才算真诗"。梁启超说,要作好诗,须将精神熔纳其中,格律则不须讲究。但梁启超又认为,不讲究格律不等于不注意修辞和音节。他认为诗是一种美的技术,不注意修辞和音节就不

能发挥诗的价值。他还具体提出在诗歌创作中应排斥押险韵、用僻字、以典代语等。在《晚清两大家诗钞题辞》中梁启超对新体诗的美学特征做了整体构想:"将来新诗的体裁该怎么样呢?第一,四言、五言、七言、长短句,随意选择。第二,骚体、赋体、词体、曲体,都拿来入诗。在长篇里头只要调和得好,各体并用也不妨。第三,选词以最通行的为主,俚语俚句不妨杂用。只要能调和。第四,纯文言体或纯白话体,只要词句显赫简练,音节谐适,都是好的。第五,用韵不必拘于佩文诗韵,且至唐韵古音,都不必多管,惟以现在口音谐协为主,但韵却不能没有,没有只好不算诗。"二十年代,梁启超在美文研究中所体现出来的文学观念更多地表现出了对于艺术审美本身的关注,在对一些具体问题的看法上观点也更为辩证。但是,梁启超始终没有离开前期关注文学作品的精神与内质的审美取向,强调这是文学艺术的实质,坚持以此作为评判艺术作品价值高低的根本标准。

〔15〕转引自夏晓虹:《觉世与传世——梁启超的文学道路》,上海人民出版社1991年版,第4页。

〔16〕严复:《与梁启超书》,《新民丛报》第7号,1902年出版。

〔17〕梁启超:《湖南时务学堂学约》,《饮冰室合集》第1册,中华书局1989年版。

〔18〕梁启超:《原序》,《饮冰室合集》第1册,中华书局1989年版。

〔19〕梁启超在倡导"三界革命"的同时,也身体力行,进行文学创作实践。小说昙花一现,诗歌成绩平平,散文成就突出。"新文体"不仅开创了一代文风,还影响了一代人的思想。胡适、鲁迅、郭沫若,甚至毛泽东都谈到过"新文体"对于自己的重要影响。

〔20〕丁文江、赵丰田编:《梁启超年谱长编》,上海人民出版社1983年版,第274页。

〔21〕吴其昌:《梁启超传》,团结出版社2004年版,第28页。

〔22〕章亚昕:《近代文学观念流变》,漓江出版社1991年版,第117页。

〔23〕郑振铎:《梁任公先生》,夏晓虹编《追忆梁启超》,中国广播电视出版社1997年版,第99页。

〔24〕夏晓虹:《觉世与传世——梁启超的文学道路》,上海人民出版社1991年版,第278页。

〔25〕陈平原:《中国现代学术之建立》,北京大学出版社1998年版,第1—2页。
〔26〕梁氏"新文体"在当时影响极大,众人争相模仿。但与此同时,梁氏浮夸堆砌的毛病也被推向极端,形成一种以浮饰为尚的"时务文"。
〔27〕梁启超:《清代学术概论》,《饮冰室合集》第8册,中华书局1989年版。
〔28〕梁启超:《论小说与群治之关系》,《饮冰室合集》第2册,中华书局1989年版。
〔29〕"移人"的范畴及具体论释可参看本书第二章第三节。
〔30〕"力"的范畴及具体论释可参看本书第二章第三节。

第二节 "三大作家批评"与艺术情感、个性审美

二十世纪二十年代初,梁启超发表了《屈原研究》(1922)、《陶渊明》(1923)、《情圣杜甫》(1922)三篇作家专论,这是梁启超唯一的三篇作家专论,也是中国现代文论史上较早宏观性研究批评中国古典作家的专论。本节将这三篇作家专论合称"三大作家批评"。"三大作家批评"高举情感与个性两面大旗,对屈原、陶渊明、杜甫这三位在中国文学史上具有杰出地位的古典大家作出了自己独到的解读。本节将侧重研讨"三大作家批评"所呈现的文学审美理念的现代性质素与理论价值。[1]

一、"三大作家批评"中的艺术情感论

在"三大作家批评"中,梁启超明确确立了关于文学艺术审美的两大标准:一为情感;二为个性。

1922年5月21日,梁启超在诗学研究会作了《情圣杜甫》的专题演讲,明确提出了"艺术是情感的表现"的重要理论命题。[2] 梁启超认为"实感"是"文学主要的生命",文学家就是"情感的化身"。"大文学家真文学家和我们不同的就在这一点。他的神经极锐敏,别人不感觉的苦痛,他会感觉;他的情绪极热烈,别人受苦痛搁得住,他却搁不住。"[3] 从这样的主情论出发,梁启超对中国文学史上的三位著名作家屈原、陶渊明和杜甫进行了具体的解读。

梁启超指出屈原具有"极热烈的情感",他的一生就是"为情而死"。只不过他爱恋的不是一个具体的人,而是"那时候的社会"。"他对于社会的同情心,常常到沸度,看见众生苦痛,便和身受一般";"他的感情极锐敏,别人感不著的苦痛,到他脑筋里,便同电击一般"。[4] 因此,屈原是一个"多情多血的人"。同时,梁启超认为陶渊明也是一位"最多情"的人。他的情不在男女情爱,而在家庭、朋友、山

水、田舍、旧主，或"亲厚甜美"，或"熨帖深刻"，或"深痛幽怨"，"情深文明"，真情真人真文。杜甫则是梁启超极力赞美的"情圣"。中国诗歌史上，杜甫历来被称为"诗圣"。梁启超却独具只眼把杜甫誉为"情圣"。他从情感内容与表情方法两个方面来考察杜甫的诗歌。首先，他认为杜甫的诗歌在"情感的内容上，是极丰富的，极真实的，极深刻的"。杜甫是个"极热肠"和"富于同情心的人"。他对亲朋的情感是很浓挚的，有《奉先咏怀》、《述怀》、《北征》、《梦李白二首》等作品表达对亲友的想念与关爱。除了亲友，杜甫对于素昧平生的"一般人"也非常"多情"。"他的眼光常常注视到社会最下层"，"对于下层社会的痛苦看得真切"，"常把他们的痛苦当作自己的痛苦"。"这一层的可怜人那些状况，别人看不出，他都看出。他们的情绪，别人传不出，他都传出。"[5]杜甫有《三吏》、《三别》、《茅屋为秋风所破歌》等大量著名的诗作表达对下层人民的关切。梁启超认为杜甫的多情还表现在《缚鸡行》这样的小诗中，这首诗表现了杜甫对于"生物的泛爱"。其次，梁启超认为杜甫的诗歌在"表情的方法"上，"极熟练，能鞭辟到最深处，能将他全部完全反映不走样子，能像电气一般一振一荡的打到别人的心弦上"。梁启超辩证地认识到："用文字表出来的艺术——如诗词歌剧小说等类"，"总须用本国语言文字做工具，这副工具操练得不纯熟，纵然有很丰富高妙的思想，也不能成为艺术的表现"。[6]所以，他对于表情的方法也是非常重视的。对于杜甫诗歌的表情方法，梁启超作了具体的分析与总结。他指出：第一，杜诗往往不直接抒情，而借写事来表情，形成一种"真事愈写得详，真情愈发得透"的妙境。借写事来表情在杜诗中具体又有"半写实"与"纯写实"之分。所谓"半写实"就是以"第三者客观的资格，描写所观察得来的环境和别人情感，从极琐碎的断片详密刻画"，同时又"处处把自己主观的情感暴露"。梁启超认为这种手法在中国文学中虽非杜甫首创，但杜甫是"用得最多而最妙"的一个。《羌村》、《北征》等篇，当属此例。所谓"纯写实"是"不著一个字批评，但把客观事实直写，自然会令读者叹气或瞪眼"。他分析了《丽人行》,全诗将近二百字的长篇,"完全立在第三者地位观察事实","极力铺叙那种豪奢热闹情状","不著议论,完全让读者自去批评",但作者的情感态度极其鲜明。[7]第二,杜诗"能将许多性质不同的情绪,归拢在一篇中,而得调和之美"[8]。情感有不同的属性,喜怒哀乐,人之常情。在同一篇作品中,融入不同性质的情感,必然增加了情感的丰满与厚度。能将这些不同性质的情感"调和得恰可",自然体现了诗人高超的艺术功力。梁启超举了《北征》,认为此诗在总体上是忧时之作,但全诗"忽然而悲,忽然而喜",时而感慨,时而祈盼,时而忧虑,腾挪转换,既杂乱又和谐,具有独特的感染力。第三,杜诗写情,"往往愈拶愈紧,愈转愈深"[9]。这样的写法,是将情感"像一堆乱石,突兀在胸中,断断续续的吐出,从无条理中见条理"[10]。第四,杜诗写情,有时也采用"淋漓尽致一口气说出"的方法,虽"不以曲折见长,然亦能极其美"。[11]第五,杜诗写情,能"用极少的字表极复杂极深刻的情绪",这是杜甫的"一种特别技能",[12]梁启超认为这种洗练功夫,别人很难学到。第六,杜诗写情,也用"景物做象征,从里头印出情绪"[13]。杜甫的诗流连风景的较少,但若写景,"多半是把景做表情的工具"。梁启超认为:"中国文学界写情圣手,没有人比得上他。"[14]

梁启超非常重视情感对于文学艺术的根本性意义,同时,他还探讨了艺术情感的源泉及其特质。首先,梁启超不将情感神秘化、抽象化,而是坚持情感与生活的现实联系。他指出情感不是无源之物,没有"实历",就没有"实感"。他认为,"诗家描写田舍生活的也不少,但多半像乡下人说城市事,总说不到真际"。因为"养尊处优的士大夫",并没有田家生活的实践。梁启超把生活实践视为艺术情感产生的基石。他认为陶渊明是"'农村美'的化身",因为"渊明只把他的实历实感写出来,便成为最亲切有味之文"。[15]梁启超对于艺术情感之源泉的认识,体现了朴素的唯物主义精神。同时,梁启超又指出,生活是情感的源泉,但生活不能等同于情感。情感与生活既互相联系,又有各自运行的规律。他说:"情感是不受进化法则支配的,不能说现代人的情感一定比古人优美,所以不能说现代人的艺术一定比古人进步。"[16]这一看法实际上触及了两个互为联系的问题:一,生活按进化法则运行,情感不按进化法则运行。二,艺术作为情感的表现,不与生活本身的客观价值成正比。梁启超关于艺术情感与生活关系的这种认识是颇辩证而深刻的,可惜他未能详加展开。其次,梁启超认为艺术情感与生活实感不同,艺术情感表现的是生活实感,但它要借助想象力来"跳出"。只有"从想象力中活跳出实感来,才算极文学之能事"[17]。这样的观点可说是真正把握住了文学的神髓。试想如果只有实感,那么文学情感和生活情感又有什么区别?文学的魅力就在于既不失实感之真,又凸显想象之美。"从想象中活跳出实感",就是将实感美化或艺术化。从这样的角度去观照,梁启超认为屈原是中国韵文史上最具有想象力的诗人。他的真正伟大之处在于将绚烂的想象与热烈的感情相结合,凸显了一个极富魅力与个性的抒情主人公形象。梁启超指出:"屈原脑中,含有两种矛盾元素。一种是极高寒的理想,一种是极热烈的感情","他对于社会的同情心,常常到沸度,看见众生苦痛,便和身受一般。这种感觉,任凭用多大力量的麻药也麻他不下"。[18]因此,屈原不能像老庄一样超脱,"他对于现实社会,不是看不开,但是舍不得"。屈原的作品描写的都是幻构的境界,表现的都是主体的真我,象征的都是现实的社会。实感激发了想象,想象发露了实感,实感与想象的完美结合营造了屈原作品独特的艺术美。对于屈原的想象力及其表现,梁启超给予了非常高度的评价。他认为,"屈原在文学史的地位,不特前无古人,截到今日止,仍是后无来者。因为屈原以后的作品,在散文或小说里头,想象力比屈原优胜的或者还有。在韵文里头,我敢说还没有人比得上他"[19]。在《屈原研究》中,梁启超对屈原的作品作了具体的分析,指出《离骚》、《远游》等篇"所写都是超现实的境界,都是从宗教的或哲学的想象力构造出来";《天问》"纯是神话文学,把宇宙万有,都赋予他一种神秘性,活象希腊人思想";《招魂》"前半篇说了无数半人半神的奇情异俗,令人目摇魄荡;后半篇说人世间的快乐,也是一件一件的从他脑子里幻构出来";《九歌》十篇,"每篇写一神,便把这神的身分和意识都写出来"。他盛赞屈原的作品"想象力丰富瑰伟到这样,何止中国,在世界文学作品中,除了但丁神曲外,恐怕还没有几家够得上比较哩"[20]。在《陶渊明》中,梁启超则指出陶渊明的人生观就是"自然"。他远离闹市,久居乡村,"并不是因为隐逸高尚,有什么好处才如此做,只是顺着自己本性的自然。'自然'是他理想的天国,凡有丝毫矫揉造作,都认作自然之敌,绝对排除"。这样的人,就是"真人"。"真人"创作出来的就是"真文艺"。但"真文艺"不等于没有"理想",没有"想象"。梁启超盛赞《桃花源记》描写了"一个极自由极平等之爱的社会",是一个"东方的 Utopia(乌托邦)"。[21]因此,"这篇记可以说是唐以前第一篇小说,在文学史上算是极有价值的创作"[22]。但后人竟不懂得此文的妙处,"或拿来附会神仙,或讨论他的地方年代",对于这种实证主义的鉴赏态度,梁启超感叹"真是痴人前说不得梦"。[23]

二、"三大作家批评"中的艺术个性论

1922 年,梁启超在东南大学做的演讲《屈原研究》中提出:"中国文学的老祖宗,必推屈原。从前并不是没有文学,但没有文学的专家。"何以没有文学的专家?梁启超认为:"如三百篇及其他古籍所传诗歌之类,好的固不少,但大半不得作者主名,而且篇幅也很短。我们读这类作品,顶多不过可以看出时代背景或时代思潮的一部分。"[24]在定稿于 1923 年 4 月的《陶渊明》一文中,梁启超更为明确地指出:"批评文艺有两个着眼点,一是时代心理,二是作者个性。"[25]也就是说,梁启超认为光有体现共性的"时代背景或时代思潮"不能构成文学的特质。在具体的文学审美实践中,梁启超更为关注的是作家的个性与独创性。他指出,一个真正的作家,必须在他的

作品中体现出独特的精神个性。从这个标准出发,梁启超认为研究文学,"头一位就要研究屈原"[26]。

梁启超具有敏锐的艺术感悟力和较强的理论思维力,他较为全面地赏鉴研读了屈原的作品,总结出屈原的个性就是"All or nothing"。"All or nothing"是易卜生的名言,它的含义就是:要整个,不然宁可什么也没有。梁启超精辟地指出:"中国人爱讲调和,屈原不然,他只有极端。'我决定要打胜他们,打不胜我就死。'这是屈原人格的立脚点。"[27]梁启超认为,这就是"All or nothing"的精神,也是屈原一生的写照。屈原的一生都在"极诚专虑的爱恋"着"那时候的社会","定要和他结婚"。但屈原是一位有洁癖的人,他"悬着一种理想的条件,必要在这条件之下,才肯委身相事"。而他所热恋的"社会",却"不理会他"。屈原对于"众芳之污秽"的社会,"不是看不开,而是舍不得"。按照屈原的个性,"异道相安"是绝对不可能的。因此,屈原的一生就是"和恶社会奋斗"。"他对于他的恋人,又爱又憎,又憎又爱",却始终不肯放手。他悬着"极高寒的理想,投入极热烈的感情",最终只能"拿自己生命去殉那'单相思'的爱情"。梁启超认为,屈原"最后觉悟到他可以死而且不能不死",因为他和恶社会这场血战,已经到了矢尽援绝的地步,而他又不肯"稍微迁就社会一下",他断然拒斥"迁就主义"。因此,屈原末后只有"这汨罗一跳,把他的作品添出几倍权威,成就万劫不磨的生命"。"研究屈原,应该拿他的自杀做出发点"[28],这是梁启超得出的独到结论。梁启超对于屈原的解读是非常精到深刻的。稍后,在《陶渊明》中,梁启超再一次重申了自己的批评原则,指出:"古代作家能够在作品中把他的个性活现出来的,屈原以后,我便数陶渊明。"[29]他认为陶渊明个性的整体特征是"冲远高洁"。在这个整体特征下,梁启超又对陶渊明个性的具体特点作了解读。他指出,陶渊明"冲远高洁"的个性表现为三个互为联系的侧面。第一,陶渊明是一位"极热烈极有豪气的人"。梁启超认为,陶渊明的诗作描摹了少年的意气、中年的悲慨与晚年的闲适。但即使在晚年的诗境中,也"常常露出些奇情壮思",露出些"潜在意识"的冲动。他非常赞赏朱晦庵对陶诗的品评"诗健而意闲,隐者多是带性负气之人",认为"此语真能道著痒处。要之渊明是极热血的人,若把他看成冷面厌世一派,那便大错了"。第二,陶渊明是一位"缠绵悱恻最多情"的人。他对于家庭骨肉之情极为热烈;对于朋友的情爱,又真率,又浓挚。梁启超认为陶诗集中专写男女情爱的诗"一首也没有,因为他实在没有这种事实。但他却不是不能写,《闲情赋》里头:'愿在衣而为领……'底下一连叠十句'愿在……而为……'熨帖深刻,恐古今言情的艳句,也很少比得上。因为他心苗上本来有极温润的情绪,所以要说便说得出"。梁启超认为以陶渊明"那么高节、那么多情"的个性,对于"'欺人孤儿寡妇取天下'的新主",自然是"看不上"的;而对于"已覆灭的旧朝",自然是"不胜眷恋"的。他的《拟古》九首,是"易代后伤时感事之作","从深痛幽怨发出来,个个字带着泪痕"。第三,陶渊明是一位"极严正——道德责任心极重的人"。梁启超认为陶渊明的一生都注意身心修养,不肯放松。直到晚年,他在《荣木》、《饮酒》、《杂诗》中都表现了"进德的念头,何等恳切,何等勇猛!许多有暮气的少年,真该愧死了"。梁启超明确指出:陶渊明"虽生长在玄学、佛学氛围中,他一生得力和用力处,却都在儒学"。魏晋是一个以谈玄论佛为时尚的时代,"当时那些谈玄人物,满嘴里清静无为,满腔里声色货利。渊明对于这班人,最是痛心疾首,叫他们做'狂弛子'",是"借旷达出锋头"。梁启超认为陶渊明"一生品格的立脚点,大略近于孟子所说'有所不为'、'不屑不洁'的狷者。到后来操养纯熟,便从这里头发现人生真趣味来。若把他当作何晏、王衍那一派放达名士看待,又大错了"。这样的分析,抓住了魏晋时代的社会特征以及陶渊明性格的特质与思想发展的特点,是颇为精到的。梁启超认为,陶渊明个性的特质是冲远高洁,但这并不等于他天生就能免俗。因为生活所迫,陶渊明也"曾转念头想做官混饭吃","他精神上很经过一番交战,结果觉得做官混饭吃的苦痛,比捱饿的苦痛还厉害,他才决然弃彼取此"。梁启超最推崇陶渊明的《归去来兮辞序》,认为"这篇小文,虽极简单极平淡,却是渊明全人格最忠实的表现","古今名士,多半眼巴巴钉著富贵利禄,却扭扭捏捏说不愿意干。《论语》说的'舍曰欲之,而必为之辞'。这种丑态最为可厌。再者,丢了官不做,也不算什么稀奇的事,被那些名士自己标榜起来,说如何如何的清高,实在适形其鄙。二千年来文学的价值,被这类人的鬼话糟蹋尽了"。梁启超认为陶渊明这篇文的妙处,就在于"把他求官、弃官的事实始末和动机赤裸裸照写出来,一毫掩饰也没有","后人硬要说他什么'忠爱',什么'见几',什么'有托而逃',却把妙文变成'司空城旦书'了"。[30]梁启超最欣赏的就是陶渊明的性情之真,他说陶渊明是"一位最真的人"。因为真,他"对于不愿意见的人,不愿意做的事",决"不肯丝毫迁就"。因此,从本质上说,陶渊明的冲远高洁与屈原的 All or nothing 一样,都是一种独立不迁的品格,但"屈原的骨鲠显在外面,他却藏在里头"。这样的解读,真是鞭辟入里。在《情圣杜甫》中,梁启超也坚持对作家的"整个的人格"的研究,他主张"研究杜工部,先要把他所生的时代和他一生经历略叙梗概,看出他整个的人格"。梁启超认为杜甫是"一位极热肠的人,又是一位极有脾气的人"[31]。杜甫有一首诗《佳人》,描绘了一位"身分是非常名贵的,境遇是非常可怜的,情绪是非常温厚的,性格是非常高亢的"的佳人形象,梁启超认为这个"佳人"就是杜甫"自己的写照",是他"人格的象征"。

　　梁启超指出,屈原、陶渊明、杜甫都是有个性的文学家。有个性的文学家,他的作品必须具备两个特征:第一,是"不共"。"不共"就是"作品完全脱离模仿的套调,不是能和别人共有"。第二,是"真"。"真"就是作品"绝无一点矫揉雕饰,把作者的实感,赤裸裸地全盘表现"。对于艺术家而言,"真"是内质,"不共"是表现;对于艺术实践活动而言,"不共"是基石,"真"是桥梁。在《屈原研究》中,梁启超指出:"特别的自然界和特别的精神作用相击发,自然会产生特别的文学了。"[32]这里所说的"自然界"是指包含自然与社会在内的整个外部世界。"特别的自然界"就是文学主体对表现对象之真的个性化把握。"特别的精神作用"就是文学主体自身的不共的精神个体性。"不共"与"真"的统一,在艺术实践中,也就是"特别的自然界和特别的精神作用"之击发,其结果必然也才能成就有个性的美之文学。

三、艺术情感、个性审美理念与文艺美学思想的现代性转型

中国古代文学思想是以儒家文化作为自己的思想根基的。虽然早在先秦时代,儒道两家的创始人孔子与庄子都对美与艺术的问题发表了自己的见解。但在中国文化中,占主导地位的是儒家。作为一种伦理文化,儒家文化的本质是以"礼"来规范"人",节制"情"与"欲"。表现在审美与艺术实践中,就是以伦理理性来规范文学作品的思想内涵,要求文学温柔敦厚,保持中和之美,以理性来节制情感。"怨而不怒","哀而不伤","文以载道"。这样的文学理念要求文学始终以现实理性为准则,与现实保持一致的和谐状态。它维护的是既定的封建统治秩序与社会规范。这种和谐在实质上是以钳制个体、压抑情感、牺牲对新生活的想象与追求为前提的。这种对于人的精神张扬和个性发展的钳制是整个封建文化的基本特征,它不仅是对主体生命的异化,也是对于艺术的曲解。艺术是人的精神家园,是人的情感与想象的栖身地。晚明李贽以心学佛学为武器,提出了"童心"即"本心"的主张,强调天下之"至文",未有不出于"童心"者也,触及了文学艺术中的个性与真情的问题,呈现出封建社会晚期个性解放思潮的萌芽。在近代,这个问题首先被龚自珍所延续。龚自珍毫不留情地揭露了封建礼教对于人的思想的禁锢和人的个性的摧残。他的《病梅馆记》名曰疗梅,实为疗人,表现了对人的个性自由与人格健全的呼唤。这样的思潮正与西方资产阶级个性解放的思潮相呼应。十四世纪兴起的西方文艺复兴运动是一场资产阶级文化的全面开拓。它不仅冲击了中世纪黑暗的宗教统治,也冲击了古老的宗法

专制。新兴资产阶级举起了"人文主义"的大旗,自由、平等、民主、个性的理念随着"人文主义"理想广为传播。个性解放成为近代文化的重要价值追求。"近代文学在世界各国几乎都是一种'人'的解放的文学"[33],是具有生命活力与个性魅力的人的发现。梁启超关于艺术情感与艺术个性的呼唤既与世界文学的发展大潮相呼应,也与近代特定的时代需求相呼应,是中国文学艺术审美由古典向现代转型的重要表征与重要阶梯。这种审美理念不仅是对情感与个性的呼唤,也是对真美统一的审美价值的呼唤,是以情感与个性之真来对抗封建伦理之善,是对美善相济的传统美学理念的有力冲击。

注释:

[1] "三大作家批评"不仅在批评理念上体现出二十世纪中国文艺美学思想现代性转型的特点,在批评的形态上也拓展了二十世纪中国文论的现代性模态。相关内容可参看拙文《梁启超"三大作家批评"与20世纪中国文论的现代转型》,载《文艺理论与批评》2003年第2期。

[2][5][6][7][8][9][10][11][12][13][14][16][31] 梁启超:《情圣杜甫》,《饮冰室合集》第5册,中华书局1989年版。

[3][15][21][23][25][29][30] 梁启超:《陶渊明》,《饮冰室合集》第12册,中华书局1989年版。

[4][17][18][20][24][26][27][28][32] 梁启超:《屈原研究》,《饮冰室合集》第5册,中华书局1989年版。

[19] 此语见梁启超《屈原研究》。在《中国韵文里头所表现的情感》一文中,梁启超也论及了屈原作品中的想象力问题,认为屈原善用"幻构的笔法"淋漓尽致地描绘"幻构的境界",是中国文学中神仙幻想的源头。

[22] 梁启超这一论断是从文体的内在特质来界定体裁归属,与一般的将《桃花源记》归为散文相比,是相当富有卓见的。实际上,亦揭示了《桃花源记》虚构与想象的特质。

[33] 袁进:《中国文学观念的近代变革》,上海社会科学院出版社1996年版,第113页。

第三节　崇高审美与艺术开新

崇高是近代社会的审美理想。从古典和谐型向近代崇高型的发展演化,是世界各审美文化审美意识演进的相似性。西方美学由古典和谐型向近代崇高型的演进在十八世纪末十九世纪初基本完成。而中国美学的这一历史帷幕是在十九世纪末二十世纪初殖民扩张的社会背景和西学东渐的文化背景下真正拉开的。它映照着的不仅是中华民族文化心理的历史变迁,也是十九、二十世纪之交的国势衰颓与历史悲音,是血与火、抗争与毁灭在审美领域的激响。梁启超对于崇高美学精神与风格的宏扬,既是在与西方艺术的比较和对传统艺术的批判中所发掘的理论命题,也是基于对民族境遇体认的现实话题。因此,梁启超的崇高美理念并不是在纯学理的研讨中完成的,甚至没有关于"崇高"的直接理论界定。他是在对自然、人、社会、艺术的具体审美实践中展开的,并内在地包蕴着思想启蒙的精神理想。梁启超的崇高理念具有自身的理论品格,为中国艺术精神与艺术风格的现代开新吹响了激情之号。

一、梁启超与崇高理念的中国化

崇高是西方近代美学的基本范畴。在古典美学中,美感的形态较为单一。古典美主要以优美作为审美范畴与品评标准。优美是一种和谐的美。优美的审美对象表现为内容与形式的均衡与匀称。在优美的审美体验中,主体获得的是一种直接平和宁静的快感。主体的审美情感演化主要是量的累积,而非质的变异。崇高美是人与现实的审美关系发展到一定程度的产物。崇高感是审美主体的情感体验由痛感到快感的转换。早在古希腊时代,毕达哥拉斯就把音乐分为两类,一类是男子气的、尚武的、粗犷的,另一类是女子气的、甜蜜蜜的、缠绵的,初步流露出将艺术风格区分为崇高与优美的基本意向。古罗马时代,朗吉弩斯写了《论崇高》一书,对诗的崇高风格的成因进行了探讨,提出"崇高是伟大心灵的回声"[1]。1757年,英国经验主义美学家博克出版了《论崇高与美两种观念的起源》一书,书中所说的"美"就是指"优美"。这部书第一次明确地从美感经验形态的角度探讨崇高的问题,将崇高与优美相对举,揭示了崇高感与优美感是两种不同的美感经验。博克认为崇高感不像优美感那样单纯平和,其心理经验是一种痛苦或危险,其情绪表现是一种恐怖或惊惧。它用自己"那不可抗拒的力量把人卷着走"[2]。由优美扩展到崇高,这种审美意识的发展实际上也是人类审美实践发展的必然产物。在欧洲艺术中,虽然在古希腊时代,就有以悲剧为代表的不和谐因素。但自文艺复兴始,特别是浪漫主义艺术的兴起,突出地强化了艺术创作中的不和谐因素,它不仅大大冲击了古典艺术以和谐与优美占主导的基本形态,也使得崇高审美成为美学必须解决的现实课题。[3]博克揭示了崇高感中的否定性因素,但否定性因素如何转化为审美的愉悦,博克却未能作出深入的充分阐释。1790年,康德在《判断力批判》中通过对崇高心理经验的分析,第一个深刻地揭示了崇高感辩证转换的心理过程及其崇高美感的本质。康德认为审美判断主要有两种,一种是优美,一种是崇高。崇高的唤起有三种对象:一种是数量的无限大,一种是力量的无限大,一种是"绝对"、"无上"的神性和道德律令。这些对象在审美主体的心理感受中摧毁了主体的感性经验形式,使我们的感性形式和尺度无法立刻把握它们,由此,感到自己的渺小,产生巨大的压迫感、恐惧感。但审美主体并没有被这些数的、力的、绝对的东西所压垮,而是在心理上诉诸理性的无限与想象的无限。这种被唤起的理性力量与想象力,使主体能够与压迫自己的对象进行较量,把自己提升到这些对象之上,坚信自己能够战胜它们,超越它们,由此使自己获得了崇高感。简单地说,崇高是审美主体在对象的压迫下所唤起的理性无限、想象无限及其升华。"崇高的情感具有某种与对象的评判结合着的内心激动作为其特征,不同于对美的鉴赏预设和维持着内心的静观。"[4]康德对崇高美这一复杂的美感经验形态作出了极为精彩的理论阐释。崇高美感的心理过程及其实质,正是审美主体与审美对象的矛盾、冲突与抗争,是对象对主体强健刚劲的生命力的呼唤。崇高审美通过生命力的阻滞与痛感的转换,获得了生命力更强烈的喷射、激扬、舒展。也就是说,在崇高审美中,主体具备了一定的力量;但他的力量还未强大到对客体具有绝对的优势。因此,虽然主体目前还未把握(或征服),还不能把握(或征服),甚至不知能否把握(或征服)客体;但却又力求把握(或征服),怀着把握(或征服)的信心,甚至不知能否把握(或征服)也仍进行着把握(或征服)。崇高就是这样的美感。它以冲突、以激情、以抗争、以追求的动之美与力之美区别于古典美学以优美和谐为基质的静之美与柔之美。在西方美学中,崇高侧重于人和自然的关系。如康德在《判断力批判》中就描绘了"险峻高悬的、仿佛威胁着人的山崖,天边高高汇聚挟带着闪电雷鸣的云层,火山以其毁灭一切的暴力,飓风连同它所抛下的废墟,无边无际的被激怒的海洋,一条巨大河流的一个高高的瀑布"等自然界中一系列具体的崇高意象。[5]而在社会领域中,崇高的美学精神实际上也有着突出的表现。社会美中的崇高美可体现为具体的社会事物、社会现象、社会风貌,它以社会活动的核心——人为中心,主要展示的是人的崇高的精神品格。悲剧揭示的主要是人与社会的关系。它主要体现为社会性的矛盾冲突,是人在社会生活中的行动、抗争与毁灭。恩格斯在 1859 年致拉萨尔的信中,从人类历史发展的辩证进程出发,指出悲剧是一种社会冲突,是"历史的必然要求和这个要求的实际上不可能实现之间的悲剧性冲突"[6]。即代表"历史必然要求"的正义一方处于弱势,但它不是甘于现状,而是表现为抗争与拼搏,从而构成了与强大的旧势力或恶势力的"悲剧性冲突",其悲剧性结局就是正义一方的失败、死亡、毁灭。冲突、抗争、毁灭构成了社会领域中悲剧演化的三要素。悲剧的实质是不屈的抗争、轰轰烈烈的拼搏和有价值的毁灭。悲剧虽然"将人生的有价值的东西毁灭给人看"[7]，但悲剧展现了人的抗争与拼搏的精神，展现了人面对失败、面对死亡、面对毁灭的方式，这就是不死即战斗的顽强与超越。因此，悲剧是一种"走向崇高的死"[8]。悲剧美是社会美领域中崇高精神的一种典型形态。在社会领域中，积极的进取精神，深刻的忧患意识，忘我的豪杰志士，无畏的弄潮儿，都是崇高精神的具体化。对崇高美的欣赏，揭示了人的一种强健的精神境界。崇高美以庄严、刚性的美激励着主体对于激情与理想的追求。崇高美是生命的激扬与喷发，它以痛而后快的审美体验激荡着主体的人格与心灵。崇高美是自然与社会领域中的力之美、动之美、激情之美、生命之美，是对稳定、静态、均衡、中和的突破。

二十世纪初，崇高理念随西方美学传入我国，它与中国传统的文化心理与审美理想形成了鲜明的对照。中国古典美学崇尚的是中和美。中和美是一种典型的和谐美的审美理想。它追求的就是宁静平和安详均衡的审美境界。古典美学的主要代表儒家美学即要求"发乎性情，止乎礼义"，"哀而不伤，怨而不怒"，即以理性来节制与规范情感。尽管人生充满了悲剧，生命充满了悲感，但中国美学讲的是天人合一、天地同和。中为则，和为旨。在这种美学理念指导下，中国艺术以营构冲淡、虚静、含蓄、空灵的意境为最高境界，即使是以表现矛盾冲突为主线的戏剧与小说，情节的发展虽讲究曲折与波澜，但最终的结局终难逃"团圆"二字。"团圆"是中和观在中国古典艺术中的典型表现形态。中国文化与审美意识的中和观源远流长。"中"在古文字中的写法就是各式各样的旗杆。在原始部落中，旗杆是氏族的图腾象征。原始人围绕在矗立的旗杆下集合、议事、断决。"中"就是神意。因此，要与"中"合，能"中"即"中"。中国文化中还有一种有代表性的说法是认为"中"即测量日影的圭杆。古代先人以立中杆的方法来度量时间。中杆不仅是一种时间的尺度，基于立中杆之点的选择，中杆还成为天地之中的空间尺度。[9]中国历代封建君王都非常注意择"中"守"中"。《吕氏春秋》曰"择天下之中而立国，择国之中而立宫,择宫之中而立庙"[10],说的是统治中心的抉择;《韩非子》曰"势在四方,要在中央"[11],说的是统治策略的谋划;而《论语》所谓的"允执其中"、"中庸之为德也",[12]《中庸》所谓的"君子中庸,小人反中庸"、"隐恶而扬善,执其两端,用其中于民",[13]说的是统治思想及其道德规范。"中"作为一种焦点与核心,逐渐演化为封建王朝体系建构与文化建构的基本原则,并体现于择都、建城、绘画、作书等各种具体现象与事物之中。在儒家人生哲学中,"中"即"中庸"。《论语》曰:"中庸之为德也,其至矣乎!"[14]孔门后学对"庸"的解释有"用"和"常"两种。[15]不管哪种解释,均含"无过无不及"之"用中"之义。张岱年先生在《中国古典哲学概念范畴要论》中指出:"中庸"的思想影响深远,尤其是宋代以来,"不但为学者所接受,而且渗透到一般人的社会心理之中"。他又进一步分析道:"'中庸'的观念认为凡事都有一个标准,也就是一个限度,超过这个限度和达不到这个限度是一样的。这里包含对立面相互转化的观点,这是正确的。但是'中庸'观念又要求维护这个标准,坚持这个限度,防止向反面转化,没有发展变化的观点,这是中庸思想的局限。"[16]中庸思想在社会进步面临尖锐的矛盾冲突、需要解放思想破除传统之时,有其消极局限的一面。"和"则源自原始仪式。原始仪式是古人寻求神人之和与天人以合的象征性途径。《说文》解曰:"和,相应也。"[17]"和"的本义指的是歌唱的相互应合。原始仪式即通过仪式活动过程的乐舞之应合,以期达到人与作为宇宙代表的神之相和。人与自然及社会的关系在原始时代主要表征为人与神的关系。"和"体现了对这种关系的理想。《国语·祁语》曰:"夫和实生物,同则不继。以他平他谓之和,故能丰长而物归之。若以同裨同,尽乃弃矣。故先王以土与金木水火杂以成百物。"[18]《国语》这段文字将"和"与"同"相区别,"和"是不同事物的相互聚合而能得其平衡,"和"而产生新质;"同"则是相同事物的重复与叠加,不可能产生新质。这段文字体现了相当深刻的智慧,把"和"理解为不同事物的相成相济。孔子则将"和"运用于道德领域。《论语·子路》曰"君子和而不同,小人同而不和"[19],指的也是差异中的统一。老子也讲"和"。《老子》四十二章云:"万物负阴而抱阳,冲气以为和。"[20]冲气即阴阳和合之气。老子把"和"视为事物存在的基本原则。老子以后,"和"逐渐被解为无冲突的平衡顺应聚合,"以他平他"的差异与冲突性减弱。《庄子》与《淮南子》也均将万物视为天地阴阳之气的和合化生,"和"主要指的是事物相从相应相合的关系。以阴、阳为基本范畴的"和"的观念,在中国文化中极具影响力。它演绎了世界万物对立统一的内在一体性,但其立足点不在对立,而在统一。其要义即以"和"来保持事物内在的平衡与属性。"中"与"和"都是要求保持均衡,以守"中"守"和"来解决冲突。中和观虽然也承认对立面的存在,但它的最高理想是和谐。"中"为则,要求不偏不倚;"和"为旨,极力回避冲突。这种"中和"的理想在近代尖锐的民族矛盾面前,充分暴露了其内在的软弱与消极的一面。在中和观的长期影响濡染下,国人逐渐养成了心理的麻木与惰性。中国传统艺术在整体上缺乏直面矛盾冲突的血气,缺乏直视死亡与毁灭的气度。当然,中国艺术中也不乏具有崇高意味的抒情主体,如上下求索的屈原,悲士不遇的司马迁,安得广厦的杜甫等,都表现了深切的忧患意识。中国艺术中,也不乏深具悲剧底蕴的人物形象,如沉江而尽的杜十娘,六月飞雪的窦娥,为情殉身的杜丽娘等,其悲感均至情至性。但前者的忧患主要是道德与伦理意义上的忧患,多叹息而少抗争,从而演绎的更多是幽怨而非激情;后者则或以虚构的鬼神或以虚幻的复生摧毁了残酷的现实毁灭之痛,从而使本可震撼人心的悲剧转化为无伤大雅的喜剧。中国传统艺术中最好的悲剧是《红楼梦》。曹雪芹以"满纸荒唐言,一把辛酸泪"构造了一个"落了一片白茫茫的大地真干净"的真悲剧。但高鹗的续作不能理解原作的悲剧精神,还是落入了"兰桂齐芳,家道中兴"的"团圆"窠臼。日本学者中野美代之在《从小说看中国人的思考样式》一书中谈道:"几乎所有的人都怀着对幸福的渴望,不愿直视现实中存在的悲剧,于是便轻率地给所有的故事都安上一个大团圆的结局。这样的民族是极少见的。"[21]"团圆"映照的正是中华民族极其脆弱的民族神经。在中国传统文化心理中,缺乏直面冲突与毁灭的真正的崇高感与悲剧感。这一点,王国维与鲁迅都曾作过尖锐的批评。中国人缺乏足够的强健神经来直面痛而后快的痛之美,这与作为中国文化理想与原则的"中和"观实在不能脱离干系。中华民族心理缺乏对于对立与冲突的承受与接纳。在"中和"观的影响下,中国传统审美意识中自古缺乏"崇高"的理念。据王振复先生考证,在中国典籍中,"崇高"一词始见于《国语·楚语上》。原文为:"灵王为章华之台,与伍举升焉。曰:'台美夫!'对曰:'臣闻国君服宠以为美,安民以为乐,听德以为聪,致远以为明。不闻其以土木之崇高,彤镂为美。'"[22]此处的崇高指的是建筑物的高峻,主要是形式上的阳刚美。中国艺术中有雄浑、宏壮等艺术意境的范畴与赏鉴,但它们都属于比较纯粹意义上的阳刚美的范畴,而非西方美学中饱含对立、冲突、毁灭等复杂痛感要素的崇高美。在本质上,中国古典艺术的中和理想追求的是美善的统一。而在封建意识形态下,善所表征的封建理性代表的正是对封建伦理道德与封建宗法秩序的肯定。随着封建社会的日趋衰落和外族列强的入侵,社会领域中的中和美,不仅是个体情感对封建伦理的妥协,也是求新求变的民族新理想对安弱守陈的民族旧现实的妥协。

进入近代社会,对于长期闭关自守、以和为贵的中华民族,一方面是西方列强的炮火撕碎了天朝帝国的一统天下,无情地冲击了中和之美的现实根基;另一方面则是随西学东渐而来的西方科学精神与"求真"理念,有力地震撼着中和之美的精神根基。求真就必然要面对真实的生活与真实的情感,面对生活的缺失、龌龊、险恶、灾难与抗争,面对情感的哀伤、痛苦、绝望、幻灭与冲突。对于理想的呼唤,对于激情的呼唤,对于变革与新生的呼唤,为崇高美进入审美的视野开拓了历史的前提。可以说,十九、二十世纪之交,中国现代美学一出生便面临着一个严峻的社会文化环境。在那个特定的历史环境中,中国美学由古典和谐型向近现代崇高型的发展演化几乎是历史的必然。面对时代的凄风苦雨,面对现实的矛盾冲突,千百年来中和为美的审美理想正日渐成为明日黄花。中国现代美学思想的拓荒者,无论是王国维,还是梁启超,几乎都敏锐地把捉住了中国美学意识发展演化的这一历史脉搏。王国维于1904年在《教育世界》上首刊了《〈红楼梦〉评论》。该文运用西方美学观念来阐释悲剧精神,对《红楼梦》作出了前所未有的独到阐释与高度评价,指出《红楼梦》是"彻头彻尾之悲剧",是"悲剧中的悲剧"。[23]《〈红楼梦〉评论》是中国近现代美学史上最早的一篇宏扬悲剧精神的专论。王国维虽主要以叔本华"欲"与"意志"的理论来解读悲剧的意义,以悲剧审美来解脱人生。但他对于悲剧审美价值的明确肯定与深入阐释,是对中国传统艺术"团圆"意识的重要突破。《〈红楼梦〉评论》中以优美与壮美两种范畴来区分艺术风格。王国维认为优美是对象与主体无利害之关系,壮美是对象大不利于主体,并引歌德"凡人生中足以使人悲者,于美术中则吾人乐而观之"之语来进一步阐释壮美的范畴。[24]可以说,王国维所说的壮美实质上就是西方艺术审美中痛而后快的悲剧美与崇高美。因此,王国维在中国悲剧与崇高意识开拓上的贡献也首先引起了人们的关注。而梁启超在这一领域的思想贡献,却长期以来未能引起足够的关注。实际上,梁启超虽未有专文集中论述崇高与悲剧问题,但他早在1902年发表的《论小说与群治之关系》一文中,已就小说类型与感染力问题显示了自己对崇高与悲剧问题的某种艺术审美倾向。此外,他在诗话、词话、小说丛话、作家研究及其他理论文章中,也多处涉及了艺术崇高与悲剧美问题,并明确表达了自己的艺术理想。特别值得注意的是,在梁启超的审美实践与美学理想中,崇高美不仅始终占有突出而重要的地位,同时,对于崇高理念的呼唤与崇高精神的宏扬,也是梁启超面对民族现实所把持的基本文化立场。因此,梁启超对于西方美学崇高理念的呼应与吸纳,就不仅仅是一种简单的搬用。他从民族文化现实与历史境遇出发,将思想启蒙、社会改革、艺术开新与崇高美的倡扬结合在一起,从而使得他的崇高理念具有丰厚的内在力度与独特的民族内涵。崇高是梁启超呼吁民族艺术发展的重要方向。若论对中国美学崇高理念的开拓与崇高精神的宏扬,梁启超实不容忽视。

二、梁启超的艺术崇高审美实践

对于艺术崇高之美的审美实践与理论表述,是梁启超崇高理念的具体体现。1902年,梁启超发表了《论小说与群治之关系》一文。此文不以崇高与悲剧为中心论题,文中也没有明确提出崇高与悲剧的概念,但已明确触及了艺术中悲剧与崇高审美的问题。作者认为小说有不可思议之力支配人道,因此欲新民必先新小说。而新民的目的不可能依靠和谐型的小说形态来实现,而必须使读者震撼,给读者刺激。文中说:"小说之以赏心乐事为目的者固多,然此等顾不甚为世所重;其最受欢迎者,则必其可惊可愕可悲可感,读之而生出无量噩梦,抹出无量眼泪者也。"[25]在这里,梁启超所肯定的是与赏心乐事相对立的和读者的"噩梦"与"眼泪"交织在一起的"可惊可愕可悲可感"之作。文中还谈到:"刺也者,能入于一刹那顷,忽起异感而不能自制者也。我本蔼然和也,乃读林冲雪天三限,武松飞云浦厄,何以忽然发指?我本愉然乐也,乃读晴雯出大观园,黛玉死潇湘馆,何以忽然泪流?"[26]审美情感的激发正来自悲剧的冲突与毁灭。在这些文字中,实际上已隐含了这样两个新的审美理念:(一)悲剧美高于喜剧美;(二)悲剧美通过情感的异质转化来获得审美愉悦。后者是梁启超对悲剧美的基本特质的认识;前者则是梁启超对于艺术的美学品味的价值选择。梁启超对悲剧美的欣赏与肯定,体现了对于时代的新的美学品格的把握,也体现了美学对于时代需求的呼应。作为二十世纪初最早触及悲剧意识的美学家,王国维与梁启超都欣赏悲剧美。但王国维希图通过对悲剧的审美来解脱现实人生的痛苦。梁启超却期待对悲剧的审美来刺激生命的觉醒与激情,唤起抗争的欲望与力量。[27]《论小说与群治之关系》是"小说界革命"的宣言书。在其前后,梁启超也发出了"诗界革命"与"文界革命"的呼声。"三界革命"主要论及了小说、诗歌、散文三种文体的变革,强调了新意境与新理想的表现,不仅要求文学冲破旧形式主义的束缚,更要求文学思易人心,激扬民潮,提出了文学风格变革的革命性要求。梁启超自己的散文则被守旧之辈诋为"野狐",足见与传统温柔敦厚之文风的截然差别。"三界革命"的理论与实践显示了梁启超崇高美意识的初步萌芽。在"三界革命"的理论倡导中,梁启超推出了以宏扬觉世之文、欣赏崇高美感为核心的新的文体审美观。[28]

1902至1907年,梁启超著有《诗话》多则。《诗话》的中心思想是对新的诗歌精神与诗歌风格的宏扬。梁启超认为"中国事事落他人后,惟文学似差可颉颃西域"[29]。但他在将中西诗歌做了比较后,指出在文藻篇幅上,中国古诗可与西方名家比美;而在精神气度上,中国古诗却缺乏"精深盘郁,雄伟博丽"之气。他把诗家的理想视为品鉴诗歌的基本尺度。在《诗话》中,梁启超首推的近世新诗人是黄公度。他认为黄诗有两点堪誉,一是意象无一让昔贤,二是风格无一让昔贤。《诗话》中选录了多首黄公度的诗作。那种"大风西北来,摇天海波黑"的壮阔意象,"秦肥越瘠同一乡,并作长城长"的壮美意象,"我闻三昧火,烧身光熊熊"的悲壮意象,"探穴先探虎穴先,何物是艰险"的无畏意象,"堂堂堂堂好男子,最好沙场死"的英雄意象,均体现了与梁启超所批评的传统诗歌"儿女子语"截然不同的新境界。在《诗话》中,梁启超还把谭浏阳誉为"我中国二十世纪开幕第一人"。谭诗"金裘喷血和天斗,云竹闻歌匝地哀"的激越,"我自横刀向天笑,去留肝胆两昆仑"的凛然,都与梁启超所推崇的男儿气概相合。在《诗话》中,梁启超强调"诗人之诗,不徒以技名"[30]。以诗歌精神风格与文字技巧两相比较,梁启超毫不犹豫地选择了前者。而以诗歌精神风格论之,梁启超也并不是个偏狭之人。《诗话》中亦录有"云涛天半飞,月乃出石罅"的飘飘出尘之想,"珠影量愁分碧月,镜波掠眼接银河"的幽怨蕴藉之作。梁启超认为这些诗皆是佳作,他本人也非常喜欢。但在《诗话》中,梁启超有着基本的诗歌审美立场,即诗非只关儿女事,诗非只在文藻形式,他极力张扬的是以时代国家为念、以理想精神为旨的"深邃闳远"、"精深盘郁"、"雄伟博丽"、"雄壮活泼"、"连抃瑰伟"、"长歌当哭"、"卓荦"、"庄严"、"超远"、"遒劲"、"慷慨"的性情之诗。他反对"靡音曼调",要求诗、词、曲应与国民有所影响,而非"陈设之古玩",应"绝流俗"、"改颓风",振厉人心、读而起舞。若以崇高优美两种基本美学风格论之,在诗歌精神风格的鉴赏中,梁启超推崇并极力宏扬的正是以气魄夺人的崇高美。

二十世纪二十年代,梁启超在《中国之美文及其历史》、《中国韵文里头所表现的情感》、《情圣杜甫》、《屈原研究》等文中,结合中国古典作家作品进一步对崇高与悲剧审美的问题从不同侧面作了论释。梁启超明确提出,求美先从求真入手。他认为,"美的作用,不外令自己或别人起快感。痛楚的刺激,也是快感之一。例如肤痒的人,用手抓到出血,越抓越畅快"[31]。"痛"与"快"联系在一起,"痛快"就是一种由极度刺激及其释放所带来的真实快感。在《情圣杜甫》中,梁启超认为杜诗之美就是带着刺痛的真美。他说:"像情感那么热烈的杜工部,他的作品,自然是刺激性极强,近于哭叫人生目的那一路","他的哭声,是三板一眼的哭出来,节节含着真美"[32]。杜诗中"对于时事痛哭流涕的作品,差不多占四分之一","他的眼光,常常注视到社会最下层",做出来的诗句往往"带血带泪"。杜甫的诗充满了悲情,但并没有低俗的格调,而是有情感有"胸襟",洋溢着崇高的悲感。在《中国之美文及其历史》中,梁启超则盛赞秦汉之交,"有两首千古不磨的杰歌:其一,荆轲的易水歌;其二,项羽的垓下歌"。两歌主人是中国历史上有名的壮士与英雄,作品表现了慷慨赴死的悲壮与悲情。梁启超认为《易水歌》"虽仅仅两句,把北方民族武侠精神完全表现,文章魔力之大,殆无其比",并认为"北方文学得这两句代表,也足够了"。《垓下歌》是"失败英雄写自己最后情绪的一首诗,把他整个人格活活表现,读起来像看加尔达支勇士最后自杀的雕像","真算得中国最伟大的诗歌了"。[33]梁启超指出,这两首诗歌所表的均是"哀壮之音"。在此文中,梁启超以"意态雄杰"、"遒丽浑健"、"雄音"、"矫健"、"苍浑"等词表达了对于诗歌崇高风格的欣赏。在《中国韵文里头所表现的情感》一文中,梁启超着重研究了韵文表情的五种方法,即"奔迸"、"回荡"、"含蓄蕴藉"、"浪漫"、"写实"。他认为:"向来写情感的,多半是以含蓄蕴藉为原则,像那弹琴的弦外之音,像吃橄榄的那点回甘味儿,是我们中国文学家所最乐道。但是有一类的情感,是要忽然奔迸一泻无余的,我们可以给这类文学起一个名,叫做'奔迸的表情法'","凡这一类,都是情感突变,一烧烧到'白热度',便一毫不隐瞒,一毫不修饰,照那情感的原样子,迸裂到字句上。"梁启超指出,若讲文学情感之真,没有真得过这一类的。"这类文学,真是和那作者的生命分劈不开。"他的结论是,这类文学为"情感文中之圣"[34]。同时,梁启超指出这类表情法,从内容看,"所表的什有九是哀痛一路";从方法看,"是当情感突变时,捉住他心奥的那一点,用强调写到最高度";从效果看,表现的是"情感一种亢进的状态",在作者是"忽然得着一个'超现世'的新生命",在读者则"令我们读起来,不知不觉也跟着他到那新生命的领域去了"。[35]梁启超高度肯定了奔迸的表情法。这种表情法就审美情感的特征而言显然近于刚劲崇高一路。与奔迸的表情法相对的就是回荡的表情法与含蓄蕴藉的表情法。梁启超指出:"我们的诗教,本来以'温柔敦厚'为主",因此,批评家总是把"含蓄蕴藉"视为文学的正宗,"对于热烈磅礴这一派,总认为别调"。梁启超强调:对于这两派,"不能偏有抑扬"[36]。实际上,针对中国传统诗教的特点,梁启超力图要推荐宏扬的就是"热烈磅礴"这一派,这与《诗话》所体现的总体精神是完全一致的。在《屈原研究》中,梁启超还提出了屈原的悲剧精神与崇高人格的问题,认为All or nothing就是屈原人格与精神的写照。正是这种"眼眶承泪,颊唇微笑"的从容赴死,使屈原的作品拥有了万劫不磨的生命力,洋溢着崇高的美感。在古典作家作品中发现崇高与悲剧之美,解读崇高与悲剧精神,不仅仅是对崇高与悲剧审美问题的具体解读与深入阐释,也是对于古典作家作品的新视阈。梁启超的中国古典作家作品研究体现出深邃开阔的目光,是传统典范作品与现代美学精神相结合的成功尝试。正是在具体的艺术审美实践与理论批评中,梁启超高度肯定了艺术崇高的美学价值,阐释了自己对崇高型艺术的美学理想。

三、梁启超崇高理念的理论品格

在中国近现代文化转型期,梁启超是一个不容忽视与抹杀的人物。这不仅是因为梁启超面对西方文化时拿来主义的宏阔胸襟,也因为他在大力吸纳西方文化时所始终把持的民族立场。梁启超美学思想的一个基本品格就是从民族的现实境遇与文化传统出发去发现、思考、提出理论问题。因此,梁启超的崇高理念绝非对西方崇高理论的简单搬用,而具有自身独特的理论品格。

首先,梁启超的崇高理念与对中华民族现状的思考紧密相联,它不仅是对一种新的美学风格与美学精神的肯定与宏扬,也是对人生和社会问题的一种立场与姿态。鸦片战争后,危机四伏的民族命运与腥风血雨的艰难时局早已使国人远离了和谐与宁静。在梁启超看来,与时代和民族命运相呼应的美就是力之美,是变、动、兴、立、进、创、刚、强、破、改之美,是与守旧、闭塞、保守、怯懦、静止、因袭、愚弱相对立的美。他期待"横大刀阔斧,以辟榛莽而开辟新天地"的英雄问世[37],期待"知责任"、"行责任"的大丈夫问世[38],期待有"活泼之气象"、"强毅之魄力"、"勇敢之精神"的豪杰问世[39]。他以满怀深情之笔,描绘了少年中国之生气勃勃的灿烂壮美意象!她惟思将来而不常思既往,她满怀希望而不常多忧虑,她孜孜进取而不保守留恋,她常敢破格而不惟知照例,她豪壮盛气而不怯懦灰心,她敢冒险而不苟且,她好事而不厌事,她如朝阳而不是夕照,她如乳虎而不是瘠牛,她如侠而不是僧,她如戏文而不是字典,她如波兰地酒而不是鸦片烟,她如大海洋之珊瑚岛而不是别行星之陨石,她如西伯利亚之铁路而不是埃及沙漠之金字塔,她如春前之草而不是秋后之柳,她如长江之初发而不是死海之潴为泽。她是"红日初升,其道大光;河出伏流,一泻汪洋;潜龙腾渊,鳞爪飞扬;乳虎啸谷,百兽震惶;鹰隼试翼,风尘吸张;奇花初胎,矞矞皇皇;干将发硎,有作其芒;天戴其苍,地履其黄;纵有千古,横有八荒;前途似海,来日方长"![40]在他的视阈中,人生与艺术是美之两翼,相辅相成,相激荡相融通。他呼唤艺术之崇高新风,也呼唤人之崇高、国之崇高、时代之崇高,呼唤物之崇高、事之崇高、行为之崇高、精神之崇高。在他笔下,崇高意象丰富绚烂,炫人眼目。他描绘了大鹏"抟九万里,击扶摇而上"的豪情;描绘了凤凰"餐霞饮露,栖息云霄之表"的情怀。他惊叹"江汉赴海,百千折而朝宗"的毅力;感慨狮象狻猊"纵横万壑,虎豹慴伏"的气概。大风、大旗、大鼓、大潮、飓风、彗星、暴雷、蛟龙,一一汇聚到梁启超的笔下。梁启超把自然、人、社会的崇高意象与崇高境界汇为一体,使十九、二十世纪之交的中国人从他的文字中经历了既以自然的崇高为具体意象,又以人与社会的崇高为终极向往的中国式崇高美的激情洗礼。梁启超的崇高理念是对西方近代美学精神尤其是康德思想的吸纳,更具有独特的现实情怀与民族风采。因此,在梁启超这里,崇高理念既是一种美学理想,也是一种人生理想。

其次,梁启超的崇高理念与对西方文学的比较和对传统文学的批判紧密相联,它既是一种理论吸纳,也是一种思想开新。在《中国韵文里头所表现的情感》一文的开头,梁启超明确谈到:"我讲这篇的目的,是希望诸君把我讲的做基础,拿来和西洋文学比较,看看我们的情感,比人家谁丰富谁寒俭?谁浓挚谁浅薄?谁高远谁卑近?我们文学家表示感情的方法,缺乏的是那几种?先要知道自己民族的短处去补救他,才配说发挥民族的长处,这是我讲演的深意。"[41]确实,这一"深意"许久以来并没有被我们所重视。《中国韵文里头所表现的情感》并不只是对于中国韵文表情方法的简单罗列,其实质是通过对传统表情方法的总结,提出中国文学应吸收西洋文学的表情方法,取长补短,使文学风格更为丰富多彩的问题。而其更深层的话语还在于,通过对传统文学温柔敦厚、含蓄蕴藉为主调的表情风格的总结和艺术风格多样化的呼唤,实质上蕴含了对中国文学的传统格局与基本特征变革的呼唤。在具体分析奔进的表情法时,梁启超指出:"这种情感的这种表情法,西洋文学里头恐怕很多,我们中国却太少了。我希望今后的文学家,努力从这方面开拓境界。"[42]至此,梁启超对于崇高美学风格的呼唤已呈目前。二十世纪二十年代后期,梁启超在《晚清两大家诗钞题辞》中,进一步对中国传统文学的弊病给予了无情的抨击:"中国诗家有一个根本的缺点,就是厌世气味太重",常常把诗词作个人叹老嗟卑之作;还有一些诗家把诗词作无聊的交际应酬之作,缺少"高尚的情感与理想"。[43]梁启超提出文学是无国界的,要将世界各派的文学尽量输入,采了他们的精神,造出本国的新文学。他强调文学的趣味一要时时变化,二要"往高尚的一路提倡"。梁启超以中西比较和古今变革的宏阔文化视野,提出了文学风格与精神变革的重要问题。他虽然并未直接以"崇高"来命名新的文学风格与文学精神,但他所欣赏的"奔进"之情、"高尚"之情,他所赞美的"雄杰"之境、"瑰玮"之境等,无疑就是艺术崇高的美丽新境界。

再次,梁启超的崇高理念与悲剧精神具有密切的联系,体现了西方传统崇高精神在中国近现代社会背景下的独特意蕴。崇高与悲剧在西方美学中是既有联系又有区别的两个范畴。西方传统崇高理论的主要代表人物博克、康德、黑格尔等都从不同的侧面探讨了崇高感的特质。博克第一个明确了崇高与美的对立,指出"崇高感的心理基础是痛感"[44]。康德第一个深刻地将崇高感与主体精神能力相联系,完成了"把表面的丑带入美的领域","把表面的丑发展为本质的丑,把本质的丑的无形式特点归属于崇高,给崇高以本质特征"的任务。[45]黑格尔进一步继承发扬了康德的思想,揭示了崇高感中感性有限与理念(理性)无限的辩证法。这些崇高观各有侧重,在西方传统崇高理论发展史上具有重要的地位,但他们讨论的重心主要是人与自然之间的审美关系,所揭示的崇高感更多的是宏伟壮美之感,是一种比较纯粹的崇高美。其中,黑格尔不仅讨论了崇高的范畴,也明确讨论了悲剧的范畴。他把悲剧视为"两种同样合理、同样片面的伦理力量的冲突",悲剧感的本质是永恒正义利用悲剧人物的个别特殊性(片面性)的显现与毁灭,把"伦理的实体和统一恢复过来"的胜利感。[46]因此,在黑格尔这里,崇高与悲剧无疑都充满了矛盾与辩证的要素,但两者的对象与实质还是有着明确的差别的。也正因此,黑格尔认为古代艺术和近代艺术中都可以有伟大的悲剧。与这些西方美学家较为纯粹的学理研讨不同,梁启超的崇高理念是在社会与文化的双重激荡下萌生的,这也决定了其不同的学术特征与学理内涵。虽然梁启超的崇高美理念也不乏对自然界中崇高美意象的欣赏与赞叹,但其终极指向是社会和艺术领域中的崇高,是人的精神境界与行为品格的崇高。现实的民族危局与文化危机,使梁启超对崇高的呼唤内在地饱含着悲壮的美。在梁启超的审美视阈中,新与旧、兴与立、活与死、强与弱、动与静不仅是对立的范畴,也是相辅相成的范畴。没有悲壮的毁灭,就没有壮美的新生。梁启超特别欣赏的正是那种悲剧型的崇高美,是那种带血带泪的刺痛,是那种含笑赴死的从容。他把自己所处的时代喻为"过渡时代",赋予过渡时代的英雄以横大刀阔斧以辟榛莽而开辟新天地的壮阔情怀。这样的英雄不管其目标是破坏还是建设,其结果是成功还是失败,其行为本身都表现出置一己得失于度外的悲壮之美。悲剧与崇高在梁启超的审美视阈中融为一体,成为通向崇高之路的必经阶梯。这种融崇高理念与悲剧精神为一体的美学品格,充分体现了直面冲突与毁灭的无畏抗争精神,也充分凸显了中国近现代美学崇高理念孕育的特定时代语境。

此外,梁启超的崇高理念融崇高风格宏扬与崇高人格教育为一体。在梁启超这里,崇高审美的归宿就是崇高趣味与崇高情感的培养问题。梁启超既从学理传承也从民族现实中激扬而来的崇高理念,不仅指向美学风格与文化品格的开新,也指向国民性的改造与变革。刺激国人委靡的神经、提升国人流俗的品格,构成了梁启超崇高思想的基本旨归。在《诗话》中,梁启超明确提出应该进行诗歌与音乐教育。他倡导能够激扬民族意气的富有崇高精神的军歌与校歌。他为黄公度的军歌而欢呼,誉其为"中国文学复兴之先河"[47]。他高度肯定屈原"All or nothing"的崇高人格精神,热情倡导小说"刺"与"提"的审美功能。他的散文以"野狐"之势行"觉世"之旨。这一切都表现了他对热烈磅礴的崇高艺术风格与崇高人格精神的呼唤。在梁启超的审美视阈中,人生与艺术作为美的两翼,可以在审美实践与趣味践履中获得精神的会通。因此,在梁启超这里,对于艺术的崇高精神倡导与审美实践也就是对于国民人格的崇高精神教育。这种富有实践意向的崇高理念亦鲜明地体现出梁启超作为启蒙主义美学家的根本特色。

综观梁启超美学思想,其实,梁启超也并非只以崇高为美。尤其在艺术审美中,梁启超亦提倡艺术风格的多样化,但崇高无疑是其整个艺术与美学趣味的主调。这种美学品味与审美意向体现了梁启超敏锐的历史意识与文化意向,呈现出与中国社会历史与文化发展相一致的理论步向,成为十九、二十世纪之交中国文学与文化崇高之路的一面独特旗帜。

注释:

[1][2] 朱光潜:《西方美学史》上册,人民文学出版社 1979 年版,第 114—115 页,第 237 页。

[3] 鲍桑葵认为,近代社会随着浪漫主义美感的觉醒,"出现了关于崇高的理论"。见[英]鲍桑葵著,张今译:《美学史》,商务印书馆 1985 年版,第 10 页。

[4][5] [德]康德著,邓晓芒译:《判断力批判》,人民出版社 2002 年版,第 91 页,

第 107 页。

〔6〕恩格斯:《马克思恩格斯选集》第 4 卷,人民出版社 1972 年版,第 560 页。

〔7〕鲁迅:《鲁迅全集》第 1 卷,人民文学出版社 1957 年版,第 297 页。

〔8〕张法:《美学导论》,中国人民大学出版社 1999 年版,第 101 页。

〔9〕参看张法:《中国美学史》,上海人民出版社 2000 年版,第 39 页。

〔10〕[春秋]吕不韦:《吕氏春秋》,中国文史出版社 2003 年版。

〔11〕〔14〕〔19〕[战国]韩非子:《韩非子》,中国文史出版社 2003 年版。

〔12〕[春秋]孔子著,[魏]何晏集解:《论语》,上海古籍出版社 2003 年版。

〔13〕[战国]子思:《中庸》,中国文史出版社 1999 年版。

〔15〕〔16〕张岱年:《中国古典哲学概念范畴要论》,中国社会科学出版社 2000 年版,第 177 页,第 179—180 页。

〔17〕王贵元:《说文解字校笺》,学林出版社 2002 年版,第 54 页。

〔18〕〔22〕叶玉麟选注:《国语》,商务印书馆 1933 年版。

〔20〕[春秋]老子:《老子》第二十四章,上海古籍出版社 2003 年版。

〔21〕[日]中野美代之著,若竹译:《从小说看中国人的思考样式》,北京十月文艺出版社 1989 年版,第 62 页。

〔23〕〔24〕姚淦铭、王燕编:《王国维文集》第一卷,中国文史出版社 1997 年版,第 10 页,第 12 页。

〔25〕〔26〕梁启超:《论小说与群治之关系》,《饮冰室合集》第 2 册,中华书局 1989 年版。

〔27〕在近代中国社会,艺术并不能解脱人生的"欲"与"苦"。王国维也不能从美与艺术中获得解脱。王国维与梁启超选择了对于悲剧美价值的两种不同理解,似乎也预示了两种不同的人生之旅。王国维由悲走向灭,自沉昆明湖成为中国历史的一个谜。梁启超则由悲走向"刺"与"提",在时代洪流中成为历史转型中的开新之人。

〔28〕请参看本书第三章第一节。

〔29〕〔30〕〔47〕梁启超:《诗话》,《饮冰室合集》第 5 册,中华书局 1989 年版。

〔31〕〔32〕梁启超:《情圣杜甫》,《饮冰室合集》第 5 册,中华书局 1989 年版。

〔33〕梁启超:《中国之美文及其历史》,《饮冰室合集》第 10 册,中华书局 1989 年版。

〔34〕〔35〕〔36〕〔41〕〔42〕梁启超:《中国韵文里头所表现的情感》,《饮冰室合集》第4册,中华书局1989年版。

〔37〕梁启超:《自由书》,《饮冰室合集》第6册,中华书局1989年版。

〔38〕梁启超:《呵旁观者文》,《饮冰室合集》第1册,中华书局1989年版。

〔39〕梁启超:《新民议》,《饮冰室合集》第1册,中华书局1989年版。

〔40〕梁启超:《少年中国说》,《饮冰室合集》第1册,中华书局1989年版。

〔43〕梁启超:《晚清两大家诗钞题辞》,《饮冰室合集》第10册,中华书局1989年版。

〔44〕〔45〕周来祥主编:《西方美学主潮》,广西师范大学出版社1997年版,第582页,第634页。

〔46〕单世联:《西方美学初步》,广东人民出版社1999年版,第394页。

第四节　女性意识与女性文学审美

　　作为十九、二十世纪之交中国思想启蒙运动的重要代表人物之一,梁启超既是中国文化史上一个百科全书式的人物,也是中国思想史上一个敢为天下先的急先锋。在中国历史上,梁启超是女性解放运动的重要先驱之一。在中国思想史上,他较早提出了性别平等与性别独立的问题,不仅闪烁着现代思想解放与人文理想的光芒,也体现出将女性社会解放与女性主体意识建构相联系的远见卓识。在中国文学思想史上,梁启超较早明确运用了"女性文学"的概念,并以女性情感为中心,提出美丽的女性是刚健与婀娜、天然与高贵相统一的"佳人",确立了生命活力与性别魅力相统一、着重从精神气质上欣赏女性之美的女性审美的全新理念和以文学作品的情感立场而非作家的性别特征为基点来建构"女性文学"的文学理念。梁启超的女性文学理念和女性审美理念呈现出独到的思想光芒,是二十世纪中国女性文学研究与女性审美实践的重要滥觞,在二十世纪中国妇女解放与女性文学发展的历史进程中具有特殊而重要的意义。

一、梁启超的女性意识与中国妇女解放运动

　　"男女中分,人数之半,受生于天,受爱于父母,非有异矣。"[1]然而,在漫长的封建社会中,女性实际上始终处于社会的最底层,备受性别压迫和歧视,成为性别中的第二等级。"中国妇女自从家族制度成立,有了家庭的组织,便发生许多道德上、法律上、习惯上的不平等待遇,从前的儒教圣贤,如孔子、孟子,无不极力提倡对于女子的压迫和束缚,轻视女子,侮辱女子……几千年来订定了种种规律,压抑束缚,蔽塞聪明,使女子永无教育,永无能力,成为驯服的牛马和玩物。"[2]女子不是作为历史实践的主体,而是作为工具与玩物而存在。"在任何社会中,妇女解放的程度是衡量普遍解放的天然尺度。"[3]因

此,妇女解放的问题正是中外历代具有进步意识的思想家关注的重要问题,也成为衡量历代思想家思想进步性的重要标尺之一。

从现有资料看,梁启超是中国近代史上较早以西方资产阶级自由、平等和个性解放的学说全面反对"三纲"的启蒙主义思想先驱之一。1900年4月1日,他在《致康有为》的信中写道:"要之,言自由者无他,不过使之得全其为人之资格而已。质而论之,即不受三纲之压制而已;不受古人之束缚而已。"[4]以反对"三纲"为基础,梁启超提出了反对性别歧视,实现妇女启蒙与解放的问题。他指出受"三纲"压制的中国旧女性,虽"命之曰女,则为男者从而奴隶之"[5]。早在发表于1897年的《戒缠足会叙》[6]一文中,梁启超就呼吁:革除以女性缠足为美的异癖,使女性接受文化教育。他指出,人生而聪明相差不远,男女之于学,各有所长,后来的差别,完全是后天人为造成的。他深刻地认识到,妇女所以被他人以犬马奴隶畜之,关键在于经济上待养于他人。他强调妇女地位的高低及其教育的发达与否,是国家强盛的重要标志。只要占人口一半的妇女处于愚昧和受压抑的状态,国家的弊败就无可避免。除了《戒缠足会叙》(1897)、《致康有为》(1900),梁启超还有《变法通议·论女学》(1896)、《记江西康女士》(1897)、《倡设女学堂启》(1897)、《试办不缠足会简明章程》(1897)、《近世第一女杰罗兰夫人传》(1902)、《人权与女权》(1922)、《我对于女子高等教育希望特别注重的几种学科》(1922)诸文,对女性的社会地位、文化教育、人格建构等问题做了理论上的研讨与言论上的呼吁倡导。与此同时,梁启超在行动上也积极贯彻妇女独立与解放的主张。1897年,他同经元善在上海筹办女学堂。这是中国人自己办的最早的女校之一。他与赖弼彤等在广东组织戒缠足会,与谭嗣同等在上海组织不缠足会。相比之下,直到1898年,严复在《论沪上创兴女学堂事》一文中仍认为婚姻和社交自由"皆无能行之理"。应该说,在十九、二十世纪之交,梁启超是中国妇女解放运动的重要先驱。

在破除封建旧伦理和女性解放问题上,梁启超具有先锋性和深刻性。他不仅是中国历史上较早倡导女性解放并积极付诸实践的先驱者之一,同时,他对女性问题的认识也显示出独到深刻之处。其一,梁启超不是在纯性别意义上来谈论所谓性别问题的,而是面对当时国家弊败的社会现实,从社会革新、新民再造、国家兴亡的思想高度来研讨妇女问题。"夫男女平权,美国斯盛。女学布濩,日本以强。兴国智民,靡不始此。"[7]在梁启超这里,妇女解放的问题既是性别解放的问题,更是社会解放与国家兴亡的问题。由此,梁启超从一开始就把妇女解放问题提到了一个非常重要的理论与实践高度,具有强烈的现实针对性。其二,梁启超把教育视为女性解放的关键要素。他主张"男女平等,施教劝学"[8],认为"中国女子,不能和男子有同等教育的机会,是我们最痛心的一件事"[9]。"五四"时期,鲁迅曾在小说《伤逝》中提出了女性经济独立的问题,是中国女性解放的重要文学范本。对于女性解放的问题,梁启超在思想上是有一个发展的过程的。十九世纪末,梁启超主要是从"兴国智民"的政治高度来认识女性教育与女性解放问题的。在《变法通议·论女学》中,梁启超甚至不无夸张地说:"妇学实天下存亡强弱之大原也。"[10]戊戌变法失败后,梁启超本人由政治活动家逐渐转为文化思想家,他更希望从思想文化的启蒙变革中为中国社会的新生找到一条新出路。在女性解放问题上,梁启超进一步意识到了女性主体意识建构与女性地位独立性的重要性,进一步深切地认识到教育、职业、经济因素与女性解放的内在联系。他指出,不从教育入手,不给女性以知识与能力,就不能使其获得真正的独立与解放。"从前把女子当作男子附属品,当然不发生职业问题,往后却不同了,女子是要以一个人的资格,经营他自主的生活,各人都要预备一套看家本领,来做职业的基础。"[11]这一认识,揭示了自主职业与作为一个人的资格的必然联系。"教育是教人生活的,生活是要靠职业的。"[12]在教育、生活、为人的资格的逻辑链条上,梁启超把教育放在第一位,不仅体现了其启蒙主义思想家的精神特质,也体现了其对女性解放问题的深入思考。

其三,梁启超把女性社会解放与女性主体意识建构相联系,不仅从性别解放的角度,更从女性主体自觉的角度来思考女性解放的问题。早在《变法通议·论女学》中,梁启超就毫不留情地对"女子无才即是德"的压抑束缚女性的封建伦理观进行了无情的批判,强调解放就是"平等"与"自由",就是"为人",就是使人成为人。在《人权与女权》一文中,梁启超提出了"人格人"的理念。他指出,人有自然界的人,也有社会历史的人。作为历史的人,不论是东方还是西方,最初总有一部分人叫作"奴隶"。人权运动就是"人的自觉",就是争取成为享有人格的人。梁启超认为西方人权运动有两个阶段,即由平民运动到女权运动。这是由人的自觉程度所决定的。梁启超把"自动"视为人权运动的必要前提,强调"不由自动得来的解放,虽解放了也没有什么价值"。[13]这一点,我认为是具有相当深刻性与前瞻性的。女性解放不仅仅是向男权社会的挑战,从更深刻的意义来说,也是向有史以来的等级社会挑战,向着人对人的奴役的挑战,向着非人的挑战。女性解放的终极目标不是向男性看齐,而是真正实现女性作为人的全面性与自由性。"女权运动能否有意义,有价值,第一件,就要看女子切实自觉自动的程度如何。"[14]把女性思想意识的自觉性视为女性解放的基本前提,把人格人视为女性解放的根本目标,体现了梁启超女性意识中的现代精神与人文光芒。这一理念也揭示了梁启超对于女性解放问题认识的深刻性,即女性解放不仅是某些外在的局部的问题,更是全面的整体性问题,是女性主体内在的精神完善与精神独立性问题,是使女性成为一个真正具有生命活力与主体意识的完整独立的人的问题。由此,梁启超也把女性解放问题提到了女性主体意识建构的层面,从思想文化角度给予女性问题以深沉与深切的关注。

二、梁启超的女性审美与女性文学理念

基于对性别问题的基本认识,梁启超对以男尊女卑的封建教条

和三从四德的伦理纲常来扼杀女性的主体意识、把女性贬为性工具与家奴的封建性别观给予了无情的抨击;并从文化启蒙主义立场与人文精神理想出发,对中国文学中的女性创作与女性形象给予了深沉的关注,对以病弱为美的变态女性审美理念给予了尖锐的批评。梁启超认为,在封建社会现实与伦理文化条件下,传统文学中的女性形象反映的正是男权的意识与尺度,体现的主要是男性的欲望和需求。要彻底变革男性中心的封建性别意识与审美理念,建构女性的健康人格与美丽形象,就必须颠覆传统文学对于女性形象的厘定与捏铸。

在近现代美学思想家中,梁启超对于女性形象的审美界定是富有个性特色与现代魅力的。他提出"女性的真美"是刚健与婀娜相统一、天然与高贵相统一的美。这样的女性便是有着饱满的生命活力的人,是情感浓挚、人格清贵、刚柔相济的"佳人"。

刚健与婀娜相统一是梁启超对女性之美的基本界定。梁启超认为女性美的前提是健康。他针对"近代文学家写女性,大半以'多愁多病'为美人模范"的怪异现象,追根溯源,对中国女性审美标准的发展与演化做了大致的梳理。梁启超指出:诗经所赞美的是"硕人其颀",是"颜如舜华"。楚辞所赞美的是"美人既醉朱颜酡,娭光眇视目层波"。汉赋所赞美的是"精耀华烛,俯仰如神",是"翩若惊鸿,矫若游龙"。这些历史时期,对于女性美的鉴赏品味与审美标准基本上是健康的。它们都以"容态之艳丽"和"体格之俊健"的"合构"为女性美的基本标准。梁启超认为,从南朝始,女性美的审美标准开始发生了变化。文人开始以"带着病的恹弱状态为美"。而"唐宋以后的作家,都汲其流,说到美人便离不了病"。梁启超尖锐地指出这种审美标准是"文学界的病态","是文学界一件耻辱"。他不无幽默地宣称:"我盼望往后文学家描写女性,最要紧先把美人的健康恢复才好。"[15]但梁启超的过人之处在于,他又并不简单地以健康来取代女性的性别特征。他非常精辟地指出:女性美是刚健与婀娜的统一。刚健是女性作为健康的人的基本要素,体现了女性饱满的生命活力,也是男女平等和人之为人的一个重要基础。婀娜则是女性的性别特点,是女性的独特魅力。性别平等并不是要抹杀女性的性别独特性。刚健与婀娜的和谐统一,体现了女性美的极致,是生命活力与性别魅力的统一。梁启超非常欣赏北朝古诗《木兰词》。《木兰词》既写出了木兰"旦辞黄河去,暮至黑山头"、"将军百战死,壮士十年归"的飒爽英姿,又写出了木兰"愿借明驼千里足,送儿还故乡"、"当窗理云鬓,对镜贴花黄"的无限柔情,为我们勾勒了一个刚健与婀娜相统一的审美范型。

"刚健之中处处含婀娜,确是女性最优美之点。"[16]梁启超对饱含生命活力与性别魅力之统一的美丽女性发出了由衷的赞叹。作为深受中国传统文化的濡染、刚刚从士大夫阵营中杀出的中国第一代新型知识分子的代表[17],梁启超的女性审美理念不仅具有鲜明的现代人文因子,而且体现出相当的深刻性。事实上,"五四"以后,中国新女性已逐渐走上社会。她们寻求自身解放的第一个比照目标就是男性。她们要求和男性具有同等的社会地位与权利。她们要求爱情的自由和婚姻的自主。她们要求工作的权利和人身的独立。她们与男性一样留起短发,穿上制服。这种以性别看齐为原则的性别解放潜藏着内在的危机。二十世纪五六十年代,抹杀性别特征的所谓"铁姑娘"和"女强人"充斥了市井街巷,成为女性审美的范本。女性以牺牲自己的性别特征为代价向男性这个优势等级宣战,但在争取社会权利的同时也失落了自身的个性与特征,失落了自身作为人的完整性和独有的美感。女性对于自身审美形象的确立以扭曲自身的性别特征为前提。历史的教训更使我们惊叹于二十世纪初年梁启超对于女性审美问题的看法是如此得富有洞见。梁启超的独到认识不仅强调了女性作为人的生命活力,也强调了女性作为女人的性别特性,体现了把尊重女性作为人的前提与尊重女性作为女人的现实相统一的深刻见地。这一认识不仅在当时,对于长期以来形成的封建观念与封建审美意识给予了有力的抨击,具有重要的实践意义与批判意义;也因为其理论本身的内在张力,因为其不仅仅从性别解放的角度,也是从人性完善的角度,来思考女性主体的建构问题,从而体现出超越时代的智性魅力。

对于女性之美,在刚健与婀娜相统一的现实尺度上,梁启超还进一步提出了天然与高贵相统一的理想尺度。梁启超认为美的女性是以刚健的生命活力与婀娜的性别魅力的统一为基础的,但观照女性之美的最高境界应从精神上去观照。美的女性不仅具有活跃的生命力与婀娜的体态,还具有真情感真品性,不造作,不糜艳,在天然纯真之中卓显清贵高格。从这一审美理念出发,梁启超对中国文学作品中的女性形象亦作出了非常个性化的赏鉴批评。他认为唐诗中写女性写得最好的,当推杜甫的《佳人》。这个佳人的形象"品格是名贵极了,性质是高亢极了,体态是幽艳极了,情绪是浓艳极了",当为"描写女性之美"的"千古绝唱"。[18]而词里头写女性写得最好的,梁启超认为是苏东坡的《洞仙歌》。此词"好处在情绪的幽艳,品格的清贵",和杜甫的《佳人》可媲美。曲本中写女性写得最好的,梁启超则锁定汤显祖的《牡丹亭》,其中的杜丽娘,作家把她写得情绪像"象酒一样浓,却不失闺秀身份"。梁启超认为南朝梁元帝的《西洲曲》也是描写理想中的女性之美,且写出了"怀春女儿天真烂漫的情感","所写的人格,亦并不低下",但这样的女性过于清浅,缺乏底蕴,总不能脱"绮靡的情绪",不能算上品。他还指出曲本虽"每部都有女性在里头,但写得好的很少",这与曲本倚重情节的特征有关。[19]在梁启超看来,最能予人于美感的就是女性纯真天然又不媚俗浮艳的气度品格。与此相呼应,文学对女性之美的成功描摹亦就主要不在情节与行动,而在于人物的精神、情感与内在品性。梁启超指出对女性之美的鉴赏无须矫揉造作,虚情假意;亦不能心有旁骛,思怀俗念。他批评"《西厢记》一派,结局是调情猥亵,如何能描出清贵的人格","《琵琶记》一派,主意在劝惩,并不注重女性的真美",所以这些作品都不能令人

"心折"。[20]在《中国韵文里头所表现的感情》中,梁启超还批评了唐代诗人李义山的创作,认为他的诗作中虽有三分之一是描写女性的,但作者是个"品性堕落的诗人,他理想中美人不过娼妓,完全把女子当玩弄品,可以说是侮辱女子人格"。他还进一步分析道:"义山天才确高,爱美心也很强,倘使他的技术用到正途,或者可以做写女性情感的圣手。"在词中,梁启超认为以柳屯田写女性最多,"可惜毛病和义山一样,藻艳更在义山下"[21]。梁启超指出,不尊重女性,就无法真正欣赏女性的美;而把女性作为玩物与道德教化的对象,专在辞藻情节上作文章,也无法刻画出女性的真美。

通过对中国传统文学中女性形象的鉴赏与批评,梁启超从正反两个方面论释了自己的女性审美观与女性文学理念,体现出鲜明的时代特色与个体特质。首先,梁启超把女性作为完整独立的性别群体来审视。从这一视点出发,梁启超期望女性具有刚健婀娜的体格。其次,梁启超把女性作为完整独特的生命个体来审美。从这一视点出发,梁启超期望女性具有天然高贵的人格。刚健与婀娜、天然与高贵的统一,体现了梁启超对女性之美的期待与想象。这样的"佳人"是人的美与性别美的统一,是体格美与精神美的统一,是生命活力与性别魅力的统一,她不仅是文学艺术所勾画的美丽形象,也是新时代所期待的美丽新女性。

值得注意的是,梁启超在审视中国文学中的女性形象时,不仅涉及了寥寥可数的几个女性作家与作品,他更从中国文学史的实际出发,把目光投向了数量更众、更有影响力与实际地位的男性作家。与自身对女性形象的审美理念相统一,梁启超不是以作家性别来论性别文学,而是把女性文学界定为"作品中写女性情感——专指作者替女性描写情感"的那类文学。[22]即作家从女性情感的视角与立场出发去描绘形象,构造作品。因此,梁启超的女性文学批评并不仅仅是对女性作家及作品作简单的鉴赏与批评,而是以女性情感为中心来透视女性作家和男性作家的创作,研究他们对于女性形象刻画与表现的特点。总体上看,梁启超的女性文学批评集中批判了传统文学视女性为玩物的变态美感和借女性形象作道德劝惩的异化美感,提出了融生命活力与性别魅力为一体、着重从精神气度上观照女性之美的女性审美观。在对中国文学中的女性文学形象及相关作品的批评赏鉴中,梁启超也萌辟了以女性情感为中心与基点来观照研究女性文学的女性文学理念。

三、梁启超对中国女性文学与女性审美理念建构的贡献

梁启超的女性文学批评在其整个文学艺术研究中并不占据突出的地位。其主要论述集中于1922年发表的长文《中国韵文里头所表现的情感》中之一节,即该文第九节"附论女性文学和女性情感"。然而,梁启超在此节中提出的关于女性文学与女性审美的理念与视点,在中国现代女性文学与女性审美理念的历史建构中具有非常特殊而重要的意义和价值。

首先,梁启超明确提出了"女性文学"的概念,是中国文学思想史的重要突破。

十九世纪末,伴随着新兴资产阶级登上中国历史的舞台,他们从思想启蒙与社会变革的现实需要出发,率先发出了女性解放的呼声,使得长期隐没于历史视野之外的中国女性,真正进入了历史的视阈。而在中国文学思想史上,1916年,上海中华书局出版了谢无量先生的《中国妇女文学史》,可以说是第一部中国妇女文学的通史,中国妇女也由此第一次独立成为中国文学史观照的对象。1927年,上海中华书局又出版了梁乙真先生的《清代妇女文学史》,这是中国第一部妇女文学的断代史。但是,以"女性文学"的概念来取代"妇女文学"的概念,在中国文学思想史中,似以梁启超为先。1922年梁启超在《中国韵文里头所表现的情感》一文中专门辟出一节,即第九节"附论女性文学和女性情感",第一次正式而明确地提出了"女性文学"的概念。此后,在1930年,中国第一部以"女性文学"为书名的文学史,谭

正璧先生的《中国女性文学史》才由光明书局出版问世。[23]

1922年,梁启超明确以"女性文学"取代"妇女文学"的概念。概念的变换,不仅仅是文字的单纯替换。它体现的正是中国新兴资产阶级的文化与社会意识,是以现代性别意识为基础的话语模式。在中国传统文化中,"妇"所对应的主要是"夫"与"子"。"妇"主要指已婚的女子,也兼指儿媳。所谓"妇道"即为妇的道理。封建礼教把妇道界定为"三从四德",即在家从父、出嫁从夫、夫死从子和妇德、妇言、妇容、妇功。这个"妇"完全被框定在家庭伦理范围中,她的存在就是为了服务、取悦于家中的男子。"妇"是一个完全没有人格意识和精神自由的被异化的性存在物。梁启超将西方文化中的"女性"一词引入文学领域,替换了具有浓郁封建文化色彩的"妇"。"女性"一词标举了有主体意识的、与男性平等的独立的人的性别属类的存在,是思想领域中资产阶级意识对于封建意识的革命。梁启超对于"女性文学"的概念使用,体现了其思想中的进步性,也凸显了其理论开拓的勇气。

其次,梁启超以女性情感作为"女性文学"范畴的逻辑起点与基本规定,为二十世纪中国女性文学研究开拓了一个较高的起点。

在《中国韵文里头所表现的情感》一文中,梁启超辟有"专论女性文学和女性情感"一节。从该节来看,梁启超关于"女性文学"有自己特定的对象界定,即女性文学是从女性情感立场出发、以女性情感为表现中心的文学。关于"女性文学"的界定,至今尚存争议。中外文论史上有两种较有代表性的观点:一种是将"女性文学"理解为女性作家的文学创作;另一种是将"女性文学"理解为女性作家以女性形象为创作中心的文学创作。其实,这两种界定都没有逃出将"女性文学"与作家的性别特征相对举的研究视角。男权文化是封建文化的必然派生物,它的思想意识基础就是严格的封建等级观念。以作家性别作为自身界定的起点,其话语的中心虽是为女性争取书写的权利,但实质上仍带有性别等级文化的阴影。相比之下,梁启超抛开了作家的性别特征问题,直接从作品的表现视角与情感立场入手,来界定"女性文学"的范畴,我认为,这样的界定更具有思想的深刻性与人文性。情感从来就不可能是封建文化的宠儿,它对个体生命特质的张扬只有在现代文化中才可能获得立足之地。在梁启超这里,不管是男作家还是女作家,只要是从女性情感立场出发、为女性表现与抒写情感的作品,均在"女性文学"的范畴之内。这一界定所使用的"女性文学"概念及其批评意向,不仅与二十世纪六七十年代兴盛于欧美的女性主义文学批评有着某种惊人的相通之处,还突出了文学自身的情感特质与人文意蕴。女性主义文学批评作为一种自觉的批评流派是二十世纪西方文论中的一个重要派别,其理论虽与十八世纪的自由主义女性主义具有不可分割的渊源关系,但主要思想基础则建立在二十世纪六十年代西方妇女解放运动的现实浪潮中。[24]这种现实的政治背景与启蒙意向,与梁启超具有相当的一致性。在西方,女性主义文学批评经历了不同的历史发展阶段,内部亦有不同的派别。但不论是法国派还是英美派,不管是以政治意识为中心还是以文化意识为中心,都突出了文学创作与阅读中的女性立场。《中国韵文里头所表现的情感》一文虽然不是关于女性文学的系统专著,其内容的丰富程度也远远无法与当代西方女性主义批评实践相比拟,但是,它在二十世纪二十年代即从颇具现代意义的性别意识与性别立场出发,对中国文学中最具代表意义的韵文进行了专门的女性文学批评。特别是他所持有的批评立场从一开始就超越了作家性别特征的外在层面,而切入了作者情感特质与情感立场的内在层面,从这一角度来说,梁启超的女性文学理念甚至比西方某些女性主义文学先驱更具有深刻性。当然,在梁启超的时代,真正现代意义上的中国女性文学尚未破土而出。但梁启超以其敏锐的目光与大胆的创造精神,在理论上为二十世纪中国女性文学作了天才的构想。这节专论(即"附论女性文学和女性情感")就其实质而言,可以说是中国最早的现代意义上的微型"女性文学"史。

其三,梁启超把"女性的真美"界定为刚健与婀娜、天然与高贵相统一的美,确立了融生命活力与性别魅力为一体、着重从精神气质上观照女性之美的女性审美观,从而在中国女性审美史上拓开了独特而崭新的一页。翻开世界妇女运动史,女性争取自由解放的运动首先受到了启蒙思潮的激发。1791年,世界第一部《女权宣言》在法国问世。宣言提出:男女生来平等,应该享有同等权利;妇女应该拥有言论和婚姻自由;妇女应该拥有政治权利。西方早期女权运动从法国发端,在英美开出了最美丽的花朵。但在这一阶段,新女性要争取的主要是政治和法律意义上与男性的平等。女权主义把斗争的矛头对准了男性。这一阶段,女权主义思考的主要还是女性形式上的社会价值问题,尚未真正从具体的生活中去思考女性的性别意义与独立价值。二十世纪二十年代,英美两国妇女获得了与男子同等的选举权;四十年代,法国通过了妇女选举权的法案。西方早期女权运动至此降下了帷幕。二十世纪六十年代,新女权主义运动兴起。法国著名作者西蒙娜·德·波伏瓦出版了她的名著《第二性——女人》,在书中她一方面批判了传统文化对于女性的铸造,另一方面也提醒激进女权主义者注意男女两性的区别而不仅仅只是共同之处。女性既要做人又要做女人,既要认同性别差异又要反抗社会文化对女性的钳制。波伏瓦对女性如何获得独立人格与尊严的思考显然将女权主义运动引向了纵深。但是,由于早期女权主义运动的惯性,新女权主义者仍然存在着敌视男性的普遍心理和视社会角色平等为终极追求的目标倾向,在消解男性中心主义模式的同时也自觉不自觉地消解着女性的性别价值特征。与这种反性别的女性主义意识相联系,"必然导致一切以男性为参照标准的行为旨归、观念特征和审美情趣"[25]。反观中国历史,最早接受西方意识,将"男女平权"思想付诸实践的是太平天国运动领袖洪秀全。洪秀全第一次在中国历史上提出了视男女为同胞的平权思想。但他在本质上没有跳出封建礼教的樊篱,仍将顺从与贞节看作对妇女的基本要求。因此,洪秀全对妇的解放是有条件的。此后,从启蒙兴国的现实需求出发将妇女解放提上现实日程的是维新派。维新派面对救亡图存的民族现实,将妇女的形体解放与思想解放同时提上了日程。在形体上以反缠足为主要形式,在思想上以办女学为主要形式,真正迈开了中国近代妇女解放运动的第一步。在中国漫长的封建社会中,妇女主要作为性工具和家奴而存在。不管是才子佳人的神话还是红颜祸水的诅咒,将女性与美貌相连接的审美意向突出的就是女性作为身体的存在。女性消解了"人"的意义仅仅作为"女"而存在。维新派将西方启蒙思想带给了中国女性。经历了"五四"新思想的洗礼和新中国的时代大潮,中国女性逐渐强化了社会意识,日渐意识到自己作为人的存在。中国新女性很少有仇视男性的心理,在很多方面,她们和男性是同一条战壕里的战友。甚至中国新女性的解放在很大程度是男性给予的,而不像西方新女性是靠自己争取来的。但是,中国新女性和西方早期新女性殊途同归的是,她们也把男性作为自己的楷模,在一切方面向男性看齐。"时代不同了,男女都一样"。这种无视平等中相异点存在的看齐,隐含的话语实质上仍然是:男人是女人的尺度和标准。女性意识的异化必然带来女性审美理念的模糊化与非性别化。真实的女性既是人,又是女人,是人的社会存在与女性的性别存在的统一。女性审美必须把女性作为社会存在与性别存在的完整统一体来欣赏,作为与男性一样具有独立情感、意志、思想、人格的完整的人来欣赏。从人与女人的统一、社会性与自然性的统一、情感与人格的独立等角度来看,我认为梁启超所提出的女性审美理念具有重要的理论和实践意义,不仅在维新派思想家中具有先导性,即使在今天看来仍有很多可贵的启迪。

梁启超的女性文学与女性审美理念开拓了二十世纪中国女性文学与女性审美的现代视阈,鲜明地体现出启蒙主义的立场和人文主义的底蕴,是中国现代女性文学与女性审美理念的重要滥觞,呈现出灿烂的思想与理论光芒。

注释：

〔1〕梁启超：《戒缠足会叙》，《饮冰室合集》第1册，中华书局1989年版。

〔2〕杨之华：《妇女运动概论》，转引自谭正璧《中国女性文学史》，百花文艺出版社1991年版，第2页。

〔3〕恩格斯：《马克思恩格斯选集》，人民出版社1972年版，第3卷第300页。

〔4〕梁启超：《致康有为》，张品兴主编《梁启超全集》，北京出版社1999年版，第十册第5932页。

〔5〕〔10〕梁启超：《变法通议·论女学》，《饮冰室合集》第1册，中华书局1989年版。

〔6〕此文发表年月据吴松等点校本《梁启超文集》考订，云南教育出版社2001年版。

〔7〕〔8〕梁启超：《倡设女学堂启》《饮冰室合集》第1册，中华书局1989年版。

〔9〕〔11〕〔12〕梁启超：《我对于女子高等教育希望特别注重的几种学科》，《饮冰室合集》第5册，中华书局1989年版。

〔13〕〔14〕梁启超：《人权与女权》，《饮冰室合集》第5册，中华书局1989年版。

〔15〕〔16〕〔18〕〔19〕〔20〕〔21〕〔22〕梁启超：《中国韵文里头所表现的情感》，《饮冰室合集》第4册，中华书局1989年版。

〔17〕关于梁启超在人的现代化问题上的开拓以及梁启超本人的新知识阵营的定位，我基本赞成黄敏兰《中国知识分子第一人·梁启超》（湖北教育出版社，1999年）一书的有关论点。

〔23〕这本书后来成为中国女性文学研究中较有影响的一部。

〔24〕可参看张首映：《西方二十世纪文论史》，北京大学出版社1999年版，第490—519页。

〔25〕张中秋、黄凯锋：《超越美貌神话——女性审美透视》，学林出版社1999年版，第162页。

第四章　梁启超与中国现代美学精神

作为中国现代美学开拓与初创时期的标志性与代表性人物之一,梁启超的美学思想创构对于中国现代美学精神传统的发生发展有着不容忽视的影响,十九、二十世纪之交,在中西古今思想文化的激烈撞击交汇中,在西方美学的直接影响下,在尖锐的民族矛盾与深重的民族苦难中,中国美学开始了自己的现代进程,开始了美学学科自觉和新的民族美学精神建构的历程。西方美学思想、观念、体系、方法等的引入,构成了中国美学现代转型的重要触因。同时,中国现代美学的主要开拓者与中国建设者们,并未简单移植与复制西方美学。这个阶段的中国美学,既有学科建构与理论建设的探索,也有直面人生与关注时代的激情,并由此凸显了既不同于西方经典美学,也不同于中国古典美学的理论特征与精神面貌。中国式的艺术审美超越或曰审美人生的建构,是中国现代美学精神传统中最突出的方面之一。它集中表现为审美艺术人生相统一、真善美相贯通的,以美的艺术精神与情韵为比标杆、以诗性超越为旨趣、远功利而入世的人生美学精神。这种融审美艺术人生为一体的人生美学精神,使中国现代美学呈现出理论诉求与人生斥求相谐的致思路径,关注现实关怀生存,而非只以理论自身的严密、完整、完善为旨归。其创化中西文化与审美传统而涵成的富有民族特征的美学理论诉求与审美价值旨趣,前有梁启超、王国维等开拓,后有朱光潜、宗白华等丰富。本章通过对梁启超"趣味"范畴和王国维想的"境界"范畴、朱光潜的"情趣"范畴、宗白华的"情调"范畴等的比较研究,观照辨析梁启超在中国现代美学精神传统孕生化衍中的独特意义,从一个视角梳理中国现代美学精神传统发展演化的历史图谱。

第一节 "趣味"与"境界":梁启超与王国维

若论中国现代美学的发生与中国现代美学精神的建构,就不可能绕过梁启超与王国维。"趣味"与"境界"作为梁启超、王国维美学思想的核心范畴,开启了中国现代美学理论诉求与人生诉求相谐的致思路径,使得中国现代美学在开创之初,就拥有了揽人生于襟怀、融审美于生命的恢弘气度和崇尚诗性人格建构、追求人生审美超越的深沉情感。但是,从生命之欲到静观到无我,王国维的"境界"最终回到了生命之欲不可消、人生之苦不可解、艺术与审美终不能拯救人生的审美救世悖论中;而从生命之力到进合到化我,梁启超的"趣味"将人生审美推向了春意蕴溢的超拔之境,既是诗意的也是乌托邦的。两种人生美学旨趣呈现了民族美学和谐蕴藉的人生情致在中国现代的演化与分化、深入与拓展,在生命体验、情感意义、价值追求等多个方面起到了重要的探索、奠基、开掘的作用,是中国现代人生美学精神自觉的重要始源。

一、王国维的"境界"范畴与"境界"美

"境界"是学界公认的王国维美学思想的核心范畴之一,也是融艺术品鉴与人生品鉴为一体的审美范畴。

"境界"一词非王国维首创。在中国古典诗论中,较多运用的是"意境",至王国维,"境界"才成为出现频率较高的范畴。尤其是在《人间词话》这部公认的王国维美学和诗学代表作中,"境界"已成为远较"意境"出现次数更多的术语。据陈望衡先生统计,在《人间词

话》中,"用'境界'概念凡32处,而意境只出现2次"[1]。阎国忠先生等则在《美学建构中的尝试与问题》一书中归纳为:"他在《孔子之美育主义》里讲的是'境界',在《人间词乙稿序》(1907)中讲的是'意境',在《人间词话》(1908—1910)中对'境界'做了全面阐释,在《宋元戏曲史》(1912)中又将'意境'作为评价元曲的最高标准。"[2]那么,王国维在"意境"与"境界"两个概念的运用上有无区别?对此,学界看法不一。有学者认为,在王国维那里,"意境"、"境界"二语是交混使用的。如叶朗先生认为:"在王国维那里,'境界'和'意境'基本上是同义词。"[3]蒋寅先生也认为:"近代意境说的奠基人王国维就用'境界'一词来指意境。"[4]古风先生直截了当地说:"在王国维那里,'境界'与'意境'是相同的。"[5]但也有学者辨析并指出了王国维运用两个概念的差别。如陈望衡先生认为:在王国维的著作中,"境界"与"意境"这两个概念"在许多情况下是可以互换的,但也有些差别。一般来说,谈艺术,既用意境,又用境界,二者可以通用。但谈精神,谈人生时,只用'境界',不用'意境'"[6]。我以为,这个看法比较妥洽。它捕捉住了王国维美学从中国古典诗论的艺术品鉴论转向艺术品鉴与人生品鉴相交融的更为宏阔深沉的审美境域的走向。王国维从"意境"而别衍"境界"一词,不仅仅是一种字面的变化,更非"主要是为了标新立异"。[7]从"意境"到"境界",正是王国维"据国学而熔铸西学","从古典过渡到现代,由诗歌拓展到人生,经诗学而沟通哲学,从而最后告别传统诗话,提炼为中国现代美学的一个重要范畴"[8]的美学思想创构的历程。

"境界"在王国维的美学话语中,是兼具本体和价值双重意义的范畴。"境界"理论与"意境"理论具有密切的关系。古典诗论"意境"论的核心是主客关系,情景交融被视为艺术"意境"的本质特征。就现存资料看,"一般认为'意境'作为诗论话语,首次出现在宋人陈应行《吟窗杂录》所辑的王昌龄《诗格》中"[9]。《诗格》提出诗之"三境":"诗有三境。一曰物境。欲为山水诗,则张泉石云峰之境,极丽绝秀者,神之于心,处身于境,视境于心,莹然掌中,然后用思,了然境象,故得形似。二曰情境。娱乐愁怨,皆张于意,而处于身,然后弛思,深得其情。三曰意境。亦张之于意,而思之于心,则得其真矣。"[10]这段话虽然是研究诗歌创作的,非完全等同于后来艺术审美上的"意境"之义,但它提出了"意境"创造须发自肺腑、出自真情的重要见解。因此,《诗格》中"意境"一词的运用不仅首开了中国诗论"意境"术语的使用,还奠定了其真情为核的重要艺术品性。而"境界"一词,据叶嘉莹先生考证,出自佛家用语。梵语为"Visaya","意谓'自家势力所及之疆土'。不过此处所谓之'势力'并不指世俗上用以取得权柄或攻土掠地的'势力',而乃是指吾人各种感受的'势力'"。[11]叶先生据此发挥说:"所谓'境界'实在乃是专以感觉经验之特质为主的","《人间词话》中所标举的'境界',其涵义应该乃是说凡作者能把自己所感知之'境界',在作品中作鲜明真切的表现,使读者也可得到同样鲜明真切之感受者,如此才是'有境界'的作品"。[12]叶先生特别强调了作者自己的真切感受在"境界"创构中的基础意义。尽管叶先生认为以王国维严谨的治学态度,他在当时人们已习见的"意境"一词外另选"境界"一词,一定有着不同的含义。但叶先生对"境界"要义的解读,基本上与"意境"也无太大的差别。实际上,除了"意境"自唐经宋元至明清在艺术理论中的运用,"境界"在中国古代典籍中一直就有运用。但"境界"的原始词义是指地域、边界等物理疆界。"境"本作"竟",《说文》解为"乐曲尽为竟",引申为"终极"之义。中国典籍在思想史语境中使用"境界"一词,源自对佛经的翻译与阐释。佛学中,境界有内外之分。外在境界即现象世界。"与外在境界相对的内在境界,则主要与精神之境相涉,表示精神所达到的一定层次或层面,其特点在于超越了世俗意识。"[13]据杨国荣先生研究,"随着历史的演进,以境界表示精神世界,逐渐不再限于佛教之域"[14]。唐以降,白居易、陆游、朱熹、王夫之、张载等均在自己的诗文中,从精神形态和精神观念的意味上运用了"境界"这个概念。杨国荣先生还指出:"境界"这个词所关涉的精神世界"不仅在认识之维涉及对世界理解的不同深度,而且在评价之维关乎对世界的不同价值取向和价值立场"[15]。当王国维不满足于仅用"意境"来品评诗词,而新衍"境界","境界"范畴实际上拥有了观照诗词艺术特点和作者精神气象的双重视界。"境界"在王国维的诗学与美学体系中,既是一个本体认知范畴,回答着"什么是诗"的问题;也是一个价值意义范畴,回答了"什么是好诗"的问题。而在后一个维度,王国维不仅接受了以孔庄为代表的中国传统文化的复杂影响,也接受了以康德叔本华为代表的现代西方美学和人生哲学的影响。但是,中西艺术审美传统与人生审美精神在认知维度和价值维度上的立场与关联,对王国维这样一个从旧世界忽向新世界启开窗口的人来说,一下子还不可能完全理清与融通。在品诗论世时,王国维产生了几乎不可调和的自我分裂与内在冲突。一方面,他以"真感情"、"大词人"等一系列具有特定内涵的概念标举"境界"的美质,满溢生命的热情与血性;另一方面,他又寄思于"无欲"、"无用",试图以"无我"来超越生命的痛苦与无望。为此,在艺术审美观照中,他体现出了情感的纯挚深沉与境界的高旷超逸;在人生审美践行中,他却迷溺纠结而无法自拔。当然,王国维运用"境界"范畴引领艺术审美之眼超出自身固有领地而投向广阔人生与鲜活生命的旨向,已经对中国现代艺术与审美的精神传统产生了重要的影响,成为中国现代美学人生精神的重要始源之一。

《人间词话》开篇,王国维即提出词的"境界"问题,强调"有境界"才能"成高格",立"境界"为诗词之本。王国维的诗词鉴赏不仅仅是一种艺术的活动、审美的活动,同时也是一种生命与人生的存在方式。王国维被很多人视为中国现代美学与文论追求纯粹美与纯粹艺术的代表人物之一。因为他在《古雅之在美学上之位置》中说"美之性质,一言以蔽之曰:可爱玩而不可利用者是已"[16];在《文学小言》中说"文学者,游戏的事业也"[17]。但这并不等于他认为美与艺术可以独立于人生。事实上,王国维品评诗词、评价词人的标准绝非只是纯艺术因素。《人间词话》第六十二则说:"淫词与鄙词之病,非淫与鄙之病,而游词之病也。"[18]第八则说:"'细雨鱼儿出,微风燕子斜'何遽不若'落日照大旗,马鸣风萧萧'。'宝帘闲挂小银钩'何遽不若'雾失楼台,月迷津渡'也。"[19]可见,语言、题材等艺术性元素都不是王国维眼中诗美的关键。王国维说:"美成深远之致不及欧、秦。唯言情体物,穷极工巧,故不失为第一流作者。但恨创调之才多,创意之才少耳。"[20]"创调"与"创意",谈的是外在形式技巧创新与内在意韵出新的关系问题,王国维显然更重后者。强调情景交融是中国古代意境论的基本原则之一,其美感情趣终落在"意在言外",追求言外之旨、韵外之致的纯艺术特性。王国维不排斥诗词的"言外之味"、"弦外之响",但他更重的是诗人的襟怀与诗词的气象。他在谈论东坡与稼轩词时说:"东坡之词旷,稼轩之词豪。无二人之胸襟而学其词,犹东施之效捧心也。"[21]那么,如何涵养诗人的襟怀成就诗词的境界?我以为,王国维有两个根本标准,第一个是真诚,第二个是高逸。要有真感情,才能写出真景物,这是王国维对《诗格》以降古典"意境论"要义的传承,也是王国维坚守的诗美根本原则。"境非独谓景物也,喜怒哀乐,亦人心中之一境界。故能写真景物、真感情者,谓之有境界。否则谓之无境界。"[22]"忧生"、"忧世"、"赤子之心"等,都是王国维对诗人内在真情挚性的赏鉴。他在品鉴后主之词时说:"词人者,不失其赤子之心者也。故生于深宫之中,长于妇人之手,是后主为人君所短处,亦即为词人所长处。"[23]王国维非常欣赏后主之词,誉其为"血书"。他将后主词与宋道君皇帝《燕山亭》词比较,指出"道君不过自道身世之戚,后主则俨有释迦、基督担荷人类罪恶之意,其大小故不同矣"[24]。王国维认为"词至李后主而眼界始大,感慨遂深",后主的优点不在阅世之深,而在性情之真。真情挚性是诗词构境的基础,与情感真挚相呼应的就是诗人襟怀的高逸。"雅量高致"使一个真情挚性的诗人卓然而立,终而成就为"大词人"。"大词人"是王国维对艺术家的一种理想标准与要求,也是王国维"境界说"区别于古典"意境论"的更具个性的方面。"大词人"的标举,使"境界"一词呈现出更为厚重深沉的人生况味。"大"当然不仅是艺术技能的高超,他辉映的更是主体生命境界的高迈。《人间词话》第三则说:"古人为词,写有我之境者为多,然未始不能写无我之境,此在豪杰之士能自树立耳。"第六十则说:"诗人对宇宙人生,须入乎其内,又须出乎其外。入乎其内,故能写之。出乎其外,故能观之。入乎其内,故有生气。出乎其外,故有高致。"[25]在主与客、出与入、有与无的关系上,王国维并不偏执一隅,但在审美价值取向上,他显然以能"出乎其外"者为"高致",以能写"无我之境"者为"豪杰"。艺术成为生命的写照,艺术的美境正是生命追求的标杆。《人间词话》定稿第二十六则,广为人知。王国维说:"古今之成大事业、大学问者,必经过三种之境界:'昨夜西风凋碧树。独上高楼,望尽天涯路。'此第一境也。'衣带渐宽终不悔,为伊消得人憔悴。'此第二境也。'众里寻他千百度,蓦然回首,那人却在,灯火阑珊处。'此第三境也。"[26]这三重境界,是王国维对事业、学问之追求、奋斗、成功过程的高度概括与形象展示,也是他从艺术、借诗词的意境对人生、生命境界的深沉体验和审美诠释。王国维感慨:"此等语皆非大词人不能道。"唯有以审美的胸襟涵摄主客、出入、有无的关系,才能神味其妙,深契其境。

王国维的"境界说"构建了"境界,本也"的审美理念,其要旨是对主体性情、胸襟、气象的要求,是将主体情感、人生况味的品鉴以艺术境界相融含,所赋予的深沉体验与审美阐释。而这一切,最终归结为以"无"("出")为"大"("高")的艺术审美情趣和人生审美情致,这正是《人间词话》对中国古典诗论与民族审美传统的最为重要的推进之一,也是王国维对中国现代美学精神与文化传统演化的最为重要的影响之一。

二、"无我"与"化我":王国维的绝唱与梁启超的开启

王国维没有直接涉及和讨论审美人生的命题,但是以"境界说"

(包括"悲剧说")等为代表的美学学说,凸显了以"无我"为最高理想的艺术超越旨向和人生审美精神。中国现代美学对艺术和审美精神的理解首先来自康德。康德把美界定为无利害的判断,即"鉴赏是通过不带任何利害的愉悦或不悦而对一个对象或一个表象方式作评判的能力。一个这样的愉悦的对象就叫作美。"[27] 这个观念对西方现代美学包括中国现代美学都产生了巨大的影响。康德的无利害是指审美鉴赏活动中审美判断(情)区别于纯粹理性(知)和实践理性(意)的情感观照的独立性。康德首先把审美鉴赏活动确立为一个纯粹独立的存在,在这个活动中鉴赏判断只是对对象的纯粹表象的静观,它对于对象的实际存有并不关心。这种静观本身已经切断了自身以外的一切关系。它不针对通过逻辑获得的概念,它不是认识判断(既不是理论上的认识判断也不是实践上的认识判断),不建立在概念之上和以概念为目的,由此扬弃了认识;它也不针对对象的实有所产生的欲望与意志,既不同于感官的愉悦——快适,也不同于道德的愉悦——善,它超越了任何利害(包括道德的和生物的)关系,只是对对象表象形式的自由快感,由此也扬弃了意志。康德把无利害性确立为鉴赏判断的第一契机,强调了主体审美心理意识的纯粹性、独立性、超越性。康德的审美无利害命题主要探讨的是主体和客体表象之间的纯粹情感观照关系,其立足点是审美活动的心理规定性,这是一种纯粹学术层面的思辨与讨论。当然,正是审美无利害命题的确立,才确认了艺术自身的审美独立价值,由此也确立了现代意义上的审美之维和艺术精神。王国维接受了康德审美无利害思想,但把审美判断的"无利害"转换成"无用之用",基本上等同于"无我"。王国维说:"美之为物,不关于吾人之利害者也。吾人观美时,亦不知有一己之利害。德意志之大哲人汗德,以美之快乐为不关利害之快乐(Disinterested Pleasure)";"美之为物,为世人所不顾久矣! 庸讵知无用之用,有胜于有用之用者乎?"[28] 王国维的这个说法实际上已将康德意义上对审美活动心理规定性的本体讨论转向对审美活动的价值功能问题的讨论。在这里,既体现出王国维对康德意义上的审美情感独立性的接纳,也体现出王国维思想中深藏着的中国传统文学艺术致用理念的深刻影响。康德美学观建立在他的哲学观基础上,康德哲学把世界分为物自体和现象界,把人的心理机能分为知、情、意。知、情、意各具自己的先验原理和应用场所,审美判断对应于情。因此,康德首先在哲学本体论上夯实了审美判断的独立地位。而中国传统文学艺术观是以体用一致的传统哲学观为基础的,对文学艺术本质的探讨始终是与对文学艺术功能的讨论相联系的。"无利害"(康德)变成"无用之用"(王国维),具有浓郁的中国本土文化特色,也埋下了艺术审美精神在中国现代审美文化语境中学理认知维度和实践伦理维度的某种纠结。王国维一向被视为中国现代纯审美和艺术精神的代表,因为他说过"美之性质,一言以蔽之曰:可爱玩而不可利用者是已"、"文学者,游戏的事业也"等名言,[29]但这并不等于王国维认为美与艺术可以独立于人生。恰恰相反,从"境界"这个王国维艺术美学思想的核心范畴来看,王国维着实是非常希望审美、艺术和人生的贯通的,是希望以审美和艺术的境界来涵融人生的。但是,王国维在将美与艺术延伸向人生时,他遇到了自身难以解决的纠结,即艺术审美和人生伦理的冲突。由人生观艺术,王国维敏感深沉,融通自在。但由艺术返人生,王国维似乎没有了足够的驾驭能力。王国维的艺术与审美观在西方资源上综合了康德和叔本华。叔本华的美学建立在他的唯意志哲学基础上,强调生命的意志本体和非理性性质,认为生命就是非理性意志的盲目冲动,它出于永无穷尽的欲求之需,到处受阻碍,也没有最后的目标,因此,生命的痛苦无法彻底解决,永远没有终止。在叔本华看来,解脱意志不幸的唯一道路就是对意志本身的否定,这只有通过审美直观的方式去实现。叔本华把审美直观视为最高的直观,这时,"直观者(其人)和直观(本身)"合一,"个体的人已自失于这种直观之中了",他成为那个"纯粹的、无意志的、无痛苦的、无时间的主体"。[30]审美直观作为"纯粹的观审",是在

"直观中沉浸,是在客体中自失,是一切个体性的忘怀"。在审美直观中,对象"上升为其族类的理念",主体"上升为不带意志的'认识'的纯粹主体";"这样,人们或是从狱室中,或是从王宫中观看日落,就没有什么区别了"。[31]同对康德的某种误读一样,我以为,王国维实际上也只是借叔本华来浇自己的块垒。他在对叔本华的接受中也已经转换了纯审美的语境,而沦入审美与伦理的纠结中。康德的无利害判断和叔本华的意志解脱经王国维与传统文化的融合,化生为一种"无我"之美,它不仅指向艺术品鉴,也指向人格审美。"无我之境"对主体意志或生命欲望的超脱在艺术审美中不失为文人雅士的一种高趣逸情,但在人生中,"无我之境"何以实现?王国维并没能理清转化的路径。我认为,王国维从康德和叔本华那里收获的最大成果并不是审美的奥秘,而是理性的觉醒和生命的觉醒。中国传统文化只论生,不论死。孔子的学生向孔子请教"死"的问题,孔子回答说:"未知生,焉知死?"[32]回避死的命题,就无法完整把握生的意义、体味生的价值,就不能真正超拔于生命的感性。生命的价值就在于生命存在本身,包括生命的一切喜怒哀乐、成功失败、责任苦难、虚无死亡。生命的意义就在于生命的承担。王国维可以面对死,但不能面对生命的苦难,或者说他还没有找到可以包容苦难超拔苦难的精神之根与文化之源,还没有孕育出这样的一种气度与胸襟。潘知常在《王国维 独上高楼》一书中尖锐地提出了一个问题:"王国维为什么没有能够走得更远?"他的结论是:"原因无疑有方方面面,但是归根结底,究其根本,则显然是因为他在精神上站得太低,没有一颗能够包容苦难的灵魂。"[33]王国维"境界"美学的致命弱点,也就是王国维人生哲学的致命弱点。审美的可爱与可信是可以统一的,那是在信仰的纬度上,而不是知识的纬度上。唯此,我们不仅可以在审美与艺术中把生命转化为观审的对象,也可以在人生践行中让生命成为观审的对象。恰在这一点上,王国维无法彻底,亦不能解脱。他一方面意识到美的性质就是"不可利用",因此美的最高追求乃是"无我";但另一方面,他又纠结于意志的解脱在人生中"终不可能",希望借美的"无用之用"来慰藉解脱痛苦的人生。王国维的"无我"是一种单维性的超越,它以小我为绝对目标,看似否定小我,实则以小我的慰藉和超脱为最高的目标,无法形成与人生现实的张力关系,最终必然导致由人生一路奔向艺术,或者只满足于艺术的慰藉解脱,或者迷溺于艺术无力自拔。王国维的自沉之谜,我们今天已经无法给出清晰的答案了。但是,我们可以知道的是,王国维自己并没有能够在艺术中获得慰藉和解脱,也不能从艺术的"无我"超向现实的"无我"。"无利害"的审美心理独立性在王国维那里并没有顺利地置换和完成"无我"的生命伦理建构。这既是王国维对康德与叔本华的某种误读,也是王国维根子上的中国传统文化的伦理立场和经验方法的某种局限。王国维的"无我"之境作为中国现代人生美学的一种诗性维度,一方面,为无数现实中失落苦闷的知识人士所衷情;另一方面,就像《红楼梦》中男女主人公宝玉黛玉的命运,或者出世或者死亡,别无他种选择。一方面要求把艺术和审美完全从人生中独立出来,另一方面又要求艺术和审美成为人生的终极归宿,这样的"无我"悖论只有在"可爱"的层面上去信仰,无法在"可信"的层面上去求解。王国维不能了然于此,或者说是不能欣然于此,这就是王国维的宿命与悲剧,也成就了王国维的绝唱。

二十世纪初年,梁启超"趣味"说对中国现代美学人生精神的孕生和诗性精神的化衍也产生了重要的影响。以趣味这个范畴为核心,梁启超提出了趣味人格建构与趣味人生建设的问题,构筑了"化我"型的诗性人格范型和审美超越之路。梁启超以孔子的"知不可而为"和老子的"为而不有"的融会为"趣味"奠基,同时也吸纳了康德情感哲学和柏格森生命哲学的滋养来丰富"趣味"的内蕴,确立了不有之为的趣味主义审美人生维度。"趣味"不仅是对艺术情趣和审美情趣的一种品评,也是对生命品格、人格襟怀、人生境界的一种品鉴。梁启超把"知不可而为"和"为而不有"的统一称为"无所为而为主义",认为这是"趣味主义"最重要的条件,其核心就是不执成败、不计得失的人格神韵,其胜境就是与道德风采相贯通并彻行于生命践履之中。通过讨论趣味主义,梁启超也提出了生命的为与有、成功与失败、责任与兴味、物质与精神、小我与大我等诸种关系问题。在本质上,梁启超是一个生命的实践家、永动家、乐观主义者。他讲趣味生命,最终不是叫人不要去"为"。恰恰相反,他认为"为"是人的本质存在,生命的基本意义就是"为",就是"做事",就是"创造"。但在生命的具体进程中,并不是每个人都能充分践履生命之"为",也不是每个人都能充分享受生命之"为"的。因为,一旦"为"就有成功与失败,一旦"为"就有利益之得失。因此,梁启超一方面要通过"知不可而为"来破成败之执,一方面要通过"为而不有"来去得失之忧。在梁启超看来,成败之执和得失之忧均源自小我之执,是因为个体生命为实践性占有冲动所缚系,不能融入众生宇宙的整体运化中,其"为"有着外在的狭隘的功利目的。梁启超说,"趣味主义"是与"功利主义"根本反对的。因此,趣味人格和趣味生命的要义就是超越成败之执与得失之忧的自由与诗性。为了与中国思想史上其他诸种"无所为而为"主义相区别,我将梁启超的这种"趣味主义"概括为"不有之为"。那么在生命实践中如何贯彻不有之为践履趣味主义,梁启超主张"迸合"论。[34]"迸合"论的前提是中国文化的诗性传统,即视自然宇宙为生命体,是与人类一样有情感有性灵的生命。在梁启超看来,"迸合"有三个层面。一是自然万物的生命和人类个体的生命可以迸合为一;二是人类个体生命和个体生命可以迸合为一;三是人类个体生命与众生宇宙可以迸合为一。在《趣味教育与教育趣味》一文中,梁启超以种花和教育为例,谈到了前两种"迸合"。即"我自己手种的花,它的生命和我的生命简直併合为一";"教育者与被教育者的生命是併合为一的"。[35]在《中国韵文里头所表现的情感》一文中,梁启超更是把人类个体生命与众生宇宙的迸合视为"生命之奥"。因为众生是由各个个体构成的,宇宙也是由自然万物构成的。梁启超说:"我们想入到生命之奥,把我的思想行为和我的生命迸合为一,把我的生命和宇宙和众生迸合为一;除却通过情感这一个关门,别无它路。"[36]这里,不仅谈到了"迸合"的第三个层面,也谈到了实现"迸合"的一个关键要素,那就是情感。情感在梁启超这里,是趣味人格建构和趣味精神实现的主体心理基础与生命动力源。不有之为在本质上也就是生命践履的一种纯粹情感态度。生命实践应该有"知"的理性态度和"好"的伦理态度,但更高的境界是超拔于此二者之上的"乐"的情感态度。梁启超并不认为情感态度可以切断与理性态度和伦理态度的联系。他主张通过美的艺术的蕴真含善来提升与超拔人生,那就是由艺术的"情感"之"力"来"移人",而实现"趣味人格"的建构。通过"趣味"这个核心范畴以及与之相关的"情感"、"力"、"移人"等一系列重要范畴,梁启超建构了自己较为系统的融审美、艺术、人生为一体的趣味主义人生美学理想和人格超越之路。值得注意的是,梁启超也讲"无我",但他的"无我"在实质上就是"大我",更准确地说就是"化我",即"大化化我",这也就是梁启超崇扬的个体生命的本质与归宿。梁启超认为,人的肉体和精神相较,精神具有更为重要和本质的意义。肉体的"我",是最低等的我,"这皮囊里头几十斤肉,原不过是我几十年间借住的旅馆。那四肢五官,不过是旅馆里头应用的器具"[37]。因此严格论起来,"旅馆和器具,不是我,只是物"。他主张,"'我'本来是个超越物质界以外的一种精神记号","个人心中'我'字的意义"千差万别;"'我'的分量大小,和那人格的高下,文化的深浅,恰恰成个比例"。也就是说,梁启超把"我"主要看成是文化化育的结果。他将"我"分为四等:"最劣等的人","光拿皮囊里几十斤肉当做'我',余外都不算是我,所以他的行为,就成了一种极端利己主义,什么罪恶都做出来"。"稍高等的","他的'我'便扩大了,就要拉别人来做'我'的一部分"。懂得疼爱子女、孝敬父母、爱惜兄弟夫妻之间的亲情,都是这样的"我",即"会爱家",将自己的小家变成"一个'我'"。没有家,"我"就不完全。第三等的"我",是"有教育的国民","会爱国",将"国"变成"一个'我'"。没有"国","我"就不完全。最高一等的"我",拥有"绝顶高尚的道德","觉得天下众生都变成了一个'我'"。因此,就可做到"禹思天下有溺者犹己溺,稷思天下有饥者犹己饥"、"有一众生不成佛者我誓不成佛"。正是因为把文化化育而成的人的精神生命看成人的本质规定,所以,"我"才可能不断进合,层层提升,实现超越。梁启超指出,人的精神具有普遍性。"这一个人的'我'和那一个人的'我',乃至和其他同时千千万万人的'我',乃至和往古来今无量无数人的'我',性质本来是同一。不过因为有皮囊里几十斤肉那件东西把他隔开,便成了这是我的'我',那是他的'我'。"因此,那个最劣等的光有肉体之我的"我",实际上不能算是"真我"。他说,当"这几十斤肉隔不断的时候,实到处发现,碰着机会,这同性质的此'我'彼'我',便拼合起来。于是于原有的旧'小我'之外,套上一层新的'大我'。再加扩充,再加拼合,又套上一层更大的'大我'。层层扩大的套上去,一定要把横尽处空竖尽来劫的'我'合为一体,这才算完全无缺的'真我',这却又可以叫做'无我'了"[38]。梁启超以道释化儒,要求将"利我利他"两种道德相贯通。他并不简单地主张"利我"或"利他",他的"化我"实际上是既不执着"小我"也不否弃"小我"。这里也可看出柏格森生命哲学和康德情感学说等西方现代思想对梁启超的影响。梁启超对作为生命本质的生命精神的解释,不再仅仅是传统儒家的道德规定,他还吸纳了康德意义上的情感信仰、柏格森意义上的生命力。热爱生命的喷薄激情,直面现实的高度责任感,儒道释和现代西方思想的汇融,构成了梁启超式的"责任"与"兴味"统一、"不有"与"为"相谐的趣味生命理想。它在"出世"与"入世"的关系问题上,强调的是"出世法与入世法并行不悖"[39]。实质上,也就是贯彻一种在脚踏实地中超拔、在生命践履中超越的诗性生命理想。1926年,对于生命有着无限热情的梁启超,因为西医的误诊而致错割右肾,此事引起轩然大波,人们纷纷要求问责协和医院。当事人梁启超竟撰写《我的病与协和医院》一文发表,声明自己的态度:"我盼望社会上,别要借我这回病的口实,发出一种反动的怪论,为中国医学前途进步之障碍。"[40]这样的辩护,这样的胸襟,确实超越了小己之得失忧喜,形象地表征了其趣味主义的人格神韵。"大化化我",是化"小我"而超向"大我",是在"小我"和"大我"的融会中实现并体味生命丰盈化衍之美。梁启超说,这样的生命不管是成功还是失败,都让人兴会淋漓,趣味盎然,"不但在成功里头感觉趣味,就在失败里头也感觉趣味"[41]。由此,"化我"即是"小我"的永恒,既是"无我",亦成"大我"。

梁启超的"化我"趣味和王国维的"无我"境界,都是个体生命对生命诗意的一种创化与追求。但两相比较,后者的张力维度更有力地把捉了人的生命及其诗性拓展的可能尺度与空间。这种立场与王国维的悲观主义不同,它洋溢的是从痛苦中升华出来的热爱,在根子上是积极乐观的。人生愈不完美,生命愈须超拔。最高的美与最高的善、最高的真是相通的。唯此,生命诗性的实现,不是通过不完美的个体小我的毁灭,而是通过将不完美的个体小我之生息融入宇宙大化之运衍,创化体味其诗意与永恒。在中国现代美学人生精神与诗性传统的建构化衍中,王国维的"无我"绝唱如空谷足音,"从我们的世界进入我的世界,并且开始从悲观主义、痛苦、罪恶的角度看世界,长期被中国传统美学从乐观主义、快乐、幸福的角度掩饰起来的美学新大陆得以显露而出","生命的痛苦、凄美、沉郁、悲欢才有史以来第一次进入思想的世界"。[42]生命的痛苦与不可解决,这是王国维的困惑,也是叔本华的矛盾。对于中国现代美学来说,王国维对叔本华的吸纳是一种发现,也是一种石破天惊的震撼。但是,王国维最终"避开了叔本华的矛盾","也避开了叔本华的深度"。[43]潘知常认为其根本的原因在于:"尽管同样是在思考生存的根本问题,但是王国维与叔本华等西方大哲却根本就不在一个层面上。前者依托的是经验,后者依托的是信仰。"[44]只有信仰,才能带给生命坦承痛苦的力量。唯此,生命的痛苦不仅是"可信"的,也是"可爱"的,是美的和可以审美的。王国维真切地体验到了生命的痛苦,却深陷痛苦的经验而无法突围。"解脱之事,终无可能"。王国维的失败必然注定,始于境界而终于境界,缠绕于经验的痛苦而终被吞没。在中国现代美学开创期,与王国维的痛苦悲郁之美相映衬的,有梁启超的激扬高旷之美。梁启超的"趣味"精神和"化我"学说集中建构了小我与大我的诗性张力关系,使生命呈现出积极乐观的审美品格。梁启超肯定了生命之为的本体存在意义,把个体所成视为宇宙运化的阶梯。他提出相对于宇宙大化,人生只有失败,没有成功,因为个体所"为",相对于无穷无尽的宇宙运化,总是不圆满的无止境的。但是,"许多的'不可'加起来却是一个'可',许多的失败加起来却是一个'大成功'"[45]。当个体与众生与宇宙"进合"为一时,他的"为"就融进了众生、宇宙的整体运化中,从而使个体之"为"成为众生、成为宇宙运化的富有意义的阶梯。由此,在梁启超这里,生命的一切痛苦和不完美,都是对生命的激情、创造、充盈、提升的奠基。生命的春意和美就在于生命的矛盾冲突及其超越,是提领生命超拔小我而纵身大化。由此,和王国维从痛苦入至悲观出不同,梁启超是从失败入而乐观出,将艺术审美的"趣味"之境和人生审美的"化我"之境完全贯通起来了,艺术审美超越也就是人生审美建构。

将审美、艺术、人生三者关联,在中国美学传统中渊源已久。与西方经典美学中追寻美的真理性的科学主义传统不同,中国美学思想的基本传统是关怀人生、关注意义的。儒家主张以美善相济使生命获得永恒的意义,道家主张以精神翱翔来实现生命的自由本真,都体现出理想人格构造与理想人生建设相统一的审美化诗性文化精神。中国古代文化孕育了丰富的潜蕴审美性维度的种种人生学说,但我们的先哲并没有在美学的维度上形成自觉的诗性理论建构。这一情状直到二十世纪初西方美学学科范式及理论话语学说引入后,才发生了变化。中国现代美学的奠基者一方面在学科意识和理论方法上得到了西方美学的滋养,同时,也在美学精神上传承吸纳了中国传统文化和西方现代哲学美学的双重营养。而中国现代特定的社会历史背景,使得审美的解放与国民性的启蒙相交缠,注定了中国现代美学在诞生伊始就将审美的、艺术的问题与人生的问题紧密联系在一起,从而为人生论美学思想的孕生奠定了深广的社会文化思想基础和深厚的现实根基。作为中国现代美学最具影响的重要开创者与突出代表人物,梁启超和王国维都是中国现代美学人生精神图谱的重要一页。梁启超的趣味人生学说是一种融人生、艺术、美为一体的大美学观、人生美学观,而王国维的境界学说也非单就艺术论艺术,同样是将人生品鉴引入了艺术的审美体验与欣赏中。梁启超讲"不有",王国维讲"不用"。梁启超是以个体生命纵身大化的热情和激情为前提,王国维则以个体生命的痛苦体验和无法解决的欲望冲突为前提。梁启超以积极创造、融身大化为人生之美的最高境界,王国维则痛苦于无欲生活和成就大事业大学问的深刻矛盾。这两种各有特色的人生美学情致也戏剧性地成就了其各不相同的生命履迹:梁启超罹病绝笔于《辛稼轩年谱》,也为世人呈现了为现代医学奉身的大化风范;王国维则自沉于昆明湖,给世人留下了无我与有我纠结的不解迷离。

在二十世纪前半叶中国美学和民族文化精神的建构演化中,梁启超的趣味人生思想显示了重要的奠基意义和实际影响力。梁启超不仅借"趣味"之范畴和"化我"之精神提出了"什么是美?什么是审美的人格?如何建构理想的人生?"等重大美学与人生问题,同时,他通过对"趣味"内涵的界定和"化我"精神的阐发,确立了不执小我纵身大化的审美人格和审美人生的核心精神,开启了中国现代融哲思与意趣为一体、肯定趣味生命关注审美人格的有味生活的实践方向。可以说,梁启超的"趣味"精神从宏观上把捉住了中国美学与文化精神从古典向现代转型的基本方向,把捉住了中国现代美学在开启之初以出世为入世立基的激情主脉。梁启超之后,朱光潜、丰子恺、宗白华等中国现代美学的重要思想家,在审美本体维度和人生功能维度的关系上,都跳出了王国维的纠结和绝对,着意于创化体味为与无为、入世与出世、物质与精神、感性与理性、个体与群体、创造与欣赏等的张力关系,追求诗性人格建构与人生审美超越的统一。"趣味"、"情趣"、"兴味"、"情调"、"趣味人生"、"大艺术品"、"美术人"等兼具审美品鉴与人生品鉴的概念术语成为这些美学家使用的重要范畴,并集中聚焦为"生活的艺术化"(梁启超语,笔者注)和"人生的艺术化"(朱光潜语,笔者注)的人生美学命题,骐骥把整个生命和整体生活创造为美的艺术品。朱光潜提出"以出世的精神做入世的事业"的人生哲学和"绝我而不绝世"的人格主张,认为"生命原就是化,就是流动与变异。整个宇宙在化,物在化,我也在化。只是化,并非毁灭"。[46]自由的人格不仅能够选择自己的人生,还能坦承自己的人生,欣赏各样的人生。"全体宇宙才是一个整一融贯的有机体,大化运行才是一部和谐的交响曲。"[47]由此,"绝我"乃是"小我"奉献一切,通过自身的"粉身碎骨"而成就让世界更美好的至善。这样的毁灭是生命伦理的最高实现,也是生命自身的审美实现。宗白华早年提出"不因功成而色喜,不为事败而丧志"的"大勇猛,大无畏"[48]的"超世入世之人生观",主张对人生"具超世心胸"而"取积极态度",主张理想的"小己人格"须"向大宇宙自然界中创造","在大宇宙的自然境界间",以"合于大宇宙间创造进化的公例"来创造清新阔大庄严美丽的新人格。[49]"这时候,小我的范围解放,入于社会大我之圈,和全人类的情绪感觉一致颤动。"[50]宗白华将生命情调、宇宙精神、艺术意境三者在内在情韵上贯通起来,并以艺术意境来统领和涵泳,聚焦为如何"给人生以'深度'"[51],即切入自然、宇宙、生命之本真。这种深契不是将自我"泊没"于"大我"之中。艺术包孕着力的回旋,是丰富复杂的生命热烈呈现而归于和谐。因此,在艺术和审美中,由小我而入大我,也是以热烈之生命去体悟宇宙之真意,是个体生命"超脱实用之关系"而"化我"入宇宙之真境。化小我入大我,最终是"提携全世界的生命,演奏壮丽的交响曲"[52]。

梁启超的趣味思想及其拓展的美学精神以对生命的热情、对生活的热度及其诗意超越的大襟怀,成为中国现代美学人生精神最为重要的源头之一,其所呈现的宏阔的生命格调与热烈的人生情怀,将中国式的艺术化人生精神上升到一个新境界,它所宏扬的不是沉湎于一己感受的小缠绵,而是以众生宇宙为宏旨的大(真)人格,是能超越一切人生苦难而美好诗意生活的审美人生品格。这种人生美学旨趣以艺术美境为标杆,以倡导诗意情感人格建构与诗性生命提升为要旨,它超越了儒家的伦理核心和道家的消极色彩,以艺术美境(美)、宇宙真境(真)、人生至境(善)的统一为最高境界。这一旨趣经过中国现代诸多美学、艺术、文化人士的共同发展丰富,生成为中国现代美学的重要品格,对于中国现代美学民族精神的建构演化产生了深远影响。

尽管中国现代美学深受康德"审美无利害"思想的影响,但美在中国从来不是不食人间烟火的纯粹观照!在王国维的矛盾与绝唱中,梁启超们早已置身时代的洪流,在古今中西文化的撞击交汇中,在生活的现实苦难与生命的实存痛苦中,热烈地义无反顾地拥抱了美。

美是真切融入生命之中,最热烈执着也最博大高旷的生命存在方式与人生生存形态。这就是梁启超"趣味"思想及其审美精神给予后人的最直接最深刻的启迪。

注释:

[1] 陈望衡:《中国美学史》,人民出版社2005年版,第440页。

[2] 阎国忠等:《美学建构中的尝试与问题》,安徽教育出版社2001年版,第440页。

[3] 叶朗:《中国美学史大纲》,上海人民出版社1985年版,第612页。

[4] 蒋寅:《语象·物象·意象·意境》,《文学评论》2002年第3期。

[5][7] 古风:《意境探微》(上),百花洲文艺出版社2009年版,第131页。

〔6〕陈望衡:《中国美学史》,人民出版社 2005 年版,第 440 页。

〔8〕章启群:《百年中国美学史略》,北京大学出版社 2005 年版,第 44 页。

〔9〕〔10〕陈晓娟:《作为"原审美判断"的意境》,华中师范大学出版社 2009 年版,第 11 页,第 11 页。

〔11〕〔12〕叶嘉莹:《王国维及其文学批评》,河北教育出版社 1997 年版,第 192 页,第 192—193 页。

〔13〕〔14〕〔15〕杨国荣:《成己与成物》,人民出版社 2010 年版,第 180 页,第 180 页,第 183 页。

〔16〕〔29〕王国维:《古雅之在美学上之位置》,《王国维文集》第 3 卷,中国文史出版社 1997 年版。

〔17〕王国维:《文学小言》,《王国维文集》第 1 卷,中国文史出版社 1997 年版。

〔18〕〔19〕〔20〕〔21〕〔22〕〔23〕〔24〕〔25〕〔26〕王国维:《人间词话》,《王国维文集》第 1 卷,中国文史出版社 1997 年版。

〔27〕[德]康德著,邓晓芒译:《判断力批判》,人民出版社 2002 年版,第 48 页。

〔28〕王国维:《孔子之美育主义》,《王国维文集》第 3 卷,中国文史出版社 1997 年版。

〔30〕〔31〕叔本华著,石冲白译:《作为意志和表现的世界》,商务印书馆 2010 年版,第 249 页,第 273 页。

〔32〕[春秋]孔子著,[魏]何晏集解:《论语》,上海古籍出版社 2003 年版。

〔33〕〔42〕〔43〕〔44〕潘知常:《王国维 独上高楼》,北京出版社出版集团、文津出版社 2005 年版,第 89 页,第 66 页,第 92 页,第 91 页。

〔34〕梁启超也用到了"併合"、"拼合"、"化合"等写法,大体是一个意思。笔者注。

〔35〕〔41〕〔45〕梁启超:《趣味教育与教育趣味》,《饮冰室合集》第 5 册,中华书局 1989 年版。

〔36〕梁启超:《中国韵文里头所表现的情感》,《饮冰室合集》第 5 册,中华书局 1989 年版。

〔37〕〔38〕梁启超:《什么是"我"》,《饮冰室合集》第 5 册,中华书局 1989 年版。

〔39〕梁启超:《治国学的两条大路》,《饮冰室合集》第 5 册,中华书局 1989 年版。

〔40〕李平、杨柏岭:《梁启超传》,安徽人民出版社 1997 年版,第 277 页。

〔46〕〔47〕朱光潜:《生命》,《朱光潜全集》第9卷,安徽教育出版社1987年版。
〔48〕宗白华:《说人生观》,《宗白华全集》第1卷,安徽教育出版社1994年版。
〔49〕宗白华:《中国青年的奋斗生活与创造生活》,《宗白华全集》第1卷,安徽教育出版社1994年版。
〔50〕宗白华:《艺术生活》,《宗白华全集》第1卷,安徽教育出版社1994年版。
〔51〕宗白华:《悲剧的和幽默的人生态度》,《宗白华全集》第2卷,安徽教育出版社1994年版。
〔52〕宗白华:《中国文化的美丽精神往那里去》,《宗白华全集》第2卷,安徽教育出版社1994年版。

第二节 "趣味"与"情趣":梁启超与朱光潜

梁启超的"趣味"范畴及其所倡导的"生活的艺术化"理想,对朱光潜的"情趣"范畴和"人生的艺术化"命题的建构,具有重要的影响。"趣味"精神的核心是不有之为;"情趣"精神的核心是"无所为而为的玩索"。前者的要旨是生命的创化及其"迸合"之美;后者的要旨是生命的观审及其"玩索"之美。前者重提情为趣,后者重化情为趣。两种人生美学精神有同有异,有传承有发展,既共同构筑凸显了中国现代美学远功利而入世的人生美学精神的民族特质,又以各自不同的侧面丰富谱写了中国现代美学人生美学精神的个性华章。

一、朱光潜的"情趣"范畴与"人生的艺术化"命题

关于朱光潜美学思想的发展,学界一般以1949年新中国成立为界,将其划分为前后两个时期。[1]朱光潜的前期美学思想以"情趣"范畴为核心,[2]建构了以"无所为而为的玩索"为核心精神的"人生的艺术化"的重要命题。[3]

1924年,朱光潜发表了第一篇公认的美学论文《无言之美》。[4]他通过对以美术和文学为代表的艺术审美特征的分析,提出艺术之美就在于意在言外的无言之美,它给不同的欣赏者提供了欣赏的无穷趣味;而人类生活的无言之美,就在于不断奋斗的活动过程及其种种"可能而未能的状况"给予我们的"奥妙"感受,从而初步呈现出将审美、艺术、人生相联系的思想理路。1926年,朱光潜在《悼夏孟刚》中细分了应对人生痛苦的几种态度。一是绝世而兼绝我。其典型就是自杀。二是绝世而不绝我。具体有以玩世为绝世和以逃世为绝世两种。三是绝我而不绝世。朱光潜推崇的是这种人生态度,主张"绝我"非为"绝世"而为"淑世",其关键就是"以出世的精神,做入世的事业"。[5]1929年,朱光潜在成名作《给青年的十二封信》中描摹了理想

人生的大略图景。一,理想人生的关键词是"活动"、"创造"、"生活"、"趣味"、"领略"。二,生活就是理想人生的全部目的。而他给生活下的定义是:"我所谓'生活'是'享受',是'领略',是'培养生机'。"[6]三,在理想人生中,情胜于理。朱光潜提出了"情感的生活"与"理智的生活"、"问心的道德"和"问理的道德"的区别,认为"问心的道德胜于问理的道德","情感的生活胜于理智的生活"。在他看来,理智的生活是"片面的"、"狭隘的"、"冷酷的"。而"人是有情感的动物",人生行事"一大半全是由于有情感在后面驱遣","有了情感,这个世界便是另一个世界"。他强调"人类如要完全信任理智,则不特人生趣味剥削无余,而道德亦必流为下品";坚持"生活是多方面的。我们不但要能够'知'(know),我们更要能够'感'(feel)"。[7]四,理想人生以创造为目标,但要取则必要懂得舍。舍要能够"摆脱得开",只有把"一切都置之度外",才能"认定一个目标,专心致志的向那里走",[8]这样才能摆脱畏首畏尾、徘徊歧路的心灵痛苦和烦恼,享受生活的乐趣。五,理想人生以活动为本然形态,人生的乐趣得自对活动的感受与领略。"所谓'感受'是被动的,是容许自然界事物感动我的感官和心灵";"所谓'领略',就是能在生活中寻出趣味"。[9]朱光潜主张人生宜动,心界宜静,这样方能以心界之空灵而领略人生之至乐。《给青年的十二封信》虽不是严格的美学专著,但其以理想人生建设为核心,把理想人生的欣赏领略视为生命之至境,具有内在的美学意味和较为明确的人生论取向。

1932年出版的《谈美》被称为"给青年的第十三封信",是朱光潜前期美学思想的代表文本,也是其以"情趣"范畴和"人生的艺术化"命题为核心的人生美学思想确立的标志。在《给青年的十二封信》中初步提出的带有审美意味的人生命题,在这部著作中有了更为具体深入的拓展。在此著中,朱光潜提出艺术是超乎利害关系而独立的意象活动和美感活动,其态度就是"无所为而为的玩索",应把这种艺术态度推衍到整个人生中,贯彻"以出世的精神,做入世的事业"之精神,从而建构自由创造的理想人生,欣赏领略生命活动之情趣。《谈美》将艺术"情趣"与人生"理想"并提,认为这是把美感态度推到人生世相,打造艺术化人生的关键。

何谓"情趣"? 朱光潜说,情趣"是物我交感共鸣的结果"[10]。物我交感共鸣亦即"物理"与"人情"的融合,它的关键是主客的会通和谐。在朱光潜看来,生命单纯的自然情感是真率的,但还不构成"趣"。"情趣"是一种主客会通后的美的情感。朱光潜非常重视艺术与审美活动在情趣涵育中的突出意义。他认为,一方面,"艺术都是主观的,都是作者情感的流露"[11];另一方面,艺术情感并不是原生的"切身的情感",而"是情感的返照"。[12]这种返照是把切身的情感"放到一种距离以外"、经过"反省"和"理想"化,借有机的"意象"呈现出来,由此完成主客的会通,成为可以欣赏的美的艺术的情感。美情即"情趣",既是生活中物理与人情的融合,也是艺术中内容和形式的融合,是真善美的贯通。《谈美》最后一章,朱光潜强调了"艺术是情趣的表现,而情趣的根源就在人生","艺术是情趣的活动,艺术的生活也就是情趣丰富的生活",主张"慢慢走,欣赏啊!",[13]强调在生活与艺术、创造与欣赏、看戏与演戏、入世与出世之间建立合宜的张力维度,从而最终成就"伟大的艺术"和"伟大的人生",成就"人生的艺术化"。

在朱光潜这里,"情趣"和"艺术"两词,都有狭义和广义两种用法。狭义的艺术就是指我们通常所说的音乐、美术、雕塑、文学等;广义的艺术则是指一切富有艺术性质(创造和欣赏)的人生活动。狭义的情趣专指艺术情趣;广义的情趣则是指艺术化的生命情趣。可以说,朱光潜是从对狭义的情趣和狭义的艺术性质的探讨入手,引领我们步入广义的艺术和广义的情趣天地。美情是朱光潜对"情趣"范畴的重要拓进,也是朱光潜"情趣"理论的重要特色。朱光潜认为,情感只有经过艺术化:距离——客观——反省——理想,才能由真诚的升华为情趣的。其中,生命之永动,物我之交感,是真情之本源;由真情到美情,还必须借助于意象之营构,需要欣赏与领略。由此,才成就艺术之情趣。而艺术之情趣还要通至人生之情趣,即成就"人生的艺术化",这才是情感的最高升华。因此,情趣或者说美情,在本质上也是真善美的统一。朱光潜把人生活动分为实用活动、科学活动和美感活动三种,认为三者虽有分别却并不冲突,对于和谐完整的人生而言,是互相联系缺一不可的,其中美感活动又是关键。他指出,科学活动和实用活动都"受环境需要限制",是"有所为而为"的活动。在这类活动中,"人是环境需要的奴隶",而"事物都借着和其他事物发生关系而得到意义"。美感活动则是"无所为而为"的活动,"美感起于形象的直觉","美感的世界纯粹是意象世界,超乎利害关系而独立",因此,美感活动既"与实用活动无关",也"不带占有欲","是环境不需要他活动而他自己愿意去活动"。[14] 在这种活动中,"人是自己心灵的主宰",事物"能孤立绝缘","能在本身现出价值"。朱光潜说,老子说的"为而不有,功成而不居","可以说是美感态度的定义",[15] 其实质就是"无所为而为的玩索"。在《谈美》中,朱光潜强调了"人生本来就是一种较广义的艺术",而"无所为而为的玩索"正是人生"唯一自由的活动",是"最上的理想",也是至高的真善美的统一,即情趣的实现。当作为"情趣的活动"时,艺术和人生是可以贯通的。"过一世生活好比做一篇文章","每个人的生命史就是他自己的作品";"情趣愈丰富,生活也愈美满,所谓人生的艺术化就是人生的情趣化"。[16]

"情趣"范畴和"人生的艺术化"命题是朱光潜前期美学思想的鲜明标识。人生艺术化或曰情趣人生的朱氏范式具有以下基本内涵。一是充满生机。朱光潜把生机、活力、创造视为情趣人生的首要基础。他说:"人生来好动,好发展,好创造。能动,能发展,能创造,便是顺从自然,便能享受快乐,不动,不发展,不创造,便是摧残生机,便不免感觉烦恼。"[17] 他赞同柏格森的观点,认为"'生命'是与'活动'同义的",[18] 生命的本质就是"时时在变化中即时时在创造中"。[19]

因此，理想的人生应该顺应"生命的造化"，体现出"生生不息"的生命情趣。而无情趣的生命就是"生命的干枯"，即柏格森所说的"生命的机械化"。这种生命状态"自己没有本色而蹈袭别人的成规旧矩"，其非创造而是滥调，其非真诚而是虚伪。因此，这种人生当然也无美可言。而将生生不息的生命情趣"流露于语言文字，就是好文章；把它流露于言行风采，就是美满的生命史"[20]。二是充溢情感。朱光潜说："情感是心感于物所起的激动"，"是心理中极原始的一种要素"，也"是理智的驱遣者"，对于人类活动和精神修养而言，情感比理智更重要。理智只重共性，情感则既"有许多人所共同的成分，也有某个人特有的成分"，"一方面有群性，一方面也有个性"。[21]情趣作为"物我交感共鸣的结果"，是"我的个性"和"物的个性"的交融及其"随时地变迁而生长发展"，[22]由此我们才可以在生生不息的情趣中见出生命的造化与微妙。而作为情趣的核心内涵，情感需要艺术化即美化。在朱光潜看来，美的情感有三个具体特点。其一是"至性深情"。美情是真生命的深沉流露，不俗不伪。其二是"生生不息"。美情乃体物入微，因景生情，变动不居，充满生气。其三是自由脱俗。美情不是原生态的日常情感，而是经过"客观化"和"反省"的，是情感主体将真实的情感放到一定的"距离"以外，使自己变为情感的观赏者，以"无所为而为的玩索"精神去观照与重构情感，从而将情感提升为艺术化的美的情感。三是至真至善。真善美的关系是朱光潜美学关注的重要问题。他虽然主张美的本质是无利害关系的玩索，但他从不否定审美与道德与科学的联系。朱光潜提出，"就狭义论，伦理的价值是实用的，美感的价值是超实用的；伦理的活动都是有所为而为，美感的活动则是无所为而为"；"假如世界上只有一个人，他就不能有道德的活动，因为有父子才有慈孝可言，有朋友才有信义可言。但是这个想象的孤零零的人还可以有艺术的活动，他还可以欣赏他所居住的世界，他还可以创造作品。善有所赖而美无所赖，善的价值是'外在的'，美的价值是'内在的'"，这就是善与美的区别。但朱光潜又指出,"这种分别究竟是狭义的。就广义说,善就是一种美,恶就是一种丑。因为伦理的活动也可以引起美感的欣赏与嫌恶"。他引用柏拉图和亚里士多德的观点,把善分为一般的善和至高的善两种,认为至高的善就是"无所为而为的玩索",即审美与艺术的精神。因此,在朱光潜这里,"至高的善还是一种美,最高的伦理的活动还是一种艺术的活动",而"每个哲学家和科学家对于他自己所见到的一点真理(无论它究竟是不是真理)都觉得有趣味,都用一股热忱去欣赏它。真理在离开实用而成为情趣中心时就已经是美感的对象了","所以科学活动也还是一种艺术的活动,不但善与美是一体,真与美也并没有隔阂"。艺术化的人生由此也成为真善美"相互和谐的整体"。[23]

四是取舍自如。取舍自如即法度了然于心。朱光潜在《乐的精神与礼的精神》一文中提出,乐的精神是"和",礼的精神是"序"。他认为"从来欧洲人谈人生幸福,多偏重'自由'一个观念,其实与其说自由,不如说和谐,因为彼此自由可互相冲突,而和谐是化除冲突后的自由";"'和'是个人修养和社会生展的一种胜境,而达到这个胜境的路径是'序'"。朱光潜强调"世间决没有一个无'序'而能'和'的现象";"'序'是'和'的条件";"乐是内涵,礼是外现"。[24]礼乐兼备,即因序达和是人生的理想,也是事物的标准。朱光潜认为相对于一般人,艺术家更懂得"序"与"和"对于艺术的意义。艺术家在判断时,总是以对象"能否纳入和谐的整体为标准","艺术的能事不仅见于知所取,尤其见于知所舍",比如"苏东坡论文,谓如水行山谷中,行于其所不得不行,止于其所不得不止。这就是取舍恰到好处"。取舍恰到好处是以艺术创作呕心呕肝绝不苟且为前提的。朱光潜指出"一般人常认为艺术家是一班最随便的人,其实在艺术范围之内,艺术家是最严肃不过的"[25]。就如王安石改诗一个字就要改十几次。这种严肃认真的态度既是艺术的也是道德的。而善于生活者也是如此,不论大节小节,都不肯轻易放过。他赞叹吴季札心中已暗许赠剑给徐君,没有实行徐君就已死去,于是吴季札就很郑重地把剑挂在徐君墓旁树上。"艺术家估定事物的价值","往往出于一般人意料之外。他能看重一般人所看轻的,也能看轻一般人所看重的。在看重一件事物时,他知道执着;在看轻一件事物时,他也知道摆脱"。因此,"艺术家不但能认真,而且能摆脱。在认真时见出他的执着,在摆脱时见出他的豁达"。朱光潜强调:"我们主张人生的艺术化,就是主张对于人生的严肃主义";而"伟大的人生和伟大的艺术都要同时并有严肃与豁达之胜"。[26]五是本色自然。艺术的至美就是至性真情,其至境就是自然和谐之呈现。不虚伪,不俗滥,不敷衍。因此,艺术的态度在本质上就是道德的真诚的。朱光潜说:"所谓艺术的生活就是本色的生活。世间有两种人的生活最不艺术,一种是俗人,一种是伪君子。"[27]俗人迷于名利,与世浮沉,丧失了自己的本真,生命已趋干枯。而伪君子则不仅"俗",还"虚伪"。前者是缺乏本色,后者则遮盖本色。两者都已丧失了生活的源头活水,是生活中的苟且者,缺乏艺术创造所应有的良心。"惟大英雄能本色",他不迎合俗众,不敷衍面子。乘兴而来,兴尽而返,无所缚赖,惟心是从。这就是最高的美。六是和谐完整。朱光潜说:"一篇好文章一定是一个完整的有机体,其中全部与部分都息息相关,不能稍有移动或增加。一字一句之中都可以见出全篇精神的贯注","这种艺术的完整性在生活中叫做'人格'。凡是完美的生活都是人格的表现。大而进退取与,小而声音笑貌,都没有一件和全人格相冲突"。[28]朱光潜举了陶渊明和苏格拉底为例。陶渊明不肯为五斗米折腰,苏格拉底下狱不肯脱逃,临刑还嘱咐还邻居一只鸡的债,这就是陶渊明和苏格拉底生命史中所应有的一段文章。"这种生命史才可以使人把它当作一幅图画去惊赞,它就是一种艺术的杰作。"[29]艺术通过情感的潜率将散漫零乱的材料综合成谐和整一的意象;而在生命中,就是人之真情的本色流露,使其言行风采谐和完整。和谐完整的艺术品就是杰作,和谐完整的生命境界也就是艺术的生活。朱光潜慨叹:"完美的生活都有上品文章所应有的美点","艺术的生活也就是情趣丰富的生活"。

朱光潜的"情趣"范畴及其"生活的艺术化"命题突出了对生命的艺术化育及其欣赏观照。他的"人生的艺术化"或曰"人生的情趣化",是由艺术情趣化衍到人生情趣,聚焦为"慢慢走,欣赏啊!"的"无所为而为的玩索"的人生审美精神。这种人生审美精神和由其达成的诗性生命境界在朱光潜看来乃是最理想而近于人性的境界,即"人情化"与"理想化"的境界。朱光潜强调,真正的人生艺术家是在生命创造和生命欣赏的完美统一中,将自己的生活涵泳为艺术化的美的情趣人生的。

二、从"生活的艺术化"到"人生的艺术化":梁启超的"进合"美与朱光潜的"玩索"美

"生活的艺术化"是梁启超"趣味"精神的另一种表述,或者说是一种通俗化的表述。前文已谈到,梁启超的"趣味"精神是一种"知不可而为"与"为而不有"相统一的"无所为而为"也即不有之为的生命精神。[30]他说:"趣味主义最重要的条件是'无所为而为'";[31]"'知不可而为'主义与'为而不有'主义,都是要把人类无聊的计较一扫而空,喜欢做便做,不必瞻前顾后。所以归并起来,可以说,这两种主义就是'无所为而为'主义,也可以说是'生活的艺术化',把人类计较利害的观念,变为艺术的、情感的";[32]"为劳动而劳动,为生活而生活,也可以说是劳动的艺术化,生活的艺术化"。[33]在梁启超这里,"趣味"、"生活的艺术化"、"无所为而为"等范畴与术语所阐发的精神在本质上是一致的,那就是强调一种不执成败、不计得失的人格神韵和生命胜境,是把个体生命的践履融入宇宙众生的运化之中的"进合"美。"进合"是一种个体生命的大化化我,是个体生命自由与诗性的达成。在本章上一节中,我们谈到,梁启超的"进合"有三个层面,即自然万物生命和人类个体生命的"进合",人类个体生命和个体生命的"进合",人类个体生命与众生宇宙的"进合"。"进合"是一个具有审美精神的概念。在梁启超这里,"进合"实现的基础是情感的美化,

"进合"实现的关键是趣味的涵育。梁启超把人的生命区分为物质与精神两界,认为物质界属于"幺匿体"(即 Unite 的音译,笔者注),个人自私之,体现的是人的生物属性;非物质界属于"拓都体"(即 Total 的音译,笔者注),人人共有之,体现的是人的类属性。他强调人虽然不能离开物质生活而存在,但人与动物的本质区别就在于人有精神生活。相对于物质生命,梁启超把精神生命视为人更内在更本质的东西,并且认为只有超越物质界而进入"拓都"界,人才能实现"共有"与"进合"。"进合"是让"小我"融汇进"大我",因此也是一种"无我",又是一种"真我",是个体生命的诗性涵成与审美生成。在这种审美生成中,"小我"的牺牲或化衍"进合"成"大我"的壮美。若从"小我"来说,是一种成长,也是一种奉献,是毁灭中成就的新生与涅槃。而每一个生命个体,从宇宙整体运化而言,就是这样的前行中的阶梯,既不可缺少,又必然被超越。若执着于现实的成败与得失,那么个体生命的存在本身就是悲剧;若放眼于理想与信仰,那么每一个生命的存在又自有其不可取代的价值与意义。梁启超以"为"来界定生命存在的本体状态。"为"就是生命之"动"之"创造",而情感又是生命活力和创造自由的基础,是生命实践的最根本的动力。因为以理智来衡量,人难免为成败所忧得失所虑,"有时所知的越发多,所做的倒越发少"[34]。因此,情感"是人类一切动作的原动力","用情感来激发人,好象磁力吸铁一般",容不得躲闪。但是,原生的自然情感,在梁启超看来,既有善的美的,也有恶的丑的,"他是盲目的,到处乱碰乱进,好起来好得可爱,坏起来坏得可怕"[35]。由此,梁启超也主张"美情",强调提情为趣,即"修养自己的情感,极力往高洁纯挚的方面,向上提挈,向里体验"[36]。梁启超的"美情"重点是情感品质的提升,与朱光潜的"美情"重在艺术情韵的构建不同。或者说,朱光潜的"美情"更重情感的艺术品格,梁启超的美情更重情感的内涵品质。梁启超的"生活的艺术化"是将以美情为基础和动力的趣味精神贯彻到生命践履中,它所成就的是情感与信仰相统一的大化化我的"进合"美。

在梁启超之前,1919年2月28日,田汉在致郭沫若的信中已提及"生活艺术化Artification"这个术语,指出艺术不仅要暴露黑暗排斥虚伪,还"当引人入于一种艺术的境界",使其"忘现实生活的痛苦而入于一种陶醉法悦浑然一致之境"。[37]田汉主要强调了艺术超越现实痛苦的功能,但并没有对"生活艺术化"的精神内涵作出进一步的界定。"生活的艺术化"的概念始于十九世纪欧洲"唯美主义"的思潮。唯美主义主张纯艺术和艺术至上,认为只有艺术才是美的,艺术美高于生活美。从这种艺术至上主义出发,唯美主义强调形式美感,崇尚感官快乐,追求平庸鄙俗生活的痛苦解脱。唯美主义是西方现代艺术精神的先驱。二十世纪二十年代初,宗白华明确将"唯美主义,或艺术的人生观"相提并论,并提出了"艺术式人生"、"艺术的人生态度"、"艺术的生活"等概念,倡导通过艺术人生观的建构来解脱生命痛苦,使后者获得美化提升。田汉和早期宗白华的思想受到了欧洲唯美主义传统的影响,但他们的表述还缺乏翔实丰满的论证。"人生的艺术化"命题的核心精神奠基于梁启超。二十世纪二十年代上半叶,梁启超从"趣味"精神出发,明确而深刻地阐发了"生活的艺术化"的理想。他将"趣味"精神定位为"知不可而为"与"为而不有"相统一的"无所为而为",并以"生活的艺术化"相标举,倡导一种以无为精神来实践体味有为生活的纯粹创造精神,一种现实生存与诗性超越相统一的融小我入大化的生命"进合"美。梁启超的"生活的艺术化"理想,兼融中西,是儒道释的人格人生境界与康德柏格森的情感原则生命哲学等的交融化生。"人生的艺术化"命题的理论表述成型于朱光潜。二十世纪三十年代初,在《谈美》中,朱光潜明确提出了"人生的艺术化"的理论表述,[38]并对其内涵作出了更为具体系统的阐发,在当时的知识群体中产生了较为广泛的影响,这个表述也为人们接纳。二十世纪三四十年代,丰子恺、宗白华等都有这方面的阐发论述,从不同的侧面对这个命题进行了进一步的丰富发展。朱光潜的"人生的艺术化"命题,主要从梁启超一脉而下,承续了梁启超的核心精神旨趣,又将他的"无所为而为"改造为"无所为而为的玩索",既强调了生命的创造与欣赏、看与演、有为与无为的对立统一,也重点发挥了静观与欣赏之维在人生审美建构中的意义。

朱光潜深受梁启超的影响,这一点他自己多有表述:"我在私塾里就酷爱梁启超的《饮冰室文集》,颇有些热爱新事物的热望"[39];"我读到《饮冰室文集》。这部书对于我启示一个新天地,我开始向往'新学',我开始为《意大利三杰传》的情绪所感动。作者那一种酣畅淋漓的文章对于那时的青年人真有极大的魔力,此后有好多年我是梁任公先生的热烈的崇拜者。有一次报纸误传他在上海被难,我这个素昧平生的小子在一个偏僻的乡村里为他伤心痛哭了一场。也就从饮冰室的启示,我开始对于小说戏剧发生兴趣"[40]。在其成名作《给青年的十二封信》中,朱光潜具体评价了梁启超关于静趣的见解:"梁任公的《饮冰室文集》里有一篇谈'烟士披里纯',詹姆斯的《与教员学生谈话》(James: Talks To Teachers and Students)里面有三篇谈人生观,关于静趣都说得很透辟。"[41]动与静、出与入、演戏与看戏、创造与欣赏等诸关系,是朱光潜美学思想探讨的重要问题。关于梁启超朱光潜美学思想的关系问题,朱光潜先生的嫡孙宛小平教授曾专门作了研究,他认为:"朱光潜虽然在年龄上相差梁启超整整一代,但所面对的西方文化对中土文化的挑战和回应是大致相同的。而且,令人惊奇的是:朱梁两先生在美学思想的许多方面都极为相似。"[42]

从年龄上说,朱光潜比梁启超小24岁。十九世纪末至二十世纪前20年,梁启超在中国政治界与文化界可说无人不晓。二十世纪二十年代,后期梁启超在学术文化上多有建树,他的"趣味"范畴与"生活的艺术化"思想也主要成型于此阶段。1923年,朱光潜从香港大学毕业回到内地,时年26岁。1921至1923年,是梁启超趣味主义文本的集中创作发表期。1921年12月21日,梁启超应北京哲学社之请,做了题为《"知不可而为"主义与"为而不有"主义》的演讲。此文与其他六篇演说稿一起,于次年2月汇集成单行本问世,题为《梁任公先生最近讲演集》。《"知不可而为"主义与"为而不有"主义》是梁启超趣味美学思想最为重要的文本,该文确立了趣味主义审美哲学的根本原则——不有之为,即以破成败之执和去得失之计为前提的"责任"与"兴味"的统一,也即"知不可而为"主义与"为而不有"主义相统一的"无所为而为"主义。在这篇文章里,梁启超也把这种主义概括为"生活的艺术化"。1922年,梁启超应北京、上海、天津、南京、苏州等地各学校、研究会、青年会等邀请,又做了《趣味教育与教育趣味》、《美术与生活》、《美术与科学》、《学问之趣味》、《为学与做人》、《敬业与乐业》、《评非宗教同盟》、《情圣杜甫》、《教育家的自家田地》、《科学精神与东西文化》、《评胡适之中国哲学史大纲》、《中国韵文里头所表现的情感》等演讲。1923年初,梁启超在南京做了《治国学的两条大路》、《东南大学课毕告别辞》等演讲,3月完成《陶渊明》一书,春夏间完成《人生观与科学》一文。1922至1923年间的演讲于1923年1月起结集为《梁任公学术讲演集》,共分三册,陆续出版。这批演讲与论著承续《"知不可而为"主义与"为而不有"主义》一文的核心精神,从多个层次与侧面阐释了趣味主义人生哲学和美学理想的原则、内涵与特点。1925年,朱光潜赴英。1923至1925年间,朱光潜主要在沪、京、浙一带讲学与活动。他是否直接与梁启超接触或听过梁启超的演讲,尚未见到直接材料。但以朱光潜自小对梁启超的敬慕、研读及梁启超当时的广泛影响而言,这一阶段朱光潜即使没有直接聆听梁启超的演讲,接触到陆续结集出版的梁氏文集或以其他方式接触到梁氏思想言论的可能性很大。同时,相较于梁启超主要以游历的方式接触欧美日本文化的经历不同,朱光潜于1925至1933年一直在英国、法国的多所著名大学学习文学、哲学、心理学、美学等,并先后获得文学硕士与文学博士学位,可谓西方文学美学的科班出身。此外,朱光潜自小即入私塾研读四书五经,与梁启超一样也有很好的国学根底。他在融会中西古今文化中,和梁启超一样具有开放的视野与广阔的胸襟。可以说,梁启超与朱光潜之间,既有明显的关联与承续,又有复杂的传承与推进。

对比后期梁启超与前期朱光潜的论著,朱氏大量使用了"趣味"、"兴味"、"创造"、"生命"、"生活"等梁氏非常喜欢使用的术语,同时,也以"情趣"、"无所为而为的玩索"、"人生的艺术化"等概念命题区别于梁启超的"趣味"、"无所为而为"(不有之为)、"生活的艺术化"等。这里,不仅是字面上的细微变化,也是在共同的人生美学精神基质上的审美情致的某种差异。这种联系与区别,我们可以在梁启超朱光潜美学思想的多个重要方面见出。

第一,在美与人的关联及价值意义上,梁启超朱光潜都肯定美对人的完善具有根本意义,爱美是人类的天性和最高的追求。梁启超讲"人类心理,有知情意三部分",须"三件具备才能成一个人";[43]朱光潜讲"真善美三者具备才可以算是完全的人"。[44]将人的心理分为知情意三要素,并强调三者的和谐,是西方康德美学的基本立场。康德第一次赋予情以独立的地位和在知意之间的桥梁作用,从而为现代美学确立了自己的理论根基和人本主义的价值立场。可以说,梁启超朱光潜在这个问题上都接受了康德的基本观念。他们也都把爱美视为人类的天性及区别于动物的根本尺度;并从生命本体切入审美,重视审美对于人性提升的重要意义;肯定美的追求是人类最高的追求。梁启超指出:"爱美是人类的天性"[45],"吾侪确信'人之异于禽兽者'在其有精神生活"[46];朱光潜强调:"爱美是人类天性"[47],"人所以异于其他动物的就是于饮食男女之外还有更高尚的企求,美就是其中之一"[48]。梁启超说:"'美'是人类生活一要素——或者还是各种要素中之最要者,倘若在生活全内容中,把'美'的成分抽出,恐怕便活得不自在甚至活不成"[49];朱光潜则说:"美是事物最有价值的一面,美感的经验是人生中最有价值的一面。"[50]在对美的价值的认识上,梁启超朱光潜均有审美至上主义的倾向,给予美以至高的地位。

第二，在情感与审美的关系上，梁启超朱光潜均吸纳了康德将审美与情感相联系的基本立场，又突出强调了美情在审美人生建构中的关键意义。梁启超把情感视为生命最内在最本真的东西，是人类一切行为的内驱力，是趣味实现的主体心理基础和必要前提。但在梁启超看来，情感本身有"有善的美的方面"，也有"恶的丑的方面"，要达成趣味的境界，实现并体味个体与众生宇宙"进合"的"春意"，就既需要情感的发动，也需要情感的美化，从而确保情感的目标向着趣味的境界提升。与梁启超相较，朱光潜同样肯定了情感对人的本源与动力意义。他说："情感是心理中极原始的一种要素。人在理智未发达之前先已有情感；在理智既发达之后，情感仍然是理智的驱遣者"[51]；"理智指示我们应该做的事甚多，而我们实在做到的还不及百分之一。所做到的那百分之一大半全是由于有情感在后面驱遣"[52]。"情趣"孕萌中，物理和人情的和谐，物是基础，情是枢纽。自然情感虽"至性深情"而"生生不息"，但还须经过"无所为而为的玩索"的艺术态度的观照与重构，才能升华为美的情感。在这里，梁启超的美情是针对恶的丑的情感的，侧重于以善美情；而朱光潜的美情是呼应于自然情感的艺术构建，所以侧重于艺术形式的中介意义。前者重在美善关联，后者重在美对于真善的桥梁作用。但在知意情相贯通而成就审美人生上，两人的立场又是一致的。作为主情派，他们都充分肯定了情感的动力意义、美学价值及其提升空间，从而与中国传统文化重礼抑情的基本倾向相异趣。但是他们又不是纯感性论者，而是倡导涵情美情，把情感美化视为美的艺术和审美人生建构的必要前提与中介环节，从而又与西方现代生命哲学的直觉冲动区别开来。

第三，在审美人生的基本特征上，梁启超朱光潜都赞同审美人生应该充满生机，以动为本。在美与人生的关联上，梁启超朱光潜都明显接受了康德、柏格森的影响，提倡生命、情感、创造、活力、活动、生机、发展等，崇尚在生命本身的创造与欣赏中去享受体味生命的快乐与至美，从而体现出对生命对人生积极乐观的精神姿态。同时，他们对生命的生机及其审美本质的体认,也受到中国传统文化"乐生"精神的滋养,以"生生不息"为生命之源泉与根本。梁启超的"趣味"精神实质上就是探讨倡导个体生命纯粹的运动、创化与奉献,认为这是生命本然的价值与意义。由此,"趣味"人生可以坦承生命创化的一切忧喜成败。朱光潜也提出:"'生命'是与'活动'同义的"[53];"人生来好动,好发展,好创造。能动,能发展,能创造,便是顺从自然,便能享受快乐,不动,不发展,不创造,便是摧残生机,便不免感觉烦恼"[54];"我所谓'生活'是'享受',是'领略',是'培养生机'"[55]。但与梁启超式的生命创造与欣赏的直接同一有所区别,朱光潜认为理想人生既应顺应"生命的造化"而"生生不息",又须在"领略"和"玩索"中创化体味"情趣",因此,朱光潜是主张创造与欣赏是既相联系又有区别的,情趣的实现是通过艺术或曰美的手段与形式,对创造的欣赏。在生命活动中,创造与欣赏的对立与统一,才能达到自由的"玩索",成就情趣的人生。因此,在对中西文化传统的吸纳中,朱光潜也明显受到了西方现代艺术和美学思想包括"距离说"、"直觉说"等的复杂影响。

第四,在审美人生的核心旨趣上,梁启超朱光潜都把超功利的艺术精神视为美的内核和审美人生创化的准则。无论是梁启超的"趣味"范畴和"生活的艺术化"理想,还是朱光潜的"情趣"范畴和"人生的艺术化"理想,其根本都在于确立无功利的艺术审美精神和超功利的人生审美态度,追求超俗、去俗、脱俗,都强调审美艺术人生的统一和真善美的贯通,追求以美的艺术精神来涵养人格与心灵,把人生的至美建立在生命的自由创化与诗意升华中,崇尚现实生存与诗性创化相统一的远功利而入世的中国式审美人生精神。但在审美人生建构所必然面对的有为与无为、物质与精神、感性与理性、个体与群体、出世与入世、有限与无限、创造与欣赏等诸对关系中,梁启超的"趣味"和"生活的艺术化"聚焦为生命的"进合"美,主张以生命创造为审美之本,主张无功利的艺术精神与超功利的生活态度的直接合一,主张生命直面苦难与痛苦,在现实践履中涅槃与升华,在毁灭与刺痛中成就更高的美。朱光潜的"情趣"和"人生的艺术化"则聚焦为生命的"玩索"美,重视生命观审在审美生成中的意义,主张生命创造须借助艺术审美的距离和客观化等手段实现审美生成,即由无功利的创造姿态转化为超功利的玩索境界。因此,可以说在审美与人生的贯通上,梁启超更重精神要素;朱光潜则既重精神,又兼顾形式和手段的中介作用。梁启超更重审美人生的伦理品格,强调提情为趣;朱光潜更重审美人生的艺术情致,重视化情为趣。梁启超的"趣味"精神更具崇高之美质,朱光潜的"情趣"精神更著静柔之旷逸。

在梁启超,不有之为的创造活动本身即美的实现,而不管活动的结果如何。因为趣味的性质就是"以趣味始,以趣味终"。趣味主义者"不但在成功里头感觉趣味,就在失败里头也感觉趣味"[56]。这种倡导彻底超越成败得失的美学旨趣以鲜明的崇高意向,给长期以来偏于和谐柔美的中国美学带来了刚健清新的新风,也使得梁启超的美学理想呈现出某种大气悲壮的英雄主义色彩。那些"探虎穴"、"和天斗"、"沙场死"、"向天笑"的无畏英雄,成为梁氏激赏的二十世纪开幕的新男儿形象。而对于中国古典作家作品,梁启超也作出了自己的个性解读。如他认为屈原的美就在"All or nothing"的生命精神,是那种带血带泪的刺痛决绝和含笑赴死的从容洒脱。没有悲壮的毁灭,就没有壮美的新生。在某种意义上,这也呼应了凤凰涅槃的"五四"精神。由此,梁启超也赋予了个体生命创化以根本的和永恒的价值,那就是个体与众生宇宙"进合"而获得的终极意义,即融身宇宙运化而成为其中的阶梯,这才是梁启超所建构阐发的"趣味"精神和"生活的艺术化"理想的实质。

而朱光潜,也主张美来自无功利的生命活动与创造,但他又主张生命活动只有创造与欣赏的和谐与统一才是美的最高实现。他说:生命活动的目的就是"要创造,要欣赏","欣赏之中都寓有创造,创造之中也都寓有欣赏";[57]"人生乐趣一半得之于活动,也还有一半得之于感受";"世界上最快活的人不仅是最活动的人,也是最能领略的人"。[58]领略需要静出。关于"静"(出)与"距离"的建构,朱光潜既受到了梁启超、詹姆斯等人的启发,也受到了布洛等审美距离说的影响。但他关于创造与欣赏的关系及其美的实现,并不像西方距离说纯从审美心理立论,而将审美活动与人生活动相贯通,在美感心理中融入了真与善的尺度。他说:"我所谓'静',便是指心界的空灵","一般人不能感受趣味,大半因为心地太忙,不空所以不灵"。[59]静不是寂(物界之寂),静也不是闲(生命之闲)。心静则不觉物界沉寂,也不觉物界喧嘈。因此,心静则不必一定要逃离物界,而自然能够建立与物界的距离。在生命之活动和尘世之喧嚷中,静(出)一方面"使人从实际生活牵绊中解放出来,一方面也要使人能了解,能欣赏,'距离'不及,容易使人回到实用世界,距离太远,又容易使人无法了解欣赏"[60]。艺术如此,人生也是如此。静(出)使人在人生的永动中,畅然领略人生之情趣。"一篇生命史就是一种作品。"[61]创造和欣赏的最终目的,"都是要见出一种意境,造出一种形象"[62]。尽管朱光潜主张看戏与演戏各有各的美,但他最终还是从情趣到意象、以知悟看戏之美为高。也正是在这个意义上,朱光潜把"穷到究竟"的科学活动和"最高的伦理的活动"视为"一种艺术的活动";并提出"无所为而为的玩索(disinterested contemplation)"是"唯一的自由活动,所以成为最上的理想"。[63]

综上,朱光潜的"情趣"范畴与梁启超的"趣味"范畴有共通点,但朱光潜也有自己的发展和特点。朱光潜通过"情趣"范畴的构建从欣赏与观照的角度丰富了梁启超的"趣味"精神。"趣味"和"情趣",都主张创造与欣赏的统一,都肯定情感对于生命活动的基础意义和审美建构的核心作用,强调美情之必要。但在梁启超那里,创造即欣赏,或者说发自趣味的创造与欣赏本来就是同一的。而在朱光潜那里,是需要经过转换的,即由对创造的观照而进入欣赏。相比之下,前者以个体与众生宇宙的"迸合"极尽情之率性淋漓之美,后者以"慢慢走,欣赏啊"为情感的审美引入了意象与距离。"趣味"毋庸置疑地肯定了个体生命实践及其每个瞬间的意义,"情趣"则让每个匆匆绽放流逝的生命瞬间变得悠然而富有韵味。"趣味"与"情趣"既确立了审美生命创化体味的共同立场,也确立了审美生命创化体味的差异路径。或者说,在共同主张审美与人生统一的基本立场上,梁启超更倾心于让美的精神为人生服务,朱光潜更倾心于在人生中领略艺术之美。朱光潜将"无所为而为的玩索"确立为"人生的艺术化"精神的核心,从而拓展了创造与欣赏、物质与精神、个体与群体、动与静、入与出、有为与无为诸关系中的后一维度。梁启超则以不有之为的"迸合"来实现对上述诸对矛盾的超越,主张扬弃小有来达成大化。朱光潜的"玩索"和梁启超的"迸合",都是追求人生美的创化,是人格精神升华和人生境界美化的艺术化方法和路径。朱光潜的"情趣"和"人生的艺术化"是接着梁启超的"趣味"和"生活的艺术化"往下说。在转化西方的无功利为中国式的无所为而为的基本精神旨趣的基础上,梁启超是把"无为"转化为不有的"迸合",朱光潜是把"无为"转化为去俗的"玩索"。

四十年代,朱光潜写了《看戏和演戏——两种人生理想》一文,对自己的人生哲学及其审美理想做了一个总结。朱光潜说,人生的舞台上,"能入与能出,'得其圜中'与'超以象外',是势难兼顾的"[64]。古今中外许多大哲学家、大宗教家、大艺术家都想解决这个问题,答案无非有三:一是看戏;二是演戏;三是试图同时看戏和演戏。以中国古代大哲言,儒家孔子虽能做阿波罗式观照,但人生的最终目的在行,知是行的准备,因此属演戏一派;道家老庄对于宇宙始终持着一个看戏人的态度,强调"抱朴守一"和"心斋",自然是看戏一派。朱光潜认为,西方"古代和中世纪的哲学家大半以为人生最高目的在观照"[65],柏拉图的"绝对美"、亚里士多德的"幸福是理解的活动"都在此列。而近代德国哲学中,看戏的人生观也占了很重要的分量,叔本华把意志痛苦的解脱放射为意象,尼采的"从形象得解脱

(redemption through appearance)"均执此论。朱光潜认为,比较柏拉图、亚里士多德的观点和叔本华、尼采的观点,两者在结论上基本相同,就是人生的最高目的在观照,但重点"微有移动,希腊人的是哲学家的观照,而近代的德国人的是艺术家的观照。哲学家的观照以真为对象,艺术家的观照以美为对象。不过这也是粗略的区分。观照到了极境,真也就是美,美也就是真"[66]。若按照朱光潜自己的结论,那么,他的"情趣"范畴和"生活的艺术化"命题更接近于叔本华和尼采的视角,主要是持艺术化的观照。他说,艺术"是人生世相的返照,离开观照,就不能有它的生存"[67]。那么,如何实现艺术的观照?他说,这就需要实现情感与意象的融会。"情感是内在的,属我的,主观的,热烈的,变动不居的,可体验而不可直接描绘的;意象是外在的,属物的,客观的,冷静的,成形即常住,可直接描绘而却不必使任何人都可借以有所体验的","情感是狄俄倪索斯的活动,意象是阿波罗的观照","在一切文艺作品里,我们都可以见出狄俄倪索斯的活动投影于阿波罗的观照,见出两极端冲突的调和,相反者的同一。但是在这种调和与同一中,占有优势与决定性的倒不是狄俄倪索斯而是阿波罗,是狄俄倪索斯沉没到阿波罗里面,而不是阿波罗沉没到狄俄倪索斯里面。所以,我们尽管有丰富的人生经验,有深刻的情感,若是止于此,我们还是站在艺术的门外,要升堂入室,这些经验与情感必须经过阿波罗的光辉照耀,必须成为观照的对象"[68]。"观照是文艺的灵魂";"诗人和艺术家们也往往以观照为人生的归宿",他们"在静观默玩中得到人生的最高乐趣"[69]。朱光潜并不反对"看和演都可以成为人生的归宿"[70]。他举了一个例子。犬儒派哲学家第欧根尼静坐在一个木桶里默想,声名盖世的亚历山大帝慕名去访他,他在桶里坐着不动。亚历山大帝介绍自己说:"我是亚历山大帝。"第欧根尼回答说:"我是犬儒第欧根尼。"亚历山大帝问:"我有什么可以帮助你吗?"第欧根尼回答说:"只请你站开些,不要挡着太阳光。"亚历山大帝回去对人说:"如果我不是亚历山大,我愿意做第欧根尼。"[71]对于故事里的两个主人公,不同的人会有不同的评价。朱光潜的结论是,亚历山大帝不愧为一个了不起的人物,他身为亚历山大而能见出第欧根尼的好处,因此,他比第欧根尼终究要高一些,因为他能拥有观赏第欧根尼的情趣。而第欧根尼让亚历山大不要挡着太阳光,却显出自满、骄傲与偏狭。对于看和演,朱光潜主张就其为人生理想而言,并无高低之分。关键是,不管是看还是演,都要有静出之境界。因此,在人生的审美建构上,朱光潜归根结底还是更倾心或者说更关注于欣赏、观照与玩索的。

与王国维的悲观主义相映照,无论是梁启超的"趣味"范畴和"生活的艺术化"理想,还是朱光潜的"情趣"范畴和"人生的艺术化"理想,确实"都大致以一种积极乐观的精神给予了人生以解答"。[72]但梁朱相较而言,梁启超更具从艺术走向人生的实践精神,朱光潜更突出了以艺术观照人生的省思姿态。前者更重生命动入之美,后者更重生命静出之韵。当然,他们的思想理论都有着浓郁的审美救世主义的色彩,在当时动荡的时世和苦难的现实中,既是理想的也是"乌托邦"的;而在今天这样一个日益技术化实利化的时代,对于人性的完善、人格的涵养、生命意义的确立、生命价值的追寻等,则有其重要而独特的价值和意义。

注释:

〔1〕劳承万《朱光潜美学论纲》(安徽教育出版社,1998年版)、蒯大申《朱光潜后期美学思想述论》(上海社会科学院出版社,2001年版)等著,均持此论。

〔2〕劳承万《朱光潜美学论纲》(安徽教育出版社,1998年版)持此论,将"情趣"视为朱光潜美学理论体系的聚焦点。

〔3〕朱自清把"人生的艺术化"称作"孟实先生自己最重要的理论"。见《〈谈美〉序》,《朱光潜全集》第2卷,安徽教育出版社1987年版。

〔4〕此文1924年11月发表于《春晖》第35期。1929年《给青年的十二封信》结集出版时将其收为附录。

〔5〕朱光潜:《给青年的十二封信·附录二》,《朱光潜全集》第1卷,安徽教育出

〔6〕朱光潜:《给青年的十二封信·谈升学与选课》,《朱光潜全集》第1卷,安徽教育出版社1987年版。

〔7〕〔52〕朱光潜:《给青年的十二封信·谈情与理》,《朱光潜全集》第1卷,安徽教育出版社1987年版。

〔8〕朱光潜:《给青年的十二封信·谈摆脱》,《朱光潜全集》第1卷,安徽教育出版社1987年版。

〔9〕〔41〕〔58〕〔59〕朱光潜:《给青年的十二封信·谈静》,《朱光潜全集》第1卷,安徽教育出版社1987年版。

〔10〕〔13〕〔16〕〔20〕〔22〕〔23〕〔25〕〔26〕〔27〕〔28〕〔29〕〔61〕〔63〕朱光潜:《谈美·"慢慢走,欣赏啊!"——人生的艺术化》,《朱光潜全集》第2卷,安徽教育出版社1987年版。

〔11〕〔60〕朱光潜:《谈美·"当局者迷,旁观者清"——艺术和实际人生的距离》,《朱光潜全集》第2卷,安徽教育出版社1987年版。

〔12〕〔21〕〔51〕朱光潜:《谈美·"从心所欲,不逾矩"——创造与格律》,《朱光潜全集》第2卷,安徽教育出版社1987年版。

〔14〕〔44〕〔48〕〔50〕〔53〕朱光潜:《谈美·我们对于一棵古松的三种态度》,《朱光潜全集》第2卷,安徽教育出版社1987年版。

〔15〕朱光潜:《谈美·情人眼底出西施》,《朱光潜全集》第2卷,安徽教育出版社1987年版。

〔17〕〔18〕〔54〕朱光潜:《给青年的十二封信·谈动》,《朱光潜全集》第1卷,安徽教育出版社1987年版。

〔19〕朱光潜:《谈美·超以象外,得其环中》,《朱光潜全集》第2卷,安徽教育出版社1987年版。

〔24〕朱光潜:《乐的精神与礼的精神》,《朱光潜全集》第9卷,安徽教育出版社1987年版。

〔30〕参见本书第一章第四节。

〔31〕梁启超:《学问之趣味》,《饮冰室合集》第5册,中华书局1989年版。

〔32〕〔33〕梁启超:《"知不可而为"主义与"为而不有"主义》,《饮冰室合集》第4册,中华书局1989年版。

〔34〕〔35〕〔36〕梁启超:《中国韵文里头所表现的情感》,《饮冰室合集》第4册,中华书局1989年版。

〔37〕田汉1919年2月28日致郭沫若信,见《宗白华全集》第1册,安徽教育出版社1994年版,第265页。

〔38〕中文中"生活"与"人生"两词具细微的差别。《现代汉语词典》(商务印书馆1978年版)解释如下:"生活"指"人与生物为了生存和发展而进行的各种活动";"人生"指"人的生存与生活"。按照这个词义解释,"生活"可泛指人与动物的生命活动;"人生"一词则专指人的生命存在与活动。因此,"人生"这个词也更多地与人的生成即人之成人、人的意义即人生的价值相联系。相对于"人生","生活"拥有更多的感性的、物质的一面。而相对于"生活","人生"则拥有更多的精神的、意义的一面。

〔39〕朱光潜:《作者自传》,《朱光潜全集》第1卷,安徽教育出版社1987年版。

〔40〕朱光潜:《从我怎样学国文说起》,《朱光潜全集》第3卷,安徽教育出版社1987年版。

〔42〕〔74〕宛小平:《梁启超与朱光潜美学之比较》,金雅主编《中国现代美学与文论的发动》,天津人民出版社2009年版,第317页。

〔43〕梁启超:《为学与做人》,《饮冰室合集》第5册,中华书局1989年版。

〔45〕梁启超:《书法指导》,《饮冰室合集》第12册,中华书局1989年版。

〔46〕梁启超:《先秦政治思想史》,《饮冰室合集》第12册,中华书局1989年版。

〔47〕朱光潜:《谈修养·谈美感教育》,《朱光潜全集》第4卷,安徽教育出版社1987年版。

〔49〕梁启超:《美术与生活》,《饮冰室合集》第5册,中华书局1989年版。

〔55〕朱光潜:《给青年的十二封信·谈升学与选课》,《朱光潜全集》第1卷,安徽教育出版社1987年版。

〔56〕梁启超:《学问之趣味》,《饮冰室合集》第5册,中华书局1989年版。

〔57〕〔62〕朱光潜:《谈美·大人者不失其赤子之心》,《朱光潜全集》第2卷,安徽教育出版社1987年版。

〔64〕〔65〕〔66〕〔67〕〔68〕〔69〕〔70〕〔71〕〔72〕朱光潜:《看戏和演戏——两种人生理想》,《朱光潜全集》第9卷,安徽教育出版社1987年版。

第三节 "趣味"与"情调":梁启超与宗白华

过去,很少有人将梁启超与宗白华的美学思想进行比较。实际上,后期梁启超与宗白华有着内在的相似性,这是一种文化立场与审美精神的深层呼应,是在倡扬蕴真涵善向美、远功利而入世的中国式人生美学精神传统的基础上,深蕴对生命的炽情深情与文化的民族魂魄的诗性审美品格。但是,梁启超的"趣味"以"知不可可为"与"为而不有"的统一,突出了美善的关联,更倾心于诗性生命的高度提升;宗白华的"情调"则以"至动"与"韵律"的相谐,突出了美真的关联,更倾心于诗性生命的深度体认。两者化中西而著民族特色,既共同丰富了民族美学精神的绚烂画卷,又彰显了各自的情韵风采。

一、宗白华的"情调"范畴与哲诗生命

宗白华是公认的中国现代最富诗性精神的美学家之一。他将"人生是什么?人生的真相如何?人生的意义何在?人生的目的是何?"等"人生最重大、最中心的问题"[1]以哲学与诗相交融的方式提到了国人面前,并给予了温暖深沉的诗意解答。生命"情调"及其诗性审美是宗白华美学思想的核心范畴与突出命题。

从目前可见到的资料来看,宗白华对人生与哲学问题的关注,是从研究叔本华、康德、柏格森等西方大哲入手的,但在研介西说时,他并不遗忘或无视东方的智慧,而是以为"东西圣人,心同理同"[2]。面对二十世纪初年中国社会"世俗生,昏蒙愚暗"的现实,宗白华以"思穷宇宙之奥,探人生之源"为己任,[3]在中西古今的兼收并容与传承创化中,孕萌出哲情与诗意并融的温暖而深邃的目光和深刻影响中国现代审美与文化精神的哲诗生命学说。

初入文化之域,宗白华就表现出对人生与哲学问题的关注。他第一篇正式发表的论文是1917年的《萧彭浩哲学大意》(萧彭浩今通

译叔本华,笔者注)。文中,他叩问"世界真理"和"吾人真体"究何,质询"小己"与"宇宙"之关系,开启了他生命诗性建构的序幕。"五四"前后至二十世纪二十年代,是宗白华人生学说与文化思想初萌的阶段。他以人类新人格建构与新生活建设为己任,将人生观、人格修养、艺术精神、社会建设、宇宙本体的关系问题纳入自己的视野,并聚焦到动与静、超世与入世、个体与社会、成功与失败、小己与宇宙等诸对关系上。宗白华认为世上流行的人生观及其行为特征可分乐观、悲观、超然观三类和乐生派、激进入世派、佚乐派、遁世派、悲愤自残派、消极纵乐派、旷达无为派、超世入世派、消闲派等九派。他力主超世入世的人生观,以"大勇猛,大无畏"、"不因功成而色喜,不为事败而丧志"的"伟大入世"精神为"超世入世"之要义,并精辟指出"超世而不入世,非真能超然观者也"。[4]这一阶段,宗白华虽主要从哲学角度立论谈文化、人生、艺术、审美的关系,但他的哲学思辨、人生学说、艺术思想已初步呈现出解决人生问题的美学旨向与诗性品格。他提出了"艺术式的人生"、"艺术人生观"、"艺术的人生态度"等命题,以美的艺术为纯真、健全、活泼之人性的表征,为真实、丰富、深透的精神生活和宇宙生命的表征。他说"生命创造的现象与艺术创造的现象,颇有相似之处"[5];"艺术教育,可以高尚社会人民的人格"[6]。因此,要涵养"艺术的人生观",建立"艺术的人生态度","积极地把我们人生的生活,当作一个高尚优美的艺术品似的创造,使他理想化,美化"。[7]他慨叹"艺术的目的是融社会的感觉情绪于一致",使"小我的范围解放,入于社会大我之圈,和全人类的情绪感觉一致颤动",并"扩充张大到普遍的自然中去"。[8]他明确提出宇宙自然与美的艺术是理想人格创造的两个路径,而艺术又是生命与宇宙间的最佳桥梁。他以"白天"和"黑夜"为喻表达了紧张热烈的生命图景和深秘绰约的生命渴盼,"活动、创造、憧憬、享受"和"诗意、梦境、凄凉、回想"不仅形象地展示了早期宗白华对于人生问题思考的内在矛盾,也呈现了他对生命的丰富节奏、内在条理、协和整饬的诗意"情调"的敏锐感知。此时,他的论述虽尚浅拙粗放,但对生命、审美、艺术、人生的一些重要问题的看法已初具雏形,也预示了其一生以艺术为人生立论的美学主张和价值走向。

二十世纪三四十年代,宗白华的人生学说与艺术思想趋于成熟与圆融。1932年发表的《歌德之人生启示》是这一阶段的开篇之作,歌德也是宗白华沟通艺术、人生、宇宙的重要桥梁。他以歌德的生命流动及其矛盾调解为例,指出人生的意义和价值正在于生命本身及其真实丰富人性的人格涵成。歌德的人生及其作品就是"近代的流动追求的人生最伟大的代表","带给近代人生一个新的生命情绪",那就是"流动的生活演进为人格","世界与人生渐趋于最高的和谐;世界给予人生以丰富的内容,人生给予世界以深沉的意义"。[9]此阶段,宗白华着力讨论了生命与价值、韵律(节奏)与和谐、技术与精神、美与真善、人生与艺术等诸对关系,明确提出建设"一个新的生命的情绪"[10]、一种"新生命情调"[11]。

生命情调在宗白华这里,不仅是一个出现频率相当高的概念,也是一个兼具本体和价值意义,涉及哲学、艺术、文化诸领域的核心范畴。通读他的文稿,可以发现,生命情调与生命情绪、生命节奏、生命核心等概念具有互通性,也与宇宙意识、文化精神、艺术精神等概念具有互通性。

首先,生命情调是宗白华对生命与宇宙的本真体认。在这个意义上,它与生命意识、宇宙意识相融通,既是生命本体论,也是宇宙本体论。宗白华说:"大宇宙的秩序定律与生命之流动演进不相违背,而同为一体"[12],"宇宙本身是大生命的流行,其本身就是节奏与和谐"[13]。生命情调既是个体生命的本质与核心,也是宇宙生命的最深律动,其本质就是"至动而有条理"[14]、"至动而有韵律"[15]。因此,生命情调也就是对"'生命本身价值'的肯定"[16]。生命的至动乃生命的流动不居、化衍灿烂、激越丰富、扩张追逐,呈现了生命的活跃与冲突。同时,生命的至动化衍于天地宇宙运行之中,化私欲入清明,引健动为节奏,导丰富为韵律,携矛盾入和谐。"宇宙是无尽的生命、丰富的动力,但它同时也是严整的秩序、圆满的和谐。"[17]这种刚健清明、深邃幽旷的生命情调是"丰富的生命在和谐的形式中","在和谐的秩序里面是极度的紧张,回旋着力量,满而不溢"。[18]由此,生命在自身的化衍流动、创造成长、矛盾冲突中实现了自己的节奏、韵律和和谐,自由而丰沛地舒舞,如诗,如乐,在流动而和谐、丰富而和谐、冲突而和谐中升华了自己的美、意义和价值。同时,这个过程又是永不停止的,是永恒的动与韵律。

其次,生命情调是宗白华对美与艺术的诗性追问。宗白华认为至动而有韵律的生命情调是宇宙生命的最深真境与最高秩序,也是哲学境界与艺术境界的最后根据。"艺术境界与哲理境界"作为人类"最高的精神活动",均"诞生于一个最自由最充沛的深心的自我",[19]它们在本质上是相通的。"艺术创造是一切文化创造最纯粹最基本的形式"[20],"艺术表演着宇宙创化"[21],领悟、表现、象征着人生和宇宙"最深的真境"[22]。哲学境界以生命体悟道,艺术境界以形象(生命)具象道。他指出"晋人之美"就在"自由潇洒的艺术人格"。[23]而"屈原的缠绵悱恻"与"庄子的超旷空灵"的统一也成就了生命与人格的诗境。[24]这就是"静穆的观照和飞跃的生命"所构成的艺术二元及其和谐统一,是"一切艺术的中心之中心",也是"艺术心灵与宇宙意象'两镜相入'互摄互映的华严境界"。[25]这一阶段,宗白华重点考察了以歌德、莎士比亚、屈原、唐人的诗、宋人的画等为代表的中西艺术家和艺术作品,尤其深入研讨了以诗、乐、舞等为主要依托的中国艺术意境,同时通过对中西文明特点和艺术精神的比较,认为动静、阴阳、虚实、出入和生命的节奏与韵律、无为与有为、过程与意义的诗化统一成就了美的艺术,也成就了诗意的人格和宇宙的灵境。它不是单一,而是充实,是流动而和谐、丰富而和谐、冲突而和谐,入世雄强又超世旷达,通于艺术秩序,合于宇宙大道,因此,它也是至动而有韵律的理想人格和诗性人格的写照。

此外,作为艺术精神和宇宙精神的象征,生命情调在宗白华这里也与文化精神相联系。"和谐与秩序是宇宙的美,也是人生美的基础。"[26] 在宗白华看来,人生伦理问题、艺术审美问题、宇宙本体问题密切关联。"心物和谐底成为'美'。而'善'在其中。"[27] 真善美的统一和审美人格的追求,是中国现代美学思想的鲜明特色之一,这一点在宗白华身上也有突出的表现。他将艺术、审美、生命、人生等问题放置到人类文化的宏阔背景中寻找源流与根结,从人类文化的涵育与中西文明的比较中进行省思与批判。宗白华认为,西方近代文明是科学文明,呈现出"一切男性化,物质化,理知化,庸俗化,浅薄化的潮流"[28],近代人"由于抽象的分析的理性的过分发展"和"人欲冲动的强度扩张",以致不复有"高尚的"、"深入的情绪生活"和"伟大的热情的创作","不复有'无所为而为'的从容自在",而"憔悴于过分的聪明与过多的'目的'重担之下",[29] 盲目的理智使人类成为物质的奴隶、机械的奴隶,使人类的情绪不能上升为活跃、至动而有韵律的心灵而堕落为"魔鬼式的人欲",使人类不能建立起充实、自由、各尽其美的"个性人格"而趋于"雷同化、单纯化"。[30] 他尖锐地指出,欧洲近代精神的真相是人在"突破'自然界限'"、"撕毁'自然束缚'"而"飞翔于'自然'之上"的同时又使自己"束缚于自己的私欲之中",[31] "西洋思想最后收获着的是科学权力的秘密"[32]。他指出:"四时的运行,生育万物,对我们展示着天地创造性的旋律的秘密。一切在此中生长流动,具有节奏与和谐。"[33] 而"中国民族很早发现了宇宙旋律及生命节奏的秘密",以此渗透进"现实的生活",以艺术、以日用器皿、以礼乐等来表现和象征这形上之道,"启示和创造社会的秩序与和谐"。因此,中国人是"喜爱现实世界"的[34]。他们"深潜于自然的核心而体验之,冥合之,发扬而为普遍的爱"[35]。中国人是以"音乐的心境爱护现实,美化现实",因此,虽对现实世界"爱护备至,却又不致现实得不近情理"。[36] 但宗白华也指出,恰恰因为这种艺术的心境,使得中华民族长期以来"轻视科学工艺征服自然的权力","这使我们不能解救贫弱的地位,在生存竞争剧烈的时代,受人侵略,受人欺侮,文化的美丽精神也不能长保了,灵魂里粗野了,卑鄙了,怯懦了,我们也现实得不近情理了。我们丧尽了生活里旋律的美(盲动而无秩序)、音乐的境界(人与人之间充满了猜忌、斗争)"。宗白华慨叹:"一个最尊重乐教、最了解音乐价值的民族没有了音乐。这就是说没有了国魂,没有了构成生命意义、文化意义的高等价值。"正是在这个意义上,宗白华不无惆怅地提出了"中国精神应该往哪里去?"的深刻命题与深沉呼唤[37]。

二十世纪初年,民族"文化精神"的危机吸引了诸多富有良知和责任感的中国知识分子的目光,从梁启超王国维到朱光潜宗白华,几代中国现代美学学人几乎都无例外地将美学思考与文化反思相联系,在中西文化的激烈撞击交汇中,或面向西方,或凝眸传统,或携古入今,或融西入中,孜孜叩探民族文化新生新构的道路。应该说,在二十世纪上半叶的美学学人中,宗白华是具有较为广阔的文化视野和兼收并蓄的文化理念的。但在他的文化比较与文化批判中,也有着将中西文化差异绝对化扩大化的言论与倾向[38],如对中西文化物质性与精神性、形下与形上、浅薄与深沉等的界定论断,虽不乏真知灼见,但也不免二元论的某些弊病,当然也自觉不自觉地流露出民族文化的深厚情结和古典情怀。

从宇宙本体到生命本质,从生命本质到艺术境界,从艺术境界到人生理想,从人生理想到人格建设,真善美融为一体,不仅使宗白华的美学世界拥有深邃旷逸的艺术神韵,也使他的美学世界拥有深沉博大的文化襟怀。将至动而有韵律的生命情调视为中国文化精神的基本象征,视为中国美学与艺术灵魂的核心,无疑有着相当的深刻性。在文化反思与批判中,宗白华也深沉呼吁融会超越中西传统,"提携全世界的生命",建构一种"新生命情调"。"新"是对生命本真、宇宙本体、艺术本质的真理性发现,"新"也是对于人生、生命、美之理想的价值性重构。在古典的"幽情"中试图发掘重构面向未来的"深情",是宗白华宇宙(生命)本体论、人生价值论、艺术审美论统一的"新生命情调"的建构之路。艺术化审美化的人格带着诗意与神性,成为至美至真至善的"新生命情调"和"艺术化人生"的根基与支撑。

二、生命"春意"与宇宙"韵律":梁启超的高度与宗白华的深度

中国现代美学精神的主脉是倡扬审美艺术人生统一、以美涵容真善的人生美学精神。在这一整体精神特征下,与王国维相比,梁启超宗白华更具对人生的积极意向;与朱光潜相比,梁启超宗白华则更富民族气蕴。当然,梁启超宗白华之间也有不同。我个人以为,在一定意义上可以说,梁启超以趣味的践行突出了美的生命的诗意高度,宗白华以情调的构筑突出了美的生命的诗意深度,前者更倾心于美善的关联,后者更倾心于美真的关联。他们与王国维、朱光潜等一起,共同丰富了中国现代美学人生精神传统的绚烂画卷。

以趣味为核心,梁启超突出了不执小我、融身大化的人生审美精神。这种精神的核心是如何在生趣盎然的生命前行中达成个体与众生与宇宙的进合,即"宇宙最后目的,乃是求得一大人格实现之圆满相,绝非求得少数个人超拔"[39]。梁启超认为这个问题是中国传统哲学的核心问题,而儒道释都给出了自己的回答。儒家讲"知不可而为",道家讲"为而不有",佛学讲"出世法与入世法并行不悖"。儒家是讲入世的,但梁启超以为儒家的入世是将人与道、人与人相连,以宇宙运化之"道"来涵容个体生命实践,以彼我相通之"仁"来为人性立基,故此可以达成"知其不可而为"的不忧成败的精神自由解放。道家是讲出世的,但梁启超以为道家精神的重点不在出世,而在"不有",即不是不为,而是不执得失。他认为得失之心的要害就在于人己之分,而老子哲学的精髓是崇尚赤子之心,为劳动而劳动,为生活而生活,"既以为人己愈有,既以与人己愈多",追求生命活动本身的纯粹性及由此获得的精神悦乐。因此,梁启超对老子精神作出了独到而精辟的解读:"他的主义是不为什么,而什么都做了,并不是说什

么都不做。"[40]而佛学的人生智慧,梁启超认为也是极为精微深透的。他认为"佛教的宇宙论,完全以人生问题为中心",以求得人生"最大之自由解放"为最高目的。他以为世人把佛教视为"厌世主义"是一种误解,佛教追求的是"涅槃",也即"解脱",是"绝对清凉无热恼,绝对安定无破坏,绝对平等无差别,绝对自由无系缚的一种境界",而"安住涅槃,不必定要抛弃世俗"。[41]这样的佛法,在某种意义上已经切近了美学的精义。"解脱"之要义乃离缚得自在。而束缚非自外来。束缚的关键在于有"我",在于"我见"。因为有"我",所以有"我见",造成"我爱"、"我慢"、"我执"、"我贪"种种,万事以我为中心,万物兼为我猪狗。所以,梁启超以为"佛所以以无我为教义之中坚也"。而"无我",在佛学里乃"本非有我而强指为无也"。"我"之生命"不过物质精神两要素在一期间内因缘和合",无常无住,本无实体之存在。因此,人生在世的最大修行就是破除"我见",乐享"无我"。而如何才能进入"无我"的境界,梁启超总结了"证"(直观)与"学"(理智)两种道路,以前者为高。由于束缚是由自我而来,所以梁启超认为解脱是"有可能性"的,也是"大不易"的。束缚既有肉体(物质)层面的,也有心灵(精神)层面的,后者更为重要而深刻。佛学要求人磨练意志、修养情感、勇猛精进,从破除我见始,入物我同体境,自证自现自享涅槃之乐。佛学的"无我"颇有些英雄主义的悲壮意思,讲的是去小我存大我,梁启超更是将这种境界上升为一种积极无私的豪情,将佛学的"一切苦"之悲情升华为宇宙的"创造进化"之意义。"知不可为而为"也好,"为而不有"也好,均在天地万物的一体运演、生生相续中,达到了不有之为的趣味乐境。而这种不有之为的趣味主义生命胜境也吸纳发展了西方康德、柏格森的精神,因在前文有述,此不赘言。

趣味主义生命境界是梁启超所憧憬的理想人生的基本尺度和最高至境。梁启超也把这种境界概括为"为学问而学问,为劳动而劳动"[42]、"生而不有,为而不恃"、"天地与我并生,而万物与我为一"、

"无入而不自得"的"趣味化艺术化"的生活,[43]是一种"含着春意"的生活[44]。它构想的是人与众生与宇宙的进合和谐。这一境界如何真正实现?关键之一是责任与兴味的统一。生命以"坦荡荡的胸怀"和"活泼泼的精力"[45]尽己之性,是要把具体生命活动的外在责任目的转化为内在情感需求,使个体对于人生的承当融化到趣味生命的践履中,从而达成知意情的和谐、真善美的统一,使责任成为兴味,使人生满溢春意,使生命成为享受。其次,梁启超还特别强调了趣味生命实现的行动要素,即生命的具体实践。正是因为实践,才使个体生命与众生与宇宙的进合具有现实的可能与基础,这是梁启超思想中唯物主义的一面,也是他与中国现代美学包括宗白华在内的其他诸大家的重要区别之一。从王国维、朱光潜到宗白华,都关注出与入、欣赏与创造的关系,强调两者间的和谐,但由于接受西方现代美学与艺术思想的影响,对静观、欣赏、体验的维度,又均有所偏重。而梁启超在这个问题上,是彻底地主张出入并存的。他是信仰可以执不有之为而在世俗中达涅槃的。当然,这种涅槃需要经历激烈甚至惨痛的冲突、否定甚或牺牲。由此,梁启超的美学思想不仅具有特别突出的热烈的人生情怀,也使其美学意向鲜明地呈现出崇高的现代性的一面。而这种对世俗冲突的超越在梁启超看来主要还在于个体自身生命境界的超拔。在宗白华那里,意境的实现主要通过向生命深度的体认而成就;在梁启超这里,趣味的实现则主要在于生命高度的提升。因此,都讲真善美的统一,宗白华更突出了真对于美的意义,梁启超则更突出了善对于美的意义。有了生命的高度,才有人生的美化与艺术化,可以说,这是梁启超趣味思想最为核心和最为重要的维度之一。把个体生命超拔到宇宙弘境中践履与证验,既是具体化的个人化的,又是契合人生责任和宇宙法则的。以此,生命的生生绵延,生命的春意婆娑,即为趣味之涵成。

趣味化的生命在不同时空与文化背景下,可以有不同的具体呈现。梁启超的时代,是民族命运危难、国民素质靡颓的时代。梁启超对生命至境的憧憬和想象集中表现为现实审美中的英雄主义意向，追求一种纯粹的实践精神和崇高的献身精神；表现为艺术审美中的崇高趣味与悲剧趣味，追求作家人格和人物品格的高尚性。由此，他不仅欣赏谭嗣同、蔡松坡、罗兰夫人、玛志尼等中外历史志士，也讴歌达尔文、培根、笛卡尔、康德等思想先驱、学术先锋。同时，他还力荐小说中的刺提之作，韵文中的奔迸之作。梁启超弘扬了诗歌中"热烈磅礴"的崇高风格[46]；高度肯定了屈原"All or nothing"的悲剧精神和崇高人格[47]；提出了杜诗之美是带着刺痛的真美[48]；而陶渊明最动人的不是能够免俗的冲淡，而是有所不为的高洁[49]。在梁启超的审美世界中，屈原、杜甫、陶渊明的生命境界都是在与现实的冲突中获得提升和超拔的。屈原是梁启超欣赏的最具个性的中国作家之一。屈原对于众芳污秽之社会不是看不开，而是舍不得，就像对于心爱的恋人，是"又爱又憎，又憎又爱"，却始终不肯放手。屈原"最后觉悟到他可以死而且不能不死"，他最终只能拿自己悬着极高寒理想的生命去殉那单相思的热烈爱情。梁启超最后的结论是研究屈原，必须拿他的自杀作出发点，因为只有这一跳，才"把他的作品添出几倍权威，成就万劫不磨的生命"[50]，而屈原的艺术化个性也得到了淋漓尽致的呈现。对于杜甫，与历来将其誉为"诗圣"不同，梁启超慧眼独具赞其为"情圣"。他认为杜甫是一个具有丰富、真实、深刻情感的多情之人，如果说屈原的情在国家社会，杜甫的情就在普通大众。杜甫总是把下层大众的痛苦当作自己的痛苦，体认真切精微。因此，屈原与杜甫都体现了情感的崇高博大。陶渊明则历来是中国文人崇尚的典范。不过，中国传统文人属意的主要是陶渊明的所谓旷达不仕，似乎陶渊明天生就不喜欢做官。梁启超却认为陶渊明并不是一个天生就能免俗的人。他也"曾转念头想做官混饭吃"，但他始求官而终弃官，"精神上很经过一番交战，结果觉得做官混饭吃的苦痛，比捱饿的苦痛还厉害，他才决然弃彼取此"[51]，这与那些"古今名士，多半眼巴巴盯着富贵利禄，却扭扭捏捏说不愿意"的丑态相比,与丢了官不做本"不算什么希奇的事,被那些名士自己标榜起来,说如何如何的清高"的鬼话相比,实在要算更得高趣了。陶渊明是操养逐渐纯熟,即自己与自己交战而终获超拔。梁启超对历史人物和文学艺术的独到解读与个性评判,为他的趣味审美哲学作出了生动的诠释。

如果说,梁启超是以趣味为人生立基,以高度为生命超拔之径。宗白华则以情调为人生立本,以深度为生命超越之维。宗白华强调,人格涵育一须向宇宙自然间去创化,一须向美的艺术去寻找答案。而随着对艺术认识的不断深入和对宇宙人生体验的渐趋圆融,宗白华将生命情调、宇宙精神、艺术意境等在内在情韵上贯通了起来,并以艺术意境来统领和涵泳,他的生命理想,逐渐聚焦为如何"给人生以'深度'"[52]。这个"深度",是对自然、宇宙、生命之最深本真的切入和体味,也是一种生命诗性与美感的体认。宗白华以为:"自从汉代儒教势力张大以后,文学艺术接受了伦理的人事的政教的方向之支配,渐渐丧失了古代神话中幽深窅眇的宇宙感觉和人生意义,一切化为白昼的,合理的,切近人间性的。"[53]他认为,生命情调和宇宙韵律在中国文学艺术中逐渐稀薄冲淡,以致使文学艺术失了诗魂,使生命和人生失了诗意。宗白华不仅视"意境"为"一切艺术的中心之中心",也把它看作生命与宇宙之核心,是造化与心源、山川与诗的凝合。如果说王国维主要是对中国传统以情景交融为核心的意境理论做了总结,并初步呈现出了意境范畴的现代生命维度;宗白华则着重于揭示意境的生命意味,在艺术审美维度上,宗白华的意境是从"写实"、"传神"到"妙悟",而在生命本体审美上,宗白华的意境则是从"直观感相"、"生命活跃"到"最高灵境"。宗白华认为写实和传神都不是艺术的最终目的,由写实可到传达生命及人格之神味,由传神可到窥探宇宙与人生之奥秘。道的形上和艺术的意境体合无间。既"得其环中",缠绵悱恻而入生命核心;又"超以象外",超旷空灵而静穆观照。虚实相生,体用不二,出入自得,这样的生生节奏就是至动而有韵律的生命情调和宇宙秩序,鸢飞鱼跃而葱茏氤氲,至真至善至美而和谐华严。一枝花,一块石,一湾泉水,都孕着一段诗魂。灵肉一致,物我交融,自然形象和艺术意境千变万化,内蕴的都是深沉浓挚的生命性灵和宇宙韵律。无尽的生意和无穷的美,深藏若虚,满而不溢。宗白华的深沉就在于他深刻地把捉住了艺术意境、生命情调、宇宙精神共通的神髓。因此,他的意境理论也成为他的人生美学精神的生动呈现。艺术心灵"由能空、能舍,而后能深、能实,然后宇宙生命中一切理一切事,无不把它的最深意义灿然呈露于前"[54]。审美超越解决了生命中的一切对峙冲突,艺术意境和生命灵境两相辉映,交融互渗,成就了最活跃而又最深沉的天地诗心。

生命唯在诗意的层面上可以通至宇宙的根底。呈现与妙悟这种美与诗意,不仅是艺术的伟大使命,也是人生的伟大使命。宗白华将其称为"中国心灵的宇宙情调",是中国艺术境界和哲学境界的最后源泉与特点。他咏叹:"人类这种最高的精神活动,艺术境界与哲理境界,是诞生于一个最自由最充沛的深心的自我。这充沛的自我,真力弥满,万象在旁,掉臂游行,超脱自在。"[55]一切出世与入世、功利与非功利的纠葛,在这样的自我面前,都已不再构成生命的困扰。在《中国艺术意境之诞生》一文中,宗白华专门辟了一个专题探讨"意境创造与人格涵养"的问题,强调了意境创构、人格涵养、宇宙精神的涵映和深契。这种深契不是将自我"泊没"于"大我"之中。艺术和谐的形式包孕着力的回旋,是丰富复杂的生命热烈呈现个性而归宁静和谐。因此,在艺术中,由小我而入大我,也是以热烈活泼之生命去体味领悟宇宙之真意,是个体生命"超脱实用之关系"而"化我"入宇宙之真境。它需要每一个个体生命穿越物质束缚、功利限定,而达宇宙创化宣示予我们的奥秘,静穆高洁,仰俯自得。

"'生生而条理'就是天地运行的大道,就是一切现象的体和用。"[56]在宗白华看来,至动而韵律既是生命与宇宙运演的基本规律与最深真境,也是艺术境界的最后源泉。一方面,生命真境与宇宙深境构成了艺术灵境的最终根源,同时,艺术又以自己美的形式——"艺"与"技"呈现和启示着"宇宙人生之最深的意义和境界"[57],呈现和启示着形上的"道"。在对宇宙、人生、艺术及其相互关系的辩证观照中,宗白华也提出了"由美入真"的人生命题和美学命题。所谓"由美入真",即艺术不仅美,还含真。因此,艺术审美的意义"不只是化实相为空灵,引人精神飞越,超入美境。而尤在它能进一步引人'由美入真',深入生命节奏的核心"。通过"由美入真"使人"返于'失去了的和谐,埋没了的节奏',重新获得生命的核心,乃得真自由,真解脱,真生命"。[58] "由美入真"突出体现了宗白华开掘建构生命深度的审美命题。这个"真"不是指现象或表象的真,而是指生命的节奏、核心、中心等,也就是宗白华反复阐释的宇宙大道、规律、本质等。宗白华将其称为"高一级的真"。因此,"这种'真',不是普通的语言文字,也不是科学公式所能表达的真","这种'真'的呈露",只有借助"艺术的'象征力'所能启示",就是"由幻以入真"。[59] 艺术本身是幻的,由它却能也才能完美地启示宇宙与生命核心之真。

"由美入真"提出了由艺术美境通向人生至境与宇宙真境的道路。对艺术之美及其境界的把握是这个命题的重要基础。"艺术让浩荡奔驰的生命收敛而为韵律",既"能空灵动荡而又深沉幽渺"。它是"象罔",是虚幻的景象,又是"玄珠",是那个"深不可测的玄冥的道"。[60] 只有"象罔"才能得到"玄珠"。艺术境界(意境)是穿越"丰满的色相"而达到空灵,由此直探"生命的本原",抵达"宇宙真体"。宗白华慨叹艺术的"这个使命是够伟大的!"在这个意义上,"艺术的境界,既使心灵和宇宙净化,又使心灵和宇宙深化,使人在超脱的胸襟里体味到宇宙的深境"[61];"艺术不只是具有美的价值,且富有对人生的意义、深入心灵的影响";艺术"不只是实现了'美'的价值,且深深地表达了生命的情调与意味"。[62] 这也就是艺术境界(意境)的最终价值所在。在艺术中,人体味的就是生命与宇宙的至美神韵与最深真境。

"由美入真"即"由美返真"也即"由幻入真",是由艺术通达宇宙本真与生命本体的道路。它是将"最高度的生命、旋动、力、热情"转化为"韵律、节奏、秩序、理性",在宗白华看来,这也就是艺术的艺与技、韵与序。宗白华以音乐的节奏与旋律、舞蹈的线纹与姿态、建筑的形体与结构、中国画的笔墨与点线等为例,也以歌德的艺术人生、晋人的唯美生活等为例,具体阐释了艺术的形式节奏与生命的韵律秩序,指出美既是艺术的形式与节奏,又是生命的情调与意趣,也是宇宙的韵律与奥秘。

"由美入真"是对人生的洞明,是"人生的深沉化",是由艺术来澄明人生,也是化人生而为艺术。它通过深入生命的核心和中心,体认宇宙和生命的最深的真实,从而使我们的情感趋向深沉,是穿透色相而抵达生命的深处,使生命与生命在"深厚的同情"中产生美的共鸣。"有无穷的美,深藏若虚,唯有心人,乃能得之。"[63]在真善美的化境中,"最高度的把握生命,和最深度的体验生命"融为一体,[64]"我们任何一种生活都可以过,因为我们可以由自己给予它深沉永久的意义"。[65]

不论是梁启超还是宗白华,他们的美学思考最终都落脚在人生关怀上,以生命实践及其形上超越之相契为旨归。中国现代美学虽直接受到西方美学、哲学及艺术思想的影响,但是梁宗都没有简单地全盘接纳。他们把西方康德、歌德、柏格森等的情感论主体论与中国传统文化的德性论体用论等相融汇,特别是与民族文化的人生精神与诗性传统相贯通。可以说,梁、宗都没有从康德与歌德走向唯美与纯情,也没有从柏格森走向直觉与非理性。他们一方面以情感与生命来激扬新的审美精神,一方面始终攥着个体的人生责任与使命。所以,他们在本质上都非为美而美,而是在审美艺术人生的统一中追求真善美之相契,希望在生命践履中蕴真达善向美,实现并体味生命的超越与美感,从而达成主体与客体、物质与精神、个体与众生、有限与无限、创造与欣赏的统一,实现出世与入世、有为与无为的贯通。应该说,这种不乏审美救世主义倾向的人生美学情致,不管是在梁、宗的时代拟或是在今天,都不免浪漫或玄想,但其以美来抵御俗情庸情,抵御唯物质唯利益的功利主义,抵御唯理性唯技术的片面性等,显然是有其独特而积极的意义的,而这也正是中国现代美学精神留给我们的最重要也是最为动人的方面之一。

注释:

〔1〕〔9〕〔10〕〔16〕 宗白华:《歌德之人生启示》,《宗白华全集》第2卷,安徽教育出版社1996年版。

〔2〕 宗白华:《康德唯心哲学大意》,《宗白华全集》第1卷,安徽教育出版社1996年版。

〔3〕〔4〕 宗白华:《说人生观》,《宗白华全集》第1卷,安徽教育出版社1996年版。

〔5〕〔7〕 宗白华:《新人生观问题的我见》,《宗白华全集》第1卷,安徽教育出版社1996年版。

〔6〕 宗白华:《青年烦闷的解救法》,《宗白华全集》第1卷,安徽教育出版社1996年版。

〔8〕〔63〕 宗白华:《艺术生活——艺术生活与同情》,《宗白华全集》第1卷,安徽教育出版社1996年版。

〔11〕 宗白华:《欢欣的回忆和祝贺——贺郭沫若先生五十生辰》,《宗白华全集》第2卷,安徽教育出版社1996年版。

〔12〕〔17〕〔18〕〔22〕〔26〕 宗白华:《哲学与艺术——希腊大哲学家的艺术理论》,《宗白华全集》第2卷,安徽教育出版社1996年版。

〔13〕〔56〕〔64〕 宗白华:《艺术与中国社会》,《宗白华全集》第2卷,安徽教育出版社1996年版。

〔14〕 宗白华:《论中西画法的渊源与基础》,《宗白华全集》第2卷,安徽教育出版社1996年版。

〔15〕〔19〕〔21〕〔24〕〔25〕〔55〕〔60〕〔61〕 宗白华:《中国艺术意境之诞生》,《宗白华全集》第2卷,安徽教育出版社1996年版。

〔20〕 宗白华:《歌德席勒订交时两封讨论艺术家使命的信》,《宗白华全集》第2卷,安徽教育出版社1996年版。

〔23〕 宗白华:《论〈世说新语〉和晋人的美》,《宗白华全集》第2卷,安徽教育出版社1996年版。

〔27〕〔29〕宗白华:《席勒的人文思想》,《宗白华全集》第 2 卷,安徽教育出版社 1996 年版。

〔28〕宗白华:《歌德的〈少年维特之烦恼〉》,《宗白华全集》第 2 卷,安徽教育出版社 1996 年版。

〔30〕〔35〕宗白华:《〈自我之解释〉编辑后语》,《宗白华全集》第 2 卷,安徽教育出版社 1996 年版。

〔31〕宗白华:《〈纪念泰戈尔〉等编辑后语》,《宗白华全集》第 2 卷,安徽教育出版社 1996 年版。

〔32〕〔33〕〔34〕〔36〕〔37〕宗白华:《中国文化的美丽精神往哪里去?》,《宗白华全集》第 2 卷,安徽教育出版社 1996 年版。

〔38〕胡继华《中国文化精神的审美维度》(北京大学出版社 2009 年版)和汤拥华《宗白华与"中国美学"的困境》(北京大学出版社 2010 年版)均有相关批评,可参看。

〔39〕〔44〕梁启超:《治国学的两条大路》,《饮冰室合集》第 5 册,中华书局 1989 年版。

〔40〕梁启超:《"知不可而为"主义与"为而不有"主义》,《饮冰室合集》第 5 册,中华书局 1989 年版。

〔41〕梁启超:《印度之佛教》,《饮冰室合集》第 9 册,中华书局 1989 年版。

〔42〕〔43〕梁启超:《为学与做人》,《饮冰室合集》第 5 册,中华书局 1989 年版。

〔45〕梁启超:《评胡适之中国哲学史大纲》,《饮冰室合集》第 5 册,中华书局 1989 年版。

〔46〕梁启超:《诗话》,《饮冰室合集》第 5 册,中华书局 1989 年版。

〔47〕〔50〕梁启超:《屈原研究》,《饮冰室合集》第 5 册,中华书局 1989 年版。

〔48〕梁启超:《情圣杜甫》,《饮冰室合集》第 5 册,中华书局 1989 年版。

〔49〕〔51〕梁启超:《陶渊明》,《饮冰室合集》第 12 册,中华书局 1989 年版。

〔52〕宗白华:《悲剧的和幽默的人生态度》,《宗白华全集》第 2 卷,安徽教育出版社 1994 年版。

〔53〕宗白华:《〈沙坪坝中央大学农场区内发现古墓纪事〉等编辑后语》,《宗白华全集》第 2 卷,安徽教育出版社 1994 年版。

〔54〕宗白华:《论文艺的空灵与充实》,《宗白华全集》第 2 卷,安徽教育出版社

1994年版。

〔57〕〔58〕〔59〕〔62〕宗白华:《略谈艺术的"价值结构"》,《宗白华全集》第2卷,安徽教育出版社1996年版。

〔65〕欧阳文风:《梁启超、宗白华美学思想的相似性及其启示》,金雅主编《中国现代美学与文论的发动》,天津人民出版社2009年版,第324页。

第五章　梁启超美学思想的价值与启迪

研究梁启超美学思想,我以为有两个迫切的任务。一是以科学的立场拨开研究中的重重迷雾,还原其客观的历史面貌和公允的学术地位。二是以理论的意识来提炼其精神与方法,分析其局限与不足,从而使历史的资源可以有效地穿透现实的壁垒,成为我们今天思想理论建设的有益借鉴。本章在前四章具体研究的基础上,试图对梁启超美学思想的理论特征、学术地位、理论意义、正反启思作出宏观观照,以抛砖引玉,就教于各位方家。

第一节　梁启超美学思想研究中的三个问题

梁启超是中国近现代思想史上最具影响力的人物之一,也是中国近现代思想史上最聚讼纷纭的人物之一。对于梁启超美学思想的研究,其中最具争议的当是对其美学思想的体系特点、发展规律与学术取向的认识问题。长期以来,国内学界似乎一谈梁启超,就是一个功利主义学人的形象;一谈梁启超的美学思想,就是博杂多变,缺乏体系。我以为,这样的认识是有失公允的。体系性、变异性与功利性这三个问题涉及对梁启超美学思想的理论特征与个体风貌的认识,不解决这三个问题,就无法对梁启超美学思想作出客观科学的认识与总结。事实上,对于这三个问题的偏颇认识,已经成为梁启超美学思想研究的瓶颈,严重阻碍着研究视阈的拓展与理论价值的发现。本节拟在前四章具体研究的基础上,首先对这三个问题谈谈个人粗浅的看法,以求教于各位方家。

一、梁启超美学思想的体系性

梁启超美学思想是否形成了自己的体系?关于这个问题,较为普遍的看法是认为梁启超虽提出了一些富有创见的观点,但其美学思想博杂散乱、支离零碎,没有形成自己的体系。如《情感与启蒙——20世纪中国美学精神》、《华夏审美风尚史·凤凰涅槃》等著均持此议。[1]我以为,对于梁启超美学思想体系性问题的把握,首先涉及对体系这个理论范畴本身的理解与界定问题。何谓体系?体系乃"若干有关事物互相联系互相制约而构成的一个整体"[2]。因此,判断一个人的思想是否构成了体系,实质当在于这些思想之间的内在联系及其整体性如何,而并非形式上的某种外在完整性与明显关联性。实际上,目前学界所普遍认同的体系范型主要还是西方近现代理论科学的体系范型,是以概念、范畴、判断、推理的显性逻辑建构作为体系建构的基础,并自觉地相对集中于某一(几)篇(部)重要文章(著作)中完成其基本理论论证与阐释的一种理论模态。如黑格尔的哲学与美学体系。这是一种显性的理论体系模式,也是比较常见的一种体系范型。但是,我们不能以一种体系的话语特点或形式特征来要求所有的体系。诚如布洛克曼所言:"如果人们对不同语言的,特别是它们的陈述系统的系统性质作一彻底研究,就必须承认它们彼此的等值性,这样就有了一个机会,来使西方文化相对地离开人类中心主义。"[3]实际上,不同语言的系统等值性问题不仅在中西文化间存在,就是在西方文化内部也存在。关于这一点,我比较赞同朱光潜先生在讨论马克思主义美学思想与中国古典哲学时所表述的基本观点。朱先生指出:"马克思主义创始人没有写过美学专著,这是事实;说因此就没有一个完整的美学体系,这却不是事实。"他进一步分析道:"美学在他(马克思)的整个思想大体系中只是一个小体系。小体系是不能脱离大体系来理解的。马克思主义大体系就是辩证唯物主义和历史唯物主义,以及从此生发出来的认识来自实践的基本观点……应用到美学里说,文艺也是一种劳动生产,既是一种精神劳动,也并不脱离体力劳动……人与自然(包括社会)决不是两个互不相干的对立面,而是不断地互相斗争又互相推进的。因此,人之中有自然的影响,自然也体现着人的本质力量,这就是'人化的自然'和'人的对象化',也就是主客观统一的基本观点。从这个基础的实践观点出发,马克思既揭示了文艺的起源与性质,又追溯了文艺经过不同的社会类型的长久演变,还趁便分析一些具体文艺作家和作品,从而解决了一系列文艺创作方面的重要问题……试问这一切还不能构成马克思主义美学的完整体系吗?对于我们造成困难的是这个完整体系是经过长期发展而且散见于一系列著作中的,例如从《经济学——哲学手稿》、《德意志意识形态》、《关于费尔巴哈的提纲》、《政治经济学批判》直到《剩余价值论》、《资本论》和一系列通信。……我们的困难就在于要掌握这个完整体系,就非亲自钻研上述一系列完整的经典著作不可。"[4]在谈到中国传统哲学的特点时,朱光潜先生又借评价冯友兰先生的《新理学》而指出:中西哲学"所求之理"与"所得之结论"根本无大别,一般人认为中国哲学似"一盘散沙",但在冯先生手里,"中国哲学旧籍里那一盘散沙","居然成为一座门窗户牖俱全的高楼大厦,一种条理井然的系统,这系统也许是潜在的,'不足为外人道'的,但是如果要使它显现出来,为外人道,也并非不可能"。[5]我认为,朱光潜先生关于马克思主义美学思想体系面貌和中国传统哲学体系特征的认识是非常深刻的,对于我们今天的学术理论研究很有启迪。这里面有这样两个方面的问题:一是一个思想家的整体思想与具体命题观点之间的关系。即要把具体观点命题放到整体思想的大框架下来看,这样才能更好地把握具体思想间的逻辑关联,而且在研究中必须注意全面钻研一手原著,才能把散见于长期发展的大量原始资料中的思想脉络清理出来。二是系统有明显显现出来的，也有"潜在"的。学术研究就是要把那潜在的系统给发掘出来，而为外人道。同理，汪涌豪先生在《中国古代文学理论体系·范畴论》一书中也对"潜体系"问题提出了自己的见解。他认为："中国古代文学理论批评范畴各部分内部，存在着横向的逻辑联系，具有可以迹寻的内在结构线索。这些联系和线索，构成了这些部分中概念范畴的系统特征。"[6]他认为与西人主要运用的形式逻辑方法不同，中国文论主要运用的是辩证逻辑的方法，它建构的是以范畴为核心的动态结构模式。我认为这样的观点是切中肯綮的。中国传统文论家很少去预设一套静态的平面结构体系，但这不等于中国文论就没有自己的体系。无论就事实还是方法而言，对于梁启超美学思想的体系性问题，我认为必须从其思想本身的具体特点出发，注重整体观照与动态观照。

从整体性角度考察梁启超美学思想，我认为它构成了自身的体系。这个体系不是黑格尔式的显体系，而是一种具有自身鲜明特色的隐体系。[7]概括地说，梁启超的美学思想是一个以"趣味"为核心、以"情感"为基石、以"力"为中介、以"移人"为目标的"趣味主义"人生论美学思想体系。它有自己的理论基础——美的启蒙功能，它有自己的理论目标——美对人生的介入，它有自己的理论范畴——以"趣味"、"情感"、"力"、"移人"为核心与代表的概念群，它有自己的理论形态——以演讲辞与专题论文为代表的阐释方式，它有自己的论证特征——激情与逻辑相交融的言说方式。但这个体系并非一种先验的理论预设，也不是集中于一篇或几篇文章中完成其理论建构，它是在美学思想的现实发展中，是在具体命题与具体范畴的实际论释中，逐渐贯通、勾连、明晰和丰满起来的。我认为梁启超美学思想的体系建构不是从理论到理论，而是从具体的现实问题与人生问题出发来提问，在人生哲学的大框架下来确立美与审美的具体问题，并在审美具体问题的解决中自然而然地实现了美学思想间的逻辑贯通。因此,梁启超美学思想在体系上呈现为一种潜隐性与开放性,既需要我们从大量的一手资料中来把握其思想脉络,又需要我们将其放在整体思想的大框架下来体认其内在联系。认识与勾勒梁启超美学思想的基本体系面貌,至今仍是一个探索性的工作。我个人认为,作为转型期的美学思想家,梁启超美学思想在具体问题上有生动的发现、发展、丰富的显性过程,使其理论面貌亦呈现出演化与充实的显性动态过程。这种思想发展的具体特征,实际上正是梁启超美学思想体系的重要特色之一。但这个特色也正是构成梁启超美学思想体系性问题歧见的一个关键性要素。

其次,梁启超美学思想具有自身发展演化的一个动态过程,这也是需要我们深入认识的一个问题。前文已对梁启超美学思想发展分期和演化特征做过讨论。[8]梁启超美学思想总体上可分为萌芽期与成型期两个发展阶段。萌芽期约为1896至1917年间。这一阶段,梁启超主要配合政治变革的要求,倡导文学革命,提倡以新的内容、新的意境、新的风格为核心的新的文体审美理念,重视文学艺术的社会功能,提出了"力"与"移人"的重要命题。成型期则为1918至1928年间。梁启超开始重视美的生命本体意义与伦理实践意义,重视美、艺术与生活之间的联系,提出了"趣味"与"情感"的重要命题。因此,从表面上看,梁启超的美学思想前后期所论述的具体问题变化较大;从形式上看,梁启超也始终未对自己涉猎颇广的美学问题与相关言论进行着意的逻辑阐释与理论建构。因此,难免给人留下散乱博杂不成体系之感。实际上,撇开这些外在的特点,深入梳理梁启超美学思想的内在脉络,可以发现,其美学思想是有自己的理论基点与逻辑联系的。梁启超美学思想关注的中心就是美与现实的关系,就是美对于现实人生与人的建设的价值与意义。这一点在前期"力"与"移人"的理论阐释中,已鲜明地体现出来。后期,在"趣味"与"情感"的理论建构中,则趋于深沉。美与人及其人生的关系构成了梁启超美学思想的理论基点。这一理论基点凸显了其作为启蒙主义思想大师的历史视角。以这一理论基点为中心,他的美学思想构成了一个以"趣味"为核心、以"情感"为基石、以"力"为中介、以"移人"为目标的"趣味主义"人生论美学思想体系,集中体现了不有之为的美的趣味理想。总的来看,梁启超的美学思想具有自身内在的逻辑关系,具有自己独特的运思规律与言说方式。它最基本的特征就是既坚持美的人生意义,弘扬美的实践导向;又关注美的自身特质,关注审美的独特规律。[9]因此,其美学思想的体系特征充分体现了一种梁启超式的运思规律,它追求的是求是与致用、尚实与理想的统一。它试图通过审美的个体生命本质与群体社会价值的融通、通过尚实理性与人文理想的相谐使美成为通向人的精神自由与完善从而实现人格完美与人生变革的独特的启蒙通衢。因此,从梁启超美学思想的实际发展与整体面貌来看,我认为他的美学思想具有自身内在的逻辑性。

此外,梁启超美学思想在话语表现上具有自身的鲜明个性。在某种程度上,这也是构成体系性问题歧见的一个原因。梁启超具有鲜明的诗人气质,其著述思维活跃,激情洋溢。研读他的文章,困难之处并不在于对文字本身的理解,其文字流畅通俗充满激情,不存在沟通上的字面障碍。但是,他的理论阐述有自己鲜明的特点,即以文学的笔法来阐释学术观点,虽屡有深刻发见,但文字夸张,表里有异;以演讲的形式来阐发学术观点,注重情境,严谨不足;以诗人的激情来探讨学术问题,性情所至,点到即止。他的理论建构以对现实与人生的介入为基本目标,因此,他最关注的还不是理论本身的严谨性与完善性,而是理论问题的针对性,是理论话语的感染力,是时人的接受度。他的美学思想散见于艺术论、作家论、诗话、演讲稿、游记甚至政治学、教育学、史学论著中。他在一切可能的情况下通过一切可能的方式向时人传输自己的观点。由于他的理论指向是直接面向现实人生的,而不是纯粹从理论本身来界定,因此,他并不注重在一个文本中对问题论述的完整性,他常常使同一理论问题分散于多个文本中,从而缺乏集中统一的言说范本。这一切都在客观上影响了其美学思想体系的被理解与被接受度。

总之,对于梁启超美学思想体系性问题的把握,关键是须从梁启超美学思想自身特点与规律出发,应该是对于其内质的深度提炼,是对于其思维逻辑的整体认识,是对于其丰繁甚至局部上表面上不无矛盾的原始言论的整体性梳理。对于这个问题,我的基本看法是:梁启超美学思想构成了自己的体系,但这个体系是一个兼具潜隐性与开放性的体系。它对美学具体问题呈现为一种向人生开放的姿态;它的运思规律与言说方式则区别于西方理论科学的一般显性理论模态。总而言之,如果我们承认体系的逻辑特点与表现特征可以是丰富多样的,那么,我们就应该肯定并接纳梁启超美学思想体系的存在。

二、梁启超美学思想的变异性

变异性是与体系性密切相关的一个问题。变是梁启超成为中国学术、文化、思想史上最具争议的人物之一的重要原因之一,变也是造成对梁启超美学思想体系性认识歧见的重要原因之一,变还是对梁启超美学思想价值认识分歧的重要原因之一。如何认识变,成为准确把握与客观评价梁启超美学思想的重要基础之一。

毋庸讳言,变是梁启超学术个性的客观现实。郑振铎先生在《梁任公先生》一文中说:"梁任公最为人所恭维的——或者可以说,最为人所诟病的——一点是'善变'。无论在学问上,在政治活动上,在文学的作风上都是如此。"[10]据丁文江先生著《梁启超年谱长编》载,梁启超的老师康有为也曾批评他"流质易变"。对于变的问题,梁启超自己也曾多次在各种文章与场合中谈及。据梁启超的学生李仁夫回忆,他与同学楚中原曾一起去拜访梁启超,其间楚中原问梁启超:"一般人都以为先生先后矛盾,同学们也有怀疑,不知先生对此有何解释?"梁启超听了楚中原的话,"沉吟了一会儿,然后以带笑的口吻说:'这些话不仅别人批评我,我也批评我自己。我自己常说:'不惜以今日之我去反对昔日之我'，政治上如此，学问上也是如此。但我是有中心思想和一贯主张的，决不是望风转舵，随风而靡的投机者"，"我的中心思想是什么呢？就是爱国。我的一贯主张是什么呢？就是救国"。[11]在《自由书·善变之豪杰》中，梁启超又说："大丈夫行事磊磊落落，行吾心之所志，必求至后已焉。若夫其方法随时与境而变，又随吾脑识之发达而变，百变不离其宗，但有所宗，斯变而非变矣。"[12]在《清代学术概论》中，梁启超将自己和康有为的学术个性做了比较："有为常言：'吾学三十岁已成，此后不复有进，亦不必求进。'启超不然，常自觉其学未成，且忧其不成，数十年日在旁皇求索中；故有为之学，在今日可以论定；启超之学，则未能论定。"[13]可见，变是梁启超学术个性的基本特征。同时，梁启超也将变与新与发展完善相联系。他在《善变之豪杰》中引用《论语》中的话："君子之过也，如日月之食焉，人皆见之；及其更也，人皆仰之。"[14]变即更即创新与完善，因此他宣称"不惜以今日之我与昨日之我挑战"。对于梁启超的变，当时的学人否议较多，而郑振铎先生曾力排众议，对梁启超的"变"大加肯定："他的最伟大处，最足以表示他的光明磊落的人格处便是他的'善变'，他的'屡变'。他的'变'，并不是变他的宗旨，变他的目的；他的宗旨他的目的是并未变动的，他所变者不过方法而已。"[15]美国著名学者约瑟夫·阿·列文森在其1953年首次问世的《梁启超与中国近代思想》一书中也认为："梁启超改变其思想的过程，是一个不断地改变外在观念以适应内在需要的过程。"[16]两人持论均从梁启超学术思想的价值宗旨出发来认识其思想之变的现象，认为其学术思想之变在整体上呈现出方法之变与宗旨不变、观点之变与需要不变的辩证统一。这样的认识基本上揭示了梁启超学术思想之"变"的面貌与特点，并从一个重要的方面揭示了梁启超学术思想之变形成的深层原因，即对于强民富国之路的不息探寻。这种探寻一方面构成了梁启超学术思想的价值根基，另一方面也成为其不断探索与追求的内在动力。

梁启超的学术思想是近现代特定的社会现实的产物。近现代风云变幻的时代特征必然要求学术文化的新变与活力。而从整个中国学术文化发展演化的历史进程来看，以梁启超等为代表的近现代学术文化建构正处于中国学术文化由古典向现代的转型期，其思想建构必然具有转型期的过渡特征，更多的是开拓性的探索工作，需要不断地发展与完善。宏观地看，梁启超学术思想之变是历史时代、社会文化与个人质素的多重交合的结果。其中除了中国社会的现实需求外，近现代特定的社会文化环境尤其是西方思想文化的冲击与融入，客观地构成了其学术思想之变的重要精神渊源。

十九、二十世纪之交，首先对中国思想文化产生强势冲击的是达尔文创立的进化论。进化论最早于1873年由《申报》发表的短文《西博士所著〈人本〉一书》作了简单的介绍，后由严复于1895年发表《原强》等文作了相对系统的介绍。1897年严复在《国闻报》上发表了赫胥黎《进化论与伦理学》的译述本《天演论》。《天演论》于1898年出版单行本，以后不断重印。严复阐释的进化论以"物竞天择，适者生存"、"天演竞争，优胜劣败"为核心，糅合了达尔文的生物进化论与斯宾塞的社会达尔文主义，在苦苦寻求民族振兴道路的中国知识界引起了巨大的反响。曾有学人这样描述进化论在当时中国的情形："我们放开眼光看一看，现在的进化论，已经有了左右思想界的能力，无论什么哲学、伦理、教育，以及社会之组织、宗教之精神、政治之设施，没有一种不受它的影响。"[17]进化论在中国社会思想界比自然科学界具有更深远广泛的影响。梁启超是近代最早热情讴歌、阐释、宣传进化论的启蒙思想家之一。他专门著有《天演学初祖达尔文之学说及其传略》、《进化论革命者颉德之学说》等文对达尔文、颉德、斯宾塞等西方著名进化论思想家的思想学说进行介绍评析，他在《说动》、《中国专制政治进化史论》、《过渡时代论》、《五十年中国进化概论》数文中也论及了自己对进化的理解。他说："进化者，向一目的而上进之谓也。日迈月进，进进不已，必达于其极点。凡天地古今之事物，未有能逃进化之公例者也。"[18]在《变法通议》中,梁启超又说:"凡在天地之间,莫不变";"夫变者,古今之公理也"。[19]可见,在梁启超这里,"进化"就是"变"。对"进化",对"变",梁启超抱着一种乐观主义的信仰。美国学者张灏认为,梁启超"对进步价值观的信仰是终极的和无条件的"[20]。这种内在的精神信仰无疑影响着梁启超的学术风貌,促使他不断地去发展与超越自我。

十九、二十世纪之交,对中国思想文化产生深刻影响的还有西方的理性精神。理性精神是西方启蒙思潮的核心精神。它以培根的经验论哲学和笛卡儿的唯理论哲学作为思想根基。欧洲的启蒙思想家运用理性面前人人平等的原则构筑了理性主义的法庭。正如恩格斯所指出的,理性精神就是"一切都必须在理性的法庭面前为自己的存在作辩护或放弃存在的权利"[21]。在流亡日本以前,梁启超并未系统接触到欧洲启蒙思想家的相关学说,他从变法维新的需要出发,提倡"开民智",用知识的光辉来照亮人们的头脑,破除愚昧。他还主张以"不为古人所欺,不为世法所挠"的态度来读书"穷理",掌握真知。梁启超自己认为,这种思想与西方的启蒙"理想多与暗合"。流亡日本后,梁启超接触到了大量欧洲启蒙主义思想家的思想学说。他将培根与笛卡儿的学说放在一起研究,给予了高度的肯定,指出两者的根本精神就在于"破学界之奴性"。他发挥两人的思想认为:"苟此理厘然有当于吾心乎,虽外境界如何拂我,我必取之;苟此理愍然不慊于吾心乎,虽外境界如何煽我,我必弃之",学术追求"不特可以为求得真理之具而已,又使我之智慧能独立不倚而保其自由者也"![22]可见,在梁启超这里,学术追求不仅是对于科学真理的追求,也是对于精神自由的追求。他强调"若有欲求真自由者,其必自除心中之奴隶",要求反对一切古人、世俗、境遇和个人情欲的束缚,真正保持学术的独立与自由品格。在学术研究中,梁启超倡导"我有耳目,我物我格;我有心思,我理我穷"[23]的精神,不仅把持"自由独立不傍门户不拾吐余之气概",敢"与古今中外贤哲挑战决斗";还"不谬执他自己的成见","不惜以今日之我,难昔日之我"。[24]因此,梁启超的学术思想之变在本质上还是一种穷究真理的学术独立与自由品格的表现。

"变"是梁启超美学思想的基本面貌之一。一些学者认为梁启超美学思想之变的特点是,前期为功利主义美学,后期为超功利美学,两者之间缺乏内在的统一性。如有学者认为:"'五四'运动以后,梁启超完全退出政治舞台,潜心于学术思想研究。职业上的变化,也促成他审美观的变化,由文艺上的功利论者变为超功利论者。……这是他对早期的文艺服务于新民的主张的全面修正,也使他前后的理论变化表现出一种截然的反向。"[25]这样的看法,虽揭示了梁启超美学思想发展过程中的某些现象与特点,但并未全面把握梁启超整个美学思想的逻辑关系,更未深入把握梁启超美学思想的内在特质,甚至未能客观地揭示梁启超学术思想发展的根本规律。1927年,梁启超面对清华学子慷慨陈词:"现在中国的情形糟到什么样子,将来如何变化,谁也不敢推测。在现在的当局者,哪一个是有希望的?哪一个党派是有希望的?那末中国就此沉沦下去了吗?不,决不的。如果我们这样想,那我们太没志气,太不长进了。"他谆谆告诫清华学子:"我们改善社会的决心的责任,是绝对不能放松的。所以我希望我们同学不要说我的力量太小,或者说我们在学校里是没有功夫的。实际上只要你有多少力量,尽多少责任就得。至于你无论在什么地方,总是社会的一分子,你也尽一分子的力,我也尽一分子的力,力就大了,将来无论在政治上、或教育上、或文化上、或社会事业上……乃至其他一切方面,你都可以建设你预期的新事业,造成你理想的新风气,不见得我们的中国就此沉沦下去的。"[26]这段文字鲜明地表达了梁启超的人生立场与学术立场。爱国主义始终是梁启超生命活动中高扬的一面旗帜,也成为他努力建设"一种适应新潮的国学"的强大动力。在这些文字中,我们无论如何都不能得出"五四"以后的梁启超已由一个职业的政治家转变成一个纯粹的不问政事的学者的结论,也不能得出后期梁启超已由一个关心政治的功利主义者转变成潜心书斋的超功利主义者的结论。实质上,围绕着启蒙新民、学用相谐的学术宗旨,梁启超的美学思想始终表现为求是与致用、尚实与理想相统一的学术取向。他以审美来关注人生,以审美来介入现实的学术指向始终未变。当然,在具体的研究命题与研究重点上,梁启超的前后期美学思想是有拓展和变化的。前期,梁启超的研究中心在文学的变革与创新,他提出了"力"与"移人"的重要命题,指出小说作用于现实与人生的关键在于它所具有的审美心理功能,即"支配人道"的功能。由"力"与"移人"的命题,梁启超将审美心理与审美功能相联系,奠定了其美学思想将理论探讨与实践指向相结合的基本理论特色。后期,梁启超从美的"趣味"本质与"情感"特质出发,将审美提高到更具广泛意义的生命本体层面来理解,强调审美对于人的生命力的激扬与生命意义的完善的价值。他将"趣味"、"情感"与审美教育相联系,使"力"与"移人"的命题得到了完善与充实,并使前后期美学思想获得了贯通。可以说,梁启超的前后期美学思想侧重点有变化,具体论点有不同,研究方法有发展,研究视野有开拓,但在根本精神与学术立场上有着一种内在的一致性。其把审美视为启蒙的重要通衢与人格塑造的重要工具的基本思想始终未变。因此,梁启超美学思想前后期的差异不是一种根本性矛盾,不是一种思想的断层,更不是从功利到超功利的变化。强调审美并不等于就是唯美的超功利的,坚持尚实也不等于就是功利主义的。[27]在梁启超美学思想研究中,长期以来存在着一种悖论,一方面是谈功利而色变;另一方面又往往简单地以梁启超的政治活动来界定其学术特色,以梁启超的政治立场来评判其学术成就。实际上,从学理的层面看,梁启超后期以"趣味"和"情感"为核心的美学思想是其前期以"力"与"移人"为核心的文学思想的丰富、发展、完善。后期美学思想代表了梁启超美学思想的最高成就,其阐释上的丰富内容是前期文学论著所远远不能比拟的,对美的本质与特点认识的自觉程度与深刻性也是前期文学思想所无法企及的,但是,后期美学思想延续了前期文学思想关注现实人生、重视审美心理规律的基本走向,形成了互为阐释、丰富发展的整体面貌,也熔铸了不有之为的基本美学原则与理想。在梁启超美学思想研究中,长期以来还存在着一种现象,那就是只关注前期美学思想,疏于研究后期美学思想,以致造成对梁启超整个美学思想研究的割裂状态与粗疏状态。[28]要深入把握梁启超美学思想的特质,就必须对梁启超美学思想的前后期发展作出系统的研究与观照;也只有在这个基础上,才能对梁启超美学思想之变作出科学的把握。

"变"构成了梁启超美学思想的显著特征。而变中的"非变"更是构成了梁启超美学思想独有的特质。这种复杂的面貌所体现出的强烈的历史使命感与学术责任感,所蕴藏着的自觉介入现实、追求学用相谐的内在一致性与统一性,成为十九、二十世纪之交先进知识分子努力追随社会步伐与积极求新求变的时代特征的典型写照,也生动地体现出梁启超式的可贵的探索精神与执着的入世品格。

三、梁启超美学思想的功利性

功利性是梁启超美学思想研究中最为人所关注的问题之一,也是梁启超美学思想长期以来未能获得应有肯定的重要原因之一。梁启超一生多姿多彩,以1917年为界,早年主要是一个叱咤风云的政治家,晚年主要是一个建树颇丰的学者。值得注意的是,退出政治舞台,并未改变梁启超关注现实的人生态度。不管是从事政治活动,还是潜身学术研究,不管是探讨社会问题,还是潜心思想创构,梁启超的视点从来就没有脱离人生、脱离社会。政治活动与学术研究都是他介入现实、关注人生的一种方式。1921年他在《外交欤内政欤》一文中说:"我的学问兴味、政治兴味都甚浓,两样比较,学问兴味更为浓些。我常常梦想能够在稍为清明点子的政治之下,容我专作学者生涯。但又常常感觉,我若不管政治,便是我逃避责任。"[29]这是梁启超真诚的自我表白,也是他这样的爱国知识分子无奈而又必然的选择。在本质上,梁启超是一个真诚爱国、富有"热肠"的知识精英,是一个勇于实践、充满激情的理想斗士。梁启超虽然积极主张自由纯粹的学术研究,但他并不主张学术脱离现实与人生。

当四万万中国人大都不知国家为何物,不知自己在国中的权利与地位,不知中国在世界的处境,更不知所谓人类的前途与命运,昏昏然茫茫然之时,需要的就是精英们的率先觉醒!需要的就是他们的登高一呼!这种深切的人生责任感贯穿了梁启超的一生。1913年3月5日,他在致梁思顺的家书中说:"国内种种焚乱腐败情状,笔安能罄……以吾之地位,处此时会,惟以忧患终其身而已。"[30]当然,他也不是不知"吾性质与现社会实不相容",因此"愈入之愈觉其苦",[31]但他始终未改初衷。直至二十世纪二十年代被大多数学者视为纯粹学人时期的梁启超仍深忧国事。他在给孩子们的家书中说:"中国病太深了,症候天天变,每变一症,病深一度,将来能否在我们手上救活转来,真不敢说。但国家生命、民族生命总是永久的(比个人长的),我们总是做我们责任内的事,成效如何,自己能否看见,都不必管。"[32]他多次在演讲与书信中表示,天下事无大小,每个人都应尽其所长,尽力去做;人生在世,要常思报社会之恩,将个体融入众生之中。实际上,在梁启超,从政与问学的目标与意义是可以相通的,一为社会尽责,一为个体立命,都是指向现实与人生的。也正因此,梁启超的从政并无政客的心理,相反多少是热情有余,城府不足。他自己感叹:"中国腐败社会之空气与吾性太不相入,接触稍密,辄增恶感"[33];"在中国政界活动,实难得兴致继续,盖客观的事实与主观的理想,全不相应"[34]。他在家书中表示:"为官实易损人格,易习于懒惰与巧滑,终非安身立命之所。"[35]因而,从梁启超的个性与本性言,他并非适于从政。他的投身政治实是时局所至与书生意气,是一腔的爱国激情与深切的社会责任感所至,当然也不乏其个性中的英雄主义情结。也正因此,梁启超的为学也并非遁入书斋,不及世事。他在早年率先以"新民"的理念在中国思想界第一个触及了国民性改造的问题,揭示了思想启蒙与中国政治、社会变革的深切联系,并由此初步切入了中国文学与文化的变革问题。欧游以后,梁启超提出了建设一个系统的有自身特质的中华民族新文化的宏伟理想。他认为精神建设在人的建设中处于根本地位。文化建设应该传承精华,广泛吸纳,化合创新,由此获得民族新文化的涅槃新生,并对世界文化作出自己的贡献。如此开阔的胸襟、深刻的见地与超越国家意识而升华了的人类视野,使梁启超激发出巨大的创造热情,在二十世纪二十年代收获了一批思想与学术的硕果,也鲜明地凸显出梁启超执着探求社会与人生真谛的思想家本色。"吾自欧游后,神气益发皇,决意在言论界有所积极主张。"[36]在二十年代的思想学术成果中,梁启超并没有改变其关心民族命运与国家前途的一贯立场,但是他对问题的思考已经有了更为深广的基点,他把问题拓展到更具底蕴的世界视阈与人类视阈。从本质上说,梁启超是一个真正的思想家,问学比从政更宜于他的本性。作为一个思想家型而非书斋式的学者,梁启超的学术具有鲜明的思想锋芒。梁启超曾在给爱女思顺的信中不无悲壮地说:吾不忍坐视鬼蜮出没,"除非天夺吾笔,使不复能属文耳"[37]。他的一生确实实践了这样一个诺言,以笔为武器,战斗一生,探索一生,思考一生,耕耘一生。

梁启超的一生,爱国主义、启蒙理想、人文关怀都是其思想中的重要因素。终其一生,梁启超始终不能算是一个唯美的美学家。[38]不管是前期强调美的社会功能,还是后期突出美的人文关怀,应该说,求是与致用的统一始终是梁启超美学思想思考的中心问题与坚持的根本立场。在早期的《论小说与群治之关系》中,梁启超就试图通过"力"与"移人"的命题,将艺术的现实使命与审美特性相会通。在后期的美学论文中,梁启超更是以"趣味"和"情感"为中心,将美的本质与生命本体相联系,将美的实现与理想人生的追求相联系,使美成为激活生命力、培养理想人生态度的重要动力。"理论在一个国家的实现程度,决定于这个理论满足于这个国家的需要程度。"[39]梁启超的美学思想在本质上就是以现实以人生为根本出发点与终极归宿的大美学观。梁启超美学思想的价值取向首先是由近现代特定的社会历史条件决定的。近现代严峻的民族危机,使得一切有责任感有爱国心的思想家都不能不关注与思考民族新生与前行的道路。梁启超是一个极具忧世情怀的思想家,同时他又是一个坚持"天行健,君子当自强不息"的乐观的实践家。[40]无论是从政还是问学,他都对现实对众生投入了真切的关注。从梁启超美学思想来看,它所着力探求的,是将审美主体置于社会文化变革的时代中心位置上,以怀抱改革社会、启迪民智、完善个性的目的,用新的思想与情感去凸现美的启蒙意义与人性光芒,凸现以人为中心的审美实践对塑造个体、变革社会的重要意义。梁启超的美学思想体现了近代文化面向现实、崇尚理性的新的时代精神。它与几千年来中国传统封建社会所宏扬的封建主义伦理理性具有本质的区别。封建主义伦理理性是以封建伦理规范作为最高准则的,它压抑主体的个性、情感与创造性,是以维护既定的封建秩序作为最高目标的。梁启超所弘扬的理性精神主要来自西方资产阶级的启蒙理性,它以民主、平等、进步、创造为口号,张扬主体的个性、情感与生命力,要求冲破封建束缚,呼唤社会的改造与进步。从人类历史发展的客观规律来看,资产阶级启蒙理性是比封建主义伦理理性更高一级的思想形态。它在近代中国社会的萌蘖代表了对于传统思想的批判与超越,具有历史的进步性。梁启超的美学思想以启蒙精神作为重要内核,坚持美与真与善的联系,将美自身的趣味本质、情感特征与审美的实践功能相联系,使趣味与移人、情感与力构成了一个互为因果、体用相谐的人生论美学思想体系,构筑了不有之为的趣味主义美学观。由此,梁启超的美学观既与传统的以教化为核心、主体丧失个性与情感的政教论审美理念相区别,又与旧式文人借艺术聊以自慰或寄情的所谓纯审美观相区别。梁启超的美学思想体现了他对美的独特理解与创构,是关于美的尚实理性与价值理想的梁式化合。鲁迅先生说:"享乐着美的时候,虽然几乎并不想到功用,但可由科学底分析而被发现。所以美底享乐的特殊性,即在那直接性,然而美底愉快的根底里,倘不伏着功用,那事物也就不见得美了。"[41]可见,简单地绝对地将美与功用拉开距离,并不切合审美的实际。美并不直接指向功利目标,指向实用理性,但审美实践在审美(情感)愉悦中渗透着价值指向,在审美体验中潜移默化着主体的整个心灵与精神世界。这就是审美的无用与有用的一种张力统一。同样,简单地用功利主义或超功利主义来概括梁启超美学思想的特点规律、臧否其美学思想的价值意义都是不科学的。实际上,梁启超美学思想发展演化的轨迹与特点典型地体现出二十世纪中国主流学术由社会政治理性向文化人文理性迈进的基本规律特征。"铁肩担道义,妙手著文章",李大钊的名言多少概括出了梁启超这一代中国近现代学人独特的学术环境与学术追求。今天,我们可以对这种学术追求中的非纯粹性加以批评。但是,正是这种兼济学术文化重建与社会人文重构的学术追求成为包括梁启超美学思想在内的中国近现代学术文化最可宝贵的精神传统之一。[42]陈平原先生在《"学者追忆"丛书·总序》中说:选择康有为、蔡元培、章太炎、梁启超、王国维等作为追忆的对象,"首先是基于这些学者自身所独具的魅力;这种魅力,既源于其学术成就,更来自其精神境界——这是较好地体现了古与今、中与西、学术与思想、求是与致用相结合的一代"[43]。我认为这个说法切合于这一代学人,也切合于梁启超美学思想的学术特质。对于梁启超美学思想的价值姿态与方法立场,我们应努力从历史本身出发作出符合实际的辩证科学的认识。

注释:

[1] 参见朱存明:《情感与启蒙——20世纪中国美学精神》,西苑出版社2000年版。蒋广学、张中秋:《华夏审美风尚史·凤凰涅槃》,河南人民出版社2000年版。

[2] 《辞海》,上海辞书出版社1980年版,第228页。

[3] 转引自[瑞士]皮亚杰著,倪连生、王琳译:《结构主义》,商务印书馆1984年

版,第 23 页。

〔4〕 朱光潜:《朱光潜全集》第 5 卷,安徽教育出版社 1992 年版,第 254—255 页。

〔5〕 朱光潜:《朱光潜全集》第 9 卷,安徽教育出版社 1992 年版,第 41—42 页。

〔6〕 汪涌豪:《中国古代文学理论体系·范畴论》,复旦大学出版社 1999 年版,第 630 页。

〔7〕 关于梁启超美学思想体系的具体描述请参看本书第一章第三节。

〔8〕 从前期到后期,梁启超的美学思想始终处于开放的动态变化之中,他不断地发展丰富完善自己的思想体系。直到 1928 年,梁启超的生命溘然而逝,他的美学思考也溘然中止。以梁启超的个性,如果他的生命能够延续,那么,他的美学思想必然还会有进一步的发展。

〔9〕 早期著名的小说论文《论小说与群治之关系》已体现出这样的运思特征,其文自身已构成一个相对完整的小系统。

〔10〕〔11〕〔15〕 夏晓虹编:《追忆梁启超》,中国广播电视出版社 1997 年版,第 88 页,第 417—418 页,第 88—89 页。

〔12〕〔14〕 梁启超:《自由书》,《饮冰室合集》第 6 册,中华书局 1989 年版。

〔13〕〔24〕 梁启超:《清代学术概论》,《饮冰室合集》第 8 册,中华书局 1989 年版。

〔16〕 [美]约瑟夫·阿·列文森著,刘伟译:《梁启超与中国近代思想》,四川人民出版社 1986 年版,第 8 页,《梁启超与中国近代思想》一书 1953 年由加利福尼亚大学初版,是海外研究梁启超的最早专著。

〔17〕 陈兼善:《进化论发达略史》,《民报》1922 年第 3 卷 5 号。

〔18〕 梁启超:《中国专制政治进化史论》,《饮冰室合集》第 1 册,中华书局 1989 年版。

〔19〕 梁启超:《变法通议·自序》,《饮冰室合集》第 1 册,中华书局 1989 年版。

〔20〕 [美]张灏著,崔志海、葛夫平译:《梁启超与中国思想的过渡》,江苏人民出版社 1997 年版,第 121 页。

〔21〕 恩格斯:《马克思恩格斯选集》第 3 卷,人民出版社 1972 年版,第 56 页。

〔22〕〔23〕 梁启超:《近世文明初祖二大家之说》,《饮冰室合集》第 2 册,中华书局 1989 年版。

〔25〕 蒋广学、张中秋:《华夏审美风尚史·凤凰涅槃》,河南人民出版社 2000 年版,第 331 页。

〔26〕夏晓虹编:《梁启超文选》下册,中国广播电视出版社 1992 年版,第 509—510 页,第 512—513 页。

〔27〕关于功利性问题的具体探讨请参看本节第三部分。

〔28〕梁启超在中国历史上首先是作为政治人物登上理论舞台的。前期,他作为政治领袖,锋芒毕露,影响巨大,一言既出,响者云集。后期,退出政坛,其言论在社会上的影响必然削弱。而且,从 1917 年退出政坛,此间还有两年的时间周游欧洲大陆,从国人的视野中消失。再加上 1919 年"五四"运动的爆发,新人辈出。事实上,1920 年回国后,梁启超在政治上已隐于历史的后台,但在学术与文化领域,他的思想正处于辉煌灿烂的顶峰。但是,由于"五四"新文学运动的旗手们已经夺取了人们的视线,梁启超此时的影响反而减弱。梁启超的美学论著主要集中在后期。前期有《论小说与群治之关系》等少量名文,影响巨大。后期虽有大量文章专门围绕美与艺术的问题且屡有精见,但从中国文论的传统、文艺活动的现实需要以及梁启超当时的社会地位而言,其已渐趋"深入"、"专门"、"谨慎"的后期美学研究并未能赢得时人的聚焦。这些文章无论在美学史还是思想史的范畴中亦长期未能引起足够的关注。很多梁启超研究论著往往只涉及其早期文学革命理论,而不论及其后期美学思想。这也影响了对于梁启超美学思想研究的整个学术视野与客观评价。

〔29〕梁启超:《外交欤内政欤》,《饮冰室合集》第 4 册,中华书局 1989 年版。

〔30〕〔31〕〔32〕〔33〕〔34〕〔35〕〔36〕〔37〕张品兴编:《梁启超家书》,中国文联出版社 2000 年版,第 101 页,第 120 页,第 441 页,第 113 页,第 118 页,第 258 页,第 287 页,第 211 页。

〔38〕夏晓虹《觉世与传世——梁启超的文学道路》(上海人民出版社 1991 年版)一书侧重从梁启超的文学思想谈了这个问题。她认为梁启超的文学思想经历了由"文学救国"到"情感中心"的转变。但即使在突出情感、注重文学的审美价值时,梁启超也绝对不是个唯美主义者。在文学的有用性上,梁启超从来就不超脱。

〔39〕马克思:《马克思恩格斯全集》第 1 卷,人民出版社 1960 年版,第 462 页。

〔40〕陈戍国点校:《四书五经·周易》,岳麓书社 2002 年版。

〔41〕鲁迅:《鲁迅全集》第 4 卷,人民文学出版社 1958 年版,第 263 页。

〔42〕李侃在《近代传统与思想文化·小引》(文化艺术出版社 1990 年版)中指出:近代文化传统和文化遗产中最值得宝贵和发扬光大的东西,就是为救国救民而寻求真理,为不甘落后而追求新知。

〔43〕陈平原:《"学者追忆"丛书·总序》,夏晓虹主编《追忆梁启超》,中国广播电视出版社 1997 年版,第 1—2 页。

第二节　梁启超美学思想的理论贡献与局限

从中国美学思想发展的历史进程来看,梁启超是中国美学思想由古典向现代转型的重要代表人物之一,是中国近现代民族新美学的开创者与奠基人之一。

李泽厚先生指出:"梁启超王国维是中国近代资产阶级初兴时期在启蒙思想和学术领域中的主要代表人物。"[1]叶朗先生指出:"在中国近代美学史上,最引人注目的是两位人物:梁启超和王国维。"[2]作为中国美学由古典向现代转型的重要奠基人与开拓者,梁启超与王国维两人所受到的关注程度与价值发现却远远无法比拟。王国维以纯审美主义的美学理路,在经过长期艺术(文学)与政治联姻的美学理念制导后的二十世纪八九十年代异军突起,吸引了众多学人的眼光,确实有其内在的逻辑与合理性。而梁启超美学思想重要的理论价值与文化意义长期以来未能获得足够的重视。从宏观的历史视阈来看,中国近现代美学转型期最应该引起我们关注的,不仅有王国维,还应该有梁启超与蔡元培等重要先驱。如果我们要科学地研究与观照中国美学思想演进的历史轨迹、整体面貌与经验得失,科学地研究与观照中国现代美学思想的初创,就不可能逾越这些重要的历史阶梯。本章试图在对梁启超具体文本的阅读与研究的基础上,努力贴近实际,尽量予梁启超美学思想以客观公允的评价。当然,愿望与结果会有一定的距离。抛砖引玉,期待批评。

一、梁启超美学思想的理论贡献

从学理上看,梁启超美学思想的理论贡献主要体现在两个方面:其一是梁启超美学思想体现了新的美学意识的萌芽。其二是梁启超美学思想体现了新的美学范式的创构。

首先,梁启超美学思想是中国古典伦理美学向现代人文美学转型的重要阶梯。其复杂而独特的思想特质,一方面使其成为二十世纪中国美学启蒙主义传统的杰出代表,另一方面也使其成为二十世纪中国美学一系列新的思想意识的重要滥觞与推波者。梁启超美学思想在新的美学意识开拓方面的贡献主要可从以下五个方面来认识:

第一,坚持美与人生的联系,强调美的启蒙价值是梁启超美学思想的基本特征。梁启超认为美是人生最重要的因素,倡导乐生爱美的人生旨趣与生命品格,审美被提升到前所未有的重要位置上,开启了中国现代美学的启蒙主义传统,凸显了其美学思考的人生指向与实践品格。梁启超认为艺术作为美感的结晶与审美活动的主要方式,它的意义不在于单纯的审美,更在于它与生活的联系,在于人格的完善与生命活力的激发。因此,梁启超的美学始终把生活与生命放在美与艺术的核心位置上,追求美就是追求生命的活力。他要求审美主体投身实践,积极创造。在生活与艺术实践中,去发现美、创造美、品鉴美。在梁启超的美学思想体系中,美的实现也就是践履不有之为的趣味原则,使生命力获得自由的激扬,从而达成人生的胜境。审美与人生借助审美实践获得统一,个体与社会也借助审美人生获得了融通。

美与人生的联系本是中国传统美学的基本命题。中国传统文化以儒家为主导。儒家文化强调美的伦理价值,要求审美介入现实为既定的礼教与秩序服务。如《论语》曰:"'何为五美?'子曰:'君子惠而不费,劳而不怨,欲而不贪,泰而不骄,威而不猛。'"[3]这种审美观是一种温柔敦厚、中和敛欲的伦理理性。它注重的是伦理态度的培养,反对的是个体情感的张扬。这种尚用的审美倾向在梁启超的美学思想中也有鲜明的体现,但梁启超讲审美的功能不是要通过审美来麻痹情感。恰恰相反,他讲审美正是要通过美的独特功能来激发情与欲,激发生命的热情和对于新生活的向往,其目的正是为了通过审美主体自我的移易而最终变革社会与人生。简言之,也就是通过改造国民性来唤醒人的感觉与意识，激活人的生命与情感，促使人们积极投身生活与人生实践之中，通过完善完美人性的建构，最终实现强民富国的改良主义愿望。"五四"文化改造国民性的主题在梁启超的美学思想中已初露端倪。梁启超的美学思想作为二十世纪中国现代美学思想的发端之一，一开始就举起了启蒙的号角与旗帜，并成为二十世纪初年中国美学现代转型在价值取向上的主潮。

第二，肯定感性生命状态的意义，突出趣味与情感在审美中的核心地位是梁启超美学思想的重要特质。梁启超把趣味视为人生的本质，认为趣味是生命的动力与价值所在。人生的意义就在于趣味的追求与实现。趣味的境界是情感激发、生命活力与自由创造所构成的独特而富有魅力的特定生命状态。趣味之境既是个体生命本质的实现，也是对一切个体生命的生物存在、道德存在与理性存在的超越。趣味不能等同于情感，但情感是趣味实现的内质。梁启超认为只有情感才能将个体、众生与宇宙融合为一，使个体进入纯粹酣畅的精神自由之境，从而实现趣味之手段与目的的同一，即达成不有之为的趣味主义胜境。因此，在高扬趣味之美的同时，梁启超也大大张扬了情感的意义，给予了情感之"欲"以合法的地位。梁启超呼吁凡为血气之论必有欲，把情感视为人类一切动作的原动力，是生命中最神圣的奥秘。把情感与生命紧密相联，如此大胆地呼唤"情"的解放，是对几千年来"存天理、灭人欲"的封建礼教的颠覆。

从美学思想领域来看，中国古典美学中虽然也不乏张扬生命、性灵、感性的审美意识，尤其是明代中叶以后，随着资本主义生产关系的萌芽，这种新思想的潜流已经悄悄涌动。但是，封建主义伦理规范仍然占据着制导地位，钳禁着国人对于情感与性灵的向往。在中国美学思想史上，梁启超大张旗鼓地弘扬情感的意义，明确地肯定情感与生命的本质联系，系统地研究艺术情感的特征与表现方法，积极主张借助艺术进行情感陶养与情感教育，从而较早以西方现代美学思想为重要背景，搭建了关于美与艺术的情感理论体系。梁启超的美学思想肯定了审美趣味与感性生命的关系，肯定了美的趣味本质与情感特质的联系，宏扬以"美"之"情"与"趣"来突破僵化的"理"与"礼"。梁启超美学思想为中国现代人文美学的开拓奠定了重要的基础。

第三，梁启超美学思想强调了美与真的联系，弘扬了个性之美与写实艺术的美学意义。真与美的关系是近代美学的重要命题，是近代科学发展所催生的美学理念。在真善美的关系中，古典美学的基本命题是美与善的关系。古典美学强调美善合一。如孔子论美强调"尽善尽美"，以善作为界定美的基本标准。这种以善为美的审美理念体现出将审美观念与道德观念糅为一体的混沌状态，是人类审美意识发展的初级阶段。从关注美与善的关系到重视美与真的联系，是人类审美意识发展与前行的一种标志。真是近代科学的价值准则。求真即意味着对事物的本真状态的肯定。以真实为美的审美理念带来了美学意识的重要突破。在认识和处理真善美三者的关系上，梁启超既是"美善合一"论者，又是"真美合一"论者。一方面，他坚持"美善合一"，强调美的人生功能和现实效应，主张艺术要"替那些穷苦的人们提起公诉"，"向那些作恶的人们选说福音"，即借助美来拯救世道人心，改造国民性。另一方面，他又强调"真美合一"，要求"求美先从求真入手"。主张运用"锐入的观察法"抓住事物的实在体，认为最美的艺术作品是由"真人"创作的"真文艺"。这种求真的审美意识一方面体现出梁启超对西方近现代审美意识的吸纳，另一方面也呼应了梁启超以美为人生武器与启蒙工具的需要。在梁启超那里，科学之真是对抗封建伦理之善的有力武器。他以"真"来解构几千年来钳制中国人心灵与思维的绝对权威——封建伦理道德。在"真即是美"、"真才是美"的审美理念基础上，梁启超宏扬了艺术的个性之美与写实风格。在中国文艺思想史上，梁启超第一次赋予以写实为重要特征的小说文体以"国民之魂"的崇高地位，并首次借用了西方文论中"理想"与"写实"的概念来区分确立不同艺术手法的独立地位。梁启超对小说艺术的巨大贡献不仅是使小说登上了艺术的正殿,还为直面人生的写实艺术树立了旗帜。同时,在中国美学思想史上,梁启超也第一次明确地把"个性"提到美学的意义上来认识,指出艺术的"一种要素就是表现个性","作家个性"是文艺批评的基本标准之一。他在屈原、陶渊明、杜甫等三大古典作家批评中,在书法批评中,都具体运用了这一原则。因此,有学者认为,梁启超是二十世纪初"真正从理论上以近代的思想方法把'美'与'真'联系起来论述的"[4]的第一代美学思想家。

第四,梁启超美学思想宏扬了崇高与悲剧的美感,冲击了中国传统美学和谐优美的审美传统。优美与崇高是美学中的两个基本范畴。美(优美)的范畴古已有之。崇高则是近代美学的对象,是西方近代科学发展以后的产物。它在近代欧洲的确立,代表了一种新的审美理想的诞生。十九世纪末二十世纪初,以优美为主体的古典主义审美理念在中国审美文化中逐渐失去主导地位。近一百年来中国社会的硝烟、屈辱与抗争不可能不反映到思想文化领域。血与火、悲与苦、牺牲与抗争浸透了中国人的情感世界,温柔恭谦让的伦理教条在异族的枪炮前不堪一击。以冲突与抗争为主旋律的崇高美进入了中国人的审美世界,并且与社会、与人紧密相联,构成了崇高与悲剧融为一体的新的审美特征。作为中国现代美学思想的开创者之一,梁启超在早年的宏文《论小说与群治之关系》中,就以"力"来概括小说的审美功能,尤其倡导小说艺术"刺"与"提"的艺术特征,将"可惊可愕可悲可感"之作视为最应弘扬的小说作品。他以新的审美理念来解读传统文学,热烈肯定了文学史上"哭叫人生"、"带血带泪"的诗作。他高度评价了屈原"All or nothing"的悲剧精神与崇高人格,肯定了杜甫悲情之诗的审美价值。他弘扬"觉世之文",肯定"奔进"的表情法,并通过对传统诗教的整体观照,热切地呼唤"热烈磅礴"的美学风格。

梁启超虽没有对崇高与悲剧的概念作出专门的理论界定,但他的文学论文与艺术批评鲜明地表现出对世纪之交中国审美大潮发展趋势的把握。也可以说,他正是这个大潮的有力催生者与推波者。他对力与悲、对哭与泪、对崇高风格、对悲剧审美的弘扬大大冲击了中国传统美学和谐优美的审美传统,为几千年来"哀而不伤,怨而不怒"的超稳定古国吹进了一股清新刚烈的新风。

第五,梁启超美学思想肯定了审美教育的价值与意义,开创与丰富了中国现代美育思想的基本内涵。梁启超是中国现代美育思想的重要先驱之一。他积极倡导趣味教育与情感教育,把解决内忧外患的民族生存危机、实现富国强民的社会现实目标与审美教育直接联系在一起,试图以审美来唤醒国人沉睡的灵魂,实现个体与民族的自强。梁启超认为趣味是"生活的原动力",没有趣味,生命就失去了活力,社会也将失去生气。但趣味自身有高下之别,因此,要通过审美教育来培养高尚趣味。他认为情感是趣味的内质,是"人类一切动作的原动力",但情感亦有美丑的区分,因此,要通过审美教育进行情感陶养。他明确指出,情感教育的最大利器是艺术。对于艺术的情感感染力,梁启超作出了精辟深入的阐释。梁启超说:"今日的中国,一方面要多出些供给美术的美术家,一方面要普及养成享用美术的美术人。"[5]在梁启超的美育思想中,完善健全的现代人格塑造始终是其关注的中心问题。他明确提出,教育就是"学做现代人"。他从启蒙主义理想出发,把知情意"三件具备"的完整的人视为教育的根本目标。在知情意三者的关系中,他认为情感与人的生命更具有本质的联系。针对现代教育重视智育的现象,梁启超明确提出,只有在做成一个人的前提下,知识才具有它的意义与价值。在中国美育思想史上,王国维首先从西方引进了"美育"的概念;蔡元培则第一个将美育确立为国家教育的方针。而从美育意识的萌生来看,梁启超并不晚于王国维与蔡元培,而且也不乏自身的鲜明特色与真知灼见。[6]尤其是他的趣味教育理论,在中国美育思想史上独树一帜。在梁启超这里,趣味教育主要不是一种教育的方法与手段,而是教育的本质。

他倡导趣味教育,是要培养一种饱满的生活态度与健康的人格特征,保持对生活的激情、进取心与审美态度,在现实的实践活动中获得人生的乐趣,达成人性的完美。梁启超的美育理想相对于他所处的时代无疑具有一定的超前与空想的色彩,但却是梁启超苦苦求索后开给当时的病态中国与麻木国人的一剂精神药方。趣味教育、情感教育、学做现代人的思想与梁启超的启蒙主义理想紧密相联,体现了西方资产阶级人本主义美育思想的影响。二十世纪中国教育长期忽略美的意义,我们所培养的并不是完整的人,而是片面的人。让美回到人间,让人成为知情意全面发展的人,这一美学与美育理想曾在二十世纪三四十年代激烈的民族矛盾中被消解。今天步入新的世纪,民族人格的完善与重塑成为新的文化话题,重新浮出历史地表。当我们重新研读梁启超十九、二十世纪之交的历史文本,一方面不禁感叹于其美学思想浓郁的理想色彩;另一方面,也不能不折服于其思想中所蕴涵着的某些远见卓识。梁启超的美育思想开拓了中国现代美育思想的视阈,丰富了中国现代美育思想的内涵,推动了中国美育思想由传统伦理美育向现代人文美育的转型。

　　作为中国美学思想现代转型的重要代表之一,尤须引起我们关注的是,梁启超的美学思想不仅把人与人生放在美学思考的中心位置上,使审美力与生命力、审美趣味与生活意义成为密切相关的概念;同时,他也把美的追求与实现放在人的完善与人生实践中,从而使审美力与生命力、审美趣味与生命意义成为互为因果的范畴。他讲趣味与情感不仅仅是审美的需要,也是通过审美来激活生命的意趣与热情;他讲力与移人不仅仅是审美的实现,也是通过审美来重构主体,从而通向生命也是美的胜境。因此,梁启超的美学思考实际上亦隐含了对于现代美学学科本性的审思。这种审思包含了这样两个根本性的问题,就是:美学究竟是一门怎样的学科(与自然科学和一般社会科学相比)?美学存在的意义是什么(是提供普遍知识规律还是思寻人生意义人文智慧)?对于这两个问题的回答,不仅是现代美学学科建设的题中之义，也是传统美学向现代美学转型的必经之旅。前一个问题划定了美学作为一门独立的现代人文学科的基本外延；后一个问题确立了美学作为一门独立的现代人文学科的根本内质。不审思这两个问题，就无法超越传统美学的混沌状态。尽管梁启超的审思多少是朦胧的不完全自觉的，他的答案也并不完全成熟与圆满，但他的独特思考所开拓的理论视阈与理论立场，表现了对于现代美学学科特点与价值走向的敏锐感应，体现了他作为转型期重要思想家的思维活力与思想前瞻性。

其次，在中国现代美学初创期，梁启超自觉地以现代西方学术范型为参照，对于中国传统美学的思维模态、概念体系、理论范式、研究视阈及研究方法等予以了大胆的冲击。当然，现代西方学术范型并非就是完美的，也不应该是唯一的。但是，在梁启超的时代，这种自觉的对于外来文化的吸纳，对于已渐趋定型的中国古典学术范式，确实起到了相当积极的推进与激活的作用。特别是，梁启超并非一味崇洋，他力图融汇中西而创成新格的美学思考及其理论建设，在客观上对于中华民族美学与文化的创新起到了重要的探索与示范的作用。梁启超美学思想在新的美学范式创构方面的贡献主要表现为以下四个方面：

第一，梁启超美学思想拓展了中国古典学术的思维模态。中国古典学术思维是一种重整体把握、重直觉体悟的思维方式，较少逻辑分析与理性推理。这种思维方式的优点是凸现了研究对象的具体特征，但带有模糊性、朦胧性与随意性。清代重要的思想家叶燮在《原诗》中对文学美学研究的对象进行了分类，他将客体对象分为理事情三类，将主体能力分为才胆识力四种，不再把对象作为混沌的整体来把握。但《原诗》式的理论思维方法在中国传统学术中实为异类。梁启超在《科学精神与东西文化》中对中国传统学术的病症作了尖锐的批评，指出中国传统学术的第一个毛病就是思维的笼统，它表现为"标题笼统——有时令人看不出他研究的对象为何物。用语笼统——往往一句话容得几方面解释。思想笼统——最爱说大而无当不着边际的道理,自己主张的是什么,和别人不同之处在那里,连自己也说不出"[7]。近代以后,随着西学传入中国,尤其是西籍的翻译,与西方科学相联系的逻辑思维方法才真正传入中国。在此,梁启超王国维等现代美学先驱都对美学研究思维模态的变革作出了积极的贡献。《论小说与群治之关系》、《中国韵文里头所表现的情感》、《美术与生活》等文是梁启超借鉴西方思维模态的重要文本,他在论文中主要运用了逻辑思辨的方式,分类剖析,条理清楚。梁启超的文章流播甚广,他对美学研究思维方式革新的意义不能忽视。思维方式的转换是深刻的观念转换。章亚昕在《近代文学观念流变》一书中指出:"梁启超以新思维见长",是"近代文坛上承前启后的人物"。[8]

第二,梁启超美学思想融会吸纳了中西文化中的一些概念范畴,将其纳入自己的美学思想体系中,对其内涵作出了新的富有特色的界定与阐释。如趣味、力、熏、浸、刺、提、移人等范畴。这些范畴从文字术语来说,或许不是梁启超的首创,但梁启超很好地抓住了这些范畴的固有特质,又从自己对美与艺术的理解与感悟出发,作出了独特而精到的阐释;尤其是这些范畴在梁启超的美学思想体系中互为贯通,它们的共同特点是关注审美心理,重视审美实践,强调审美功能,体现出富有时代特色的人文倾向与科学精神,从而也推动了中国现代美学范畴的开拓与创新。值得注意的是,1902年,梁启超在《论小说与群治之关系》一文中,第一次涉及了"理想派"与"写实派"的划分,指出理想派小说"常导人游于他境界,而变换其常触常受之空气也";写实派小说则把人们习常"所经阅之境界","和盘托出,彻底而发露之"。[9]1919年,梁启超在《欧游心影录·文学的反射》中,以"浪漫忒派(即感想派)"和"自然派(即写实派)"来概括十九世纪欧洲文学思潮,指出前者的特点是"斥摹仿,贵创造,破形式,纵感情";后者的特点是"即真即美","纯用极严格极冷静的客观分析,不含分毫主观的感情作用"。[10]1922年,梁启超又在《中国韵文里头所表现的情感》一文中再次提出了"浪漫派"与"写实派"的概念,并就其创作方法与表情特点作了进一步研究。"浪漫派"与"写实派"的区分可以说是二十世纪中国文论的核心范畴"浪漫主义"与"现实主义"的鼻祖。虽然,王国维在《人间词话》(1908)中也涉及了"理想与写实"的划分,并有巨大的实际影响,但这组概念在中国的理论滥觞当在梁启超。从现有资料来看,首先是梁启超从日文翻译的西文术语中借用演化过来。这组概念虽非梁启超原创,但对二十世纪中国文艺美学思想与理论批评产生了极为重要而深刻的影响。

第三,梁启超美学思想突破了中国古典文论的理论范式。与研究思维相联系的是理论的形态。思维特征决定了理论表述的形态特征。与整体把握、直觉感悟的思维方式相联系的就是中国古典文论的代表形态——诗话、词话与小说评点。它们注重对作品的具体赏鉴,零星而不系统,很少提高到理论的高度进行分析、总结、研究。梁启超的美学论文则主要采用了专题论文的形式,对一个问题进行相对集中的研究,既有概括论证又有条分缕析,体现出与传统文论不同的范式特征。如《论小说与群治之关系》、《中国韵文里头所表现的情感》、《趣味教育与教育趣味》等文,中心论点明确,有分析有论证,理论色彩较为鲜明,与古典文论的鉴赏式批评有很大的差别,推动了中国美学研究理论形态的丰富与发展。尽管梁启超的相当一部分论文在论证上有粗疏之弊,他也常常在多篇论文中谈及同一个理论问题,他的论文还饱含情感激情洋溢,这些都在某种程度上冲淡了论文的理论色彩。但是,他的每一篇论文都有自己的中心论题,有自己的明确观点,有自己的论证层次,他实际完成的大量文学、美学理论文本明显地体现出自觉向西方现代学术范式靠拢的努力。梁启超美学思想对于中国古典文论理论范式的突破,对中国现代美学研究的理论形态与学术范式的建构具有重要的推进意义。

第四,梁启超美学思想积极拓展了美学研究的视阈与方法。从美学思想史来看,西方传统美学的主流主要是哲学美学,注重本质追问。十九世纪中叶以后,随着现代科技的发展及其对思维方式的冲击,西方美学的研究视阈与方法都有了极大的变化。心理学方法、结构主义方法、发生学方法、人类学方法等都在美学研究中占据了一席之地,颠覆了哲学美学的一统天下,它们重视的是实证研究,注重现象本身。十九、二十世纪之交,在西方当代美学思潮的影响下,中国古典美学与艺术审美的视阈与方法也有了突破。作为一位善于吸收与化合的思想家,梁启超就是较早吸纳运用现代西方心理研究、比较研究等方法,从事具体的审美与批评实践的一位美学家与批评家。如他在《屈原研究》中运用了心理研究的方法对屈原及其作品进行阐释评价。他对屈原作品本身内涵的分析所花笔墨不多,而将主要精力放在作品与作家个性的关系上,为我们描画了一个内心充满矛盾、个性鲜明强烈、具有满腔的爱国热情与远大的政治抱负的多情多血多才的性情中人的形象,从而提纲挈领,将屈原的人品与作品贯通起来,精辟通透地把握了屈原及其作品的特质。这样的研究完全不同于传统的局部感悟与评点,确实为中国文学艺术审美与批评带来了新的视阈与方法。因此,梁启超的《屈原研究》被视为"最早全面评价屈原其人及其作品"、"突破前人传统格局"的新范本[11],是"楚辞研究史上方法论的一大飞跃"[12]。

关于梁启超美学思想在中国美学思想发展史中及中国美学现代性转型中的重要意义正日渐引起人们的关注。有学者从中西文化交汇、引进西方美学入手,指出:"梁启超、王国维、蔡元培是最早传播西方美学的学者。他们的有关美学的著作,明显见出时代转型的特色";[13] "'五四'以前,在西方文化的冲击下,二十世纪的中国美学精神开始萌发,最先引进西方现代美学精神的是梁启超、王国维、蔡元培"[14]。也有学者从古今文化的交替传承与革新中国传统美学入手,认为:梁启超"继承了严复所倡导的开掘个体感性生命,促成现代审美意识的传统,高举'求新'、'求变'的旗帜,突破了中国传统美学的柔性桎梏,为中国现代美学的发展开拓出巨大的空间"[15];还有学者从梁启超自身的美学理论创构入手,认为:梁启超"较全面地论述了文艺美学的诸多基本问题,而且始终以一种开放、求变的心胸宏观考察中西文艺美学,形成了不同于古代文论的文学观念和较为完整的崭新的文艺美学体系框架。梁启超以他的开一代风气之先的全新理论,成为中国文艺美学实现现代转型的前驱者和中坚力量"[16]。这些评价分别从不同侧面对梁启超美学思想的学术地位作了肯定,持论基本上是公允的。作为中国近现代美学思想的重要开拓者与奠基人之一,梁启超美学思想发展演化的轨迹典型地浓缩了中国主流美学思想发展演进的基本规律特征,即由政治伦理型美学向人文情感型美学的转化。新质素与旧质素在梁启超美学思想的实际发展与不同阶段中有主有次、有强有弱,并表现为逐渐由政治建构向人文革新、由伦理理性向人文理想的演化,这一发展的趋势预示了新的现代美学意识的破土。同时,梁启超美学思想在方法形态上融会中西、化合古今,表现出开阔的文化胸怀与积极的开放意识,亦为二十世纪中国美学的现代转型提供了先导。

二、梁启超美学思想的理论局限

作为一个转型时期的开拓者和一个个性鲜明的学者,梁启超美学思想具有时代与个体的多重复杂性,也带来了其理论上明显的开创性成就和不容讳言的局限。我认为,梁启超美学思想理论上的不足主要表现在:一是论证方式与思维上的局限。即好作偏激之论,往往只重一端。二是论证内涵上的不足。某些论题在具体论证上显得粗疏。三是思想本身的局限。主要体现在前期对于小说功能的认识上。

首先,我们来看一看梁启超美学思想在论证方式与思维方式上的一些不足。作为中国现代美学思想的重要开拓者,梁启超在创构自己的美学思想体系时,视野开阔,吸纳颇广;对于一些具体理论问题的阐释也往往新见迭出,精彩纷呈。但梁启超又是一个个性非常鲜明而强烈的人,他也是一个情感丰沛的人,开创期思想上不可避免的局限、情感上的认同以及为了增强言论说服力的直接目的,使他在具体论证方式上喜作偏激之辞,再加上他单纯而不乏简单化的某些思维方式,使其在一些具体论证中往往把自己对某个问题的看法强调到绝对的程度,以至或全盘肯定与否定,或只及一端难顾其余。

如梁启超对情感问题的认识。他既认为情感是本能的、现在的,也认为情感是超本能、超现在的。应该说,梁启超是主张两者的统一的,这样的认识是辩证的。但同时,梁启超又多次表述:"情感这样的东西,含有神秘性,想用理性来解剖它,是不可能的";"只有情感能变异情感,理性绝对的不能变异情感"[17];"人类关涉理智的事项,绝对要用科学方法。关涉情感方面的事项,绝对的超科学"[18]。按这样的说法,情感与理性就是完全绝缘对立的了。这类说法不仅与梁启超自身关于情感本质与特征的认识相矛盾,也明显地体现出一种较为绝对化的理论思维倾向。人的情感与理性是两个不同的心理范畴。但是,情感作为一种与人的社会性需要相联系的态度体验,不是生理情绪,而是隐含着理性内涵的主体价值判断。理性认识在情感判断中表现为一种理性直觉,是舍弃了一般的理性演绎过程的直觉判断。理性认识在情感判断中内在地存在着,并影响着人的情感态度。在实践中,人的知、情、意三大心理功能不可能单独发生作用。人的心理要素是一个完整的系统整体,系统内任何一个系统质的变化都会影响整个系统功能的变异。认知理性的变化必然影响到情感态度的体认和意志行为的实践,情感态度的变异也必然会影响到认知理性的内涵并辐射意志行为的走向,意志行为的实施当然亦会影响认知理性的结果和情感体验的深度。在艺术活动中,无论是创作还是欣赏,都不可能完全脱离理性的要素。将情感与理性硬生生地割裂开来,客观上的结果必然是将艺术和审美实践导向神秘的境地。在《人生观与科学》中,梁启超说:"请你科学家把美来分析吧!什么线,什么光,什么音,什么调……任凭你说得如何文理密察,可有一点儿搔着痒处吗？"[19]审美在某种意义上是理智所无法穷尽、无法说清的，所以在审美中要强调直觉体验的重要意义，这是正确的。但是，真理与谬误往往只相差一步。完全否认审美中认识与理智的意义，也必然会使情感与审美陷入不可知论之中。实际上，这也正是梁启超自己所反对的。

再如梁启超关于美感问题的认识。在《惟心》一文中，梁启超对审美活动的发生与美感心理过程有几段非常著名的论述。他说："同一月夜也，琼筵羽觞，清歌妙舞，绣帘半开，素手相携，则有余乐；劳人思妇，对影独坐，促织鸣壁，枫叶绕船，则有余悲。同一风雨也，三两知己，围炉茅屋，谈今道故，饮酒击剑，则有余兴；独客远行，马头郎当，峭寒侵肌，流潦妨毂，则有余闷。'月上柳梢头，人约黄昏后'与'杜宇声声不忍闻，欲黄昏，雨打梨花深闭门'，同一黄昏也，而一为欢憨，一为愁惨，其境绝异。'桃花流水杳然去，别有天地非人间'与'人面不知何处去，桃花依旧笑春风'，同一桃花也，而一为清净，一为爱恋，其境绝异。'舳舻千里，旌旗蔽空，酾酒临江，横槊赋诗'与'浔阳江头夜送客，枫叶荻花秋瑟瑟，主人下马客在船，举酒欲饮无管弦'，同一江也，同一舟也，同一酒也，而一为雄壮，一为冷落，其境绝异。然则天下岂有物境哉！但有心境而已。"他又说："天地间之物，一而万，万而一者也。山自山，川自川，春自春，秋自秋，风自风，月自月，花自花，鸟自鸟，万古不变，天地不同。然有百人于此，同受此山、此川、此春、此秋、此风、此月、此花、此鸟之感触，而其心境所现者百焉；千人同受此感触，而心境所现者千焉；亿万人同受此感触，而其心境所现者亿万焉，乃至无量数焉。然则欲言物境之果为何状，将谁氏之从乎？仁者见之谓之仁，智者见之谓之智，忧者见之谓之忧，乐者见之谓之乐，吾之所见者，即吾所受之境之真实相也。"[20]在这里，梁启超提出了审美活动是主体性的精神活动，由于主体的内在差异导致了美感的差异与审美意象的差异。这一认识就其揭示审美活动不同于科学认知活动的价值性与主体性特征而言，无疑具有相当的真理性。在这些文字中,揭示了审美的对象不是一般的客观物质存在,它具有与主体相对应的不确定性。具体的客观存在必须与特定的审美主体建立审美的关系,在具体的审美实践活动中才能成为现实的审美对象,并形成特定的审美感知。但是,梁启超既看到了审美主体与审美对象的这种对应关系,又明显侧重于揭示关系中的一方即审美主体的作用与价值。他的这些文字给人的直接印象就是以审美活动中的主体能动性来淹没审美活动中的客体现实性。如果审美与美感真的成为一种纯主观性的事实,那么美丑的区别与审美的意义又何复存在?梁启超在《惟心》中的论释既精妙又不免令人存惑。这亦与其往往只重一端的论证方式有关。

但是,在那个除旧布新的时代,梁启超在思维方法上并不能算是一个最极端的人。他甚至常常被人们看作调和主义的代表。梁启超在美学思想中所体现出的某些绝对化的言论,一方面是其自身思想认识上的某些局限所致,另一方面也有其力图彻底冲击旧思想旧观念的堡垒、增强新思想新观念的影响力的有意诉求。

其次,梁启超美学思想对某些理论问题的论证有粗疏之处。梁启超的一些美学论文存在着严肃而不够严密,激情而屡失偏至,感觉敏锐而分析说理不足的现象,体现出鲜明的思想家的特色,而与我们今天所说的现代学术(主要指西方学术)的普遍规范具有一定的差异。他常常只提出问题,抛出观点,而不进行深入周密的论证。我们可以把梁启超的这种学术特征作为其学术话语的一种个性,但这个特点也确实在一定程度上影响了梁启超对诸多理论问题的深入展开,使其某些理论观点的表述虽直截浅显冲击力颇强,但难以真正为人们所认知。如在《论小说与群治之关系》一文中,梁启超指出刺之力"之为用也,文字不如语言","在文字中,则文言不如其俗语,庄论不如其寓言。故具此力最大者,非小说末由"。[21]这段话倡导文学语言的变革,并强调了文学自身的形象特征,在二十世纪初应该是既深刻又新锐的,但梁启超未加详论。应该说,从此类文字看,关于文学语言通俗化白话化的观念在梁启超那里已经露头,但只有经过胡适等才真正产生广泛的影响。类似现象对于梁启超来说,并非鲜见。梁启超的一些很有见地的理论观点由于未能集中详尽地予以论释,常常未能引起应有的关注。当然,从历史发展的观点来看,与中国传统诗话、词话、小说评点相比,梁启超的文论在思维的严密性与论释的丰富性上已经有了很大的发展。

再次,梁启超美学思想对于某些理论问题的认识本身存在着局限。这种局限主要突出地体现在前期对于小说功能问题的认识上。梁启超提出小说是一种"有不可思议之力支配人道"的文学文体,它既能摹"现境界"之景,又能极"他境界"之状,并通过"四力"来"移人"。梁启超对小说艺术特征与审美规律的揭示富有创见,可以说是直指小说的审美本性。但是,在对小说功能的阐释中,梁启超则给出了一个小说(力)——人道——新民——群治的逻辑链条。虽然,他试图从小说的审美本质出发来谈小说的功能,但在他的思维模式中,审美功能与社会功能显然是两个层面的东西,或者说他将以群治为代表的社会功能视为终极价值层面,以力为代表的审美功能视为基础工具层面。这样的认识拔高也悬置了社会功能在小说艺术审美中的地位,贬低也误读了审美功能在小说艺术实践中的价值。实质上也就是模糊了小说艺术本体和艺术功能的界限,以社会功能来覆盖了审美功能,以功能问题来颠覆了本体问题。应该说,梁启超对小说艺术本质、艺术特征与艺术功能关系的思考与论释和传统小说理论、文论对文学的性质与价值的认识相比,已经大大向前跨进了一步。传统文论的"教化"说、"文以载道"说等,传统小说理论的"小道"说、"经史羽翼"说等,是从根本上异化了文学的本性,使文学彻底丧失了自身的审美特质,成为政论、史论的奴仆。在梁启超这里,则明确地将小说与"他书"相区别,明确标举了小说的"境界"、"力"等"文学"特质。这是小说理论观念也是文学观念的一个巨大突破。但是梁启超的《论小说与群治之关系》具有特定的致用目标,就是倡导小说介入新民群治的社会实践中去,因此,尽管在对小说的艺术本质与审美特性的阐释上不乏精妙之处,但全文的逻辑终点还是落脚在对小说的社会功能的宏扬上。甚至致用心切,虽然已经捕捉到审美心理在小说功能发挥中的意义,但对小说的审美功能如何具体衍生出社会功能仍存在着论释上的简单化绝对化倾向,未能予以充分的展开与合理的过渡,给人以简单、片面、过分强化小说社会功能的印象。梁启超还认为小说"卷帙愈繁事实愈多者,则其浸人也亦愈甚"[22]。"浸"即梁启超界定的小说四大感染力之一,是"入而与之俱化"。即在鉴赏中,读者深深地沉浸在小说的艺术境界中,与之俱醉。"浸"显然是艺术鉴赏中的综合体验,是跟作品的整体艺术质量相关联的。而"卷帙愈繁事实愈多"则只是作品的文字与材料的数量,并不能与作品的艺术质量直接画等号。把"卷帙愈繁事实愈多"与"浸"的艺术效果强弱直接对等起来,显然是把艺术表现的量与艺术效果的质视为正比,这样的认识违背了艺术的规律与特性,将小说艺术表现与审美问题简单化了。就诗、文、小说三大文学文体而言,梁启超对诗的理解与认识最为精到。对小说虽然在观念上的突破贡献极大,但在具体问题的论释上存在的问题也最明显。我认为这些问题既与梁启超的小说理论突出强调致用而导致的某种绝对化思维方式有关,也与其对小说艺术特点与规律的认识程度有关。在中国传统文论中,小说理论与诗文理论的发育状态远远无法比拟。中国传统小说理论的最高成就就是明清时期的小说评点。评点派主要是对具体小说的情景性片段赏鉴。小说评点中不乏珠玉错落,但远非系统性的理论研讨,而且它产生的时间也远迟于诗论文论。从这个意义上说,梁启超的《论小说与群治之关系》还是中国小说理论史上第一篇最具系统性的小说理论专论。作为中国现代小说理论的始作俑者,传统小说实践、理论观念、理论状态都必然限制着其理论创构的前视阈。因此,尽管《论小说与群治之关系》存在明显的理论疏漏与思想局限,梁启超仍然是中国现代小说理论最重要的开拓者与代表人物之一。

梁启超是一个非常善于自我解剖的人。在《清代学术概论》中，他专门对自己为学的特点与不足做过概括。他说："启超之在思想界，其破坏力确不小，而建设则未有闻。晚清思想界之粗率浅薄，启超与有罪焉。"[23]后人常以此为据来批评梁启超学术思想的缺欠。应该说，这样的概括是精辟的，抓住了其自身思想局限的某些要害。[24]但是，任何思想都不是孤立的存在。列宁指出："在分析任何一个社会问题时，马克思主义理论的绝对要求就是要把问题提到一定的历史范围之内。"[25]事实上，梁启超美学思想的局限既具有鲜明的个人质素，也烙上了浓郁的时代印记。可以说，其局限既是个人的学术个性与学术追求的结果，同时也与其孕生的整体历史文化环境与特定的时代价值需求不可分离。梁启超的美学思想孕生于一个苦难深重、风云际会的时代。严峻的民族矛盾与民族命运使捕捉新思想的光芒与唤醒民众的思想启蒙成为历史对思想文化的第一需求。这一时期的思想文化大多还来不及甚至无心于精雕细凿。李喜所、元青《梁启超传》认为："20世纪初年的中国社会，普遍需要的还不是精深的理论和堂皇的学术著作，而是有一定新意和见解的普及与专论相结合的雅俗共赏的作品。"[26]持论基本公允。受众的现实水准、心理特征、价值需求不能不影响二十世纪初年民族学术文化创构的风貌，若从这个角度着眼，梁启超美学思想的理论特质与形式风貌应该说都较敏锐地回应了时代的特征，基本上符合时代的需求。同时，梁启超美学思想诞生于一个文化交汇、承前启后的转型时代。中国文化在这个时代中不可避免地面临着异质文化的撞击，面临着自身发展变化的需要。对于这样一个时代的基本特征，梁启超曾专门著有《过渡时代论》一文予以阐释。他说过渡时代"即俗语所谓两头不到岸之时也"，它处于"新旧两界线之中心"。过渡时代是"希望之涌泉"，是"人间世所最难遇而可贵者也"，"有进步则有过渡，无过渡亦无进步"。他指出过渡即"改进之意义"。过渡是由旧到新的转折点。过渡时代需要有"过渡时代之英雄"来实现这一转折。而对于过渡时代之初期的英雄来说,最需具备的就是"冒险性",即"必有大刀阔斧之力,乃能收筚路蓝缕之功;必有雷霆万钧之势,乃能造鸿鹄千里之势"。[27] 梁启超以中国"新思想界之陈涉"自比,以"为我新思想界力图缔造一开国规模"自任。[28] 在《清代学术概论》中,梁启超慨然叹曰:"平心而论,以二十年前思想界之闭塞委靡,非用此种卤莽疏阔手段,不能烈山泽以开新局"[29],多次表达了"牺牲一身觉天下"[30] 与"献身甘作万矢的,著论求为百世师"[31] 的先锋意识与英雄情怀。应该说,梁启超对自己所处的历史时代与文化环境有着基本正确而清醒的认识。他不无悲壮地认识到自己是过渡时代的过渡人物,自己的职责就是除旧布新、披荆斩棘的先锋作用。对于这样一个转型时期的思想家,我们既要客观地认识其特点与特质,同时还不能离开历史条件过于苛求。梁启超美学思想的那些粗疏之处、那些绝对化的思维与论证方式以及某些认识的不足都是一种客观的存在。但在那个时代,梁启超所作出的开创性贡献更是无与伦比的。他的诸多美学思考与理论探索在今天仍具有相当的深刻性与现实性。可以说,作为"20世纪初首先奔入我们视野的美学家"之一,[32] 梁启超美学思想的特点、优点与缺点几乎交缠在一起,需要我们针对具体问题具体情境作出具体的分析与评价。

不论是梁启超,还是王国维、蔡元培等,这一代诞生于特殊的风云际会中的思想与学术大师,对于他们的思想成就与理论得失,都只有将其放在社会历史与学术文化演化的宏阔历史进程中,将其放在个人独特的生活道路、个性品格与精神追求中,才能作出客观科学的评价。历史的每一次演进与超越都以旧的文化成果的扬弃为基础,又以新的思想巨人的诞生为承续。而这种扬弃与承续又往往不是界限截然的,其过程更多地表现为一种交渗与渐进!我以为,不管梁启超的美学思想中存有多少旧质,留有多少不足,其在客观上推进了中国传统美学蜕变的历史脚步,预示了中国传统美学蜕变的历史趋向,并与那一代美学先驱们一起共同开拓了二十世纪中国美学新生的历史画卷。因此,从整体而言,其去旧立新的历史功绩远远超出了自身的局限与不足!

注释:

〔1〕李泽厚:《梁启超王国维简论》,《历史研究》1979 年第 7 期。

〔2〕叶朗:《中国美学史大纲》,上海人民出版社 1985 年版,第 577 页。

〔3〕[春秋]孔子著,[魏]何晏集解:《论语》,上海古籍出版社 2003 年版。

〔4〕陈伟:《中国现代美学思想史纲》,上海人民出版社 1993 年版,第 39 页。

〔5〕梁启超:《美术与生活》,《饮冰室合集》第 5 册,中华书局出版 1989 年版。

〔6〕张微《现代美育的初声》认为:"人们一般认为,王国维是中国最早提倡美育的学者。实际上,早在梁启超那里,现代中国美育思想就已初发萌芽。"可参见《文艺报》2002 年 7 月 30 日第 3 版。

〔7〕梁启超:《科学精神与东西文化》,《饮冰室合集》第 5 册,中华书局 1989 年版。

〔8〕章亚昕:《近代文学观念流变》,漓江出版社 1991 年版,第 112 页。

〔9〕梁启超:《论小说与群治之关系》,《饮冰室合集》第 2 册,中华书局 1989 年版。

〔10〕梁启超:《欧游心影录》(节录),《饮冰室合集》第 7 册,中华书局 1989 年版。

〔11〕肖承罡:《论梁启超评屈原》,《嘉应大学学报》1997 年第 4 期。《人大复印资料·中国古代近代文学研究》1997 年第 10 期转载。

〔12〕徐志啸:《近代楚辞研究述评》,《思想战线》1992 年第 5 期。

〔13〕陈望衡:《20 世纪中国美学本体论问题》,湖南教育出版社 2001 年版,第 23 页。

〔14〕朱存明:《情感与启蒙——20 世纪中国美学精神》,西苑出版社 2000 年版,第 20 页。

〔15〕蒋广学、张中秋:《凤凰涅槃》,河南人民出版社 2000 年版,第 333 页。

〔16〕邢建昌、姜文振:《文艺美学的现代性建构》,安徽教育出版社 2001 年版,第 58 页。

〔17〕梁启超:《评非宗教同盟》,《饮冰室合集》第 5 册,中华书局 1989 年版。

〔18〕〔19〕梁启超:《人生观与科学》,《饮冰室合集》第 5 册,中华书局 1989 年版。

〔20〕梁启超:《自由书·惟心》,《饮冰室合集》第 6 册,中华书局 1989 年版。

〔21〕〔22〕梁启超:《论小说与群治之关系》,《饮冰室合集》第 2 册,中华书局 1989 年版。

〔23〕〔28〕〔29〕梁启超:《清代学术概论》,《饮冰室合集》第 8 册,中华书局 1989 年版。

〔24〕梁启超好作夸大之词的言论方式也多少体现在他对自己的批评上。

〔25〕列宁:《列宁全集》,人民出版社 1972 年版,第 2 卷,第 512 页。

〔26〕李喜所、元青:《梁启超传》,人民出版社 1993 年版,第 165 页。

〔27〕梁启超:《过渡时代论》,《饮冰室合集》第 1 册,中华书局 1989 年版。

〔30〕梁启超:《举国皆我敌》,《饮冰室合集》第 5 册,中华书局 1989 年版。

〔31〕梁启超:《自励二首》,《饮冰室合集》第 5 册,中华书局 1989 年版。

〔32〕封孝伦:《二十世纪中国美学》,东北师范大学出版社 1997 年版,第 68 页。

第三节 梁启超美学思想的当代启思

一种思想能否穿越时代,不仅在于具体的内容与观点,更在于内容与观点建构的精神理念与方法特征。在《欧游心影录》中,梁启超曾明确批评过学习中国传统文化与西方文化拘泥于具体观点的立场与态度,提出对待任何一种文化传统都必须超越具体的观点去把握其内在精神与根本方法。他指出,观点总有它派生的特定条件,总要受到"时代支配";精神与方法则是思想之"特质",是具体纷繁观点的根基。对于任何一种优秀文化的传承,都必须切入精神与方法的内在层面,才能真正建立对话的基础,并使文化传承能真正在当下的语境中发挥价值,提供观照与考量。基于这样的原则,本节试图对梁启超美学思想的精神品格与方法特征作一集中观照,并就其中与当前民族美学与文化建设有密切联系的理论问题予以重点研讨。

一、梁启超美学思想的精神品格

作为十九、二十世纪之交独特的历史背景、文化环境与个体特质的产物,梁启超美学思想是文化开放的产物,是思想开新的产物,是内在的民族意识的产物,也是不断地超越自我的科学精神的产物。不容讳言,梁启超美学思想具有自身独特的理论品格,在同时期的美学思想中独树一帜。从整体观照,我以为,梁启超美学思想的精神品格主要体现为趣味理想、尚实意识、人文品格与科学意向四大基本特征。

首先,对趣味理想的追寻是梁启超美学思想的核心追求。趣味是梁启超美学思想体系的核心概念,也是梁启超美学思想体系的逻辑起点与价值归宿。梁启超从对于人生的哲学认识出发,认为趣味是生活的动力与价值所在。有责任的趣味就是个体与社会、感性与理性、现实与超现实融通的自由境界。实际上,这种境界也就是梁启超所憧憬的美的理想境界。因此,梁启超的趣味美学不排斥情感与个性,它非常强调艺术生活在审美与人生中的重要意义。在他看来,"文学的本质与作用,最主要的就是'趣味'"[1]。但是,梁启超的趣味美学又不是纯粹感性耽于幻想的。它一方面强调生活的趣味化与艺术化,另一方面,又始终以趣味为导向,宏扬积极的人生态度与高扬的生活热情。梁启超认为宇宙和人生是永远不会圆满的,而创造本身就是生命的姿态,就是生命的展开。对个体而言,只有以不有之为的人生姿态为基则,不断地"动人"与"活动",才能令个体生命和众生和宇宙迸合为一。只有体验到这一点,生活才满含"春意",才富有趣味。趣味将个体导向众生宇宙,将情感导向普遍理性,从而借调和感性愉悦与理性责任的统一,来追求人的真正自由,实现精神对物质的超越。可以说,趣味理想体现了梁启超美学思想最为独特的精神个性。

其次,梁启超美学思想体现出鲜明的尚实意识。梁启超的美学思想是人生与美的合一。在内忧外患的特定时代背景下,以学术建设来影响国民、匡救时弊、爱国救国,并由此而试图开辟出民族新学术建设的通衢,这几乎是当时爱国知识分子所可能也必然的学术选择,更是梁启超新民理念的直接体现。梁启超的美学思想活动分前后两个阶段,但不管是前期还是后期,他的爱国主义思想、启蒙主义理想、现实主义精神一以贯之,他对人生的执着、对生活的激情一点也没有改变。他介入生活的方式虽然从以政治为主转向以学术为主,但他自始至终以饱满的热情面对生活,以个体积极的人生实践来追寻、品味、创造生活之美。梁启超的美学实质上就是一种积极的人生哲学。他从不被动地等待美的垂临,也不沉醉于美的世界中自我陶醉。在他所有的美学论文中,洋溢着的都是以自己全部的生命与激情去发现美、去拥抱美、去创造美的积极精神与人格魅力。正是在这个意义上,人生与美在梁启超的美学思想中获得了内在的统一。美感与艺术成为激发精神活力、建构完善人格、传递文化火种、建设理想社会的特殊通衢。如果从这个角度去观照梁启超的美学,那么它无论如何都不是一种"纯粹"的美学,一种"唯美"的美学。由此,梁启超的美学构想也拥有了自己独特的精神品格,即直面人生、尚实致用。

再次,梁启超美学思想具有独特的人文品格。从美与人生的联系出发,梁启超把美理解为面向社会大众的人生实践活动,注重生命之美的体验。他认为生活中无处不存在着美。劳作、游戏、艺术与学问都是美的源泉。"人类固然不能个个都做供给美术的'美术家',然而不可不个个都做享用美术的'美术人'",因为"'美'是人类生活一要素——或者还是各种要素中之最要紧者"。[2]梁启超美学思想的基本目标就是把美推向大众。梁启超认为美不是少数人的专利,不是高高在上不食人间烟火的存在,而应该走向普通大众以及他们的现实生活。他说:"我信得过我当木匠的做成一张好桌子,和你们当政治家建设成一个共和国同一价值。"[3]因为只要"凡做一件事,便把这件事看作我的生命"[4],是纯粹的真诚的,那么,就能实现敬业与乐业的统一,从而进入自由的境界。梁启超再三强调,爱美是人类的天性。因此,"在正当的工作,及研究学问之外",必须具有愉悦身心的审美实践。[5]同时,梁启超认为人类的文化可以分为物质文化与精神文化。美感与美感的"业果"——文学艺术,作为精神的表现形态之一,主要联系于情,是人类精神获得"解放"与完善的必要途径。梁启超广泛涉猎了书法、音乐、小说、诗歌等艺术门类。他认为书法是"一种最优美最便利的娱乐工具"[6]。小说则因熏浸刺提而"移人",予人以强烈的审美震撼与丰富的审美体验。梁启超的美学思想以人为中心,强调人的精神享受、提升与完善,表现了对人的个体平等、精神自由与全面发展的向往,体现着现代人文思想的光芒。人文精神是文艺复兴以来西方文化的重要价值追求,它的核心就是对人的关怀与尊重。它肯定了以人为中心的价值追求,是人的本质觉醒的重要精神表征。梁启超的美学思想将"新民"的目标置于现实的人生实践中,积极倡导趣味理想与情感张扬。他的美学思想始终洋溢着对生活的热爱与激情,表达了对人生意义与生存状态的真切关注,具有内在的人文品格。

此外,梁启超美学思想具有积极的科学意向。梁启超是最早主动接受西方科学文明影响的近代学者之一。西方科学文明的基本特点是,在内涵价值上注重真,在方式方法上注重理性与逻辑。中国传统文化中也有震惊世界的科学发现,但中国传统文化是以伦理文明为核心的,注重善,强调感悟与体验。西方科学文明随洋枪洋炮对中国古老的伦理文明产生了强烈的冲击,影响了中国近现代思想文化的体系建构与方法建构。向西方科学精神靠拢,是中国近现代文化的一个基本特征,也是中国近现代美学初创期的一个基本走向。这一走向在梁启超的美学思想中亦有典型的表现。首先,梁启超在对美的内涵的理解与美的价值的评判上,引入了"真"的理念。他在传统美学"美善合一"的基础上,提出了"真美合一"的新的评价标准,强调"求美先从求真入手"。最美的艺术作品是真情发露,是个性毕现,是由"真人"创作的"真文艺"。同时,梁启超在美学研究的方法上也力图向西方的科学精神靠拢。如他著名的论文《论小说与群治之关系》、《中国韵文里头所表现的情感》等,都试图以条分缕析的方法建立起理论思辨的逻辑体系;而《中国之美文及其历史》等则明显以史为轴,脉络清晰,具有鲜明的逻辑性。梁启超还运用逻辑中下定义的方法,提出了一系列富有特色的概念与术语,并试图予以科学的界定。梁启超美学思想不排斥传统美学直觉感悟的思维方法,在以逻辑理性为基点的专题研究论著中,他也穿插运用了直觉感悟式的例证、阐发等。此外,梁启超美学思想对于西方科学精神吸纳的更深刻表现,还在于其不断发展完善与自我超越的自觉追求。这种追求突出地体现了穷究真理的科学意向。当然,梁启超美学思想在观点和方法上都带有初创期明显的稚拙之处,但他试图运用科学精神来理解美、运用科学方法来研究美、以科学意志来追求美的努力是积极而自觉的。

二、梁启超美学思想的方法特征

"工欲善其事,必先利其器。"[7]梁启超美学思想在方法论上也具有自身鲜明的特色。我认为,这种特色主要表现在重化合、创新变、扬个性三个基本方面。

首先,化合是梁启超在美学思想建设中所运用的基本方法。生吞活剥、亦步亦趋不是化合。化合是汇流是冶炼是结婚,它产生的不是物理结果,而是化学反应,是新质的萌生。在化合的思想指导下,梁启超身体力行,对西方文化、中国传统文化、佛教文化等各家之说采取了兼容并包的开放姿态,进行了积极的化合实践。在《清代学术概论》中,梁启超指出:"我国文学美术,根柢极深厚,气象皆雄伟,特以其为'平原文明'所产育,故变化较少,然其中徐徐进化之迹,历然可寻,且每与外来宗派接触,恒能吸收以自广。清代第一流人物,精力不用诸此方面,故一时若甚衰落,然反动之征已见。今后西洋之文学美术,行将尽量输入。我国民于最近之将来,必有多数之天才家出焉,采纳之而傅益以己之遗产,创成新派,与其他之学术相联络呼应,为趣味极丰富之民众的文化运动。"[8]在美学思想建设中,梁启超融会中西文化与自身体验,创构了一个极具特色的理论体系。他所提出的一系列互为联系的美学理论范畴,他所开展的作家作品批评,不仅显示了现代西方思想文化的影响,也内在地延续了中国传统思想文化的精神。如在屈原研究中,梁启超独辟蹊径,从屈原的自杀入手,研究屈原的个性及创作特色,并引入了浪漫主义、现实主义、象征主义等全新的概念范畴,指出:"屈原是情感的化身";"欲求表现个性的作品,头一位就要研究屈原";[9]"楚辞的特色,在替我们文学界开创浪漫境界";"纯象征派之成立,起自楚辞"。[10]这些结论,首先是以西方的艺术观念与理论术语来阐释屈原的创作与作品,强调个性、情感与创作方法的运用;同时他在研究中也始终坚持传统批评的体用理念与人生论倾向，并融入了发自内心的感悟与体会。《屈原研究》开创了中国古代文学研究的新视阈。梁启超在美学思想上的化合实践，不仅在于精神观点，还在于具体方法。他说："要发挥我们的文化，非借他们的文化做途径不可。因为他们研究的方法，实在精密。"[11]因此，他不仅在精神上注重开放与会通，也在方法上注意借鉴与冶炼。中国传统美学主要运用的是整体直觉的方法，是以鉴赏与感悟来代替分析与思辨。对美的认识常常采用体用不二的思维态度，将本体与功能融合为一。同时，常常采用即兴式的点评方式，将逻辑隐于事实之中。西方美学则以逻辑思辨为基础，注重理性分析与理论论证，强调理论本身的科学性与严密性。它对美学对象的研究注重条分缕析，以概念的界定、逻辑的推理、体系的建构为基本手段，建构起一个完整的论证过程，从而获得明确的结论。在具体研究中，梁启超试图把中西美学研究的基本立场与方法特征融会贯通。在中国现代学术转型期，他所作出的努力与取得的成就都是不容忽视的。尽管梁启超的美学思想建设，在今天看来，不乏稚拙，但作为一种新的学术范式的开创者，其化合所体现的方法论意识与导向弥足珍贵。

其次，新变是梁启超美学思想的重要理论指向。十九世纪末二十世纪初，面对世纪之交民族国家之间力量竞争的国际格局，面对西方文化借枪炮而东渐的现实，中国思想界从少数最敏感的个人到群体，先后接受了严复阐释的"贯天地人而一理之"的"物竞天择，优胜劣汰"的进化史观。进化与宗经崇圣的准则形成了根本的对立。在进化史观的基础上，民族文化的新生也被进步思想家推向了历史的前台。梁启超指出："欲步新"必先"除旧"；"淘汰不已，而种乃日进"。[12]他讴歌文学之"进化"，积极倡导文学革命，向既成的文学观念与审美品味发起了冲击。他提出了一套以趣味、情感、力、移人为逻辑纽带的美学理念，提出了"现境界"与"它境界"、"写实"与"理想"等一系列新的概念与命题，并在研究方法与理论形态上积极进行新的尝试。梁启超不仅注重对旧理论的冲击与变革,还注重自我发展与超越。从十九世纪末到二十世纪二十年代,梁启超的美学思想不断地随着时代社会的发展而变化,也随着自我思想的发展而变化。尽管学界对于这种变化的特点与价值的评判各不相同,但是这种"不惜以今日之我,难昔日之我"[13]的理论品格所蕴含的自觉的理论探索精神和强烈的时代使命感是无法抹去的。对于梁启超个人来说,这种思想跋涉的历程既是充满痛苦的,更是满怀欣悦的。虽然它以旧我的分裂与否定为前提,但是它指向了主体对新我更是对真理的永不停息的呼唤。站在今天的学术高度,我们当然可以洞悉这种新变中的幼稚与矛盾。然而,思想的惰性正是历史前进的深层障碍。作为新的美学范式的开创者,梁启超美学思想的新变风貌也为中国美学思想的发展注入了无尽的活力。

再次,学术个性的张扬是梁启超美学思想的独特风貌。梁启超是一个富有人格魅力与独立品格的思想家与学者。他在《近世文明初祖二大家之说》中激情洋溢地宣称"我有耳目,我物我格。我有心思,我理我穷"[14],表现出追求真理的无上勇气。这种唯真理为上的学术品格使其在学术探索的道路上能较少受制于前人的束缚。率性而研究,率性而阐释,使其学术成为映照其人格的明镜,具有鲜明而张扬的率真学术品貌。从美学思想来看,其建构无论在观点体系、思维方法、学术语言上都呈现出自己的个性。在观点体系上,他以趣味、情感、力、移人为核心,试图建构起一个审美追求与现实追求、个体理想与社会目标、求是与致用相统一的人生论美学思想体系。在思维方法上,他将西方科学思维与中国传统思维融为一体,既注重逻辑把握与体系建构,又重视直觉领悟与经验体会。在学术语言上,梁启超更是淋漓尽致地铺展了自己的个性魅力。他的学术语言至少具有三大特点:一,情感色彩浓郁,极富感染力。二,浅显生动,善用例证。三,中西词汇文法并用。前两点直接强化了其学术论文的接受度与感染力,使其更好读更易读。后者虽不免有生硬之处,但积极的吸纳与运用使其语言充满了新鲜与活力。郑振铎在《梁任公先生》一文中对其学术文字给予了高度的评价："他的这些论学的文字,是不黏着的,不枯涩的,不艰深的;一般人都能懂得,却并不是没有内容;似若浅显袒露,却又是十分的华泽精深。他的文字的电力,即在这些论学的文章上,仍不曾消失了分毫。"[15]崇尚思想与情感的真实,追求学术与生活的统一,以激扬生动新鲜芬芳的文字来表述深涩的理论,都使梁启超的美学思想凸显出自己独特的个性风貌。当然,这种鲜明而张扬的个性也是招致学术评价毁誉不一、褒贬并至的重要原因之一。

三、梁启超美学思想的当代启思

梁启超美学思想是十九、二十世纪之交的文化产品,但它所秉持的精神品格与方法立场也为我们今天的美学与文化建设留下了对话的基础。我以为,梁启超美学思想提供给我们今天的启思,特别重要的有以下两个方面。

首先就是梁启超美学思想的人生精神与入世品格问题。台湾学者张朋园先生曾指出梁启超是一个"能坐而言,也能起而行"的思想家兼实践家。[16]实际上,梁启超美学思想最为突出的精神品格就是对于人生与美与艺术之关系、思想与实践之关系、学术与人生之关系所把持的态度与立场。不管是前期还是后期,通过审美实践与艺术实践来追寻、品鉴、创造生活之美,培养高洁的人格精神,是梁启超美学思想的基本诉求。特别是梁启超美学思想引入了趣味的范畴,从而使得审美实践、艺术实践和人生的同一不仅在感性具体的层面上来践履,也使其上升到哲学的高度,成为人生境界的终极性理想。趣味提升了梁启超美学思想的理论品格,也体现出梁启超美学思想独特的精神品貌。梁启超的趣味理想不是一般地强调美、艺术、人生的同一,而是要求美与艺术直接面向最广大的低层民众,强调美与艺术关注人的个体生命的完善,关注个体生命与众生与宇宙运化的和谐一致性。同时，他又牢牢地抓住了美的情感内质，强调审美活动自身的美学规律。中国传统美学是倡扬艺术（审美）化的生活情趣的。梁启超对儒、道、释三家文化传统均有涉猎。梁启超的人生艺术（审美）化直面个体生命活动和社会人生实践的同一，期冀以高洁的审美精神来改造并重建个性化与社会化相统一的理想人生。因此，梁启超的美学精神是实践意向与改革意向的统一，是致用理想与求是精神的统一，也是学术追求与人生追求的融会。关于梁启超美学思想的人生精神与入世品格问题，过去很长一段时间里，我们以功利主义与非功利主义的简单划分来臧否其价值。实际上，问题远非如此简单。在此，我以为首先必须确立两个前提。其一是必须还原到其萌生的具体历史文化语境中去认识。其二是必须还原到其特定的学科特性上去认识。不必讳言，梁启超美学思想的基本精神品格就是追求理论与思想、求是与致用的统一。求是与致用的关系问题在一定程度上也是二十世纪以来中国包括美学在内的诸多学科所面对的普遍性问题。尤其在二十世纪前半叶民族矛盾尖锐的现实背景下，这个问题具有更为突出的意义。学术应该回归自身，这是学术的本义与使命。然而，不论在哪一个时代，脱离人生的人文科学实际上都是无法想象的。作为人类文化的一种结晶，学术不可能脱离人及其生存的现实历史环境。而作为人文学科，美学必然呈现的是人的价值尺度，是与人的生存与生命息息相关的意义视阈。在这样的一个领域，我们应该弘扬的并不是不食人间烟火的所谓纯学术，而应是以人生为终极关怀的人文学术。这种学术旨向绝不能与学术自身的使命相背离，不能与学术的本性与规律相背离。它应该在坚持学术规律的基础上体现人文关怀与人生旨向。这种学术旨向与将学术作为政治手段、无视学术自身特点的工具主义倾向具有本质的不同。应该承认，在梁启超早期的文学论文中，致用性非常突出。他又喜作惊人之语，把文学的社会功用几乎强调到无以复加的地步。这种偏激的言辞予人印象深刻。尽管在早期的论文中，他也注意到了求实与致用统一的问题,并且在观点的论证上力图以学术话语作为背景。他注意到学术的内在逻辑问题,对文学尤其是小说的艺术规律有着精到的见地,体现了很高的美学修养。但是这种努力,由于其前期美学思想突出的社会政治目的和强调这种目的的话语方式,而多为人所忽略。当然,梁启超与一般的政治实用主义不同,梁启超的政治功利取向是始终与人和社会改造的终极性理想相联系的,并且在相当程度上超越了对个人的一己之求。二十年代,梁启超的美学思想从政治建构与学术建构的糅合转向学术建构与人文建构的交结。他仍然坚持学术的致用性,但已从直接的政治目的中剥离出来,以人文建设为底蕴,将学术思考与文化思考相统一,进入了被许多学者误读为纯学术的阶段。这一时期,梁启超在美学思想上有丰富的成果和突出的贡献。他系统地建构阐释趣味与情感的理论,并从审美的角度研究、阐释、批评作家作品,将审美鉴赏与人格建设相统一,为审美的启蒙功能与人文理想的统一找到了自己独特的道路。这一时期,梁启超并没有将目光游离现实人生。他将对社会变革的思考转向了更深沉的人性层面。他的美学思考侧重于对美与人生、与人的生命关系的研讨,从而使对美的启蒙功能与人文理想的探讨具有了更为密切的联系,也使自己对美的功能的认识更趋深刻与合理。

美与生活的关系、精神与物质的关系、个体与社会的关系是梁启超具体美学思考的三大焦点,也是他对美的特质与功能认识的具体化,体现了他将审美的启蒙功能与理想追寻相统一的核心基点。梁启超宣称美是人类生活各种要素中之"最要者"[17],从而在中国历史上第一次明确地把美提到了不低于理性之善的重要位置上。同时,梁启超还将美与人的本体生命相联系,明确标举"爱美是人类的天性"[18]。在梁启超的美学视野中,美的实现是以生命力的激活为前提的。审美的实现不仅仅是审美感觉的复苏,更是生命活力的表征。没有生命之欲,就没有审美之求。因此,对美的肯定与审美的弘扬在本质上也就是对千百年来钳制中国人的封建理学的反叛。在梁启超这里,审美正是在与生命力与生命的价值同构的意义上实现了自己的不有之为。梁启超还指出精神生活与物质生活是人类生活的两大方式,对于精神生活与精神自由的追求是人与动物的根本区别。他深刻地意识到,在物质文明的时代,人类所患将不再是物质的贫乏,而是精神的饥荒。在《欧游心影录》中,梁启超尖锐地指出西方社会"一百年物质的进步,比从前三千年所得还加几倍",但这种物质进步也给人类"带来许多灾难"。[19]他的美学思考,以趣味与情感为中心,弘扬了个体生命的精神欲求。其思考所蕴含的对于人的精神本质的孜孜追求与人格独立的深沉呼唤体现了在新旧文化转型期对于个体生命的尊严与生命意义的思考。中国传统艺术理论主要是创作论与鉴赏论,很少从本体论、价值论乃至存在论的角度,将艺术、美、人相关联;传统批评主要是对艺术技法、艺术形象的品鉴,很少对作家个性与精神特质予以解读;传统批评主要是对作品的具体品评,很少从整体上观照作家与作品的精神关联。梁启超的《屈原研究》、《陶渊明》、《情圣杜甫》三个古典作家专论以情感和个性为主要旗帜,冲破了中国古典作家与作品研究中的琐屑考据与单纯品评,以宏观的视阈与气度着重对三位作家的精神个性作出了解读。三篇专论不仅是中国艺术审美意识现代性开拓的重要标志,其中所潜藏的视角也是审美实践对个体与社会关系的考量。在这三篇专论中,梁启超提出了尊重情感本真、同情民生疾苦、关爱山水生物、肯定想象创造、弘扬精神独立的人格审美原则。杜甫的执着、陶渊明的冲远、屈原的独立代表了梁启超所体认的传统人格审美的三种境界。梁启超对这三种境界充满了欣赏与尊敬,但他又以趣味主义的构想,试图糅合并最终超越这三种境界,实现不有之为的个体众生宇宙进合会通的理想胜境。趣味主义的美的构想是梁启超以美学思考对美与生活、精神与物质、个体与社会与宇宙三大关系所给出的独特答案,也是其对现代人格塑造的基本理想。现代人格塑造是梁启超美学思考中的另一焦点问题。这个问题也是其早期"新民"理念在美学思想领域中的具体体现与理论延伸。从早期的"移人"到后期的"趣味",梁启超的美学思考实际上始终围绕着"新民"的目标,试图通过美的启蒙功能与独特魅力来塑造具有完善个性的新人。他强调必须知情意"三件具备才能成一个人"[20]。他把审美视为人性完善与建构的基本途径。重视审美实践与美育实践的内在统一性。可以说,梁启超的美学思想既强调美对于人的本质意义,也强调个体对于众生和宇宙的责任与价值。梁启超的美学思考具有鲜明的实践指向与独到的理论意蕴。我以为,审美对于当下生存的关怀、对于理想人格的崇敬至今仍是美学学科必须面对的重要理论问题与实践问题。梁启超美学思想努力的方向突出地体现出中国主流学术在十九、二十世纪之交兼济学术文化重建与社会人生重建的价值取向。新的世纪之交,中华民族已经以自己崭新的形象崛起于世界历史舞台。我们所面对的历史文化语境与梁启超的时代早已不可同日而语。但是,梁启超美学思想所关注的国民性即现代人格建设的问题,美·艺术·生活的关系问题、精神与物质的关系问题、个体与社会的关系问题等,在当前仍然是现实而迫切的话题,人文学术的人生走向和文化走向在当前仍然具有现实的意义。今天,中国社会正处于传统农业社会向现代商品社会和科技社会过渡转型的时期,转型期特有的社会特点向我们迫切地提出了价值重建的问题。这也是当代美学的重要使命。当然,我们不能以现实问题来取代学术问题。对于美学学科来说,一方面是如何坚持审美与艺术的特质,避免使美学异化为工具与附庸;另一方面,是如何弘扬美学这样的人文学科的价值指向与实践导向。不管建设的具体道路如何,美学作为人文科学,应该真正融入现实的生命历程与人生实践中去。美学不应该是献给理论家自我的盛宴。艺术和美不仅仅是一种风雅,也应该成为我们生命的血肉!如何正确地处理求是与致用的关系、现实与理想的关系,如何使包括美学学科在内的人文学科真正健康绚烂地发展,这也是梁启超等现代美学先驱为我们留下的思考。在这个问题上,梁启超美学思想的具体发展演化也已经为我们提供了正反两方面的有益启思。

其次,梁启超美学思想给我们提供的另一个重要启思就是学术创构中开放的文化视阈、坚定的民族立场与自信的创新理念之间的关系问题。日本学者石川祯浩先生在《梁启超与文明的视点》一文中认为:"胡适、毛泽东等清末青年所走的道路,是利用梁启超的语言和其所提供的模式来思考和分析世界开始的。"[21]不管这样的结论有无夸大,梁启超在文化建设上的方法论及其深远影响,是无法回避的客观存在。我认为,不管就整体文化建设还是从具体的美学思想来看,梁启超在学术方法论上的重要意义都值得引起我们的充分关注。梁启超的时代,是西学东渐、东西文化大撞击的时代,也是旧学蜕变、古今文化大交替的时代。与当时或全盘西化或盲目排外的思想方式相比,梁启超对传统文化与西方文化均表现出一种更为清醒而辩证的姿态。他既清醒地意识到民族文化的严重危机,从而将求新图变的视线主要投向西方;同时,他又反对民族虚无主义,斥责那些欲举民族文化悉数付之一炬的人,只配做洋奴买办。他深刻地指出:"凡一国之立于天地,必有其所以立之特质。"文化自身具有承续关系,不能轻易割断。他以饮茶为例,对民族文化承续关系做了生动的比喻:"一个老宜兴茶壶,多泡一次茶,那壶的内容便生一次变化。茶吃完了,茶叶倒去了,洗得干干净净,表面上看来什么也没有,然而茶的'精'积在壶内。第二次再泡新茶,前次积下的茶精便起一番作用,能令茶味更好。茶之随泡随倒随洗,积下的茶精便是'业'。茶精是日积日多,永远不会消失的。除非将茶壶打碎,这叫做业力不灭的公例。"[22]茶精之不灭,颇似一国文化之特质,是历史的沉淀,欲避不能。因此,"欲自善其国者,不可不于此特质而焉,淬历之而增长之"[23]。梁启超尖锐地批判了当时很大一部分学人一味崇拜西方文化的盲目心态,指出:"若诸君而吐弃本国学问不屑从事也,则吾国虽多得百数十之达尔文、约翰·弥勒、赫胥黎、斯宾塞,吾惧其于学界一无影响也。"[24]对于"五四"以后的整体文化环境,梁启超更是敏锐而深刻地意识到:"今日非西学不兴之为患,而中学将亡之为患。"[25]这样的警示不仅在梁启超的时代,即使在整个二十世纪中国学术文化发展的历史进程中都具有振聋发聩的意义。梁启超坚持"学无中外新旧",同时,他也辩证地认识到中西文化亦各有其不足之处,"求西学,而取舍自当有择。若是不问好歹,无条件地移植过来,岂非人家饮鸩,你也随之服毒?"在《欧游心影录》中,他对西方近代文明的"科学万能之梦"作了批判,认为西方近代文明"把一切内部生活、外部生活都归结到物质运动的法则之下",导致了乐利主义与强权主义的盛行。[26]梁启超提出中华民族新文化的建设必须"汇万流而剂之,合一炉而冶之"[27],用异质文化的化合与结婚为中国文化培育"宁馨儿"。他还卓有远见地指出:这样的"一个新的文化系统"的建设不是能够一蹴而就的,"非竭数十年之力,与彼乎,与此乎,一一撷其实,咀其华,融会而贯通焉",才能有所成。[28]因此,若从方法论的角度言,梁启超学术文化创构中最值得注目的就是开放的文化视野与坚实的民族立场、自信的创新意识的统一,就是这种化合结婚、为我所用的大家风范。这种方法立场在其美学思想创构中得到了鲜明的体现。梁启超美学思想的核心范畴"趣味"以及以"趣味"为中心而构建的整个美学思想体系,就是中西化合、为我所用的典型范例。"趣味"是从民族审美的现实问题中提升的具体范畴,它不仅具有中西文化的丰富渊源,更是梁启超化合中西思想资源、直面民族现实的个性化建构。梁启超美学思想在概念范畴、思想观点、理论模式、方法形态的创构上均体现出化合结婚、为我所用的方法立场。这一方法立场在二十世纪中国现代文化发展中得到了有识之士的呼应。如闻一多在《女神之地方色彩》中就说:"我总认为新诗迳直是新的,不但新于西方固有的诗,换言之,它不要作纯粹的本地诗,但还要保持本地的色彩。它不要做纯粹的外洋诗,但又尽量的吸收外洋诗的长处,他要做中西艺术结婚后产生的宁馨儿。"[29]显然,这样的诗美理念与批评意识明显受到了梁启超文化方法论的影响。应该说,在梁启超的时代,一大批有识之士都将民族文化变革与新生的希望投向了西方文化。引入异质文化作为参照系,确实对中国近现代文化的新变产生了极为重要的积极意义。然而,就二十世纪中国学术文化发展演化的整体历史进程而言,我们无须讳言"五四"以后民族文化精神的某种断裂。在二十世纪中国美学与文学思想发展的历史进程中,西方模式与话语无疑具有压倒性的地位,逐渐置换了我们自身的话语权。同时,这种现象不仅仅在美学领域存在。以至新世纪之交,学界有识之士纷纷惊呼学术文化的"失语"现象,要求以建设性的态度,重新调整文化策略,创建民族新学术与新文化。应该承认,开放是历史的必然。但我们是否需要思考如何开放?在什么立场上开放?开放的最终目的又是什么?十九、二十世纪之交,梁启超、王国维等一代宗师率先以宏阔的胸襟奠定了中国近现代文学与美学的开放视阈。但是,开放的具体形态与实践模式在不同思想家那里,是有着各自的具体特点与各不相同的实际面貌的。若就学术创构中的民族性、民族立场与民族意识而言,梁启超在那一代美学开拓者中无疑更具突出的鲜明性与自觉性。民族性不是我们拒绝外来文化的理由。但是,民族性又必然是民族文化新生的本质要素与目标走向。民族性本身是发展的。不同的历史文化条件必然孕生具有不同时代特色的民族性。就十九、二十世纪之交中国现代美学的奠基而言,西方模式与马列模式是中国传统美学蜕变新生不可或缺的外部条件。没有这些完全不同于传统的新观念与新模态的冲击,传统美学的新生是一个不可想象的课题。但是,在中国现当代思想文化发展的一个很长时间里,主要是二十世纪二十年代以后,由梁启超等所代表的现代民族性立场和民族文化新生理念未能获得很好的传承与弘扬。对于民族文化,我们逐步丧失了自信;对于西方文化,我们却越来越多了莫名的崇信。梁启超为我们留下了特定时代独特的理论成果,也为我们留下许多值得深思的话题。可以说,在中国美学的现代化历程中,没有对异质文化的开放,就没有民族美学的新变;而没有对民族文化的传承,也同样没有民族美学的涅槃。这个在梁启超的时代已经拓展的理论反思和初步展开的实践尝试,在今天需要我们进一步总结经验教训与进行推进创造。梁启超美学思想创构中的方法论,仍然值得我们省思。

当然,中华民族美学的蜕变与一个真正成熟的民族新美学的诞生至今仍是一个严峻而迫切的课题!

我们有信心也有理由期待,中华美学终将浴火新生,蚕蜕成蝶!中华美学在今天新的时代语境中,也必将开出更为绚烂的花朵!

注释:

[1] 梁启超:《晚清两大家诗钞题辞》,《饮冰室合集》第 5 册,中华书局 1989 年版。

[2][17] 梁启超:《美术与生活》,《饮冰室合集》第 5 册,中华书局 1989 年版。

[3][4] 梁启超:《敬业与乐业》,《饮冰室合集》第 5 册,中华书局 1989 年版。

[5][6][18] 梁启超:《书法指导》,《饮冰室合集》第 12 册,中华书局 1989 年版。

[7] [春秋]孔子著,[魏]何晏集解:《论语》,上海古籍出版社 2003 年版。

[8][13] 梁启超:《清代学术概论》,《饮冰室合集》第 8 册,中华书局 1989 年版。

[9] 梁启超:《屈原研究》,《饮冰室合集》第 5 册,中华书局 1989 年版。

[10] 梁启超:《中国韵文里头所表现的情感》,《饮冰室合集》第 4 册,中华书局 1989 年版。

[11][19][26] 梁启超:《欧游心影录》,《饮冰室合集》第 7 册,中华书局 1989 年版。

[12] 梁启超:《天演学初祖达尔文之学说及其略传》,《饮冰室合集》第 2 册,中华书局 1989 年版。

[14] 梁启超:《近世文明初祖二大家之说》,《饮冰室合集》第 2 册,中华书局 1989 年版。

[15] 夏晓虹编:《追忆梁启超》,中国广播电视出版社 1997 年版,第 71 页。

[16] 张朋园:《梁启超与民国政治》,台湾食货出版社 1978 年版,第 5 页。

[20] 梁启超:《为学与做人》,《饮冰室合集》第 5 册,中华书局 1989 年版。

〔21〕[日]狭间直树编:《梁启超·明治日本·西方》,社会科学出版社2001年版,第95页。

〔22〕梁启超:《什么是文化》,《饮冰室合集》第5册,中华书局1989年版。

〔23〕〔24〕〔27〕〔28〕梁启超:《论中国学术思想变迁之大势》,《饮冰室合集》第1册,中华书局1989年版。

〔25〕梁启超:《变法通议·西学书目表后序》,《饮冰室合集》第1册,中华书局1989年版。

〔29〕闻一多:《闻一多全集》,湖北人民出版社1993年版,第2卷,第118页。

主要参考文献

1. 中华书局编:《饮冰室合集》(12册),中华书局1989年版。
2. 张品兴主编:《梁启超全集》(10册),北京出版社1999年版。
3. 吴松等点校:《梁启超文集点校》(六集),云南教育出版社2001年版。
4. 夏晓虹编:《梁启超文选》(2册),中国广播电视出版社1992年版。
5. 陈书良选编:《梁启超文集》,北京燕山出版社1997年版。
6. 陈引弛编:《梁启超学术论著集·文学卷》,华东师范大学出版社1998年版。
7. 王蘧常选注:《近代名家诗文选刊·梁启超选集》,人民文学出版社2004年版。
8. 汪松涛编注:《梁启超诗词全注》,广东高等教育出版社1998年版。
9. 夷夏编:《梁启超讲演集》,河北人民出版社2004年版。
10. 马勇编:《梁启超语萃》,华夏出版社1993年版。
11. 张品兴编:《梁启超家书》,中国文联出版社2000年版。
12. 丁文江、赵丰田编:《梁启超年谱长编》,上海人民出版社1983年版。
13. 李平、杨柏岭:《梁启超传》,安徽人民出版社1997年版。
14. 王勋敏、申一辛:《梁启超传》,团结出版社1998年版。
15. 李喜所、元青:《梁启超传》,人民出版社1993年版。
16. 吴廷嘉、沈大德:《梁启超评传》,百花洲文艺出版社1996年版。
17. 黄敏兰:《中国知识分子第一人·梁启超》(转型间学人评传书系),湖北教育出版社1999年版。

18. 李喜所、胡志刚:《百年家族·梁启超》,广东教育出版社、河北教育出版社 1997 年版。

19. 罗检秋:《新会梁氏——梁启超家族的文化史》,中国人民大学出版社 1999 年版。

20. 薛瑞汉、庞建国:《晚清风云人物史话·梁启超》,民族出版社 2003 年版。

21. 梁从诫编选:《薪火四代》(上下册),百花文艺出版社 2003 年版。

22. 崔志海编:《梁启超自述》,河南人民出版社 2004 年版。

23. 夏晓虹编:《追忆梁启超》,中国广播电视出版社 1997 年版。

24. 王森然编:《近代名家评传》(初集),三联书店 1998 年版。

25. 郭长久主编:《梁启超与饮冰室》,天津古籍出版社 2002 年版。

26. 万平:《康梁启示录》,电子科技大学出版社 2002 年版。

27. 夏晓虹:《觉世与传世——梁启超的文学道路》,上海人民出版社 1991 年版。

28. 连燕堂:《梁启超与晚清文学革命》,漓江出版社 1991 年版。

29. 陈鹏鸣:《梁启超学术思想评传》,北京图书馆出版社 1999 年版。

30. 易新鼎:《梁启超与中国学术思想史》,中州古籍出版社 1992 年版。

31. 蒋广学:《梁启超和中国古代学术的终结》,江苏教育出版社 1998 年版。

32. 郑匡民:《梁启超启蒙思想的东学背景》,上海书店出版社 2003 年版。

33. 董德福:《梁启超与胡适——两代知识分子学思历程的比较研究》,吉林人民出版社 2004 年版。

34. [美]张灏著,崔志海、葛夫平译:《梁启超与中国思想的过渡》,江苏人民出版社 1997 年版。

35. [美]约瑟夫·阿·勒文森著,刘伟等译:《梁启超与中国近代思想》,四川人民出版社 1986 年版。

36. [日]狭间直树编:《梁启超·明治日本·西方》,社会科学文献出版社 2001 年版。

37. [德]黑格尔著,朱光潜译:《美学》,商务印书馆 1979 年版。

38. [德]康德著,宗白华等译:《判断力批判》,商务印书馆 1964 年版。

39. [德]席勒著,徐恒醇译:《美育书简》,中国文联出版公司 1984 年版。

40. ［英］H·A·梅内尔著,刘敏译:《审美价值的本性》,商务印书馆2001年版。

41. ［美］列文森著,郑大华等译:《儒教中国及其现代命运》,中国社会科学出版社2000年版。

42. ［美］费正清著,张沛译:《中国:传统与变迁》,世界知识出版社2002年版。

43. ［美］成中英:《论中西哲学精神》,东方出版中心1991年版。

44. 姚淦铭、王燕编:《王国维文集》,中国文史出版社1997年版。

45. 鲁迅:《鲁迅全集》,人民文学出版社1981年版。

46. 朱光潜:《朱光潜全集》,安徽教育出版社1987年版。

47. 林同华主编:《宗白华全集》,安徽教育出版社1994年版。

48. 聂振斌:《王国维美学思想述评》,辽宁大学出版社1997年版。

49. 张本楠:《王国维美学思想研究》,文津出版社1992年版。

50. 聂振斌:《蔡元培及其美学思想》,天津人民出版社1984年版。

51. 阎国忠:《朱光潜美学思想研究》,辽宁人民出版社1987年版。

52. 劳承万:《朱光潜美学论纲》,安徽教育出版社1998年版。

53. 林同华:《宗白华美学思想研究》,辽宁人民出版社1987年版。

54. 王德胜:《散步美学:宗白华美学思想新探》,河南人民出版社2004年版。

55. 吴中杰:《鲁迅文艺思想论稿》,山西人民出版社1982年版。

56. 刘再复:《鲁迅美学思想论稿》,中国社会科学出版社1981年版。

57. 叶朗:《中国美学史大纲》,上海人民出版社1985年版。

58. 李泽厚、刘纲纪:《中国美学史》,中国社会科学出版社1984年版。

59. 聂振斌:《中国近代美学思想史》,中国社会科学出版社1991年版。

60. 卢善庆:《中国近代美学思想史》,华东师范大学出版社1991年版。

61. 朱光潜:《西方美学史》,人民文学出版社1984年版。

62. 蒋孔阳、朱立元:《西方美学通史》,上海文艺出版社1999年版。

63. 汝信、夏森:《西方美学史论丛》,上海人民出版社1980年版。

64. 《马克思、恩格斯、列宁、斯大林论文艺》,人民文学出版社1988年版。

65. 《马克思恩格斯选集》,人民出版社1972年版。

66. 《列宁全集》,人民出版社 1972 年版。

67. 李泽厚:《美学四讲》,三联书店 1989 年版。

68. 刘纲纪:《艺术哲学》,湖北人民出版社 1986 年版。

69. 钱中文:《文学新理性精神》,洪业文化事业有限公司 2004 年版。

70. 钱中文:《文学发展论》,经济科学出版社 1998 年版。

71. 王元骧:《文学原理》,广西师范大学出版社 2002 年版。

72. 王元骧:《文学理论与当今时代》,浙江大学出版社 2002 年版。

73. 敏泽、党圣元:《文学价值论》,社会科学文献出版社 1997 年版。

74. 董学文:《文学原理》,北京大学出版社 2001 年版。

75. 杜书瀛、钱竞:《中国 20 世纪文艺学学术史》,上海文艺出版社 2001 年版。

76. 曾繁仁:《走向二十一世纪的审美教育》,陕西师范大学出版社 2000 年版。

77. 杜卫:《美育论》,教育科学出版社 2000 年版。

78. 袁济喜:《传统美育与当代人格》,人民文学出版社 2002 年版。

79. 郭延礼:《中国近代文学发展史》,高等教育出版社 2001 年版。

80. 徐中玉主编:《中国近代文学大系·文学理论集》,上海书店 1994 年版。

81. 陈平原等编:《二十世纪中国小说理论资料》,北京大学出版社 1997 年版。

82. 徐复观:《中国艺术精神》,华东师范大学出版社 2001 年版。

83. 陈望衡:《20 世纪中国美学本体论问题》,湖南教育出版社 2001 年版。

附录一

梁启超美学思想及相关研究主要论著简目

一、编著：

1. 中华书局编：《饮冰室合集》(12 册)，中华书局 1936 年版；1941 年版；1989 年版。

2. 梁廷灿编：《乙丑重编饮冰室文集》(线装 80 册)，中华书局 1925 年版。

3. 陈益编点：《新式标点饮冰室全集》(10 册)，上海大通书局 1925 年版。

4. 张品兴主编：《梁启超全集》(10 册)，北京出版社 1999 年版。

5. 吴松等点校：《梁启超文集点校》(六集)，云南教育出版社 2001 年版。

6. 夏晓虹编：《梁启超文选》(2 册)，中国广播电视出版社 1992 年版；福建教育出版社 2018 年版，2020 年版。

7. 夏晓虹辑：《饮冰室合集·集外文》(上中下)，北京大学出版社 2005 年版。

8. 吴其昌：《先师梁任公别录拾遗》，北京出版社 1989 年版。

9. 陈书良选编：《梁启超文集》，北京燕山出版社 1997 年版。

10. 林文光选编：《梁启超文选》，四川文艺出版社 2009 年版。

11. 刘梦溪主编：《现代学术经典——梁启超卷》，河北教育出版社1996年版。

12. 金雅主编:《中国现代美学名家文丛·梁启超卷》,浙江大学出版社2009年版;中国文联出版社2017年版。

13. 陈引弛编:《梁启超学术论著集·文学卷》,华东师范大学出版社1998年版。

14. 金雅主编:《中国现代美学与文论的发动——"中国现代美学、文论与梁启超"全国学术研讨会论文选集》,天津人民出版社2009年版。

15. 王蘧常选注:《近代名家诗文选刊·梁启超选集》,人民文学出版社2004年版。

16. 汪松涛编:《梁启超诗词全注》,广东高等教育出版社1998年版。

17. 洪治纲主编:《梁启超经典文存》,上海大学出版社2003年版。

18. 夷夏编:《梁启超讲演集》,河北人民出版社2004年版。

19. 绿林书房辑校:《梁启超书话》,浙江人民出版社1998年版。

20. 葛懋春、蒋俊编:《梁启超哲学思想论文选》,北京大学出版社1984年版。

21. 许啸天选:《梁启超语萃》,上海群学书社1930年版。

22. 马勇编:《梁启超语萃》,华夏出版社1993年版。

23. 张品兴编:《梁启超家书》,中国文联出版社2000年版。

24. 丁文江、赵丰田编:《梁启超年谱长编》,上海人民出版社1983年版。

25. 吴天任:《民国梁任公先生启超年谱》,上海人民出版社1983年版。

26. 李国俊编:《梁启超著述系年》,复旦大学出版社1986年版。

27. 董方奎:《梁启超研究著论目录》,崇文书局2010年版。

28. 周维亮:《梁任公治学系年》,台湾新文丰出版公司1999

年版。

29. 李平、杨柏岭:《梁启超传》,安徽人民出版社1997年版。

30. 王勋敏、申一辛:《梁启超传》,团结出版社1998年版。

31. 李喜所、元青:《梁启超传》,人民出版社1993年版;2010年版。

32. 孟祥才:《梁启超传》,人民出版社1980年版;团结出版社2011年版。

33. 徐刚:《梁启超传》,广东人民出版社1994年版。

34. 吴其昌:《梁启超传》,团结出版社2004年版;新世界出版社2017年版;新星出版社2018年版;江苏人民出版社2018年版。

35. 毛以亨:《梁启超》,香港亚洲出版社1957年版。

36. 李文荪著,张力译:《梁启超》,台湾长河出版社1978年版。

37. 牛仰山:《梁启超》,中华书局1962年版。

38. 孟祥才、杨希珍:《梁启超》,江苏人民出版社1980年版。

39. 陈占标、陈锡忠:《一代奇才》,花城出版社1989年版。

40. 吴家鸣、王行鉴:《梁启超青少年时代》,文津出版社1991年版。

41. 耿云志、崔志海:《梁启超》,广东人民出版社1994年版。

42. 刘炎生:《梁启超》,广东人民出版社2004年版。

43. 吴廷嘉、沈大德:《梁启超评传》,百花洲文艺出版社1996年版;2010年版。

44. 蒋广学:《梁启超评传》,南京大学出版社2005年版;2011年版。

45. 陈其泰:《梁启超评传:笔底波澜,石破天惊》,广西教育出版社1997年版;华夏出版社2018年版。

46. 董四礼:《晚清巨人传——梁启超》,哈尔滨出版社1996年版。

47. 范明强:《烂漫天才:梁启超别传》,华夏出版社1999年版。

48．杨天宏：《新民之梦——梁启超传》，四川人民出版社 1995 年版。

49．闵宝庆：《梁启超传》（中国文化巨人丛书），莲峰书舍 1998 年版。

50．陈引弛：《梁启超》（自述与印象丛书），上海三联书店 1997 年版。

51．王寿南总编辑：《中国历代思想家——梁启超》，台湾商务印书馆 1978 年版。

52．黄敏兰：《中国知识分子第一人·梁启超》（转型间学人评传书系），湖北教育出版社 1999 年版。

53．谢放：《跨世纪的文化人·梁启超》，广东人民出版社 2005 年版。

54．董方奎：《旷世奇才梁启超》，武汉出版社 1997 年版。

55．薛瑞汉、庞建国：《晚清风云人物史话·梁启超》，民族出版社 2003 年版。

56．夏晓虹编：《追忆梁启超》，中国广播电视出版社 1997 年版。

57．夏晓虹：《阅读梁启超》，生活·读书·新知三联书店 2006 年版；东方出版社 2019 年版。

58．李喜所、胡志刚：《百年家族·梁启超》，广东教育出版社/湖北教育出版社 1997 年版。

59．王勋敏、申一辛：《梁氏家族》，团结出版社 1998 年版。

60．张永芳：《黄遵宪·梁启超》，春风文艺出版社 1999 年版。

61．吴荔明：《梁启超和他的儿女们》，上海人民出版社 1999 年版；北京大学出版社 2013 年版。

62．丁宇、刘景云编著：《梁启超教子满门俊秀》，中华工商联合出版社 2002 年版。

63．罗检秋：《新会梁氏——梁启超家族的文化史》，中国人民大学出版社 1999 年版；山东画报出版社 2018 年版。

64. 郭长久主编:《梁启超与饮冰室》,天津古籍出版社 2002 年版。

65. [美]张灏著,崔志海、葛夫平译:《梁启超与中国思想的过渡》,江苏人民出版社 1997 年版。

66. [美]约瑟夫·阿·勒文森,刘伟等译:《梁启超与中国近代思想》,四川人民出版社 1986 年版。

67. [美]黄宗智:《梁启超与中国近代自由主义》,西雅图大学出版社 1972 年版。

68. [日]狭间直树编:《梁启超·明治日本·西方》,社会科学文献出版社 2001 年版。

69. 毛以亨:《一代新锐梁任公》,台北河洛图书出版社 1979 年版。

70. 黄克武:《一个被放弃的选择——梁启超调适思想研究》,台湾"中央"研究院近代史研究所 1994 年版。

71. 黄克武:《梁启超与康德》,台湾"中央"研究院近代史研究所 1998 年版。

72. 张朋园:《梁启超与清季革命》,吉林出版集团有限责任公司 2007 年版。

73. 张朋园:《梁启超与民初政治》,台北食货出版社 1981 年版。

74. 宋文明:《梁启超的思想》,台北水牛图书出版事业有限公司 1991 年版。

75. 邓兆明:《梁启超的生平及其政治思想》,台北天山出版社 1981 年版。

76. 雷慧儿:《梁启超的治国之道:人才主义的理想与实践》,台北东大图书公司 1986 年版。

77. 吴铭能:《梁启超研究丛稿》,台北台湾学生书局 2001 年版。

78. 赖光临:《梁启超与近代报业》,台湾商务印书馆 1980 年版。

79. 鲍风:《梁启超的人生哲学:改良人生》,台北扬哲文化出版社1997年版。

80. 王心裁:《梁启超的治学方法》,台北新视野图书出版公司1998年版。

81. 夏晓虹:《觉世与传世——梁启超的文学道路》,上海人民出版社1991年版。

82. 连燕堂:《梁启超与晚清文学革命》,漓江出版社1991年版。

83. 杨晓明:《梁启超文论的现代性阐释》,四川民族出版社2002年版。

84. 罗义华:《论梁启超"流质性"与转型期中国文学的现代品格》,华中师范大学出版社2007年版。

85. 钟珍维、万发云:《梁启超思想研究》,海南人民出版社1986年版。

86. 金雅:《梁启超美学思想研究》,商务印书馆2005年初版;2012年修订版。

87. 宋仁:《梁启超教育思想研究》,辽宁教育出版社1993年版。

88. 刘邦富:《梁启超哲学思想新论》,湖北人民出版社1994年版。

89. 陈鹏鸣:《梁启超学术思想评传》,北京图书馆出版社1999年版。

90. 易新鼎:《梁启超与中国学术思想史》,中州古籍出版社1992年版。

91. 易新鼎:《梁启超与中国现代文化思潮》,首都师范大学出版社2009年版。

92. 蒋广学:《梁启超和中国古代学术的终结》,江苏教育出版社1998年版。

93. 焦润明:《梁启超启蒙思想研究》,辽宁大学出版社2006年版。

94. 郑匡民:《梁启超启蒙思想的东学背景》,上海书店出版社

2003年版;四川人民出版社2020年版。

95. 董德福:《梁启超与胡适——两代知识分子学思历程的比较研究》,吉林人民出版社2004年版。

96. 李茂民:《梁启超五四时期的新文化思想——在激进与保守之间》,社会科学文献出版社2006年版。

97. 方红梅:《梁启超趣味论研究》,人民出版社2009年版。

98. 新会市梁启超研究会编:《梁启超研究》(1—9期),1986—1993年。

99. 董方奎:《新论梁启超》,华中师范大学出版社2007年版。

100. 聂振斌:《中国近代美学思想史》,中国社会科学出版社1991年版。

101. 卢善庆:《中国近代美学思想史》,华东师范大学出版社1991年版。

102. 叶朗:《中国美学史大纲》,上海人民出版社1985年版。

103. 封孝伦:《二十世纪中国美学》,东北师范大学出版社1997年版。

104. 杨平:《多维视野中的美育》,安徽教育出版社2000年版。

105. 蒋广学、张中秋:《华夏审美风尚史·凤凰涅槃》,河南人民出版社2000年版。

106. 徐林祥:《中国美学初步》,广东人民出版社2001年版。

107. 邢建昌:《文艺美学的现代性建构》,安徽教育出版社2001年版。

108. 陈文忠:《美学领域中的中国学人》,安徽教育出版社2001年版。

109. 陈望衡:《20世纪中国美学本体论问题》,湖南教育出版社2001年版。

110. 文明国编:《梁启超自述》,人民日报出版社2011年版。

111. 董方奎:《梁启超家族百年纵横》,崇文书局2012年版。

112. 解玺璋：《梁启超传》，上海文化出版社2012年版，化学工业出版社2018年版。

113. 解玺璋导读：《梁启超家书》，中州古籍出版社2016年版，长江文艺出版社2020年版。

114. 齐全编：《梁启超著述及学术活动系年纲目》，中国社会科学出版社2011年版。

115. 金玉甫：《梁启超与中国书法》，河南美术出版社2010年版。

116. 叶曙明：《启明之星：梁启超传》，中国友谊出版公司2012年版。

117. 汤志钧、汤仁泽编注：《梁启超家书：南长街54号梁氏函札》，中国人民大学出版社2016年版。

118. ［日］狭间直树主讲，张勇评议：《东亚近代文明史上的梁启超》，上海世纪出版股份有限公司2016年版。

119. 徐刚：《少年中国梦：再读梁启超》，作家出版社2011年版。

120. 陈晨编：《梁启超轶事》，人民日报出版社2014年版。

121. 张琼：《梁启超传》，北京联合出版公司2013年版。

122. 汤志钧、汤仁泽编注：《饮冰室遗珍：未收入结集的梁启超文稿及函札》，中国人民大学出版社2016年版。

123. 王处辉、张莲友主编：《引路前行：梁启超的社会建设思想及其现代性》，人民出版社2013年版。

124. 吴萍萍编著：《读懂梁启超》，广西人民出版社2014年版。

125. 彭树欣：《多维视野下的梁启超研究》，电子科技大学出版社2014年版。

126. 张晓川、范矿生：《政学之间：梁启超的多面人生》，东方出版社2011年版。

127. 金雅、聂振斌主编：《蔡元培梁启超与中国现代美育："蔡元培梁启超美育艺术教育思想与当代文化建设"全国学术研讨会论文选集》,中国言实出版社2014年版。

128. 李金和:《平民化自由人格:梁启超新民人格研究》,知识产权出版社2010年版。

129. 伊丽娜:《化陋邦为新国:梁启超文化革新思想研究》,黑龙江大学出版社2015年版。

130. 陆信礼:《梁启超中国哲学史研究评述》,中国社会科学出版社2013年版。

131. 袁咏红、程军强:《但开风气不为师——梁启超》,齐鲁书社2014年版。

132. 夏晓虹:《梁启超:在政治与学术之间》,东方出版社2014年版。

133. 俞国林、谢晓冬编:《南长街54号梁氏档案》,中华书局2012年版。

134. 汤志钧编:《中国近代思想家文库·梁启超卷》,中国人民大学出版社2014年版。

135. 袁咏红、曾庆媛:《梁启超的青少年时代》,河北人民出版社2014年版。

136. 清华大学国学研究院、中华书局编辑部编:《梁任公先生年谱长编稿本》,中华书局2015年版。

137. 张锡勤:《梁启超思想评议》,人民出版社2013年版。

138. 齐小刚:《梁启超国家主义思想的文学实践》,南京大学出版社2016年版。

139. 安尊华:《梁启超教育思想研究》,知识产权出版社2014年版。

140. 果迟:《梁启超》,河南文艺出版社2013年版。

141. 周洋:《梁启超传》,北京时代华文书局2016年版。

142. 齐小刚:《梁启超》,南京大学出版社2011年版。

143. 戴逸主编,马金科注译:《梁启超诗文选》,巴蜀书社2011

年版。

144. 李平:《梁启超传》,中国言实出版社 2015 年版。

145. 姜荣刚:《晚清小说的变革:中西互动与传统的内在转化——以梁启超为中心》,中国社会科学出版社 2014 年版。

146. 何光水:《儒家文化与晚清小说的兴起:以梁启超小说功用观为中心考察》,湖北人民出版社 2013 年版。

147. 黄轶:《风雨饮冰室》,郑州大学出版社 2013 年版。

148. 齐春风:《梁启超》,陕西师范大学出版社 2017 年版。

149. 李喜所、胡志刚:《新文新民新世界:梁启超家族》,新星出版社 2017 年版。

150. 张勇:《梁启超与晚清"今文学"运动以梁著清学史三种为中心的研究》,北京大学出版社 2017 年版。

151. 朱鹏飞:《梁启超与柏格森:梁启超美学思想的西学源流》,吉林大学出版社 2017 年版。

152. 郑焕钊:《"诗教"传统的历史中介:梁启超与中国现代文学启蒙话语的发生》,社会科学文献出版社 2017 年版。

153. 杜贞霞主编:《中国学术名著丛书——梁启超》(4 册),吉林出版集团股份有限公司 2017 年版。

154. 靳继君、高强:《广东历代书家研究丛书·梁启超》,岭南美术出版社 2017 年版。

155. 熊权:《书生报国:梁启超传》,长春出版社 2017 年版。

156. 席志武:《调适与悖反:梁启超的新民论文学观念与创作实践》,江西人民出版社 2017 年版。

157. 王金崇:《东西文化之辨:梁启超的哲学思考》,中国社会科学出版社 2018 年版。

158. 吴天任:《梁启超年谱》(4 册),广东人民出版社 2018 年版。

159. 彭树欣:《梁启超修身三书》(3 册),上海古籍出版社 2018 年版。

160. 王建军:《教育近代化中的梁启超》,山西人民出版社 2018 年版。

161. 付祥喜、陈淑婷编:《梁启超集》,广东人民出版社 2018 年版。

162. 广东新会梁启超研究会编:《论梁启超家教》,团结出版社 2018 年版。

163. 汤志钧、汤仁泽编:《梁启超全集》(20 册),中国人民大学出版社 2018 年版。

164. 吴天柱:《梁启超年谱》(4 册),兵器工业出版社 2018 年版。

165. 阎春来:《梁启超诗传》,中国社会科学出版社 2018 年版。

166.《梁启超:永远的少年》编委会编著:《梁启超:永远的少年》,国家图书馆出版社 2018 年版。

167. 黄跃红、王琦:《梁启超与近代中国学术师承》,民主与建设出版社 2018 年版。

168. 梁金河:《大道之源:真解梁启超》,中国财政经济出版社 2018 年版。

169. 金雅、朱鹏飞编:《中华人生论美学经典悦读书系:梁启超趣味人生论美学文萃》,中国文联出版社 2018 年版。

170. 吴宁宁:《梁启超伦理思想研究》,首都师范大学出版社 2019 年版。

171. 韩宗文:《饮冰文客梁启超》,远方出版社 2019 年版。

172. 高力克:《启蒙先知:严复、梁启超的思想革命》,东方出版社 2019 年版。

173. 喻中:《梁启超与中国现代法学的兴起》,中国人民大学出版社 2019 年版。

174. 任明:《梁启超与中国近代政治思想范式转换研究》,中国社会科学出版社 2019 年版。

175. 王海林:《梁启超社会主义思想研究》,九州出版社 2020

年版。

176. 莫先武:《梁启超美学思想研究》,社会科学文献出版社2020年版。

177. 俞国林校:《梁启超文集:清代学术概论》,中华书局2020年版。

178. 魏万磊:《晚年梁启超与五四"文化保守派"》,中国社会科学出版社2020年版。

179. 张娜编:《怡情之美:梁启超美学精选集》,吉林人民出版社2021年版。

180. 张娜:《梁启超人文视阈中的西方"秘索思"》,中国社会科学出版社2021年版。

181. 许知远:《青年变革者:梁启超(1873—1898)》,上海人民出版社2019年版。

二、论文:

1. 佘树森:《如何在文学上评价梁启超》,《光明日报》1960年9月25日。

2. 蔡尚思:《梁启超在政治上学术上思想上的不同地位》,《学术月刊》1961年第6期。

3. 李龙牧:《梁启超与前期新文化运动》,《文汇报》1961年6月27日。

4. 蔡尚思:《四论梁启超后期的思想体系问题》,《学术月刊》1961年第12期。

5. 蔡尚思:《梁启超后期的思想体系问题》,《文汇报》1961年3月31日。

6. 蔡尚思:《论梁启超的旧传统思想体系》,《光明日报》1961年9月15日。

7. 周维德:《梁启超"小说界革命"口号的反动实质》,《光明日报》1965年10月31日。

8. 李泽厚:《梁启超王国维简论》,《历史研究》1979年第7期。

9. 关贤柱:《简述梁启超论现实主义与浪漫主义》,《贵阳师院学报》1980年第1期。

10. 姚全兴:《论梁启超的情感说》,《文学评论丛刊》第九辑1981年5月。

11. 万发云:《略论梁启超的哲学思想》,《华南师大学报》1983年第1期。

12. 胡希伟:《戊戌变法失败后梁启超的思想转变》,《史学月刊》1983年第2期。

13. 陈嘉健:《梁启超进取性及保守性与康德哲学的关系》,《学术研究》1983年第2期。

14. 王左峰:《关于梁启超思想研究资料评价》,《中山大学学报》1983年第3期。

15. 万健:《梁启超美学思想述评》,《西北民族学院学报》1983年第4期。

16. 王杏根:《谈谈梁启超的"新文体"》,《语文学习》1983年第8期。

17. 何永传:《建国以来梁启超研究中几个问题的概述》,《中山大学学报》1984年第1期。

18. 陈永标:《试论梁启超的美学思想》,《华南师大学报》1984年第2期。

19. 万发云、钟珍维:《论梁启超的文学思想》,《海南大学学报》1984年第4期。

20. 王廷泉:《梁启超的教育思想》,《河南教育》1985年第3期。

21. 黄克剑:《中西学术思想比较之先声》,《读书》1985年第12期。

22．金涵:《梁启超的哲学思想》,《国内哲学动态》1985年第12期。

23．哈九增:《鲁迅对梁启超"立人"思想的继承与发展》,《浙江学刊》1986年第5期。

24．王敬文:《鲁迅与梁启超》,《河北大学学报》1986年第5期。

25．郑永福:《〈新中国未来记〉与二十世纪初梁启超的思想》,《中州学刊》1987年第1期。

26．何德功:《梁启超的新文体和日本明治文坛》,《中州学刊》1987年第2期。

27．胡代胜:《论梁启超新民思想的形成》,《中州学刊》1987年第5期。

28．聂振斌:《趣味教育——梁启超》,《美育》1987年第5期。

29．王富仁、查子安:《立于两个不同的历史层面和思想层面上——鲁迅与梁启超的文化思想和文学思想之比较》,《河北学刊》1987年第6期。

30．周易行:《论梁启超对我国中西文化比较研究的贡献》,《学术研究》1988年第1期。

31．聂振斌:《论梁启超的审美观》,《美学研究》1988年第2期。

32．陈少松:《论梁启超摄取外国文学的得失》,《山东师大学报》1988年第3期。

33．汪晖:《知识分子心态与中国近代精神——勒文森〈梁启超与中国近代思想〉读后》,《读书》1988年第3期。

34．王乙:《语言·意境——存在的真实:兼谈梁启超的意境说》,《青海民族学院学报》1988年第3期。

35．王强:《鲁迅与梁启超》,《天津社会科学》1988年第4期。

36．卢善庆:《梁启超的情感教育思想》,《美育》1988年第6期。

37．覃兆刿:《论梁启超在中国近代美学史上的地位》,《湖北大学学报》1990年第5期。

38. 易树人:《梁启超新文体与新文化运动》,《江汉论坛》1991年第12期。

39. 金炳珉、吴绍钪:《梁启超与朝鲜近代小说》,《延边大学学报》1992年第4期。

40. 宋净:《趣味:梁启超对人生的美学设计——论梁启超后期的趣味理论》,《福建论坛》1993年第1期。

41. 段治文、戴锡保:《论梁启超科学观的确立及其流变》,《浙江大学学报》1993年第1期。

42. 元青:《梁启超欧游归来后的文化思想倾向刍议》,《中州学刊》1993年第3期。

43. 冼心福:《建国以来梁启超文学思想研究述评》,《学术研究》1993年第3期。

44. 张锡勤:《梁启超对中国近代进程的复杂影响》,《北方论丛》1993年第5期。

45. 谢桃坊:《梁启超与近代词学研究》,《文学评论》1993年第5期。

46. 陈健:《英雄情结与孤独意识:梁启超与鲁迅精神特征比较研究》,《湘潭大学学报》1995年第3期。

47. 王凡:《从梁启超文化思想变迁看中国文化前景》,《佛山大学学报》1996年第1期。

48. 周妤:《梁启超论人的社会化》,《江海学刊》1997年第2期。

49. 肖承罡:《论梁启超评屈原》,《嘉应大学学报》1997年第4期。

50. 袁忠:《梁启超文化哲学述评》,《东方文化》1998年第1期。

51. 张立芳:《从梁启超到鲁迅:关于国民素质改造问题》,《山东社会科学》1998年第3期。

52. 陈其泰、安静波:《20世纪初梁启超对中国学术思想演进的宏观考察》,《北京师大学报》1998年第4期。

53. 元曙东、陈同：《王国维与梁启超》，《史林》1998年第4期。

54. 丁晓原：《梁启超：中国报告文学奠基者》，《晋阳学刊》1999年第1期。

55. 徐安琪：《梁启超词学思想初探》，《华中理工大学》1999年第3期。

56. 黄开发：《新民之道：梁启超的文学功用观及其对"五四"文学观念的影响》，《中国现代文学研究丛刊》1999年第4期。

57. 左鹏学：《梁启超的戏曲创作与近代戏曲变革》，《中州学刊》1999年第4期。

58. 高黎娜：《梁启超的启蒙思想与近代文学观念》，《陕西教育学院学报》1999年第4期。

59. 曾扬华：《梁启超的小说理论与批评》，《中山大学学报》1999年第5期。

60. 陶涛：《梁启超与屈原》，《北师大学报》1999年第5期。

61. 杨立民：《梁启超情感论文艺观及其现代意义》，《河北学刊》1999年第6期。

62. 余杰：《狂飙中的拜伦之歌：以梁启超、苏曼殊、鲁迅为中心探讨清末民初的拜伦观》，《鲁迅研究月刊》1999年第9期。

63. 易容：《王国维的人生"欲"与"美"及梁启超的"趣味"说》，《社会科学战线》2000年第1期。

64. 杨俊才：《论梁启超对传记之文史关系的创见》，《浙江社会科学》2000年第1期。

65. 杨俊才：《梁启超的传记理论及其贡献》，《北方论丛》2000年第1期。

66. 王英志：《〈饮冰室诗话〉论略》，《齐鲁学刊》2000年第1期。

67. 张宝明：《国民性：沉郁的世纪关怀——从梁启超、陈独秀、鲁迅的思想个案出发》，《郑州大学学报》2000年第2期。

68. 郭汉民：《孙中山与梁启超对文化问题的思考》，《西南交通大学学报》2000年第2期。

69．孔范今:《梁启超与中国文论的现代转型》,《文史哲》2000年第2期。

70．胡健:《梁启超的小说美学及其周边》,《青海师专学报》2000年第2期。

71．何郁:《梁启超〈论小说与群治之关系〉和王国维〈红楼梦评论〉之比较研究》,《东方论坛》(《青岛大学学报》)2000年第2期。

72．陈望衡:《评梁启超"趣味主义"人生观》,《湖南大学学报》2000年第2期。

73．徐德明:《梁启超小说观念及实践的过渡性特征》,《扬州大学学报》2000年第4期。

74．杨俊才:《论梁启超对史学性传记之操作原则的阐述》,《宁夏社会科学》2000年第5期。

75．杨晓明:《梁启超小说理论的现代性意义》,《四川大学学报》2000年第6期。

76．张永芳:《梁启超与中国近代文学革命》,《沈阳师院学报》2000年第6期。

77．张永芳:《中西文化交流与大众传播媒介的产物:试论梁启超的散文创作》,《社会科学辑刊》2000年第6期。

78．罗一楠:《简论梁启超对物质科学与精神文化关系的探讨》,《长白学刊》2000年第6期。

79．杨晓明:《梁启超思想暨文论与欧洲启蒙主义的关系》,《云南民族学院学报》2000年第12期。

80．姜文振、张路安:《梁启超对文艺美学现代性建构的贡献》,《邯郸师专学报》2001年第1期。

81．白振奎:《梁启超与王国维治学特点比较》,《江淮论坛》2001年第1期。

82．杨晓明:《启蒙现代性与文学现代性的冲突与调适》,《厦门大学学报》2001年第1期。

83. 李平:《梁启超哲学思想四题》,《安徽师大学报》2002年第1期。

84. 谢飘云:《进化论与梁启超文学变革设计的新思路》,《华南师大学报》2001年第2期。

85. 程恭让:《以复学契接康德:梁启超的康德学格义》,《哲学研究》2001年第2期。

86. 晁罡:《在激进与保守之间:论梁启超的东西文化观》,《平顶山师专学报》2001年第3期。

87. 金雅:《梁启超小说思想的建构与启迪》,《杭州师范学院学报》2001年第3期。

88. 蒋广学:《梁启超的现代学术思想与20世纪中国思想史之关系》,《江苏社会科学》2001年第4期。

89. 杨红旗:《梁启超小说界革命与现代文学理论》,《贵州师大学报》2002年第2期。

90. 王兆阳:《论梁启超文学观念的更新》,《长安大学学报》2002年第3期。

91. 闵选寿:《试析梁启超民族主义文化观之嬗变》,《洛阳师院学报》2002年第3期。

92. 李达琳:《"百无聊赖以诗鸣"——浅析梁启超〈读陆放翁集诗四首〉》,《重庆三峡学院学报》2002年第3期。

93. 王云升:《试析梁启超诗学的启蒙主题》,《佛山科技学院学报》2002年第4期。

94. 谢应光:《黄遵宪、梁启超诗歌理论及其它》,《重庆三峡学院学报》2002年第4期。

95. 姜桂华:《梁启超"诗界革命"论新解》,《沈阳师大学报》2002年第5期。

96. 陈国思:《阳明心学与梁启超的文学改良观》,《武汉大学学报》2002年第6期。

97．杨红旗:《"诗界开一新壁垒"——现代性视野中的梁启超诗体变革理论》,《四川师院学报》2003年第1期。

98．金雅:《梁启超"三大作家批评"与20世纪中国文论的现代转型》,《文艺理论与批评》2003年第2期。

99．金雅:《重化合、创新变、扬个性——梁启超美学思想的理论风貌》,《浙江学刊》2003年第2期。

100．金雅:《论梁启超小说理论的基本特性》,《浙江教育学院学报》2003年第2期。

101．马睿:《梁启超20年代文学研究的转向》,《西南师大报》2003年第2期。

102．金雅:《梁启超美学思想的精神特质》,《绍兴文理学院学报》2003年第3期。

103．金雅:《文学革命与梁启超对中国文学审美意识更新的贡献》,《云梦学刊》2003年第3期。

104．李必桂:《梁启超与康德"趣味"说之比较》,《武汉理工大学学报》2003年第3期。

105．金雅:《体系性、变异性、功利性——梁启超美学思想研究中的三个问题》,《杭州师范学院学报》2003年第4期。

106．项念东:《梁启超的"诗史"观——〈饮冰室诗话〉的若干诗学思想》,《安徽师大报》2003年第4期。

107．姜桂华:《梁启超崇高美学思想初探》,《社会科学辑刊》2003年第6期。

108．金雅:《梁启超的"情感说"及其美学理论贡献》,《学术月刊》2003年第10期。

109．焦勇勤:《梁启超趣味主义美学》,《中州大学学报》2004年第1期。

110．侯杰、林绪武:《省思与超越——近十年来梁启超研究之探讨》,《社会科学研究》2004年第3期。

111. 金雅:《梁启超与中国美学的现代转型》,《文艺报》2004年8月17日。

112. 金雅:《梁启超学术思想的特质与启迪》,《杭州师范学院学报》2004年第4期。

113. 金雅:《论梁启超美学思想发展分期与演化特征》,《浙江学刊》2004年第5期。

114. 金雅:《论梁启超对中国女性文学的贡献》,《文艺理论与批评》2004年第6期。

115. 周生杰:《诗是吾家事　人传世上情——梁启超论"情圣"杜甫》,《杜甫研究学刊》2005年第1期。

116. 朱文哲:《"新民"与"新国"——读梁启超〈新民说〉》,《华夏文化》2005年第1期。

117. 宋学勤:《梁启超学术文化史论中的科学观念》,《云南民族大学学报(哲学社会科学版)》2005年第1期。

118. 焦勇勤:《梁启超审美教育思想探析》,《中州大学学报》2005年第1期。

119. 方旭红:《梁启超创建民族新文化的最初设想——以1898—1907年为中心》,《济南大学学报(社会科学版)》2005年第1期。

120. 刘丽:《试论梁启超与福泽谕吉的文明观与独立观之不同》,《安徽电子信息职业技术学院学报》2005年第1期。

121. 李里峰:《"东方主义"与自我认同——梁启超中西文化观的再阐释》,《福建论坛(人文社会科学版)》2005年第1期。

122. 金雅:《梁启超"趣味"美学思想的理论特质及其价值》,《文学评论》2005年第2期。

123. 方红梅、方波:《试析梁启超立人话语向审美之域的生成》,《武汉科技学院学报》2005年第2期。

124. 彭云:《简论梁启超的小说功能观》,《河北建筑科技学院学报(社科版)》2005年第2期。

125. 毛星:《谈梁启超文学研究中的情感特质》,《衡水学院学报》2005年第2期。

126. 肖承罡:《论梁启超的文化品格》,《广东省社会主义学院学报》2005年第2期。

127. 元青:《梁启超与五四新文化运动》,《南开学报》2005年第2期。

128. 郑师渠:《梁启超与新文化运动》,《近代史研究》2005年第2期。

129. 李春梅:《试论梁启超对鲁迅国民性思想形成的影响》,《内蒙古大学学报(人文社会科学版)》2005年第2期。

130. 高策、姚雅欣:《在"科学万能"与"菲薄科学"之间——来自梁启超的科学价值论》,《江西社会科学》2005年第2期。

131. 韩慧贤:《梁启超文学史思想中永恒的诗歌与遗憾》,《绥化学院学报》2005年第2期。

132. 刘果元:《梁启超儿童教育思想初探》,《天津师范大学学报(基础教育版)》2005年第2期。

133. 彭树欣:《梁启超文化传播背景下的文学活动》,《盐城师范学院学报(人文社会科学版)》2005年第2期。

134. 方红梅:《梁启超新民思想的后期发展》,《贵州社会科学》2005年第3期。

135. 金雅:《论梁启超"力"与"移人"范畴的内涵与意义》,《浙江学刊》2005年第3期。

136. 杨红旗:《"救济精神饥荒"——梁启超三界革命论的现代性追求》,《重庆邮电学院学报(社会科学版)》2005年第3期。

137. 伍茂国:《梁启超小说理论的现代性及其矛盾》,《社会科学家》2005年第3期。

138. 谢明香:《将创作主体的文学感受作为文学阐释的基础——以梁启超与新文体创立之关系为例》,《首都师范大学学报(社会科学版)》2005年第3期。

139. 方红梅、方波:《梁启超晚年文化树人思想评析》,《军事经济学院学报》2005年第3期。

140. 张勇:《命运与艺术的取舍——金圣叹、梁启超、詹姆斯小说理论的"对话"》,《云南师范大学学报(哲学社会科学版)》2005年第4期。

141. 魏韶华、金桂珍:《对个体生存哲学的两种解读——以鲁迅和梁启超为中心》,《中国文学研究》2005年第3期。

142. 钟俊昆、曾晓林、孙慧娟:《梁启超与中国小说的近代化——梁启超在"小说界革命"中的角色考辨》,《南昌大学学报(人文社会科学版)》2005年第4期。

143. 窦颖梅:《梁启超、王国维关于趣味与嗜好的思想》,《美与时代》2005年第4期。

144. 王金双:《梁启超的小说创作及影响》,《内蒙古民族大学学报(社会科学版)》2005年第4期。

145. 谢应光:《梁启超与王国维:中国现代两种诗学理性的生成》,《重庆三峡学院学报》2005年第4期。

146. 何浩:《汉语形象与现代性的发生——以梁启超、鲁迅和朱光潜为个案》,《北方工业大学学报》2005年第4期。

147. 朱惠国:《论梁启超词学思想及其对词学现代化转换的意义》,《上海大学学报(社会科学版)》2005年第4期。

148. 黄菊:《论鲁迅早期思想中的"科学"观——兼与梁启超比较》,《西华师范大学学报(哲学社会科学版)》2005年第4期。

149. 涂育珍:《试论梁启超楚辞研究的成就与特色》,《东华理工学院学报(社会科学版)》2005年第4期。

150. 杨柏岭:《论梁启超的稼轩词研究》,《南阳师范学院学报

（社会科学版）》2005年第5期。

151. 郑大华、哈艳:《论梁启超晚年的文化取向和政治取向及其疏离——以〈欧游心影录〉为中心的分析》,《中州学刊》2005年第5期。

152. 莫志斌:《论梁启超对五四新文化运动的贡献》,《广州大学学报社会科学版》2005年第5期。

153. 钱华:《熏陶与提升——谈梁启超〈论小说与群治之关系〉》,《黄冈师范学院学报》2005年第5期。

154. 颜浩:《从〈敬业与乐业〉看梁启超的趣味主义教育观》,《语文建设》2005年第5期。

155. 伍茂国:《梁启超小说理论的现代性及其矛盾》,《重庆社会科学》2005年第5期。

156. 刘亮红:《论梁启超文化民族主义的形成与发展》,《湖南省社会主义学院学报》2005年第5期。

157. 方红梅:《梁启超"立人"思想简论》,《华中科技大学学报（社会科学版）》2005年第6期。

158. 张凤春:《晚清东西文化交流中的梁启超》,《赤峰学院学报（汉文哲学社会科学版）》2005年第6期。

159. 龚红林、何轩:《论梁启超小说观的国学背景》,《湖北社会科学》2005年第10期。

160. 姬群:《康有为、梁启超与中国近代音乐教育》,《史学月刊》2005年第11期。

161. 黄跃红:《梁启超学术特色与成就之探析》,《商场现代化》2005年第24期。

162. 王剑:《中国文学现代演进的三个环节——以梁启超、王国维、周作人为个案的考察》,《周口师范学院学报》2006年第1期。

163. 罗义华:《论梁启超的"流质性"与转型期中国文学的现代品格》,《世界文学评论》2006年第1期。

164. 肖向明、杨林夕:《"启蒙"的诱惑——梁启超与中国近代文学变革的再思考》,《北方论丛》2006年第1期。

165. 罗选民:《意识形态与文学翻译——论梁启超的翻译实践》,《清华大学学报(哲学社会科学版)》2006年第1期。

166. 谢桃坊:《梁启超的稼轩词研究之词学史意义——兼论近世关于豪放词的评价》,《南阳师范学院学报(社会科学版)》2006年第1期。

167. 刘再华:《文化语境与梁启超的新文体理论》,《衡阳师范学院学报》2006年第1期。

168. 方晓红:《论梁启超的报刊理论与小说理论之关系》,《江苏社会科学》2006年第1期。

169. 金雅:《梁启超文论创构与当代文论建设》,《广州大学学报》2006年第2期。

170. 史修永:《现代乌托邦精神——试论梁启超翻译与创作的政治小说》,《太原理工大学学报(社会科学版)》2006年第2期。

171. 郭勇:《现代语言观的兴起与文学观念的现代转型——梁启超语言研究的文化意义》,《湖北大学学报(哲学社会科学版)》2006年第2期。

172. 姚雅欣:《"力本"转向"人本":梁启超人文视野中的"进化"》,《太原理工大学学报(社会科学版)》2006年第2期。

173. 王金双:《"发现"与"丢弃"——试论梁启超的小说观》,《赤峰学院学报(汉文哲学社会科学版)》2006年第2期。

174. 金雅:《论梁启超的崇高美理念》,《浙江学刊》2006年第3期。

175. 郑师渠:《欧战后梁启超的文化自觉》,《北京师范大学学报(社会科学版)》2006年第3期。

176. 何轩:《论梁启超的"应用佛学"与其小说观之关系》,《湖北大学学报(哲学社会科学版)》2006年第3期。

177. 彭伟:《梁启超文学思想初探》,《山东行政学院山东省经济管理干部学院学报》2006年第4期。

178. 朱永香:《论梁启超政治功能小说观》,《湖南工程学院学报(社会科学版)》2006年第4期。

179. 关爱和:《梁启超与文学界革命》,《中国社会科学》2006年第5期。

180. 刘亮红:《从文化过渡角度看梁启超的文化民族主义》,《湖南行政学院学报》2006年第5期。

181. 夏晓虹:《胡适与梁启超的白话文学因缘》,《安徽师范大学学报(人文社会科学版)》2006年第5期。

182. 关爱和:《梁启超文学界革命在20世纪初年文学演变中的意义》,《河北学刊》2006年第5期。

183. 刘明明:《浅谈近代美学思想与西方美学思想的融合——对龚自珍、梁启超、王国维的比较》,《辽宁师专学报(社会科学版)》2006年第6期。

184. 姚雅欣、冯茵:《科学精神与梁启超的本土化诠释》,《忻州师范学院学报》2006年第6期。

185. 王兆阳:《评梁启超对中国古典诗歌的考辨》,《西安电子科技大学学报(社会科学版)》2006年第6期。

186. 张金梅:《中国诗学谱系的现代转型——以梁启超、王国维为例》,《长春大学学报》2006年第7期。

187. 方红梅:《"趣味"的意涵——梁启超对"趣味"的审美阐释》,《兰州学刊》2006年第10期。

188. 黄贱:《梁启超小说理论与创作实践的局限性》,《长春大学学报》2006年第11期。

189. 冯慧娟、刘磊:《梁启超的趣味主义人生美学》,《重庆工学院学报》2006年第12期。

190. 李欣复:《中国现代美学第一人——梁启超》,《美与时代》

2006年第12期。

191. 彭树欣:《梁启超与"现代"文学观念的兴起研究综述》,《兰州学刊》2006年第12期。

192. 王向阳、易前良:《梁启超政治小说的国家主义诉求——以〈新中国未来记〉为例》,《南京社会科学》2006年第12期。

193. 方红梅:《关于完整人与趣味人的构想——席勒与梁启超美育思想之比较》,《湖南师范大学教育科学学报》2007年第1期。

194. 蔡志栋:《崇高之情何以可能——从现代情感本体角度对王国维、梁启超的合论》,《聊城大学学报(社会科学版)》2007年第1期。

195. 郑师渠:《梁启超的中华民族精神论》,《北京师范大学学报(社会科学版)》2007年第1期。

196. 胡健:《审美与启蒙——梁启超小说美学思想新论》,《宁夏社会科学》2007年第1期。

197. 何轩:《论梁启超对小说功用的理论创新》,《云梦学刊》2007年第1期。

198. 李东芳:《留学生与民族国家的想像——从〈新中国未来记〉看梁启超小说观的现代性》,《浙江学刊》2007年第1期。

199. 肖向明、杨林夕:《审美与功利的纠葛——梁启超'文体革命'的文学之思》,《惠州学院学报》2007年第1期。

200. 方红梅:《"趣味"的特点——梁启超对"趣味"的审美阐释》,《贵州社会科学》2007年第2期。

201. 汪梦川:《论龚自珍梁启超对南社诗歌的影响》,《惠州学院学报》2007年第2期。

202. 赵炎秋:《叙事视野下的梁启超文艺思想》,《中国文学研究》2007年第3期。

203. 沈文慧:《从功利到审美——梁启超文学思想之流变》,《贵州大学学报(社会科学版)》2007年第3期。

204. 易胜、黄跃红:《论梁启超的学术思想》,《求索》2007年第3期。

205. 庄桂成:《进化论与梁启超的文学革命》,《江汉大学学报(人文科学版)》2007年第4期。

206. 陈建男:《启蒙思潮与梁启超小说观的内在矛盾》,《河北师范大学学报(哲学社会科学版)》2007年第5期。

207. 宋剑华、曹亚明:《梁启超的日译西学与五四新文学》,《河北学刊》2007年第5期。

208. 贺利娜:《梁启超的美学思想探析》,《湖南城市学院学报》2007年第6期。

209. 胡梅仙:《距离的矛盾——论梁启超文论的过渡时代性质》,《海南大学学报(人文社会科学版)》2007年第6期。

210. 朱正南:《论梁启超、蔡元培教育思想的共同特征》,《哈尔滨学院学报》2007年第9期。

211. 杨站军:《从龚自珍、梁启超和胡适看中国文学观念的转变》,《消费导刊》2007年第10期。

212. 徐连云:《梁启超"诗界革命"内涵新探》,《文艺争鸣》2007年第11期。

213. 李婉薇:《晚清粤剧改良先声——论梁启超的〈班定远平西域〉》,《学术研究》2007年第12期。

214. 曹旭超、许明欣:《梁启超小说功能观之利弊谈》,《科技信息科学教研》2007年第16期。

215. 郭勇:《现代中国作家论的萌生——论王国维与梁启超的作家论》,《三峡大学学报(人文社会科学版)》2008年第1期。

216. 修斌:《梁启超的尼采认知及其"功利的启蒙"》,《中国海洋大学学报(社会科学版)》2008年第1期。

217. 耿宝银:《梁启超文化思想研究综述》,《鲁东大学学报(哲学社会科学版)》2008年第1期。

218. 王剑:《梁启超早期文学思想及其现代意义——从〈论小说与群治之关系〉论起》,《周口师范学院学报》2008年第1期。

219. 吴瑛华:《略论梁启超与近代白话文学》,《重庆广播电视大学学报》2008年第1期。

220. 生平:《梁启超与中国近代文学翻译》,《科教文汇(下旬刊)》2008年第1期。

221. 陈敏荣:《对梁启超文化观的重新审视和评价》,《中南民族大学学报(人文社会科学版)》2008年第1期。

222. 方红梅:《"趣味"的"对境":梁启超对"趣味"的审美阐释》,《江海学刊》2008年第2期。

223. 何轩、龚红林、徐金钊:《论梁启超对小说功用的实践创新》,《湖北社会科学》2008年第2期。

224. 梁琳:《浅谈梁启超词》,《齐齐哈尔师范高等专科学校学报》2008年第2期。

225. 尚红伟:《梁启超的"文学界革命"与文学形式现代变革》,《黄河科技大学学报》2008年第2期。

226. 白红兵:《吴趼人小说创作与梁启超小说理论的离合关系——以〈恨海〉为例》,《黔南民族师范学院学报》2008年第2期。

227. 王楠:《从〈论小说与群治之关系〉看梁启超小说理论的功能和地位》,《消费导刊》2008年第2期。

228. 李兴阳:《梁启超小说理论批评的现代性阐释》,《湖北师范学院学报(哲学社会科学版)》2008年第2期。

229. 蔡爱国:《梁启超与二十世纪历史小说的发源》,《明清小说研究》2008年第2期。

230. 周昌龙:《知识、道德、经世:梁启超思想的深层结构》,《中国文化》2008年第2期。

231. 章继光:《梁启超开放的中西文化交流观》《五邑大学学报(社会科学版)》2008年第2期。

232. 杨雄琨:《梁启超与中国近代翻译文学事业的发展》,《长白学刊》2008年第2期。

233. 聂振斌:《梁启超的"美文"研究及其开创意义》,《文艺争鸣》2008年第3期。

234. 王元骧:《梁启超"趣味"说的理论构架和现实意义》,《文艺争鸣》2008年第3期。

235. 杜书瀛:《梁启超:中国现代文艺学的起点》,《文艺争鸣》2008年第3期。

236. 曾繁仁:《梁启超美育思想的贡献与启示》,《文艺争鸣》2008年第3期。

237. 金雅:《梁启超美学思想及其价值启思》:《文艺争鸣》2008年第3期。

238. 李军:《向传统文化回归的梁启超》,《理论与现代化》2008年第3期。

239. 姚全兴:《梁启超与柏格森生命美学》,《美与时代》2008年第4期。

240. 彭树欣:《梁启超〈中国之美文及其历史〉的整理问题》,《古籍整理研究学刊》2008年第4期。

241. 靳靓慧:《浅议梁启超的音乐美学思想》,《镇江高专学报》2008年第4期。

242. 詹春花:《从梁启超对尼采的批判看其启蒙思想》,《江淮论坛》2008年第4期。

243. 王旭晓:《梁启超"趣味教育"思想对当代美育的启示》,《杭州师范大学学报(社会科学版)》2008年第5期。

244. 方红梅:《"仁者不忧":梁启超的"趣味"境界修养观》,《杭州师范大学学报(社会科学版)》2008年第5期。

245. 李茂民:《梁启超的"趣味主义"与中国新文化建设的第三条道路》,《杭州师范大学学报(社会科学版)》2008年第5期。

246. 胡健、茅春柳:《情感与人生——梁启超美育思想新论》,《宁夏师范学院学报》2008年第5期。

247. 张军:《从甲午到戊戌:近代戏剧观念的萌芽与大众启蒙规划的出台——以傅兰雅、王韬、康有为、梁启超为例》,《海南师范大学学报(社会科学版)》2008年第5期。

248. 吴瑛华:《梁启超与民初的白话文学运动》,《安徽文学(下半月)》2008年第5期。

249. 覃兢业、蒋连芬:《及人、入人、感人、化人——对梁启超"熏"、"浸"、"刺"、"提"的美学解读》,《惠州学院学报(社会科学版)》2008年第5期。

250. 刘立祥:《浅析梁启超的诗、词创作》,《湖湘论坛》2008年第5期。

251. 李昱:《梁启超晚年〈庄子〉研究的思想特色》,《北京师范大学学报(社会科学版)》2008年第5期。

252. 钱中文:《我国文学理论与美学审美现代性的发动——评梁启超的"新民"、"美术人"思想》,《社会科学战线》2008年第7期。

253. 胡经之:《梁启超的美学贡献》,《社会科学战线》2008年第7期。

254. 莫小不:《梁启超美学思想对书法艺术的启示》,《社会科学战线》2008年第7期。

255. 郑玉明:《审美与人生"自由"的统一——论梁启超的"趣味主义"美学体系》,《社会科学战线》2008年第7期。

256. 陈彬:《梁启超美育思想评析》,《今日南国(理论创新版)》2008年第7期。

257. 肖向明:《"启蒙"语境里的"审美"艰难——论梁启超与中国近代文学变革的价值取向》,《南京社会科学》2008年第8期。

258. 李春雷:《梁启超中西合璧学术思想的形成历程——基于文化传播视野的解读》,《安庆师范学院学报(社会科学版)》2008年第11期。

259. 高海龙:《梁启超〈情圣杜甫〉浅析》,《安徽文学(下半月)》2008年第11期。

260. 陈学祖:《错位与融合:中国诗学范畴现代转型与西方美学、诗学——以梁启超"情感表现"为例》,《江汉论坛》2008年第12期。

261. 许俊莹:《启蒙与审美——梁启超与王国维之争》,《天府新论》2009年第1期。

262. 何轩:《"道"与"艺"的冲突——论梁启超的小说宣传思想》,《五邑大学学报(社会科学版)》2009年第1期。

263. 王桂妹:《中国文学格局的现代转型——从梁启超的"小说界革命"到"五四文学革命"》,《现代中国文化与文学》2009年第1期。

264. 侯宪祥:《20世纪初梁启超启蒙思想的转变:从政治启蒙到思想启蒙》,《新学术》2009年第1期。

265. 彭玉平:《王国维与梁启超》,《中山大学学报(社会科学版)》2009年第2期。

266. 许俊莹:《进化论与梁启超、王国维的文学思想》,《北京化工大学学报(社会科学版)》2009年第2期。

267. 廖华:《"同构"视阈下的梁启超小说理论》,《佛山科学技术学院学报(社会科学版)》2009年第2期。

268. 廖华:《论梁启超小说理论的现代性转变》,《重庆三峡学院学报》2009年第2期。

269. 邓伟:《论梁启超"文界革命"与汉语书面体系变革》,《青海社会科学》2009年第2期。

270. 刘悦笛、刘陶:《现代性视野内梁启超的"社会美学"——兼与齐美尔的"社会美学"比较》,《解放军艺术学院学报》2009年第3期。

271. 金玉甫:《梁启超的书法艺术观》,《殷都学刊》2009 年第 3 期。

272. 代兴莉:《梁启超〈欧游心影录〉文化价值论》,《湖南工业大学学报(社会科学版)》2009 年第 3 期。

273. 王华:《梁启超〈新民说〉对毛泽东的国民改造思想的影响——兼论毛泽东国民改造思想与现当代文学人物形象塑造的关系》,《华中师范大学研究生学报》2009 年第 3 期。

274. 黄永健:《梁启超的学问意旨与学术人格》,《文化艺术研究》2009 年第 3 期。

275. 蒋志刚:《日本启蒙主义文学对梁启超文学启蒙思想的影响》,《长沙铁道学院学报(社会科学版)》2009 年第 3 期。

276. 张秀丽:《近代自然科学与传统学术的现代转型——以章太炎、康有为、梁启超为例》,《山东社会科学》2009 年第 3 期。

277. 刘彦顺:《论梁启超美学思想中的"时间性"问题》,《文艺理论研究》2009 年第 4 期。

278. 刘智敏、李明光:《梁启超"趣味说"的心理阐释》,《五邑大学学报(社会科学版)》2009 年第 4 期。

279. 许俊莹:《梁启超"趣味说"与"内圣外王"》,《五邑大学学报(社会科学版)》2009 年第 4 期。

280. 王栋、徐承英:《梁启超与鲁迅启蒙思想结局因路比较》,《甘肃联合大学学报(社会科学版)》2009 年第 4 期。

281. 原丽敏:《功用与审美——论梁启超与王国维之文艺观》,《安徽文学(下半月)》2009 年第 4 期。

282. 江湄:《梁启超"学术"观念的儒学性格》,《史学史研究》2009 年第 4 期。

283. 吴宁宁:《梁启超中西合璧的现代人格修养论》,《南通大学学报(社会科学版)》2009 年第 4 期。

284. 刘亮红:《梁启超文学革命口号的内在矛盾》,《广东省社会主义学院学报》2009年第4期。

285．刘亮红:《论戊戌变法失败前梁启超文学改革的尝试》,《辽宁省社会主义学院学报》2009年第4期。

286．欧阳文风:《梁启超、宗白华美学的相似性及其启示》,《湖南师范大学社会科学学报》2009年第5期。

287．许俊莹:《王国维的悲观与梁启超的乐观》,《三峡大学学报(人文社会科学版)》2009年第5期。

288．吕梁:《梁启超"趣味"美学之思》,《辽宁经济职业技术学院辽宁经济管理干部学院学报》2009年第5期。

289．刘洪艳:《梁启超的女性文学与女性情感观》,《中华女子学院山东分院学报》2009年第5期。

290．邵盈午:《依违于"从政"与"为学"之间——论梁启超的政治激情与学术抱负》,《学术界》2009年第5期。

291．李林蔓:《梁启超"趣味主义"思想及其对当代旅游的启示》,《西南农业大学学报(社会科学版)》2009年第6期。

292．肖雯:《谈梁启超的趣味教育》,《齐齐哈尔师范高等专科学校学报》2009年第6期。

293．刘亮红:《梁启超文学"革命"的政治背景》,《湖北省社会主义学院学报》2009年第6期。

294．许俊莹:《"守望家园"与"俯瞰苍生"——梁启超、王国维小说视角比较》,《山东科技大学学报(社会科学版)》2009年第6期。

295．蒋述卓、郑焕钊:《群体心理与梁启超启蒙小说理论的形态》,《文艺研究》2009年第8期。

296．金雅:《"趣味"与"生活的艺术化"——梁启超美论的人生论品格及其对中国现代美学精神的影响》,《社会科学战线》2009年第9期。

297．田雷:《论审美超功利性在中国现代美学开创期的表现——以梁启超、王国维美学观点选论》,《黑龙江史志》2009年第

23 期。

298．张博、吕华明:《梁启超审美情感理论初探》,《大众文艺》2009 年第 24 期。

299．金雅、郑玉明:《中西文化交流与梁启超美学思想的创构》,《杭州师范大学学报》2010 年第 1 期。

300．许俊莹:《梁启超的"趣味"与王国维的"嗜好"》,《新乡学院学报(社会科学版)》2010 年第 1 期。

301．许俊莹:《论梁启超、王国维文学思想在不同时代的际遇》,《嘉兴学院学报》2010 年第 1 期。

302．王剑:《柏格森生命美学与梁启超文学思想的转变》,《周口师范学院学报》2010 年第 1 期。

303．张书霞:《从美学实用化角度看梁启超的美学思想及其对德育工作的启示》,《中州大学学报》2010 年第 1 期。

304．王英:《中国现代启蒙的内在困境——重温梁启超〈新民说〉和〈欧游心影录〉》,《文化纵横》2010 年第 1 期。

305．陈泽环:《立足文化根基的引进和革新——梁启超学术话语的启示》,《文化学刊》2010 年第 1 期。

306．郑焕钊:《主体的召唤与实现——梁启超启蒙小说理论新探》,《五邑大学学报(社会科学版)》2010 年第 1 期。

307．姜荣刚:《梁启超对"小说支配人道"的佛学阐释》,《华南理工大学学报(社会科学版)》2010 年第 1 期。

308．刘亮红:《戊戌后梁启超文学革命的深入及其矛盾》,《江苏省社会主义学院学报》2010 年第 1 期。

309．宁俊红、王丽萍:《梁启超"新文体"散文的近代转型意义——兼及"新文体"散文的传统渊源》,《甘肃社会科学》2010 年第 1 期。

310．寇鹏程:《梁启超美学之"变"的现代性根源》,《广东社会科学》2010 年第 2 期。

311. 陈泽环:《"知不可而为"与"为而不有"——梁启超后期人生观初探》,《华中科技大学学报(社会科学版)》2010年第2期。

312. 章继光:《寻求传统与现代审美的结合——谈梁启超对屈原、陶渊明、杜甫三大诗人的研究》,《中国韵文学刊》2010年第2期。

313. 李瑞明:《感发志意:梁启超文学"情感论"思想的意向》,《汉语言文学研究》2010年第2期。

314. 姚达兑:《梁启超与〈新小说〉对历史的借用》,《五邑大学学报(社会科学版)》2010年第3期。

315. 邓伟:《论梁启超"诗界革命"的调适与定位》,《北方论丛》2010年第3期。

316. 钱同舟:《"新民"和"趣味":梁启超实用化美论思想及其启示》,《中州学刊》2010年第4期。

317. 蒋述卓、郑焕钊:《启蒙视野中的梁启超情感诗学》,《中国文学研究》2010年第4期。

318. 毛宣国、王璐:《梁启超的〈诗经〉研究》,《云梦学刊》2010年第4期。

319. 刘洪艳:《论梁启超艺术情感观的历史意蕴》,《山东师范大学学报(人文社会科学版)》2010年第4期。

320. 褚灏:《"精神教育之一要件"——梁启超的音乐教育思想》,《中国音乐》2010年第4期。

321. 黄桂娥:《艺术:融通趣味与科学的桥梁——梁启超的艺术学思想》,《艺术百家》2010年第4期。

322. 贾旭东:《范式的转移与意义边界的开放——梁启超五四前后文化思想研究80年》,《巢湖学院学报》2010年第4期。

323. 蒋志刚:《论梁启超文学启蒙思想的发展期1899年—1901年》,《长沙铁道学院学报(社会科学版)》2010年第4期。

324. 宛小平:《梁启超与朱光潜美学之比较》,《安徽大学学报(哲学社会科学版)》2010年第5期。

325. 蒋林:《梁启超的小说翻译与中国近代小说的转型》,《兰州大学学报(社会科学版)》2010年第5期。

326. 刘亮红:《论梁启超文学革命的理性回归及其矛盾》,《湖北第二师范学院学报》2010年第5期。

327. 张成错:《梁启超"变幻"表象后的稳定性——儒家文化》,《衡水学院学报》2010年第6期。

328. 陈文:《启蒙与反思:梁启超思想中的现代性意蕴》,《云南农业大学学报(社会科学版)》2010年第6期。

329. 侯运华:《论梁启超诗学理论与中国诗学的现代转型》,《河南科技大学学报(社会科学版)》2010年第6期。

330. 蒋志刚:《论梁启超的"俗"文学观念》,《资治文摘管理版》2010年第7期。

331. 王慧芳:《梁启超"言志"文艺观》,《安徽文学(下半月)》2010年第8期。

332. 邱嵘:《梁启超美育思想探析》,《湖南农机》2010年第9期。

333. 利煌:《梁启超的"趣味主义"与家庭教育》,《世纪桥》2010年第9期。

334. 刘中文:《心灵的感召　真诚的攀仰——梁启超、林语堂、朱光潜论陶渊明之人生》,《学术交流》2010年第12期。

335. 周少华、王泽龙:《论梁启超诗歌批评的现代转型》,《江汉论坛》2010年第12期。

336. 张建良:《梁启超与20世纪启蒙时代的中西方文化交流》,《现代阅读教育版》2010年第22期。

337. 金雅:《梁启超趣味人生思想与人生美学精神》,《社会科学辑刊》2011年1期。

338. 袁济喜、王猛:《从刘勰与梁启超的文学趣味论审视当代中国文化》,《清华大学学报(哲学社会科学版)》2011年第1期。

339. 苏全有、周玉佼:《对梁启超书学思想研究的回顾与反思》,

《信阳师范学院学报(哲学社会科学版)》2011年第1期。

340．吴宁宁、许建良:《梁启超的理想人格论探析》,《求索》2011年第1期。

341．蒋志刚:《梁启超文学启蒙思想的产生》,《湖南第一师范学院学报》2011年第1期。

342．徐迎新:《审美现代性视域中的梁启超美学》,《辽宁大学学报(哲学社会科学版)》2011年第1期。

343．廖华:《论梁启超小说批评的学科建构》,《名作欣赏》2011年第2期。

344．蒋志刚:《梁启超与晚清文学的通俗化、大众化道路》,《中南林业科技大学学报(社会科学版)》2011年第2期。

345．蒋志刚:《梁启超的文体观》,《湖南科技学院学报》2011年第2期。

346．左银凤:《从〈欧游心影录〉看梁启超的中西文化观》,《郧阳师范高等专科学校学报》2011年第2期。

347．文大一:《初探梁启超与韩国近代文学的关系——以梁启超与安国善的影响关系为例》,《绥化学院学报》2011年第2期。

348．金雅:《梁启超:以趣味超拔人生》,《中国社会科学报》2011年3月29日。

349．蒋志刚:《梁启超与晚清文学的现实化、政治化道路》,《怀化学院学报》2011年第3期。

350．蒋志刚:《论梁启超文学启蒙思想的成熟》,《企业家天地理论版》2011年第3期。

351．蒋志刚:《论中国传统文化对梁启超文学启蒙思想的影响》,《当代教育论坛管理研究》2011年第4期。

352．李亚娟:《"发现小说":梁启超与晚清小说政治功用性的赋予》,《理论月刊》2011年第5期。

353．姜典冠:《从梁启超的小说教育观审视语文教育的目的》,

《美与时代(下)》2011年第5期。

354. 陈黎明:《"新民"视野下梁启超的文学改良观》,《河北大学学报(哲学社会科学版)》2011年第3期。

355. 蒋志刚:《国民性改造——梁启超文学启蒙思想的主题》,《湘南学院学报》2011年第3期。

356. 文大一:《梁启超的"教育文学"与近代韩国文人的关系——以梁启超的"小说界革命"对申采浩的影响为中心》,《西华大学学报(哲学社会科学版)》2011年第3期。

357. 徐迎新:《人格审美与感性重建——梁启超美学的现代性维度》,《辽宁师范大学学报(社会科学版)》2011年第4期。

358. 彭树欣:《论梁启超的"趣味主义"人生观》,《五邑大学学报(社会科学版)》2011年第3期。

359. 郭勇健:《在传统文论与现代美学之间——梁启超美学思想新探》,《美与时代(下)》2011年第8期。

360. 朱寿兴:《梁启超趣味主义美学思想的现代意义与不足》,《西华大学学报(哲学社会科学版)》2011年第4期。

361. 王炜:《论梁启超的小说观及其建构逻辑》,《华中学术》2011年第2期。

362. 龙珍华:《论梁启超的诗性人格与史性精神》,《华中学术》2011年第2期。

363. 张冠夫:《新文化视域中的现代情感诗学建构——1920年代初梁启超对于文学之"体"与"用"的重新定位》,《湖南大学学报(社会科学版)》2011年第4期。

364. 夏滟洲:《"改造国民性":梁启超美育思想在辛亥革命前后的延展》,《黄钟》2011年第4期。

365. 朱寿兴:《梁启超关于趣味与生活和文艺关系的思想评析》,《广西民族师范学院学报》2011年第5期。

366. 黄雪敏:《梁启超戏曲理论中的趣味观念探析》,《中国社会科学院研究生院学报》2011年第6期。

367. 解德兰:《梁启超文学批评理论的当代意义》,《文学界(理论版)》2011年第11期。

368. 方红梅:《梁启超"趣味主义"的审美化休闲境界》,《自然辩证法研究》2011年第12期。

369. 曹亚明:《从"新文体"到"白话文"——论梁启超与现代性文体的全面确立》,《临沂大学学报》2012年第1期。

370. 邢红静:《梁启超文艺美学思想研究》,苏州大学博士学位论文,2012年。

371. 张海:《欧游对梁启超后期美学思想的影响》,南京师范大学硕士学位论文,2012年。

372. 方红梅:《美感之复杂性与梁启超以"趣味"指称美感的深意》,《兰州学刊》2012年第4期。

373. 方红梅:《梁启超的"趣味"论及其艺术审美》,《重庆社会科学》2012年第4期。

374. 柏林:《浅析梁启超文论的现代性》,辽宁大学硕士学位论文,2012年。

375. 周树山:《梁启超的人生哲学》,《书屋》2012年第5期。

376. 冯慧娟:《梁启超的人格思想对塑造大学生健全人格的启示》,《南阳理工学院学报》2012年第3期。

377. 王慧芳:《梁启超文学观的二维性研究》,牡丹江师范学院硕士学位论文,2012年。

378. 周树山:《梁启超的趣味》,《新一代》2012年第6期。

379. 宋成剑、李凤堂:《梁启超的趣味说对思想政治理论课教学的启示》,《天津电大学报》2012年第2期。

380. 金雅:《"境界"与"趣味":王国维、梁启超人生美学旨趣比较》,《学术月刊》2012年第8期。

381. 王犇:《论梁启超文学批评文体的特色》,《安徽文学》(下半月)2012年第8期。

382.尹巍:《浅析梁启超的主要小说理论及其矛盾性》,《吉林广播电视大学学报》2012年第9期。

383.金雅:《趣味与情调:梁启超宗白华人生美学情致比较》,《社会科学辑刊》2012年第5期。

384.谷霞飞:《论梁启超〈情圣杜甫〉与其影响》,《科教导刊》(中旬刊)2012年第20期。

385.杨振宇:《从"西学"到"新学" 梁启超和近代文化视野中的"美术"观念》,《新美术》2013年第1期。

386.潘朝阳:《论梁启超趣味观对音乐教学的启示》,《美育学刊》2013年第1期。

387.张冠夫:《新文化运动语境中梁启超"情感"观的转变》,《南开学报(哲学社会科学版)》2013年第1期。

388.彭树欣:《梁启超对孔子人生哲学的阐释》,《孔子研究》2013年第1期。

389.杨彤彤:《梁启超美育思想及其对当代美育的启示》,《学园(教育科研)》2013年第7期。

390.郝赫:《论梁启超〈美术与生活〉的美育思想》,《现代装饰(理论)》2013年第4期。

391.孙梦盼、李红梅:《梁启超的"新民"人格及其对当代青年人格养成的启示》,《教育探索》2013年第4期。

392.陈龙图:《梁启超人格探讨》,《荆楚学刊》2013年第2期。

393.何淑芳:《梁启超文学教育思想研究》,杭州师范大学硕士学位论文,2013年。

394.张冠夫:《摆渡于传统文学与新文学间的"情感"之舟——1920年代梁启超的"情感"诗学》,《山东大学学报(哲学社会科学版)》2013年第3期。

395.张冠夫:《梁启超对中国文学抒情传统的重新认识》,《华东师范大学学报(哲学社会科学版)》2013年第3期。

396．李荣有、李沛健:《梁启超趣味教育主张的艺术学意义》,《艺术百家》2013年第5期。

397．王金双、熊元义:《梁启超与中国现代美学转型》,《艺术百家》2013年第5期。

398．金雅:《梁启超美育思想的范畴命题与致思路径》,《艺术百家》2013年第5期。

399．胡全章:《梁启超"新文体"与20世纪初文界剧变》,《江西社会科学》2013年第9期。

400．迟畅:《启蒙与梁启超小说理论》,《名作欣赏》2013年第30期。

401．陈敬容:《梁启超小说理论中的文体观探析》,《神州》2013年第28期。

402．冯学勤:《"淬厉其所本有而新之"——梁启超美学思想与儒家静坐养心法的谱系关联》,《杭州师范大学学报(社会科学版)》2013年第6期。

403．金雅:《"趣味"与"情趣":梁启超朱光潜人生美学精神比较》,《社会科学战线》2013年7期。

404．余小平:《对20世纪中国文学的理论贡献和双向影响——重读梁启超〈论小说与群治之关系〉》,《兰州文理学院学报(社会科学版)》2014年第1期。

405．曾强:《梁启超人生哲学研究》,广西民族大学硕士学位论文,2014年。

406．袁陈媛:《梁启超的启蒙文学观与美学思想》,宁夏大学硕士学位论文,2014年。

407．张迪:《梁启超趣味美学思想研究》,西北大学硕士学位论文,2014年。

408．邹晓霞:《论梁启超的个性人格与小说界革命之关系》,《明清小说研究》2014年第3期。

409. 王婷婷:《梁启超美学方法论》,《廊坊师范学院学报(社会科学版)》2014年第4期。

410. 李继凯:《论梁启超的美育思想与书法教育实践》,《江苏师范大学学报(哲学社会科学版)》2014年第5期。

411. 张冠夫:《走向"情感"的文化政治——20世纪20年代梁启超的"情感教育"论》,《东北师大学报(哲学社会科学版)》2014年第5期。

412. 魏义霞:《梁启超情感教育论》,《求索》2014年第9期。

413. 邓菀莛:《梁启超词的分期、特色及其情感基调》,《中国韵文学刊》2014年第4期。

414. 王剑:《梁启超后期文学思想的转变及其现代意义》,《周口师范学院学报》2014年第6期。

415. 郑宇丹:《梁启超的诗性人格及其传播实践》,《新闻界》2014年第22期。

416. 张加存:《梁启超艺术教育思想的价值理性》,《南昌大学学报(人文社会科学版)》2014年第6期。

417. 朱鹏飞:《梁启超"情感说"的人生论美学意义》,《武陵学刊》2015年第1期。

418. 游慧慧:《梁启超"趣味主义"对当代教师的启示》,《现代教育科学》2015年第2期。

419. 黄跃红:《论梁启超的趣味人生》,《黑河学刊》2015年第3期。

420. 魏义霞:《梁启超情感论》,《湖北工程学院学报》2015年第2期。

421. 曹元甲:《生存美学视域下梁启超趣味主义的研究》,广西师范大学硕士学位论文,2015年。

422. 魏义霞:《梁启超论趣味与趣味教育》,《江苏社会科学》

2015 年第 2 期。

423．吴蓉：《梁启超人格思想及其特点》，《西南民族大学学报（人文社科版）》2015 年第 5 期。

424．刘广新：《梁启超"移人"说的人生美育意义》，《湖州师范学院学报》2015 年第 5 期。

425．高强：《梁启超书法美学思想研究》，广东技术师范学院硕士学位论文，2015 年。

426．南祥虎：《梁启超趣味教育思想及其对当下语文教学的启示》，哈尔滨师范大学硕士学位论文，2015 年。

427．李䇕、付娟：《味·趣味·品味——对一种美感的系谱学考察兼论梁启超的趣味主义美学及其他》，《中国美学研究》2015 年第 1 期。

428．张芳：《试论梁启超趣味主义美学观》，《名作欣赏》2015 年第 21 期。

429．刘冬琴：《论梁启超的"趣味教育"思想》，《牡丹江教育学院学报》2015 年第 7 期。

430．张放：《论梁启超文学观念中的杜甫情结》，《成都大学学报（社会科学版）》2015 年第 4 期。

431．莫先武：《梁启超政治美学思想研究》，苏州大学博士学位论文，2015 年。

432．冯学勤：《梁启超"趣味主义"的心性之学渊源》，《文学评论》2015 年第 5 期。

433．孙德高：《论梁启超的审美启蒙》，《贵阳学院学报（社会科学版）》2015 年第 6 期。

434．牛秋霞：《梁启超的"趣味教育"及其对语文教育的启示》，《现代语文（教学研究版）》2016 年第 1 期。

435．张冠夫：《崇高之美：铸造中国文学新质的起点——以 20 世纪初梁启超、王国维、鲁迅为中心的观察》，《吉林大学社会科学学报》2016年第2期。

436. 侯桂新:《梁启超的思想启蒙与文体革命》,《玉溪师范学院学报》2016年第3期。

437. 徐瑛:《梁启超文学教育思想研究》,苏州大学硕士学位论文,2016年。

438. 马天元:《梁启超的为学思想及其人生观研究》,上海师范大学硕士学位论文,2016年。

439. 张杰克:《梁启超的"心力"观及其哲学基础》,《中国石油大学学报(社会科学版)》2016年第2期。

440. 李辉:《游欧之后梁启超文学情感教育思想探究》,《赤峰学院学报(汉文哲学社会科学版)》2016年第6期。

441. 李媛:《梁启超"知不可而为"与"为而不有"的人生观》,《井冈山大学学报(社会科学版)》2016年第4期。

442. 陈艳梅:《梁启超美学思想对中国近代文化的影响》,《青年文学家》2016年第20期。

443. 李健:《文体　地理　趣味——梁启超与20世纪中国美》,《杭州师范大学学报(社会科学版)》2016年第4期。

444. 胡龙霞:《梁启超的"趣味主义"》,《粤海风》2016年第4期。

445. 王娟:《论孔子诗教与梁启超小说美学之异质同构》,《读天下》2016年第16期。

446. 章罗生、潘英:《梁启超与中国文学纪实传统的现代转型——以主体精神与价值功能为考察重点》,《中国文化研究》2016年第3期。

447. 张婷婷、蒋明宏:《梁启超家庭美育发凡》,《重庆社会科学》2016年第9期。

448. 莫先武:《梁启超美学思想研究的三条路径及其反思》,《文艺理论研究》2016年第5期。

449. 朱鹏飞:《梁启超美学思想的性质是政治美学吗——与莫

先武博士商榷》,《学术界》2016年第10期。

450．冯学勤:《从"主静"到"主观"——梁启超与儒家静坐传统的现代美育流变》,《文学评论》2016年第6期。

451．赵永平:《梁启超论趣味教育与教育趣味及对当今教育的启示》,《江苏第二师范学院学报》2017年第2期。

452．郑采妮:《十字打开:梁启超"情感教育"思想内涵研究》,杭州师范大学硕士学位论文2017年。

453．张冠夫:《在叙事与抒情之间的价值重估——梁启超、王国维对传统文学类型观的调整》,《同济大学学报(社会科学版)》2017年第2期。

454．张季菁:《梁启超近代诗歌品评中的中西美学思想研究》,《艺术百家》2017年第3期。

455．杨旭霞:《梁启超"趣味主义"美学观与"无用之用"的审美思想价值研究》,南京林业大学硕士学位论文,2017年。

456．郭焕苓:《论梁启超佛学思想对其美学观的影响》,山东师范大学硕士学位论文,2017年。

457．刘黎:《梁启超青年教育思想的"全人格"理念》,《中国青年社会科学》2017年第4期。

458．常钰:《从〈饮冰室诗话〉看梁启超的音乐思想》,《艺术研究》2017年第3期。

459．席志武、蔡丽华:《文明论视域下梁启超的小说理论与创作实践》,《南昌大学学报(人文社会科学版)》2017年第4期。

460．郭斌:《梁启超对国文趣味教育的看法摭谈》,《语文建设》2017年第28期。

461．李萍:《中西文化对梁启超"趣味说"的影响探论》,《美与时代(下)》2017年第10期。

462．张小仕:《论梁启超的"趣味教育"观对当下幼儿教育的启示》,《教育现代化》2017年第4期。

463. 周晓露:《梁启超与中国现代小说批评的立场建构》,《贵州社会科学》2018年第1期。

464. 孙景鹏:《梁启超与中国小说的现代转型》,《山东理工大学学报(社会科学版)》2018年第2期。

465. 崔文娟:《梁启超理想人格思想研究》,上海师范大学硕士学位论文,2018年。

466. 郭娜:《梁启超哲学思想研究》,河北大学硕士学位论文,2018年。

467. 陈菊萍:《梁启超诗教思想研究》,浙江师范大学硕士学位论文,2018年。

468. 李嘉昕:《论梁启超的"趣味教育"的思想与实践》,《边疆经济与文化》2018年第6期。

469. 周晓露:《梁启超"趣味主义"对美学教学的启示》,《铜仁学院学报》2018年第8期。

470. 尚恩洁:《梁启超美术教育、趣味教育和情感教育思想研究》,《艺术评鉴》2018年第17期。

471. 关爱和:《梁启超"新民说"格局中的史学与文学革命》,《文学遗产》2018年第5期。

472. 王兴皓:《梁启超的美育观与趣味教》,《大众文艺》2018年第21期。

473. 吴泽泉:《梁启超"趣味"论探源》,《中国文学批评》2019年第1期。

474. 祝志满:《梁启超美育思想新构及其方法论省思》,《上饶师范学院学报》2019年第1期。

475. 全颖:《梁启超"趣味主义"与健全人格的塑造》,《名作欣赏》2019年第8期。

476. 李鹏:《心安理得,海阔天空——梁启超的生活哲学》,《十几岁》2019年第6期。

477. 刘广新:《梁启超"情感说"与当代青少年艺术美育》,《艺术评鉴》2019 年第 23 期。

478. 刘静:《梁启超的美育思想与书法教育实践的相关探究》,《戏剧之家》2020 年第 11 期。

479. 魏义霞:《君子与英雄——孔子与梁启超理想人格比较》,《江淮论坛》2020 年第 2 期。

480. 彭雨晴:《话说梁启超的"趣味主义"》,《教师博览》2020 年第 14 期。

481. 严诗喆:《从梁启超"趣味"美学看老子学说的现代传承》,《华夏文化论坛》2020 年第 1 期。

482. 王春:《梁启超书法趣味观研究》,中国艺术研究院硕士学位论文,2020 年。

483. 杨艳秋:《淬厉采补——梁启超"趣味主义"及其对庄子美学思想的吸纳》,《文艺评论》2020 年第 4 期。

484. 魏义霞:《从梁启超的君子观看中国理想人格的嬗变》,《学术界》2020 年第 12 期。

485. 周建国:《政治美学:梁启超美学思想的再认识——评莫先武教授的〈梁启超美学思想研究〉》,《淮北职业技术学院学报》2020 年第 6 期。

486. 郝祎珩、李文凤:《我国近代美学思想视野下新媒体艺术之父:梁启超》,《百花》2021 年第 2 期。

487. 曹颜佳:《梁启超艺术思想的构建及其意义》,西南民族大学硕士学位论文,2021 年。

488. 刘月新:《康德的知、情、意与中国现代理想人格的建构——以蔡元培、王国维、梁启超的美学思想为例》,《黄冈师范学院学报》2021 年第 2 期。

489. 谢颖婷:《培育少年气象:梁启超人格教育思想研究》,湖南师范大学硕士论文,2021 年。

490. 徐飞:《梁启超作文教学思想的情感向度》,《全国优秀作文选(写作与阅读教学研究)》2021年第3期。

491. 徐家贵:《情感的政治:梁启超"小说新民"研究》,西华师范大学硕士学位论文,2021年。

492. 杨光、郭焕苓:《梁启超"趣味"论美学的佛学因素》,《山东理工大学学报(社会科学版)》2021年第4期。

493. 肖瑶、宋伟:《民国初期美育思想理论发展考辨——以梁启超、王国维、蔡元培、陶行知美育理论为中心》,《沈阳师范大学学报(社会科学版)》2021年第5期。

494. 胡海:《论梁启超小说观的"审美功利主义"特征》,《美育学刊》2021年第5期。

495. 张文博:《趣味教育:梁启超美育思想的内涵与价值》,《河南教育学院学报(哲学社会科学版)》2021年第5期。

496. 汪禹池:《以情感教育为本质的美育观比较——以梁启超、王国维和蔡元培为例》,《文艺争鸣》2021年第11期。

497. 于海英:《学问的趣味——论梁启超趣味主义教育理念》,《汉字文化》2022年第4期。

附录二

梁启超美学文化言论辑录

一、哲学文化总论

凡在天地之间者,莫不变。昼夜变而成日,寒暑变而成岁。
故夫变者,古今之公理也。
上下千岁,无时不变,无事不变。
易曰,穷则变,变则通,通则久。

——《饮冰室合集1·变法通议·自序》

不能创法,非圣人也。不能随时,非圣人也。

——《饮冰室合集1·变法通议·论不变法之害》

今日非西学不兴之为患,而中学将亡之为患。
舍西学而言中学者,其中学必为无用。舍中学而言西学者,其西学必为无本。无用无本,皆不足以治天下。

——《饮冰室合集1·变法通议·西学书目表后序》

传曰:言之无文,行而不远。学者以觉天下为任,则文未能舍弃也。传世之文,或务渊懿古茂,或务沉博绝丽,或务瑰奇奥诡,无之不可。觉世之文,则辞达而已矣。当以条理细备,词笔锐达为上,不必求工也。温公曰,一自命为文人,无足观矣。苟学无心得而欲以文传,亦足羞也。

——《饮冰室合集1·湖南时务学堂学约》

易曰,日新之谓盛德。书曰,人惟求旧,器惟求新。又曰,作新民。中庸曰,温故而知新。新旧者固古今盛衰兴灭之大原哉。故衣服不新则垢,器械不新则窳,车服不新则敝,饮食不新则馁败伤生,血气不新则槁暴立死。天之斡旋也,地之运转也,人之呼吸也,皆取其新而弃其旧也。

开新者兴,守旧者灭。开新者强,守旧者弱。天道然也,人道然也。

——《饮冰室合集1·经世文新编序》

文明者,有形质焉,有精神焉。求形质之文明易,求精神之文明难。精神既具,则形质自生。精神不存,则形质无附。然则真文明者,只有精神而已。

陆有石室,川有铁桥,海有轮舟,竭国力以购军舰,朘民财以效洋操。如此者可谓之文明乎,决不可。何也?皆其形质也,非其精神也。求文明而从形质入,如行死港,处处遇窒碍,而更无他路可以别通,其势必不能达其目的,至尽弃其前功而后已。求文明而从精神入,如导大川,一清其源,则千里直泻,沛然莫之能御也。

——《饮冰室合集1·国民十大元气论》

凡人之所以为人者有二大要件。一曰生命,二曰权利。二者缺一,时乃非人。故自由者,亦精神界之生命也。文明国民每不惜掷多少形质界之生命,以易此精神界之生命,为其重也。

——《饮冰室合集1·十种德性相反相成义》

今日之中国,过渡时代之中国也。

过渡时代者,希望之涌泉也。人间世所最难遇而可贵者也。有进步则有过渡,无过渡亦无进步。其在过渡以前,止于此岸,动机未发,其永静性何时始改,所难料也。其在过渡以后,达于彼岸,踌躇满志,其有余勇可贾与否,亦难料也。惟当过渡时代,则如鲲鹏图南,九万里而一息;江汉赴海,百千折以朝宗。大风泱泱,前途堂堂,生气郁苍,雄心矞皇。其现在之势力圈,矢贯七札,气吞万牛,谁能御之;其将来之目的地,黄金世界,荼锦生涯,谁能限之。故过渡时代者,实千古英雄豪杰之大舞台也。

今日中国之现状,实如驾一扁舟,初离海岸线,而放于中流,即俗语所谓两头不到岸之时也。

——《饮冰室合集1·过渡时代论》

学术思想之在一国,犹人之有精神也。

我中华者,屹然独立,继继绳绳,增长光大,以迄今日。此后且将汇万流而剂之,合一炉而冶之。

凡天下事,必比较然后见其真,无比较则非惟不能知己之所短,并不能知己之所长。前代无论矣,今世所称好学深思之士有两种。一则徒为本国学术思想界所窘,而于他国者未尝一涉其樊也。一则徒为外国学术思想所眩,而于本国者不屑一厝其意也。夫我界既如此其博大而深赜也,他界复如此其灿烂而蓬勃也,非竭数十年之力,于彼乎,于此乎,一一撷其实,咀其华,融会而贯通焉。

自今以往二十年中,吾不患外国学术思想之不输入,吾惟患本国学术思想之不发明。夫二十年间之不发明,于我学术思想必非有损也。虽然,凡一国之立于天地,必有其所以立之特质,欲自善其国者,不可不于此特质焉,淬历而之增长之。今正过渡时代苍黄不接之余,诸君如爱国也,欲唤起同胞之爱国心也,于此事必非可等闲视矣。不然,脱崇拜古人之奴隶性,而复生出一种崇拜外人蔑视本族之奴隶性。吾惧其得不偿失也。且诸君皆以输入文明者自任者也。凡教人必当因其性所近而利导之,就其已知者而比较之,则事半功倍焉。不然,外国之博士鸿儒亦多矣,顾不能有裨于我国民者何也。相知不习,而势有所扞格也。若诸君而吐弃本国学问不屑从事也,则吾国虽多得百数十之达尔文、约翰·弥勒、赫胥黎、斯宾塞,吾惧其于学界一无影响也。

我中华当战国之时,南北两文明初相接触,而古代之学术思想达于全盛。及隋唐间与印度文明相接触,而中世之学术思想放大光明。今则全球若比邻矣。埃及、安息、印度、墨西哥四祖国,其文明皆已灭。故虽与欧人交,而不能生新现象。盖大地今日只有两文明,一泰西文明,欧美是也。二泰东文明,中华是也。二十世纪,则两文明结婚之时代也。吾欲我同胞张灯置酒,迓轮侯门,三揖三让,以行亲迎之大典。彼西方美人,必能为我家育宁馨儿以亢我宗也。

凡一国思想之发达,恒与其地理之位置历史之遗传有关系。

美哉我中国!不受外学则已,苟受矣,则必能发挥光大,而自现一种特色。

吾窃信数十年以后之中国,必有合泰西各国学术思想于一炉而冶之,以造成我国特别之新文明,以照耀天壤之一日。

自今以往,思想界之革命,沛乎莫之能御矣。今始萌芽,虽庞杂不可方物,莫能成一家言。顾吾侪今日,只能对于后辈而尽播种之义务。耘之获之,自有人焉。

近顷悲观者流,见新学小生之吐弃国学,惧国学之从此而消灭。吾不此之惧也。但使外学之输入者果昌,则其间接之影响,必使吾国学别添活气。吾敢断言也。但今日欲使外学之真精神,普及于祖国,则当转输之任者,必邃于国学,然后能收其效。

——《饮冰室合集1·论中国学术思想变迁之大势》

天下事理,有得必有失,然所得即寓于所失之中,所失即在于所得之内。天下人物,有长必有短,然长处恒与短处相缘,短处亦与长处相丽。苟徒见其所得焉所长焉而偏用之,及其缺点之发现,则有不胜其敝者矣。苟徒见其所失焉所短焉而偏废之,则去其失去其短,而所得所长亦无由见矣。论学论事论人者,皆不可不于此深留意焉。

——《饮冰室合集1·论宗教家与哲学家之长短得失》

《论语》之记孔子也,曰"知其不可为而为之"。夫天下事可为不可为,亦岂有定哉!人人知其不可而不为,斯真不可为矣!人人知其不可而为之,斯可为矣!

——《饮冰室合集1·保国会演说词》

故学道者,(一)当急造切实之善因以救吾本身之堕落。(二)当急造宏大之善因以救吾所居之器世间之堕落。何也?苟器世间犹在恶浊,则吾之一身,未有能达净土者也。

一国之所以腐败衰弱,其由来也,非一朝一夕。

造善因者递续不断,而吾国遂可以进化而无穷。

——《饮冰室合集2·论佛教与群治之关系》

倍氏、笛氏之学派虽殊,至其所以有大功者于世界者,则惟一而已,曰破学界之奴性是也。学界之大患,莫甚于不自有其耳目,而以古人之耳目为耳目;不自有其心思,而以古人之心思为心思。审如是也,则吾之在世界,不成赘疣乎?审如是也,则天但生古人可矣,而复生此百千万亿无耳目、无心思之人以蠕缘蠹蚀此世界,将安取之?故倍氏之意,以为无论大圣鸿哲谁某之所说,苟非验诸实物而有征者,吾弗屑从也!笛氏之意,以为无论大圣鸿哲谁某之所说,苟非反诸本心而悉安者,吾不敢信也!其气魄之沉雄也如彼,其主义之切实也如此,此所以能摧陷千古之迷梦,卓然为一世宗也。虽谓近世文明为二贤之精神所贯注所创造,非过言也。我中国数千年来,学术莫盛于战国,无他,学界之奴性未成也。及至汉武罢黜百家,思想自由之大义,渐以窒蔽。宋元以来,正学异端之辨益严,而学风之衰甚。若本朝考据家之疲舌战于字句之异同,钩心角于年月之比较,更卑卑不足道矣。尔来士大夫亦知此学之无用,而思所以易之,不知中国学风之坏,不徒在其形式,而在其精神。使有其精神也,则今日之西人,何尝不好古金石古文字,何尝不谈心性谈有无,而其与吾之所谓汉学、宋学者,自殊科矣!使无其精神也,则虽日日手西书,口西语,其奴性自若也。所谓精神者,何也? 即常有一种自由独立不傍门户不拾唾余之气概而已。今士大夫莫不震慑于西人政治学术进步之速,而不知其所以进步者,有一大原在,彼其奔轶绝尘,亦不过此二百余年事耳!我苟得其大原而善用之,何多让焉? 苟不尔,则日日临渊而羡之,终无济也。呜呼! 有闻培根、笛卡儿之风而兴者乎? 第一,勿为中国旧学之奴隶。第二,勿为西人新学之奴隶。我有耳目,我物我格;我有心思,我理我穷。

——《饮冰室合集2·近世文明初祖二大家之说》

吾侪生今日,藉外国新智识之输灌,旁通触类,以与诸先辈研究所得者相证明,是先辈菑畬而吾侪获其实也。

——《饮冰室合集3·国文语原解》

墨子说儒家言"乐以为乐",无异言"室以为室"。这个比例,本来不通。我们自然不应该说"为吃饭而吃饭",但尽可以说"为美而爱美","为文学而做文学","为科学而做科学"。前者是和"室以为室"同性质,后者是和"乐以为乐"同性质。墨子只看见狭隘的实用主义,自然会起这种谬见,胡先生(指胡适,笔者注)并非见不到此,何故附和他呢?

孔子是从日常活动上去体验,庄子嫌他噜苏了,要"外形骸"去求他。所以他说孔子是"游方之内",他自己算是"游方之外"。这两种方法那样对,暂且不论。但我确信这种境界,是要很费一番工夫才能实现的。我又确信能够实现这境界,于我们自己极有益。我还确信世界人类的进化,都要向实现这境界那条路上行。

——《饮冰室合集 5·评胡适之中国哲学史大纲》

有系统之真知识,叫做科学。可以教人求得有系统之真知识的方法,叫做科学精神。

——《饮冰室合集 5·科学精神与东西文化》

从前人类,把自己身分夸张得过甚,宇宙间一切物类上自日星下到虫鱼草木都认作人类之目的物——说他们都是为人类而存在。什么上帝照着自己样子造人,什么六日造出来的东西都赏给人用,什么与天地参叫做三才,什么"天人相与",日食星变都关系人事,这种妄想,中外同揆。妄想结果,能令人日日去梦那非分的事,把自己分内事倒忘记了。

人类不过脊椎动物部中乳哺门猿类之一种,从最下等原始生物中渐渐变成,并没有什么"首出庶物"的特权,所有生物界生活法则,我们没有那样不受其支配。人类从前像列子里头说的寓言,告化子每晚梦做皇帝,享了许多福,施了许多威,都是空的。如今醒了,才明白自己身分,量自己的力,结结实实去做自己所应做而且能做到的事。

——《饮冰室合集 5·生物学在学术界之位置》

文化者,人类心能所开积出来之有价值的共业也。

一个老宜兴茶壶,多泡一次茶,那壶的内容便生一次变化。茶吃完了,茶叶倒去了,洗得干干净净,表面上看来什么也没有,然而茶的"精"渍在壶里,第二次再泡新茶,前次渍下的茶精便起一番作用,能令茶味更好。茶之随泡随倒随洗,便是活动的起灭,渍下的茶精便是业。茶精是日渍日多,永远不会消失的。除非将壶打碎,这叫做业力不灭的公例。在这种不灭的业力里头,有一部分我们叫他做"文化"。

自然系是因果法则所支配的领土。文化系是自有意志所支配的领土。

创造者,人类以自己的自由意志选定一个自己所想要到达的地位,便用自己的"心能"闯进那地位去。

文化是包含人类物质精神两面的业种业果而言。

文化是人类以自由意志选定价值凭自己的心能开积出来,以进到自己所想站的地位。

人类欲望最低限度,至少也想到"利用厚生"。为满足这类欲望,所以要求物质的文化,如衣食住及其他工具等之进步。但欲望决不是如此简单便了。人类还要求秩序、求愉乐、求安慰、求拓大,为满足这类欲望,所以要求精神的文化,如言语、伦理、政治、学术、美感、宗教等。这两部分拢合起来,便是文化的总量。

人类用创造或模仿的方式开积文化。那创造心模仿心及其表现出来的活动便是业种。也可以说是文化种。活动一定有产出来的东西,产出来的东西一定有实在体。换一句话说:创造力终须有一日变成"结晶"。这种结晶,便是业果,也可以说是文化果。

文化种是活的,文化果是呆的。

文化果是不容易改变的,停顿久了,那殭质也许成为活动的障碍物。

——《饮冰室合集5·什么是文化》

人类心理有知情意三部分。……要三件具备才能成一个人。

宇宙即是人生,人生即是宇宙。我的人格,和宇宙无二无别。

——《饮冰室合集5·为学与做人》

欧洲哲学上的波澜,就哲学史家的眼光看来,不过是主智主义与反主智主义两派之互相起伏。主智者主智,反主智者即主情、主意。本来人生方面,也只有智、情、意三者。不过欧人对主智,特别注重。而于主情、主意,亦未能十分贴近人生。盖欧人讲学,始终未以人生为出发点。至于中国先哲则不然,无论何时代何宗派之著述,凤皆归纳于人生这一途。而于西方哲人精神萃集处之宇宙原理、物质公例等等,倒都不视为首要。

儒家看得宇宙人生是不可分的。宇宙绝不是另外一件东西,乃是人生的活动。故宇宙的进化,全基于人类努力的创造。

儒家是不承认人是单独可以存在的。

人格是个共同的,不是孤另的。想自己的人格向上,唯一的方法,是要社会的人格向上。然而社会的人格,本是各个自己化合而成。想社会的人格向上,唯一的方法,又是要自己的人格向上。明白了这个,力和环境提携,便成进化的道理。

——《饮冰室合集5·治国学的两条大路》

人类从心界物界两方面调和结合而成的生活,叫做"人生"。我们悬一种理想来完成这种生活,叫做"人生观"。(物界包含自己的肉体及己身以外的人类,乃至己身所属之社会等等。)

根据经验的事实分析综合求出一个近真的公例以推论同类事物,这种学问叫做"科学"。(应用科学改变出来的物质或建设出来的机关等等只能谓之"科学的结果",不能与"科学"本身并为一谈。)

人生问题,有大部分是可以——而且必要用科学方法来解决的,却有一小部分——或者还是最重要的部分,是超科学的。

凡属于物界生活之诸条件,都是有对待的。有对待的自然一部分或全部应为"物的法则"之所支配。我们对于这一类生活,总应该根据"当时此地"之事实,用极严密的科学方法,求出一种"比较合理"的生活,这是可能而且必要的。

我承认人类所以贵于万物者在有自由意志;又承认人类社会所

以日进,全靠他们的自由意志。但自由意志之所以可贵,全在其能选择于善不善之间而自己作主以决从违。所以自由意志是要与理智相辅的。若像君劢全抹杀客观以谈自由意志,这种盲目的自由,恐怕没有什么价值了。(君劢清华讲演所列举人生观五项特征,第一项说人生观为主观的,以与客观的科学对立。这话毛病很大。我以为人生观最少也要主观和客观结合才能成立。)

在君过信科学万能,正和君劢之轻蔑科学同一错误。

人生观的统一,非惟不可能,而且不必要;非惟不必要,而且有害。要把人生观统一,结果岂不是"别黑白而定一尊",不许异己者跳梁反侧。除非中世的基督教徒才有这种谬见。

一个人对于所信仰的宗教,对于所崇拜的人或主义,那种狂热情绪,旁观人看来,多半是不可解,而且不可以理喻的。然而一部人类活历史,却什有九从这种神秘中创造出来。从这方面说,却用得著君劢所谓主观所谓直觉所谓综合而不可分析……等等话头。想用科学方法去支配他,无论不可能,即能,也把人生弄成死的,没有价值了。

人生关涉理智方面的事项,绝对要用科学方法来解决。关涉情感方面的事项,绝对的超科学。

——《饮冰室合集5·人生观与科学》

人生是最复杂的最矛盾的,真理即在复杂矛盾的中间。换句话说,真理是不能用"唯"字表现的,凡讲"唯什么"的,都不是真理。

心力是宇宙间最伟大的东西,而且含有不可思议的神秘性,人类所以在生物界占特别位置者就在此。

无论心力如何伟大,总要受物的限制,而且限制的方面很多,力量很不弱。

人类和其他动物之所以不同者,其他动物至多能顺应环境罢了,人类则能改良或创造环境,拿什么去改良创造?就是他们的心力。

若不承认这一点心力的神秘,便全部人类进化史都说不通了。

——《饮冰室合集5·非"唯"》

苟无精神,虽日手西书,口西法,其腐败天下,自速灭亡,或更有甚焉耳!

——《饮冰室合集6·自由书·精神教育者自由教育也》

新民云者,非欲吾民尽弃其旧以从人也。新之义有二。一曰,淬厉其所本有而新之。二曰,采补其所本无而新之。二者缺一,时乃无功。

辱莫大于心奴,而身奴斯为末矣。

若有欲求真自由者乎,其必自除心中之奴隶始。……一曰,勿为古人之奴隶也。……二曰,勿为世俗之奴隶也。……三曰,勿为境遇之奴隶也。……四曰,勿为情欲之奴隶也。

凡一国之进步,必以学术思想为之母。

——《饮冰室合集6·新民说》

我们的国家有个绝大责任横在前途。什么责任呢?是拿西洋的文明来扩充我的文明,又拿我的文明去补助西洋的文明,叫他化合起来成一种新文明。

国中那些老辈,故步自封,说什么东西都是中国所固有,诚然可笑。那沉醉西风的,把中国甚么东西,都说得一钱不值,好像我们几千年来,就像土蛮部落,一无所有,岂不更可笑吗?须知凡一种思想,总是拿他的时代来做背景。我们要学的,是学那思想的根本精神,不是学他派生的条件。因为一落到条件,就没有不受时代支配的。

所以我希望我们可爱的青年:第一步,要人人存一个尊重爱护本国文化的诚意。第二步,要用那西洋人研究学问的方法去研究他,得他的真相。第三步,把自己的文化综合起来,还拿别人的补助他,叫他起一种化合作用,成了一个新文化系统。第四步,把这新系统往外扩充,叫人类全体都得着他好处。

——《饮冰室合集7·欧游心影录》

凡"思"非皆能成潮,能成"潮"者,则其"思"必有相当之价值,而又适合于其时代之要求者也。凡"时代"非皆有"思潮",有"思潮"之时代,必文化昂进之时代也。

——《饮冰室合集8·清代学术概论》

凡一民族之文化,其容纳性愈富者,其增展力愈强。此定理也。

凡人类能有所造作者,与其自业力之外,尤必有共业力为之因缘。所谓共业力者,则某时代某部分之人共同所造业,积聚遗传于后,而他时代人之承袭此公共遗产者,各凭其天才所独到,而有所创造。其所创造者,表面上或与前业无关,即其本人亦或不自知,然以史家慧眼烛之,其渊源历历可溯也。

——《饮冰室合集9·翻译文学与佛典》

吾人须知人类为何生存,吾人在世界上有何责任,如仅为饮食男女等事,吾人又何必生此世乎?然则吾人生在世间,必有明责任矣。有责任,斯有目的。照此目的做去,则虽苦不觉其苦。否则即一日做一无目的之事,其苦已不可名状矣。今者全国之人,均陷于悲观,其悲观之所由出,亦实以无目的之故。现在不知造何因,将来不知收何果,终日忙忙碌碌,而不知究为谁忙碌,焉得不自觉其苦乎?夫人类之进化,无穷者也。先哲有云,在止于至善。至善无限止,惟循进化之轨道而行。人所不能做者,合全世界人为之。一时所不能为者,合千万年为之。其能达到与否,均不得知,然却不能不抱此目的以行。盖世界之进化轨道,乃有统系者,如一条铁练然。铁练为无数之铁环互相衔接、互相联络而成。自首至尾,节节进步,不能中断也。人生于世,于社会有关,于进化有关。只要做一分事业,即有一分效果。万一不做,则如铁练中断,先我之人,既前功尽弃,后我之人,亦无从下手。吾人之责任,又岂轻哉?张子所谓乾称父,坤称母,子兹藐焉。乃混然中处者,其责任若何之重大。知此责任,无论作何事业,心常舒泰。否则虽努力为之,未有不自觉其苦者。

——《梁启超讲演集·现代教育之弊端》

考东西各国,无论何等学校,断未有尽舍本国之学而徒讲他国之学者,亦未有绝不通本国之学而能通他国之学者。中国学人之大蔽,治中学者则绝口不言西学,治西学者亦绝口不言中学。此两学所以终不能合,徒互相诟病,若水火不相入也。

——《〈饮冰室合集〉集外文(上册)·代总理衙门奏拟京师大学堂章程》

夫人之生斯世也,一面须求有利于世界,一面须求有利于自己。
夫能尽性,则虽化育而可赞;不能尽性,而虽小己而无成。
孔教所言天人合一天人相与之际甚多,实人人所能到。故曰,世间法与出世法一也。

——《〈饮冰室合集〉集外文(中册)·知命尽性》

人类和禽兽不同的地方甚多,内中有一件最是要紧的,一切文明进化,都从这里生出来。那一件?所谓将来的观念便是。
凡属幼稚的人类,这观念一定很薄弱;越发长成,越发发达。
进化愈高一级,将来观念愈深远一层。
将来的利益快乐,和现在的利益快乐,不见得处处都能一致。但凡有将来观念的人,他对于现在的利益快乐,总须有一种牺牲精神。

——《〈饮冰室合集〉集外文(中册)·讲坛:将来观念与现在主义》

俗人的"我",和豪杰的"我",和圣贤的"我",截然两样。"我"的分量大小,和那人格的高下,文化的深浅,恰恰成个比例。

拼合许多人才成个"我",乃是"真我"的本来面目。为甚么呢?因为这个"我"本来是个超越物质界以外的一种精神记号。这种精神,本来是普遍的。这一个人的"我"和那一个人的"我",乃至和其他同时千千万万人的"我",乃至和往古来今无量无数人的"我",性质本来是同一。不过因为有皮囊里几十斤肉那件东西把他隔开,便成了这是我的"我"那是他的"我"。然而这几十斤肉隔不断的时候,实到处发现,碰著机会,这同性质的此"我"彼"我",便拼合起来。于是于原有的旧"小我"之外,套上一层新的"大我"。再加扩充,再加拼合,又套上一层更大的"大我"。层层扩大的套上去,一定要把横尽处空竖尽来劫的"我"合为一体,这才算完全无缺的"真我",这却又可叫做"无我"了。

——《〈饮冰室合集〉集外文(中册)·讲坛:甚么是"我"》

全世界形势最混杂时代,全世界思想最混沌、最烦闷时代,是即新思想将发生、新制度将建设之时代也。

——《〈饮冰室合集〉集外文(中册)·读〈孟子〉记(修养论之部)》

我希望青年们——要作新文化运动,应当要"知识上,非做到科学的理解不可;在道德—品格—上,非做到自律的情操不可"!

——《〈饮冰室合集〉集外文(中册)·什么是新文化》

启超确信欲创造新中国,非赋予国民以新元气不可。而新元气决非枝枝节节吸受外国物质文明所能养成,必须有内发的心力以为之主。

启超确信当现在全世界怀疑沉闷时代,我国人对于人类宜有精神的贡献。

——《〈饮冰室合集〉集外文(中册)·为创设文化学院事求助于国中同志》

信仰者,就是除开现在以外,相信还有未来远大的境界。有了信仰,拿现在做将来的预备,无论现在怎样感觉痛苦,总以为所信的主义,将来有无限光明。

——《〈饮冰室合集〉集外文(中册)·怎样的涵养品格和磨练智慧》

二、美论

凡天然之景物,过于伟大者,使人生恐怖之念,想象力过敏,而理性因以减缩,其妨碍人心之发达,阻文明之进步者实多。苟天然景物,得其中和则人类不被天然所压服,而自信力乃生。非直不怖之,反爱其美。

——《饮冰室合集2·地理与文明之关系》

诸君读我的近二十年来的文章,便知道我自己的人生观是拿两样事情做基础:(一)"责任心",(二)"兴味"。人生观是个人的,各人有各人的人生观,各人的人生观不必都是对的,不必于人人都合宜。但我想,一个人自己修养自己,总须拈出个见解,靠他来安身立命。我半生来拿"责任心"和"兴味"这两样事情做我生活资粮,我觉得于我很是合宜。

我是感情最富的人,我对于我的感情都不肯压抑,听其尽量发展。发展的结果,常常得意外的调和。

"知不可而为"主义、"为而不有"主义和近世欧美通行的功利主义根本反对。

"知不可而为"主义,是我们做一件事明白知道他不能得着预料的效果,甚至于一无效果,但认为应该做的便热心做去。换一句话说,就是做事时候把成功与失败的念头都撇开一边,一味埋头埋脑的去做。

宇宙间的事,绝对没有成功,只有失败。成功这个名词,是表示圆满的观念。失败这个名词,是表示缺陷的观念。圆满就是宇宙进化的终点。到了进化终点,进化便休止。进化休止,不消说是连生活都休止了。所以平常所说的成功与失败,不过是指人类活动休息的一小段落。

人在无边的"宇"(空间)中,只是微尘,不断的"宙"(时间)中,只是段片。

"知不可而为"主义,是使人将做事的自由大大的解放,不要作无为之打算,自己捆绑自己。

"为而不有"的意思是不以所有观念作标准,不因为所有观念始劳动。简单一句话,便是为劳动而劳动。

为劳动而劳动,为生活而生活,也可说是劳动的艺术化,生活的艺术化。

"知不可而为"主义与"为而不有"主义,都是要把人类无聊的计较一扫而空,喜欢做便做,不必瞻前顾后。所以归并起来,可以说,这两种主义就是"无所为而为"主义,也可以说是生活的艺术化,把人类计较利害的观念,变为艺术的、情感的。

社会之组织未变,社会是所有的社会,要想打破所有的观念,大非易事,因为人生在所有的社会上,受种种的牵制,倘有人打破所有的观念,他立刻便缺乏生活的供给。……所以,必须到社会组织改革之后,对于公众有种种供给时,才能实行这种主义。

虽是这样说法,我们一方面希望求得适宜于这种主义的社会,一方面在所处的混浊的社会中,还得把这种主义拿来,寄托我们的精神生活,使他站在安慰清凉的地方。

——《饮冰室合集4·"知不可而为"主义与"为而不有"主义》

天下最神圣的莫过于情感。用理解来引导人,顶多能叫人知道那件事应该做,那件事怎样做法,却是被引导的人到底去做不去做,没有什么关系。有时所知的越发多,所做的倒越发少。用情感来激发人,好象磁力吸铁一般,有多大分量的磁,便引多大分量的铁,丝毫容不得躲闪。所以情感这样东西,可以说是一种催眠术,是人类一切动作的原动力。

情感的性质是本能的,但他的力量,能引人到超本能的境界。情感的性质是现在的,但他的力量,能引人到超现在的境界。我们想入到生命之奥,把我的思想行为和我的生命进合为一,把我的生命和宇宙和众生进合为一,除却通过情感这一个关门,别无他路,所以情感是宇宙间一种大秘密。

——《饮冰室合集4·中国韵文里头所表现的情感》

假如有人问我:"你信仰的甚么主义?"我便答道:"我信仰的是趣味主义。"有人问我:"你的人生观拿什么做根柢?"我便答道:"拿趣味做根柢。"

趣味的反面,是干瘪,是萧索。

趣味是活动的源泉,趣味干竭,活动便跟着停止。

趣味是生活的原动力,趣味丧掉,生活便成了无意义。

所谓好不好,并不必拿严酷的道德论做标准。既已主张趣味,便要求趣味的贯彻。倘若以有趣始以没趣终,那么趣味主义的精神,算完全崩落了。

凡一种趣味事项,倘或是要瞒人的,或是拿别人的苦痛换自己的快乐,或是快乐和烦恼相间相续的,这等统名为下等趣味。

人生在幼年青年期,趣味是最浓的。成天价乱碰乱迸,若不引他到高等趣味的路上,他们便非流入下等趣味不可。

趣味的性质,是越引越深。想引得深,总要时间和精力比较的集中才可。

我们对于自然界的趣味,莫过于种花。自然界的美,像山水风月等等,虽然能移我情,但我和他没有特殊密切的关系,他的美妙处,我有时便领略不出。我自己手种的花,他的生命和我的生命简直并合为一,所以我对着他,有说不出来的无上妙味。

——《饮冰室合集5·趣味教育和教育趣味》

活动要有原动力——像机器里头的蒸汽。人类活动的蒸汽在那里呢?全在各人自己心理作用——对于自己所活动的对境感觉趣味。用积极的话语来表他,便是"乐"。用消极的话语来表他,便是"不厌不倦"。

厌倦是人生第一件罪恶,也是人生第一件苦痛。厌倦是一种想脱离活动的心理现象。

凡物质上快活,性质都是如此。这种快活,其实和自己渺不相干,自己只有赔上许多苦恼。我们真相信"行乐主义"的人,就要求精神的快活。

趣味这样东西,总是愈引愈深,最怕是尝不着甜头,尝着了一定不能自已。

——《饮冰室合集5·教育家的自家田地》

凡人必常常生活于趣味之中,生活才有价值。

天下万事万物都有趣味。

我一年到头不肯歇息,问我忙什么,忙的是我的趣味。我以为这便是人生最合理的生活。

凡一件事做下去不会生出和趣味相反的结果的,这件事便可以为趣味的主体。

凡趣味的性质,总要以趣味始以趣味终。所以能为趣味之主体者,莫如下列的几项:一,劳作。二,游戏。三,艺术。四,学问。

凡趣味总要自己领略。自己未曾领略得到时,旁人没有法子告诉你。

趣味主义最重要的条件是"无所为而为"。凡有所为而为的事,都是以别一件事为目的,而以这件事为手段。为达目的起见勉强用手段。目的达到时,手段便抛却。

有所为虽然有时也可以为引起趣味的一种方便,但到趣味真发生时,必定要和"所为者"脱离关系。

为游戏而游戏,游戏便有趣。为体操分数而游戏,游戏便无趣。

趣味总是慢慢的来,越引越多,像那吃甘蔗,越往下才越得好处。

——《饮冰室合集5·学问之趣味》

人生目的不是单调的,美也不是单调的。为爱美而爱美,也可以说为的是人生目的,因为爱美本来是人生目的的一部分。诉人生苦痛,写人生黑暗,也不能不说是美。因为美的作用,不外令自己或别人起快感,痛楚的刺激,也是快感之一。

——《饮冰室合集5·情圣杜甫》

"美"是人类生活一要素——或者还是各种要素中之最要者,倘若在生活全内容中把"美"的成分抽出,恐怕便活得不自在甚至活不成。

问人类生活于什么?我便一点不迟疑答道:"生活于趣味。"这句话虽然不敢说把生活全内容包举无遗,最少也算把生活根芽道出。人若活得无趣,恐怕不活着还好些,而且勉强活也活不下去。人怎样会活得无趣呢?第一种,我叫他做石缝的生活。挤得紧紧的没有丝毫开拓余地,又好像披枷带锁,永远走不出监牢一步。第二种,我叫他做沙漠的生活。干透了没有一毫润泽,板死了没有一毫变化,又好像蜡人一般,没有一点血色,又好像一棵枯树,庾子山说的"此树婆娑生意尽矣"。这种生活是否还能叫做生活,实属一个问题。所以我虽不敢说趣味便是生活,而敢说没趣便不成生活。

然则趣味之源泉在那里呢?依我看有三种:

第一,对境之赏会与复现。人类任操何种卑下职业任处何种烦劳境界,要之总有机会和自然之美相接触——所谓水流花放,云卷月明,美景良辰,赏心乐事。只要你在一刹那间领略出来,可以把一天的疲劳忽然恢复,把多少时的烦恼丢在九霄云外。倘若能把这些影像印在脑里头令他不时复现。每复现一回,亦可以发生与初次领略时同等或仅较差的效用。人类想在这种尘劳世界中得有趣味,这便是一条路。

第二,心态之抽出与印契。人类心理,凡遇着快乐的事,把快乐状态归拢一想,越想便越有味。或别人替我指点出来,我的快乐程度也增加。凡遇着苦痛的事,把苦痛倾筐倒箧吐露出来,或别人能够看出我苦痛替我说出,我的苦痛程度反会减少。不惟如此。看出说出别人的快乐,也增加我的快乐。替别人看出说出苦痛,也减少我的苦痛。这种道理,因为各人的心都有个微妙的所在,只要搔着痒处,便把微妙之门打开了。那种愉快,真是得未曾有。所以俗话叫做"开心"。我们要求趣味,这又是一条路。

第三,他界之冥构与蓦进。对于现在环境不满,是人类普通心理。其所以能进化者亦在此。就令没有什么不满,然而在同一环境之下生活久了,自然也会生厌。不满尽管不满,生厌尽管生厌,然而脱离不掉他。这便是苦恼根原。然则怎样救济法呢?肉体上的生活,虽然被现实的环境捆死了。精神上的生活,却常常对于环境宣告独立。或想到将来希望如何如何,或想到别个世界例如文学家的桃源、哲学家的乌托邦、宗教家的天堂净土如何如何。忽然间超越现实界闯入理想界去,便是那人的自由天地。我们欲求趣味,这又是一条路。

感觉器官敏则趣味增,感觉器官钝则趣味减。诱发机缘多则趣味强,诱发机缘少则趣味弱。

——《饮冰室合集5·美术与生活》

美感是业种,是活的。美感落到字句上成一首诗落到颜色上成一幅画是业果,是呆的。

——《饮冰室合集 5·什么是文化》

人类生活,固然离不了理智,但不能说理智包括尽人类生活的全内容。此外还有极重要一部分——或者可以说是生活的原动力,就是"情感"。情感表现出来的方向很多,内中最少有两件的的确确带有神秘性的,就是"爱"和"美"。"科学帝国"的版图和威权,无论扩大到什么程度,这位"爱先生"和那位"美先生"依然永远保持他们那种"上不臣天子下不友诸侯"的身分。请你科学家把"美"来分析研究罢。至于线,什么光,什么韵,什么调……任凭你说得如何文理密察,可有一点儿搔着痒处吗?至于"爱",那更"玄之又玄"了。假令有两位青年男女相约为"科学的恋爱",岂不令人喷饭!

——《饮冰室合集 5·人生观与科学》

趣味这件东西,是由内发的情感和外受的环境交媾发生出来。就社会全体论,各个时代趣味不同。就一个人而论,趣味亦刻刻变化。任凭怎么好的食品,若是顿顿照样吃,自然讨厌,若是将剩下来的嚼了又嚼,那更一毫滋味都没有了。

——《饮冰室合集 5·晚清两大家诗钞题辞》

情感这样东西,含有秘密性,想要用理性来解剖他,是不可能的。

只有情感能变异情感,理性绝对的不能变异情感。俗语说的:"情人眼里出西施。"譬如有个男子爱恋一个丑女子,你和他用理性来解剖说:"如何如何才算得美人的标准,你所爱恋的人如何如何的不对。"这种话,说一万遍也无用,因为他和你不同一个世界。你拿万人一律的眼睛,归纳得一个客观上万人一律的美人标准,他的眼睛,却是排行在第一万零一。你归纳出来的标准,他完全不适用。

须知理性是一件事,情感又是一件事。理性只能叫人知道某件事该做某件事该怎样做法,却不能叫人去做事,能叫人去做事的,只有情感。我们既承认世界事要人去做,就不能不对于情感这样东西十分尊重。

一个人做按部就班的事,或是一件事已经做下去的时候,其间固然容得许多理性作用,若是发心着手做一件顶天立地的大事业,那时候,情感便是威德巍巍的一位皇帝,理性完全立在臣仆的地位,情感烧到白热度,事业才会做出来。那时候,若用逻辑方法,多归纳几下,多演绎几下,那么,只好不做罢了。

——《饮冰室合集5·评非宗教同盟》

境者,心造也。一切物境皆虚幻,惟心所造之境为真实。同一月夜也,琼筵羽觞,清歌妙舞,绣帘半开,素手相携,则有余乐;劳人思妇,对影独坐,促织鸣壁,枫叶绕船,则有余悲。同一风雨也,三两知己,围炉茅屋,谈今道故,饮酒击剑,则有余兴;独客远行,马头郎当,峭寒侵肌,流潦妨毂,则有余闷。"月上柳梢头,人约黄昏后"与"杜宇声声不忍闻,欲黄昏,雨打梨花深闭门",同一黄昏也,而一为欢憨,一为愁惨,其境绝异。"桃花流水杳然去,别有天地非人间"与"人面不知何处去,桃花依旧笑春风",同一桃花也,而一为清净,一为爱恋,其境绝异。"舳舻千里,旌旗蔽空,酾酒临江,横槊赋诗"与"浔阳江头夜送客,枫叶荻花秋瑟瑟,主人下马客在船,举酒欲饮无管弦",同一江也,同一舟也,同一酒也,而一为雄壮,一为冷落,其境绝异。然则天下岂有物境哉!但有心境而已。

天地间之物,一而万,万而一者也。山自山,川自川,春自春,秋自秋,风自风,月自月,花自花,鸟自鸟,万古不变,无地不同。然有百人于此,同受此山、此川、此春、此秋、此风、此月、此花、此鸟之感触,而其心境所现者百焉;千人同受此感触,而心境所现者千焉;亿万人乃至无量数人同受此感触,而其心境所现者亿万焉,乃至无量数焉。

然则欲言物境之果为何状,将谁氏之从乎?仁者见之谓之仁,智者见之谓之智,忧者见之谓之忧,乐者见之谓之乐,吾之所见者,即吾所受之境之真实相也。故曰惟心所造之境为真实。

——《饮冰室合集6·自由书·惟心》

人类的好美性决不能以天然的自满足,对于自然美加上些人工,又是别一种风味的美。譬如美的璞玉,经琢磨雕饰而更美;美的花卉,经栽植布置而更美。原样的璞玉花卉,无论美到怎么样,总是单调的,没有多少变化发展。人工的琢磨雕饰栽植布置,可以各式各样月异而岁不同。

——《饮冰室合集10·中国之美文及其历史》

爱美是人类的天性。

——《饮冰室合集12·书法指导》

三、艺术论

古人文字与语言合,今人文字与语言离,其利病既缕言之矣。今人出话,皆用今语,而下笔必效古言,故妇孺农氓,靡不以读书为难事。

今宜专用俚语,广著群书。上之可以借阐圣教,下之可以杂述史事,近之可以激发国耻,远之可以旁及彝情。乃至宦途丑态、试场恶趣、鸦片顽癖、缠足虐刑,皆可穷极异形,振厉末俗。其为补益,岂有量耶。

——《饮冰室合集1·变法通议·论幼学》

驱万万之童孺,使之桎梏汨溺于咊根串珠对偶声病九宫方格之中,一书不读,一物不知,一人不见,一事不闻,闭其脑筋,瘫其手足,窒其性灵,以养成今日才尽气敝之天下。

西国教科之书最盛,而出以游戏小说者尤多。故日本之变法,赖俚歌与小说之力,盖以悦童子,以导愚氓,未有善于是者也。

——《饮冰室合集 1·蒙学报演义报合叙》

政治小说之体,自泰西人始也。凡人之情,莫不惮庄严而喜谐谑。

善为教者,则因人之情而利导之,故或出之以滑稽,或托之于寓言。孟子有好货好色之喻,屈平有美人芳草之辞。寓讽谏于诙谐,发忠爱于馨艳,其移人之深,视庄言危论,往往有过,殆未可以劝百讽一而轻薄之也。中土小说,虽列之于九流,然自虞初以来,佳制盖鲜。……且从而禁之,孰若从而导之。

仅识字之人,有不读经,无有不读小说者。故六经不能教,当以小说教之。正史不能入,当以小说入之。语录不能谕,当以小说谕之。律例不能治,当以小说治之。

今中国识字人寡,深通文学之人尤寡。

在昔欧洲各国变革之始,其魁儒硕学,仁人志士,往往以其身之所经历,及胸中所怀,政治之议论,一寄之于小说。……往往每一书出,而全国之议论为之一变。彼美、英、德、法、奥、意、日本各国政界之日进,则政治小说,为功最高焉。英名士某君曰:"小说为国民之魂。"

——《饮冰室合集 1·译印政治小说序》

欲新一国之民,不可不先新一国之小说。故欲新道德,必新小说;欲新宗教,必新小说;欲新政治,必新小说;欲新风俗,必新小说;欲新学艺,必新小说;乃至欲新人心欲新人格,必新小说。何以故?小说有不可思议之力支配人道故。

凡人之性,常非能以现境界而自满足者也。而此蠢蠢躯壳,其所能触能受之境界，又玩狭短局而至有限也。故常欲于其直接以触以受之外，而间接有所触有所受，所谓身外之身，世界外之世界也。此等识想，不独利根众生有之，即钝根众生亦有焉。而导其根器使日趋于钝，日趋于利者，其力量无大于小说。小说者，常导人游于他境界，而变换其常触常受之空气者也。此其一。人之恒情，于其所怀抱之想像，所经阅之境界，往往有行之不知，习矣不察者；无论为哀为乐为怨为怒为恋为骇为忧为惭，常若知其然而不知其所以然。欲摹写其情状，而心不能自喻，口不能自宣，笔不能自传。有人焉和盘托出，彻底而发露之，则拍案叫绝曰："善哉善哉！如是如是。"所谓"夫子言之，于我心有戚戚焉。"感人之深，莫此为甚。此其二。此二者实文章之真谛，笔舌之能事。苟能批此窾导此窍，则无论为何等之文，皆足以移人。而诸文之中能极其妙而神其技者，莫小说若。故曰：小说为文学之最上乘也。由前之说，则理想派小说尚焉；由后之说，则写实派小说尚焉。小说种目虽多，未有能出此两派范围外者也。

抑小说之支配人道也，复有四种力。一曰熏。熏也者，如入云烟中而为其所烘，如近墨朱处而为其所染。《楞伽经》所谓"迷智为识，转识成智"者，皆恃此力。人之读一小说也，不知不觉之间，而眼识为之迷漾，而脑筋为之摇扬，而神经为之营注，今日变一二焉，明日变一二焉，刹那刹那，相断相续，久之而此小说之境界，遂入其灵台而据之，成为一特别之原质之种子。有此种子故，他日又更有所触所受者，旦旦而熏之，种子愈盛，而又以之熏他人，故此种子遂可以遍世界。一切器世间有情世间之所以成所以住，皆此为因缘也。而小说则巍巍焉具此威德以操纵众生者也。二曰浸。熏以空间言，故其力之大小，存其界之广狭；浸以时间言，故其力之大小，存其界之长短。浸也者，入而与之俱化者也。人之读一小说也，往往既终卷后数日或数旬而终不能释然。读红楼竟者，必有余恋有余悲；读水浒竟者，必有余快有余怒。何也？浸之力使然也。等是佳作也，而其卷帙愈繁事实愈多者，则其浸人也愈甚。如酒焉，作十日饮，则作百日醉。我佛从菩提树下起,便说偌大一部《华严》,正以此也。三曰刺。刺也者,刺激之义也。熏、浸之力利用渐,刺之力利用顿。熏浸之力在使感受者不觉,刺之力在使感受者骤觉。刺也者,能入于一刹那顷,忽起异感而不能自制者也。我本蔼然和也,乃读林冲雪天三限、武松飞云浦厄,何以忽然发指?我本愉然乐也,乃读晴雯出大观园、黛玉死潇湘馆,何以忽然泪流?我本肃然庄也,乃读实甫之琴心酬简、东塘之眠香访翠,何以忽然情动?若是者,皆所谓刺激也。大抵脑筋愈敏之人,则其受刺激力也愈速且剧,而要之必以其书所含刺激力之大小为比例。禅宗之一棒一喝,皆利用此刺激力以度人者也。此力之为用也,文字不如语言。然语言力所被不能广不能久也,于是不得不乞灵于文字。在文字中,则文言不如其俗语,庄论不如其寓言。故具此力最大者,非小说末由。四曰提。前三者之力,自外而灌之使入。提之力,自内而脱之使出,实佛法之最上乘也。凡读小说者,必常若自化其身焉,入于书中,而为其书之主人翁。读野叟曝言者,必自拟文素臣;读石头记者,必自拟贾宝玉;读花玉痕者,必自拟韩荷生若韦痴珠;读梁山伯者,必自拟黑旋风若花和尚。虽读者自辩其无是心焉,吾不信也。夫既化其身以入书中矣,则当其读此书时,此身已非我有,截然去此界以入于彼界,所谓华严楼阁,帝网重重,一毛孔中万亿莲花,一弹指顷百千浩劫。文字移人,至此而极。

——《饮冰室合集2·论小说与群治之关系》

　　燕赵多慷慨悲歌之士,吴楚多放诞纤丽之文,自古然矣。自唐以前,于诗于文于赋,皆南北各为家数。长城饮马,河梁携手,北人之气概也。江南草长,洞庭始波,南人之情怀也。散文之长江大河一泻千里者,北人为优。骈文之镂云刻月善移我情者,南人为优。盖文章根于性灵,其受四围社会之影响特甚焉。自后世交通益盛,文人墨客大率足迹走天下,其界亦浸微矣。

　　吾中国以书法为[第]一美术。故千余年来,此学蔚为大国焉。

书派之分,南北尤显。北以碑著,南以贴名。南贴为圆笔之宗,北碑为方笔之祖。遒健雄浑,峻峭方整,北派之所长也。龙门二十品爨龙颜碑吊比干文等为其代表。秀逸摇曳,含蓄潇洒,南派之所长也。兰亭洛神淳化阁帖等为其代表。盖虽雕虫小技,而与其社会之人物风气,皆一一相肖有如此者,不亦奇哉。画学亦然。北派擅工笔,南派擅写意。李将军之金碧山水,笔格遒劲,北宗之代表也。王摩诘之破墨水石,意象逼真,南派之代表也。音乐亦然。通典云:"祖孝孙以梁陈旧乐,杂用吴楚之音。周隋旧乐,多涉胡戎之技,于是斟酌南北,考以古音,而作大唐雅乐。"直至今日,而西梆子腔与南昆曲,一则悲壮,一则靡曼,犹截然分南北两流。由是观之,大而经济心性伦理之精,小而金石刻画游戏之末,几无一不与地理有密切之关系。天然力之影响于人事者,不亦伟耶!不亦伟耶!

大抵自唐以前,南北之界最甚,唐后则渐微。盖"文学地理"常随"政治地理"为转移。自纵流之运河既通,两流域之形势,日相接近,天下益日趋于统一。而唐代君臣上下,复努力以联贯之。贞观之初,孔颖达、颜师古等,奉诏撰五经正义,既已有折衷南北之意。祖孝孙之定乐,亦其一端也。文家之韩柳、诗家之李杜,皆生江河两域之间,思起八代之衰,成一家之言。书家如欧(阳询)、虞(世南)、褚(遂良)、李(邕)、颜(真卿)、柳(公权)之徒,亦皆包北碑南帖之长,独开生面。盖调和南北之功,以唐为最矣。由此言之,天行之力虽伟,而人治恒足以相胜。今日轮船铁路之力,且将使东西五洲合一炉而共冶之矣,而更何区区南北之足云也。

其在风俗上,则北俊南孅,北肃南舒,北强南秀,北僿南华。其大较也。

——《饮冰室合集2·中国地理大势论》

有一类的情感,是要忽然奔进一泻无余的。我们可以给这类文学起一个名,叫做"奔进的表情法"。

正式的五七言诗,用这类表情法的很少。因为多少总受些格律的束缚,不能自由了。

词里头这种表情法也很少。因为词家最讲究缠绵悱恻,也不是写这种情感的好工具。

"回荡的表情法",是一种极浓厚的情感蟠结在胸中,象春蚕抽丝一般,把他抽出来。这种表情法,看他专从热烈方面尽量发挥,和前一类正相同。所异者,前一类是直线式的表现。这一类是曲线式或多角式的表现。前一类所表的情感,是起在突变时候,性质极为单纯,容不得有别种情感掺杂在里头。这一类所表的情感,是有相当的时间经过,数种情感交错纠结起来,成为网形的性质。人类情感,在这种状态之中者最多。所以文学上所表现,亦以这一类为最多。

含蓄蕴藉的表情法,这种表情法,向来批评家认为文学正宗,或者可以说是中华民族特性的最真表现。这种表情法,和前两种不同。前两种是热的,这种是温的。前两种是有光芒的火焰,这种是拿灰盖着的炉炭。这种表情法也可以分三类。第一类是情感正在很强的时候,他却用很有节制的样子去表现他,不是用电气来震,却是用温泉来浸,令人在极平淡之中,慢慢的领略出极渊永的情趣。

拿这类诗和前头几回所引的(指奔进的与回荡的,笔者注)相比较。前头的象外国人吃咖啡,炖到极浓,还掺上白糖牛奶。这类诗象用虎跑泉泡出的雨前龙井,望过去连颜色也没有。但吃下去几点钟,还有余香留在舌上。他是把情感收敛到十足,微微发放点出来,藏着不发放的还有许多。但发放出来的,却是全部的灵影,所以神妙。

第二类的蕴藉表情法,不直写自己的情感,乃用环境或别人的情感烘托出来。

第三类蕴藉表情法,索性把情感完全藏起不露,专写眼前实景(或是虚构之景)把情感从实景上浮现出来。……须知这类诗和单纯写景诗不同。写景诗以客观的景为重心,他的能事在体物入微,虽然景由人写,景中离不了情,到底是以景为主。这类诗以主观的情为重心，客观的景，不过借来做工具。

第四类的蕴藉表情法，虽然把情感本身照原样写出，却把所感的对象隐藏过去，另外拿一种事物来做象征。

这些诗，他讲的什么事，我理会不着，拆开一句一句的叫我解释，我连文义也解不出来。但我觉得他美，读起来令我精神上得一种新鲜的愉快。须知，美是多方面的，美是含有神秘性的。

凡诗写哀痛、愤恨、忧愁、悦乐、爱恋，都还容易，写欢喜真是难。

《诗经》这部书所表示的，正是我们民族情感最健全的状态。

楚辞的特色，在替我们文学界开创浪漫境界，常常把情感提往"超现实"的方向。

大抵情感之文，若写的不是那一刹间的实感，任凭多大作家，也写不好。

凡文学家多半寄物托兴，我们读好的作品原不必逐首逐句比附他的身世和事实。

凡长篇的写情韵文，煞尾总须用些重笔，像特别拿电气来震荡几下，才收束得住。

我们的诗教，本来以温柔敦厚为主，完全表示诸夏民族特性。

最妙者是刚健之中处处含婀娜，确是女性最优美之点。

唐诗写女性最好的，莫过于杜工部的佳人。……工部理想的佳人，品格是名贵极了，性质是高亢极了，体态是幽艳极了，情绪是浓至极了。……总之描写女性之美，我说这首诗千古绝唱。

近代文学家写女性，大半以"多愁多病"为美人模范。古代却不然，诗经所赞美的是"硕人其颀"，是"颜如舜华"。楚辞所赞美的是"美人既醉朱颜酡，娭光眇视目层波"。汉赋所赞美的是"精耀华烛俯仰如神"，是"翩若惊鸿矫若游龙"。凡这类形容词，都是以容态之艳丽和体格之俊健合构而成，从未见以带着病的恹弱状态为美的。以病态为美，起于南朝，适足以证明文学界的病态。唐宋以后的作家，都汲其流，说到美人便离不了病，真是文学界一件耻辱。我盼望往后文学家描写女性，最要紧先把美人的健康恢复才好。

欧洲近代文坛，浪漫派和写实派迭相雄长。我国古代，将这两派划然分出门庭的可以说没有。

三百篇可以说代表诸夏民族平实的性质。

我们文学含有浪漫性的自楚辞始。

神仙的幻想，在我们文学界中很占势力。这种幻想，自然是导源于楚辞。但后人没有屈原那种剧烈的矛盾性，从形式上模仿蹈袭，往往讨厌。

浪漫派文学，总是想象力愈丰富愈奇诡便愈见精采。

浪漫派特色，在用想象力构造境界。想象力用在醇化的美感方面，固然最好。但何能个个人都如此，所以多数走入奇诡一路。

写实派作法，作者把自己情感收起，纯用客观态度描写别人情感。作法要领，是要将客观事实照原样极忠实的写出来，还要写得详尽。因为如此，所以所写的多是三几个寻常人的寻常行事或是社会上众人共见的现象，截头截尾单把一部分状态委细曲折传出。简单说，是专替人类作断片的写照。

凡写实派大作家都是极热肠的。因为社会的偏枯缺憾，无时不有，无地不有。只要你忠实观察，自然会引起你无穷悲悯。但倘若没有热肠，那么他的冷眼也决看不到这种地方，便不成为写实家了。

写实派固然注重在写人事的实况，但也要写环境的实况。因为环境能把人事烘托出来。

——《饮冰室合集4·中国韵文里头所表现的情感》

夫国之存亡，非谓夫社稷宗庙之兴废也，非谓夫正朔服色之存替也，盖有所谓国民性者。国民性而丧，虽社稷宗庙正朔服色俨然，君子谓之未始有国也。反是则虽微社稷宗庙正朔服色，岂害为有国！国民性何物？一国之人，千数百年来受诸其祖若宗，而因以自觉其卓然别成一合同而化之团体以示异于他国民者是已。国民性以何道而嗣续？以何道而传播？以何道而发扬？则文学实传其薪火而莞其枢机。明乎此义，然后知古人所谓文章为经国大业不朽盛事者，殊非夸也。

——《饮冰室合集4·丽韩十家文钞序》

夫小说之力，曷为能雄长他力？此无异故，盖人之脑海如熏笼然，其所感受外界之业识如烟，每烟之过，则熏笼必留其痕。虽拂拭洗涤之，而终有不能去者存。其烟之霏袭也愈数，则其熏痕愈深固。其烟质愈浓，则其熏痕愈明显。夫熏笼则一孤立之死物耳，与他物不相联属也。人之脑海，则能以所受之熏还以熏人。且自熏其前此所受者而扩大之，而继演于无穷。虽其人已死，而薪尽火传，犹蜕其一部分以遗其子孙，且集合焉以成为未来之群众心理。盖业之熏习，其可畏如是也。而小说也者，恒浅易而为尽人所能解。虽富于学力者，亦常贪其不费脑力也而藉以消遣，故其霏袭之数，既有已加于他书矣。而其所叙述，恒必予人以一种特殊之刺激。

——《饮冰室合集4·告小说家》

大抵文学之事，必经国家百数十年之平和发育，然后所积受者厚，而大家乃能出乎其间。而所谓大家者，必其天才之绝特，其性情之笃挚，其学力之深博，斯无论已。又必其身世所遭值有以异于群众，甚且为人生所莫能堪之境。其振奇磊落之气，百无所寄泄，而壹以进集于此一途。其身所经历，必所接构，复有无量之异象以为之资。以此为诗，而诗乃千古矣。

——《饮冰室合集4·秋蟪吟馆诗钞序》

问美术的关键在那里？限我只准拿一句话回答，我便毫不踌躇的答道："观察自然。"问科学的关键在那里？限我只准拿一句话回答，我也毫不踌躇的回答："观察自然。"

认识自然,不是容易的事。第一件要你肯观察。第二件还要你会观察。粗心固然观察不出,不能说子〔仔〕细便观察得出。笨伯固然观察不出,弄聪明有时越发观察不出。观察的条件,头一桩,是要对于所观察的对象有十二分兴味,用全副精神注在他上头。像庄子讲的承蜩丈人"虽天地之大万物之多,而惟吾蜩翼之知"。第二桩要取纯客观的态度,不许有丝毫主观的僻见掺在里头。若有一点,所观察的便会走了样子了。达温奇还有一幅名画叫做莫那利沙。莫那利沙就是达温奇爱恋的美人。相传画那一点微笑,画了四年。他自己说,虽然恋爱极热,始终却是拿极冷酷的客观态度去画他。要而言之,热心和冷脑相结合是创造第一流艺术品的主要条件。

真正的艺术作品,最要紧的是描写出事物的特性。然而特性各各不同,非经一番分析的观察工夫不可。莫泊三的先生教他作文,叫他看十个车夫,做十篇文来写他,每篇限一百字。晚餐图里头的基督,何以确是基督,不是基督的门徒。十二门徒中,何以彼得确是彼得,不是约翰。约翰确是约翰,不是犹大。犹大确是犹大,不是非卖主的余人。这种本领,全在同中观异。从寻常人不会注意的地方,找出各人情感的特色。这种分析精神,不又是科学成立的主要成分吗。

美术家的观察,不但以周遍精密的能事,最重要的是深刻。苏东坡述文与可论画竹的方法,说道:"画竹必先得成竹于胸中。执笔熟视,乃见其所欲画者。急起从之,振笔直遂,以追其所见。如兔起鹘落,少纵则逝矣。"这几句话,实能说出美术的秘钥。美术家彫画一种事物,总要在未动工以前,先把那件事物的整个实在完全摄取,一攫攫住他的生命,霎时间与我的生命并合为一。这种境界,很含有神秘性。虽然可以说是在理性范围之外,然而非用锐入的观察法一直透入深处,也断断不能得这种境界。这种锐入观察法,也是促进科学的一种助力。

美术的任务,自然是在表情,但表情技能的应用,须有规律的组织,令各部分互相照应。相传五代时蜀主孟昶,藏一幅吴道子画钟尬,左手捉一个鬼,用右手第二指挖那鬼的眼睛。孟昶拿来给当时大画家黄筌看,说道:"若用拇指,似更有力。"请黄筌改正他。黄筌把画带回家去,废寝忘食的看了几日,到底另画一本进呈。孟昶问他为什么不改。黄筌答道:"道子所画,一身气力色貌,都在第二指,不在拇指。若把他改,便不成一件东西了。我这别本,一身气力,却都在拇指。"吴黄两幅画,可惜现在都失传,不能拿来比勘。但黄筌这番话,真是精到之极。我们看欧洲的名画名雕,也常常领略得一、二。试想,画一个人,何以能全身气力,都赶到一个指头上,何以内行的人,一看便看得出来,那别部分的配置照应,当然有很严正的理法藏在里头,非有极明晰极致密的科学头脑,恐怕画也画不成,看也看不到。

科学根本精神,全在养成观察力。

美术家所以成功,全在观察"自然之美"。怎样才能看得出自然之美,最要紧是观察"自然之真"。能观察自然之真,不惟美术出来,连科学也出来了。所以美术可以算得科学的金锁匙。

——《饮冰室合集5·美术与科学》

文学是人生最高尚的嗜好。

文学是要常变化更新的,因为文学的本质和作用,最主要的就是"趣味"。

怎么叫做输入外国文学呢?第一件,将人家的好著作,用本国语言文字译写出来;第二件,采了他的精神,来自己著作,造出本国的新文学。

文学是一种"技术",语言文字是一种"工具"。要善用这工具,才能有精良的技术。要有精良的技术,才能将高尚的情感和理想传达出来。所以讲别的学问,本国的旧根柢浅薄些,都还可以。讲到文学,却是一点儿偷懒不得。

今日我们做诗,虽不必说一定要能够入乐,但最少也要抑扬抗坠,上口琅然。

音节是诗的第一要素,诗之所以能增人美感,全赖乎此。修辞和音节,就是技术方面两根大柱。想作名诗,是要实质方面和技术方面都下工夫。

美文贵含蓄,这原则也该大家公认。所谓含蓄者,自然非庾词谜语之谓,乃是言中有意,一种匣剑帷灯之妙,耐人寻味。

有一派新进青年,主张白话为唯一的新文学,极端排斥文言。这种偏激之论,也和那些老先生不相上下。就实质方面论,若真有好意境好资料,用白话也做得出好诗,用文言也做得出好诗。

白话将来总有大成功的希望。但须有两个条件:第一,要等到国语进化之后,许多文言,都成了"白话化"。第二,要等到音乐大发达之后,做诗的人,都有相当音乐知识与趣味。……绝对的排斥文言,结果变成奖励俗调,相习于粗糙浅薄,把文学的品格低下了。不可不虑及。其实文言白话,本来就没有一定的界限。

文字不过一种工具,他最要紧的作用,第一,是要把自己的思想和感情完全传达出来;第二,是要令对面的人读下去能确实了解。……只要是朴实说理,恳切写情,无论白话文言,都可尊尚。……甚至一篇里头,白话文言,错杂并用,只要调和得好,也不失为名文。

中国诗家有一个根本的缺点,就是厌世气味太重。

中国诗界大革命,时候是快到了。

往后的新诗家,只要把个人叹老嗟卑,和无聊的应酬交际之作一概删汰,专从天然之美和社会实相两方面着力,而以新理想为之主干,自然会有一种新境界出现。

——《饮冰室合集5·晚清两大家诗钞题辞》

新事物固然可爱,老古董也不可轻轻抹煞。内中艺术的古董,尤为有特殊价值。因为艺术是情感的表现,情感是不受进化法则支配的,不能说现代人的情感一定比古人优美,所以不能说现代人的艺术一定比古人进步。

用文字表出来的艺术——如诗词歌剧小说等类,多少总含有几分国民的性质。因为现在人类语言未能统一,无论何国的作家,总须用本国语言文字做工具,这副工具操练得不纯熟,纵然有很丰富高妙的思想,也不能成为艺术的表现。

　　真事愈写得详,真情愈发得透。我们熟读他(指杜甫,笔者注),可以理会得"真即是美"的道理。

　　人类对于某种社会现象之批评,自有共同心理。作家只要把那现象写得真切,自然会使读者心理起反应。若把读者心中要说的话,作者先替他倾吐无余,那便索然寡味了。

　　工部写情,能将许多性质不同的情绪,归拢在一篇中,而得调和之美。

　　悲哀愁闷的情感易写,欢喜的情感难写。

　　诗是歌的笑的好呀,还是哭的叫的好？换一句话说,诗的任务在赞美自然之美呀,抑在呼诉人生之苦？再换一句话说,我们应该为做诗而做诗呀,抑或应该为人生问题中某项目的而做诗？这两种主张,各有极强的理由,我们不能作极端的左右袒,也不愿作极端的左右袒。

——《饮冰室合集 5 · 情圣杜甫》

　　专从事诱发以刺戟各人器官不使钝的有三种利器:一是文学,二是音乐,三是美术。

　　美术中最主要的一派,是描写自然之美。常常把我们所曾经赏会或像是曾经赏会的都复现出来。我们过去赏会的影子印在脑中,因时间之经过渐渐淡下去,终必有不能复现之一日,趣味也跟着消灭了。一幅名画在此,看一回便复现一回。这画存在,我的趣味便永远存在。不惟如此,还有许多我们从前不注意赏会不出的,他都写出来指导我们赏会的路。我们多看几次,便懂得赏会方法。往往碰着种种美境,我们也增加许多赏会资料了。这是美术给我们趣味的第一件。

美术中有刻画心态的一派。把人的心理看穿了。喜怒哀乐,都活跳在纸上。本来是日常习见的事,但因他写的唯妙唯肖,便不知不觉间把我们的心弦拨动。我快乐时看他便增加快乐,我苦痛时看他便减少苦痛。这是美术给我们趣味的第二件。

美术中有不写实境实态而纯凭理想构造成的。有时我们想构一境,自觉模糊断续不能构成,被他都替我表现了。而且他所构的境界种种色色有许多,为我们所万想不到。而且他所构的境界优美高尚,能把我们卑下平凡的境界压下去。他有魔力,能引我们跟着他走,闯进他所到之地。我们看到他的作品时,便和他同住一个超越的自由天地。这是美术给我们趣味的第三件。

——《饮冰室合集5·美术与生活》

欲求表现个性的作品,头一位就要研究屈原。

我们这华夏民族,每经一次同化作用之后,文学界必放异彩。

特别的自然界和特别的精神作用相击发,自然会产生特别的文学了。

易卜生最喜欢讲的一句话:All or nothing(要整个,不然宁可什么也没有)。屈原正是这种见解。"异道相安",他认为和方圆相周一样,是绝对不可能的事。中国人爱讲调和,屈原不然,他只有极端。"我决定要打胜他们,打不胜我就死。"这是屈原人格的立脚点。他说也是如此说,做也是如此做。

实感自然是文学主要的生命,但文学还有第二个生命,曰想象力。从想象力中活跳出实感来,才算极文学之能事。

写客观的意境,便活给他一个生命,这是屈原绝大本领。

——《饮冰室合集5·屈原研究》

谭浏阳志节学行思想,为我中国二十世纪开幕第一人,不待言矣,其诗亦独辟新界而渊含古声。

近世诗人能熔铸新理想以入旧风格者,当推黄公度。

中国事事落他人后,惟文学似差可颉颃西域。

古诗孔雀东南飞一篇,千七百余字,号称古今第一长篇诗。诗虽奇绝,亦只儿女子语,于世运无影响也。中国结习,薄今爱古,无论学问文章事业,皆以古人为不可几及。余生平最恶闻此言。窃谓自今以往,其进步之远轶前代,固不待蓍龟,即并世人物,亦何遽让于古所云哉!

南海先生不以诗名,然其诗固有非寻常作家所能及者,盖发于真性情,故诗外常有人也。

吾尝推公度、穗卿、观云为近世诗家三杰,此言其理想之深邃闳远也。若以诗人之诗论,则邱仓海(逢甲),其亦天下健者矣。

中国人无尚武精神,其原因甚多,而音乐靡曼亦其一端,此近世识者所同道也。昔斯巴达人被围,乞援于雅典,雅典人以一眇目跛足之学校教师应之,斯巴达人惑焉。及临阵,此教师为作军歌,斯巴达人诵之,勇气百倍,遂以获胜。甚矣,声音之道感人深矣。

复生自喜其新学之诗。然吾谓复生三十以后之学,固远胜于三十以前之学。其三十以后之诗,未必能胜三十以前之诗也。盖当时所谓新诗者,颇喜挦扯新名词以自表异。丙申丁酉间,吾党数子皆好作此体。

过渡时代,必有革命。然革命者,当革其精神,非革其形式。吾党近好言诗界革命。虽然,若以堆积满纸新名词为革命,是又满洲政府变法维新之类也。能以旧风格含新意境,斯可以举革命之实矣。

读泰西文明史,无论何代,无论何国,无不食文学家之赐。其国民于诸文豪,亦顶礼而尸祝之。若中国之词章家,则于国民岂有丝毫之影响耶?

至于今日,而诗词曲三者,皆成为陈设之古玩,而词章家真社会之虱矣。

今日欲为中国制乐,似不必全用西谱。若能参酌吾国雅剧俚三者而调和取裁之,以成祖国一种固有之乐声,亦快事也。

今日不从事教育者则已,苟从事教育,则唱歌一科,实为学校中万不可缺者。

美人香草,寄托遥深,古今诗家一普通结习也。谈空说有,作口头禅,又唐宋以来诗家一普通结习也。狄楚卿之诗,殆兼此两种结习而和合之,每诗皆含有幽怨与解脱之两异原质,亦佳构也。

今欲为新歌,适教科用,大非易易。盖文太雅则不适,太俗则无味。斟酌两者之间,使合儿童讽诵之程度,而又不失祖国文学之精粹,真非易也。

——《饮冰室合集5·诗话》

寻常人能入世界而不能出。高流者能出世界而不能入。最高流者,既入之,复出之,既出之,复入之,即出即入,非出非入,琼哉尚乎!望之似易,行之甚难。虽不可强而致,顾不可不学而勉。无论如何寻常之人,日为寻常界所困,如醉如梦,及其偶遇一人独居更无他事之时,时或有翛然洒然,与天地为伴侣,而生不可思议之思想者。

画师之作画也,往往舐笔伸纸,注全身之力于只手,其心惟在画上,不及其外,然时或退两三步若五六步,凝视之,更执笔向纸如初,如是者数次,而画乃完成。诗家亦然,常有苦思力索,拈断髭茎,终不得就。时而掷笔游想,不见有诗,惟见有我,妙手偶得,佳句斯构。故成连学琴,导之海上。飞卫教射,视虱如轮。天下事固有求之于界线之内而不得,求之于界线之外然后得之者。郑裨谌善谋,谋于野则获,谋于邑则否。无论何人何事,常有此一段境界。善用之者,斯为伟人。

——《饮冰室合集6·自由书·世界外之世界》

余虽不能诗,然尝好论诗。以为诗之境界,被千余年来鹦鹉名士

（余尝戏名词章家为鹦鹉名士自觉过于尖刻）占尽矣。虽有佳章佳句，一读之，似在某集中曾相见者，是最可恨也。故今日不作诗则已，若作诗，必为诗界之哥伦布玛赛郎然后可。

欲为诗界之哥伦布玛赛郎，不可不备三长。第一要新意境，第二要新语句，而又须以古人之风格入之，然后成其为诗。不然，如移木星金星之动物以实美洲，瑰伟则瑰伟矣，其如不类何。若三者具备，则可以为二十世纪支那之诗王矣。宋明人善以印度之意境语句入诗，有三长具备者。如东坡之"溪声便是广长舌，山色岂非清净身，夜来八万四千偈，他日如何举似人"之类，真觉可爱。然此境至今日，又已成旧世界。今欲易之，不可不求之于欧洲。欧洲之意境语句，甚繁富而玮异，得之可以陵轹千古涵盖一切。

即以学界论之，欧洲之真精神、真思想，尚且未输入中国，况于诗界乎，此固不足怪也。吾虽不能诗，惟将竭力输入欧洲之精神思想，以供来者之诗料可乎。要之支那非有诗界革命，则诗运殆将绝。虽然，诗运无绝之时也。今日者革命之机渐熟，而哥伦布玛赛郎之出世，必不远矣。

德富氏为日本三大新闻主笔之一。其文雄放隽快，善以欧西文思入日本文，实为文界别开一生面者。余甚爱之。中国若有文界革命，当亦不可不起点于是也。

——《饮冰室合集 7·夏威夷游记》

人类既不是上帝，如何没有缺点。虽以毛嫱西施的美貌，拿显微镜照起来，还不是毛孔上一高一低的窟窿纵横满面。何况现在社会，变化急剧，构造不完全，自然更是丑态百出了。自然派文学，就把人类丑的方面兽性的方面，赤条条和盘托出，写得个淋漓尽致，真固然是真，但照这样看来，人类的价值差不多到了零度了。

——《饮冰室合集 7·欧游心影录节录》

启超夙不喜桐城派古文,幼年为文,学晚汉魏晋,颇尚矜炼。至是自解放,务为平易畅达,时杂以俚语韵语及外国语法,纵笔所至不检束,学者竞效之,号新文体。老辈则痛恨,诋为野狐。然其文条理明晰,笔锋常带感情。对于读者,别有一种魔力焉。

我国文学美术,根柢极深厚,气象皆雄伟,特以其为"平原文明"所产育,故变化较少,然其中徐徐进化之迹,历然可寻,且每与外来宗派接触,恒能吸受以自广。清代第一流人物,精力不用诸此方面,故一时若甚衰落,然反动之征已见。今后西洋之文学美术,行将尽量输入。我国民于最近之将来,必有多数之天才家出焉,采纳之而傅益以己之遗产,创成新派,与其他之学术相联络呼应,为趣味极丰富之民众的文化运动。

——《饮冰室合集8·清代学术概论》

翻译有二:一,以今翻古;二,以内翻外。

认翻译为一种崇高事业者,则自佛教输入以后也。

今日所谓翻译者,其必先有一外国语之原本,执而读之,易以华言。吾侪习于此等观念,以为佛典之翻译,自始即应尔尔,其实不然。初期所译,率无原本,但凭译人背诵而已。此非译师因陋就简,盖原本实未著诸竹帛也。

翻译文体之问题,则直译意译之得失,实为焦点。其在启蒙时代,语义两未娴洽,依文转写而已。若此者,吾名之为未熟的直译。稍进,则顺俗晓畅,以期弘通。而与原文是否吻合,不甚厝意。若此者,吾名之为未熟的意译。然初期译本尚希,饥不择食。凡有出品,咸受欢迎。文体得失,未成为学界问题也。及兹业寖盛,新本日出,玉石混淆,于是求真之念骤炽,而尊尚直译之论起。然而矫枉太过,诘鞠为病,复生反动,则意译论转昌。卒乃两者调和,而中外醇化之新文体出焉。此殆凡治译事者所例经之阶级。而佛典文学之发达,亦其显证也。

——《饮冰室合集9·翻译文学与佛典》

会作文与否和文学作得好歹,所重不在体裁而在内容。

文章可大别为三种:一,记载之文。二,论辩之文。三,情感之文。一篇之中,虽然有时或兼两种或兼三种,但总有所偏重。

该说的不说,不该说的说,都是文家第一大忌。

要说的照原样说出。原样有两种。一,客观的原样。二,主观的原样。客观的原样,指事物之纯粹客观性。……主观的原样,指作者心里头的印象。……两者之中,尤以主观的为最要紧。因为任凭你如何主张纯客观的作品,那客观的事物总须经过一番观察审定别择才用来入文,不能绝对的与主观相离。文家临到下笔时,已经把一切客观的都成为"主观化"了。所以能够把主观的原样完全表出,便算尽文章能事。

凡记述一个人,最要紧的是写出这个人与别人不同之处。

人类性格只有相类似不会相雷同。

一个社会中想找两个绝对同样的人,断断找不出。相类似是人类的群性,不雷同是人类的个性。个性惟人类才有,别的物都不能有。凡记人的文字,唯一职务在描写出那人的个性。

小说体的文,写个人特性,全凭作者想象力如何。传记体的文,写个人特性,全凭作者观察力如何。有了相当的想象力观察力,怎样才能把所想象所观察尽量的恰肖的传出,全凭作者技术如何。

——《饮冰室合集9·作文教学法》

歌谣是不会做诗的人(最少也不是专门诗家的人)将自己一瞬间的情感,用极简短极自然的音节表现出来,并无意要他流传。因为这种天籁与人类好美性最相契合,所以好的歌谣,能令人人传诵历几千年不废。其感人之深,有时还驾专门诗家的诗而上之。

好歌谣纯属自然美,好诗便要加上人工的美。

有乐谱者谓之歌,无者谓之谣。

后代的诗,虽与歌谣划然异体,然歌谣总是诗的前驱,一时代的歌谣往往与其诗有密切的影响,所以歌谣在韵文界的地位,治文学史的人首当承认。

社会状况变迁,情感的内容亦随而变。甲时代人极有趣的作品,乙时代人听起来或者索然无味。

穆天子传这部书,乃晋太康三年在汲县魏安厘王冢中,与竹书纪年同时出土。书之真伪,问题很杂。若认为全伪,那么,便是晋人手笔。若认为真,便是战国人所记,可算中国最古的小说。

到秦汉之交,却有两首千古不磨的杰歌:其一,荆轲的易水歌。其二,项羽的垓下歌。

易水歌……虽仅仅两句,把北方民族武侠精神完全表现,文章魔力之大,殆无其比。

垓下歌……这位失败英雄写自己最后情绪的一首诗,把他整个人格活活表现,读起来像看加尔达支勇士最后自杀的雕像。则今二千多年,无论那一级社会的人几乎没有不传诵,真算得中国最伟大的诗歌了。

朝廷歌颂之作,无真性情可以发摅,本极难工。况郊庙诸歌,越发庄严,亦越发束缚。无论何时何人,当不能有很好的作品。

一般人的幻觉,大概以为诗的发达,先有四言,次有五言,次有七言。其实不然。除三百篇的四言和楚辞的长短句,其发达次第为人所共见外,若专拿五言和七言比较,七言的历史实远在五言之前。

我们若肯认大风歌为七言之祖,也可以认这歌(指《戚夫人歌》,笔者注)为五言之祖。

文人凭他想象力所及,随意挥洒,原是可以的,笨伯吹毛挑剔,固是"痴人前说不得梦"。

文学美术作品,往往以直觉的鉴别为最有力。

至如"迢迢牵牛星"一章,纯借牛女作象征,没有一字实写自己情感,而情感已活跃句下。此种作法,和周公的鸱鸮一样,实文学界最高超的技术。

论者或以含蓄蕴藉为诗之唯一作法固属太偏,然含蓄蕴藉,最少应为诗的要素之一,此则无论何国何时代之诗家所不能否认也。十九首之价值,全在意内言外,使人心醉。其真意所在,苟非确知其"本事",则无从索解;但就令不解,而优饫涵讽,已移我情。

大抵太平之世,诗思安和,丧乱之余,诗思惨烈。

社会更有将乱未乱之一境,表面上歌舞欢娱,骨子里已祸机四伏,全社会人汲汲顾影,莫或为百年之计,而但思媮一日之安。在这种时代背景下,厌世的哲学文学便会应运而生。

盖人类情感自然发泄,不知不觉与天籁相应,便构成一种韵调,永远打动人的心弦。千百年后诵之,依然生起簇新的同感。这类文学,凡有文化的民族,无不皆有,而且起源极早,吾族也当然不能违此公例。

凡事物之发生成长皆以渐。一种文学之成立,中间几经蜕变,需时动百数十年,欲画一鸿沟以确指其年代,为事殆不可能。

——《饮冰室合集10·中国之美文及其历史》

欲治文学史,宜先刺取各时代代表之作者,察其时代背景与夫身世所经历,了解其特性及其思想之渊源及感受。

批评文艺有两个着眼点,一是时代心理,二是作者个性。古代作家能够在作品中把他的个性活现出来的,屈原以后,我便数陶渊明。

我以为想研究出一位文学家的个性,却要他作品中含有下列两种条件:第一,要"不共"。怎样叫做不共呢?要他的作品完全脱离模仿的套调,不是能和别人共有。……第二,要"真"。怎样才算真呢?要绝无一点矫揉雕饰,把作者的实感,赤裸裸地全盘表现。

大文学家真文学家和我们不同的就在这一点。他的神经极锐敏,别人不感觉的苦痛,他会感觉;他的情绪极热烈,别人受苦痛搁得住,他却搁不住。

这篇小文(指《归去来兮辞序》,笔者注)虽极简单极平淡,却是渊明全人格最忠实的表现。苏东坡批评他道："欲仕则仕，不以求之为嫌。欲隐则隐，不以去之为高。"这话对极了。古今名士，多半眼巴巴钉着富贵利禄，却扭扭捏捏说不愿意干。论语说的"舍曰欲之，而必为之辞"。这种丑态最为可厌。再者，丢了官不做，也不算什么稀奇的事，被那些名士自己标榜起来，说如何如何的清高，实在适形其鄙。二千年来文学的价值，被这类人的鬼话糟蹋尽了。渊明这篇文，把他求官弃官的事实始末和动机赤裸裸照写出来，一毫掩饰也没有。这样的人，才是"真人"；这样的文艺，才是"真文艺"。

诗家描写田舍生活的也不少，但多半像乡下人说城市事，总说不到真际。生活总要实践的才算。

——《饮冰室合集 12·陶渊明》

美术，世界所公认的为图画、雕刻、建筑三种。中国于这三种以外，还有一种，就是写字。

写字比旁的美术不同，而仍可以称为美术的原因约有四点：一，线的美。……线的美，在美术中，为最高等。不靠旁物的陪衬，专靠本身的排列。……二，光的美。……写得好的字，墨光浮在纸上，看去很有精神。……三，力的美。……写字一笔下去，好就好，糟就糟，不能填，不能改。愈填愈笨，愈改愈丑。顺势而下，一气呵成，最能表现真力。有力量的飞动、遒劲、活跃。没有力量的呆板、委靡、迟钝。……纵然你能模仿，亦只能模仿形式，不能模仿笔力。……四，个性的表现。……发挥个性最真确的莫如写字。

从前人所得的成绩，从模仿下手，用很短的时间，很小的精力，就可以得到。得到后，才挪出精力，做创作的工夫。

模仿在任何艺术，都有必要。

模仿有两条路。一，专学一家。……二，学许多家，兼包并蓄。

先学许多家，最后以一家为主，这算是最妥当的法子了。

作诗，我反对学白香山陆放翁，并不是白陆不好，是不可学。学他们成为打油诗,太容易,无价值。应先从难处下手才是。

——《饮冰室合集 12·书法指导》

情感之文极难工,非到情感剧烈到沸点时,不能表现他(文章)的生命,但到沸点时又往往不能作文。即如去年初遭丧时,我便一个字也写不出来。这篇祭文,我做了一天,慢慢吟哦改削,又经两天才完成。虽然还有改削的余地,但大体已很好了。其中几段,音节也极美,你们姐弟和徽音都不妨熟诵,可以增长性情。

——《梁启超家书·致梁思顺、梁思成、梁思永、梁思庄》(1925年10月3日)

启超确信我国文学美术,在人类文化中有绝大价值;与泰西作品接触后,当发生异彩。今日则蜕变猛进之机运渐将成熟。

——《〈饮冰室合集〉集外文(中册)·为创设文化学院事求助于国中同志》

今诗皆不能歌,失诗之用矣。近世有志教育者,于是提倡乐学。然乐已非尽人能学,且雅乐与俗乐,二者亦不可偏废。

——《〈饮冰室合集〉集外文(中册)·饮冰室诗话(补)》

我们不必个个都当文学家,但至少要对于好的文学能够欣赏。不然,便把自己应享的权利和幸福白白剥夺一部去了。

——《〈饮冰室合集〉集外文(中册)·读书法讲义》

四、美育论

情感的作用固然是神圣,但他的本质不能说他都是善的都是美的,他也有很恶的方面,他也有很丑的方面。他是盲目的,到处乱碰乱迸,好起来好得可爱,坏起来也坏得可怕。所以,古来大宗教家大教育家,都最注意情感的陶养。老实说,是把情感教育放在第一位。情感教育的目的,不外将情感善的美的方面尽量发挥,把那恶的丑的方面渐渐压伏淘汰下去。这种工夫做得一分,便是人类一分的进步。

情感教育最大的利器,就是艺术。音乐美术文学这三件法宝,把"情感秘密"的钥匙都掌住了。艺术的权威,是把那霎时间便过去的情感,捉住他令他随时可以再现。是把艺术家自己"个性"的情感,打进别人们的"情阈"里头,在若干期间内占领了"他心"的位置。因为他有怎么大的权威,所以,艺术家的责任很重,为功为罪,间不容发。艺术家认清楚自己的地位,就该知道,最要紧的工夫,是要修养自己的情感,极力往高洁纯挚的方面,向上提挈,向里体验。自己腔子里那一团优美的情感养足了,再用美妙的技术把他表现出来,这才不辱没了艺术的价值。

——《饮冰室合集4·中国韵文里头所表现的情感》

教育的目的,总要使受教育的人各尽其性,发挥各人最优长的本能,替社会做最有效率的事业。

——《饮冰室合集5·我对于女子高等教育希望特别注重的几种学科》

我生平对于自己所做的事,总是做得津津有味,而且兴会淋漓。什么悲观咧厌世咧这种字面,我所用的字典里头,可以说完全没有。我所做的事,常常失败——严格的可以说没有一件不失败——然而我总是一面失败一面做。因为我不但在成功里头感觉趣味,就在失败里头也感觉趣味。我每天除了睡觉外,没有一分钟一秒钟不是积极的活动,然而我绝不觉得疲倦,而且很少生病。因为我每天的活动有趣得很。精神上的快乐,补得过物质上的消耗而有余。

"趣味教育"这个名词,并不是我所创造。近代欧美教育界早已通行了。但他们还是拿趣味当手段。我想进一步,拿趣味当目的。

因为"教学相长"的关系,教人和自己研究学问是分离不开的。自己对于自己所好的学问,能有机会终身研究,是人生最快乐的事。这种快乐,也是绝对自由。

——《饮冰室合集5·趣味教育与教育趣味》

教育是什么?教育是,教人学做人——学做现代人。

——《饮冰室合集5·教育与政治》

人类固然不能个个都做供给美术的"美术人",然而不可不个个都做享用美术的"美术人"。

中国向来非不讲美术——而且还有很好的美术。但据多数人见解,总以为美术是一种奢侈品,从不肯和布帛菽粟一样看待,认为生活必需品之一。我觉得中国人生活之不能向上,大半由此。

审美本能,是我们人人都有的。但感觉器官不常用或不会用,久而久之麻木了。一个人麻木,那人便成了没趣的人。一民族麻木,那民族便成了没趣的民族。美术的功用,在把这种麻木状态恢复过来。令没趣变为有趣。换句话说,是把那渐渐坏掉了的爱美胃口,替他复原,令他常常吸受趣味的营养,以维持增进自己的生活康健。明白这种道理,便知美术这样东西在人类文化系统上该占何等位置了。

今日的中国,一方面要多出些供给美术的美术家,一方面要普及养成享用美术的美术人。

——《饮冰室合集5·美术与生活》

人类一面为生活而劳动,一面也是为劳动而生活。人类既不是上帝特地制来充当消化面包的机器,自然该各人因自己的地位和才力,认定一件事去做。

凡做一件事,便把这件事看作我的生命,无论别的什么好处,到底不肯牺牲我现做的事来和他交换。我信得过我当木匠的做成一张好桌子,和你们当政治家的建设成一个共和国家同一价值。

苦乐全在主观的心,不在客观的事。

我想,天下第一等苦人,莫过于无业游民。终日闲游浪荡,不知把自己的身子和心子摆在那里才好,他们的日子真难过。第二等苦人,便是厌恶自己本业的人。这件事分明不能不做,却满肚子里不愿意做。不愿意做逃得了吗?到底不能,结果还是皱着眉头哭丧着脸做去。这不是专门自己替自己开玩笑吗?我老实告诉你一句话,凡职业都是有趣味的,只要你肯继续做下去,趣味自然会发生。为什么呢?第一,因为凡一件职业,总是有许多层累曲折,倘能身入其中,看他变化进展的状态,最为亲切有味。第二,因为每一职业之成就,离不了奋斗。一步一步的奋斗前去,从刻苦中得快乐,快乐的分量加增。第三,职业的性质,常常要和同业的人比较骈进,好像赛球一般,因竞胜而得快乐。第四,专心做一职业时,把许多游思妄想杜绝了,省却无限闲烦恼。孔子说:"知之者不如好之者,好之者不如乐之者。"人生能从自己职业中领略出趣味,生活才有价值。孔子自述生平,说道:"其为人也,发愤忘食,乐以忘忧,不知老之将至云尔。"这种生活,真算得人类理想的生活了。

我平生最爱用的有两句话:一是"责任心";二是"趣味"。我自己常常力求这两句话之实现与调和。

敬业即是责任心,乐业即是趣味。我深信人类合理的生活总该如此。

——《饮冰室合集 5·敬业与乐业》

教育应分为智育情育意育三方面。

智育要教到人不惑,情育要教到人不忧,意育要教到人不惧。教育家教学生,应该以这三件为究竟。我们自动的自己教育自己,也应该以这三件为究竟。

大凡忧之所从来，不外两端。一曰忧成败。二曰忧得失。

宇宙和人生是永远不会圆满的。所以易经六十四卦，始"乾"而终"未济"。正为在这永远不圆满的宇宙中，才永远容得我们创造进化。

你如果做成一个人，智识自然是越多越好；你如果做不成一个人，智识却是越多越坏。

我只是为学问而学问，为劳动而劳动，并不是拿学问劳动等等做手段来达某种目的——可以为我们"所得"的。所以老子说："生而不有，为而不恃"；"既以为人己愈有，既以与人己愈多"。你想，有这种人生观的人，还有什么得失可忧呢？总而言之，有了这种人生观，自然会觉得"天地与我并生，而万物与我为一"，自然会"无入而不自得"。他的生活，纯然是趣味化艺术化，这是最高的情感教育，目的是教人做到仁者不忧。

——《饮冰室合集5·为学与做人》

我们有极优美的文学美术作品，我们应该认识他的价值，而且将赏鉴的方法传授给多数人，令国民成为"美化"。

——《饮冰室合集5·治国学的两条大路》

所谓修养人格锻炼身体，任何一国都不能轻视。现在中国的教育真糟，中国原有的精神固已荡然，西洋的精神也未取得。

所谓伟大的人，必如何而可，不能不下一解释。这并不看他地位之高低与事业之大小来断定，若能在我自己所做的范围以内，做到理想中最圆满的地位，便算伟大。

——《饮冰室合集5·清华研究院茶话会演说辞》

文学是一种专门之业，应该是少数天才俊拔而且性情和文学相近的人，屏弃百事，专去研究他，做成些优美创新的作品，供多数人赏玩。那多数人只要去赏玩他，涵养自己的高尚性灵便够了，不必人人都作。这才是社会上人才经济主义。

社会一般人，虽不必个个都做诗，但诗的趣味，最要涵养。如此然后在这实社会上生活，不至干燥无味，也不至专为下等娱乐所夺，致品格流于卑下。

——《饮冰室合集5·晚清两大家诗钞题辞》

盖欲改造国民之品质，则诗歌音乐为精神教育之一要件，此稍有识者所能知也。

——《饮冰室合集5·诗话》

好文学是涵养情趣的工具，做一个民族的分子，总须对于本民族的好文学十分领略，能熟读成诵，才在我们的"下意识"里头，得着根柢，不知不觉会"发酵"，有益身心的圣哲格言，一部分久已在我们全社会上形成共同意识。

——《饮冰室合集9·国学入门书要目及其读法附录二：治国学杂话》

凡人必定要有娱乐。在正当的工作，及研究学问以外，换一换空气，找点娱乐品，精神才提得起来。假使全是义务工作，生活一定干燥、厌烦、无味。有一两样或者两三样娱乐品，调剂一下，生活就有趣味多了。

——《饮冰室合集12·书法指导》

* 以上资料来源：《饮冰室合集》（12册），中华书局1989年版。《梁启超讲演集》，夷夏编，河北人民出版社2004年版。《梁启超家书》，张品兴编，中国文联出版社2000年版。《〈饮冰室合集〉集外文》（上中下册），夏晓虹辑，北京大学出版社2005年版。

附录三

初版序一

钱中文

十九世纪末二十世纪初,是我国社会发生重大变革的转型期,梁启超正是这一时期的最重要的代表人物。他的政治主张、学术思想,对当时政治、文化生活、学术进步甚至书写文体等方面发生了重大作用,流风所及,对同时代人及后来者,发生了不可估量的影响。

在梁启超去世后的七十多年中,我国对于梁启超这份宝贵而巨大的文化遗产,未能及时地进行清理与研究,使其在现实建设中发挥应有的积极作用,原因是很复杂的。

一是,这和我国政治生活的急剧变革和由此而产生相应的政治观、历史观点有关,即认为在政治上凡是改良的都是不革命的,或者虽是革命的,但是资产阶级的,不是无产阶级的,而梁启超作为改良主义者和后期政治上的隐退者,其政治、文化、学术思想与革命派的思想自然不可同日而语,所以长期不受重视。二是,八十年代以后,学界对于二十世纪的我国文化学术资源开始重视起来,但是由于受到上述思想影响,因此梁启超虽然进入了研究者的视阈,但主要肯定其早期的反封建思想的发动与呐喊,初步清理了其学术上的激进主张,而其后期的思想、学术主张仍然处于遮蔽的状态。三是,梁启超著作宏富,涉及范围广泛,没有明显的思想体系式的阐述,这也增加了研究的难度。但长期不受重视,主要是前面两个原因。

《梁启超美学思想研究》作为国家社科基金青年项目，完成得十分出色，在梁启超美学思想研究方面有所出新，有所突破。表现在，一，这部论著的作者金雅女士，破除了以往对于历史人物的狭隘的、片面的功利主义评价，而以历史的整体意识来评价历史人物，还历史人物以原有面貌，显示其真正的历史、现实的价值，这是这部论著取得成功的关键。二，梁启超是我国二十世纪的百科全书式的人物，他的著作涉及的知识、问题极为广泛，几乎无人可及（著述有一千四百万字）。由于当时封闭已久的社会处于大变动时期，所以每有新说与介绍，都会具有首创、启蒙意义而发生广泛影响。梁启超的论说，涉及中外古今，行文挥洒自如，论及现实问题，切中时弊，每每起到振聋发聩、引导潮流的作用。但也不能否认，他的著述驳杂，论证不免粗疏，正是这一原因，使研究者每每发生困难，往往去孤立地看待他的著作，而不易发现他前后著作的相互联系。金雅女士通过大量阅读，披沙拣金，集平凡而发大义，描述了梁启超的美学思想前后的不同特点和它的整一性，显示了梁启超美学思想的完整性。三，特别值得一提的是，这部著作从整体上描述了梁启超的"趣味美学"的思想的全貌，揭示了其独特性。趣味美学一说，虽不是梁启超的首创，但前人大多一笔带过，未有深入。本书认为，这是一个以"趣味"为核心，以"情感"为基石，以"力"为中介，以"移人"为目标的趣味主义人生论美学思想体系，体现了不有之为的美学理想。这一定位与阐述十分确切、得体，既符合梁启超的前后学术思想的实际情况，也使梁启超的开辟一个时代的美学思想获得了明晰化的阐发。这方面的深入，无疑把梁启超美学思想的研究向前推进了一步，同时也丰富了我国二十世纪美学思想的研究。四，书稿对梁启超美学思想中的局限性也做了中肯的检讨。

　　综上所述，我以为这部著作是梁启超美学思想研究中的重要收获，对于我们弘扬优秀文化遗产，为当代美学的建设提供思想资料，具有不容置疑的现实意义和理论价值。

金雅女士勤奋好学,思路敏捷,学风严谨踏实,一开始就取得了优异的成绩,令人高兴!

当然,梁启超美学思想的研究,还有许多工作可做需做。金雅女士的博士后研究即选定了以梁启超趣味美学思想的源流及其与二十世纪中国美学精神的关系为题目。我相信这样的研究将会使梁启超美学思想研究进一步丰满与深入!

是为序。

2004 年 3 月

附录四

初版序二

王元骧

金雅同志的《梁启超美学思想研究》即将由商务印书馆出版。她的这部专著是在博士论文的基础上加工而成的。她的博士论文在答辩时就得到了答辩委员会诸位专家的一致好评。后来,金雅同志又耗时两年余,花了很大的功夫进行修改、充实,特别是理论上的深化、提升,几易其稿,使得成果质量又有了进一步的提高。这部专著对梁启超美学思想作出了全面系统的梳理,把梁启超前后期的美学思想作为一个整体来研究,潜心发掘其内在的思想脉络与逻辑联系,对于梁启超美学思想中的许多重要成果作出了深入的开掘与阐发,对于学界所存在的有争议的问题发表了自己中肯、有创见、有说服力的见解,且文风严谨、见解独到、分析透彻、文字晓畅,达到了相当高的学术水平。以我所见,这大概是我国系统研究梁启超美学思想的第一部著作。它的出版,不仅是对梁启超美学思想研究的一大推进,也丰富了我国近现代美学思想史的研究,是我国近现代美学思想史研究上的一项可喜的收获。

在中国近现代美学思想史上,梁启超无疑是可以与王国维比肩的大家。但在当今我国学界,比起王国维来,对梁启超似乎显得有些冷落了。即使有所介绍,也主要着眼于他的前期。原因可能有二:一是梁启超后期的美学思想缺乏集中的专题论文,不易引起关注;二是随着梁启超后期在政治思想上从改良主义走向反对革命,认为他的美学思想也由积极转向消极。而实际上,在我看来,梁启超后期的美学思想在理论创新和理论建树上都远远超过了前期。因为在梁启超美学思想中,我以为最有建树、最有贡献的是他对趣味美学思想的阐释,是他的趣味人生的精神。梁启超的"趣味"显然不同于英文 Taste 和德文 Gesehmaek 一词的中译(通常译为"趣味",即"鉴赏力"),主要是指一种人生态度,一种生活的兴味,是精神生命的一种活跃与激扬的状态。金雅同志在书中概括为"生命意趣",我觉得这一概括是十分准确的。梁启超把趣味看作生活的"原动力",认为人在生活中第一要有"责任心",有责任心才会"敬业";但是"敬业"不是强迫自己去做事,因此,还要"乐业"。这样就能做到心无旁骛,抛却"成败"之忧和"得失"之计,将个人全身心投入进去,和众生和宇宙运化进合为一,自得其乐,乐在其中,这才能真正进入到趣味的境界,这样,就"使人做事的自由大大的解放了"。这不仅是做好一切事情的前提和条件,同时,也使生活变成为艺术。这种趣味境界就是一种审美的境界,也是人生的最高境界。而趣味作为一种内心的情感体验和情感取向,总是在对外界事物的感知过程中培养和发展起来的,是主客交互作用的产物。而在梁启超看来,在外界事物中,最能诱发人趣味的则莫过于艺术。所以他把艺术看作进行情感和趣味教育的最佳利器,认为通过美的艺术教育不仅可以培养人的敏锐感觉,激活人的情感,而且还能将趣味引向高尚、深入。"一个人麻木,那人便成了没趣的人。一民族麻木,那民族就成了没趣的民族。"所以,美和艺术绝不是像有些人所说的是一种"奢侈品",而是像"布帛菽粟"一样,是"生活必需品之一"。它对于个人生命力的激发,对于造就个人和民族的健康向上的生活有着不可缺少的价值。这无疑是梁启超后期美学思想的一大亮点和一大贡献!

当然,"趣味人生"和"趣味美学"的思想非梁启超首创,而是吸纳融汇我国传统哲学"乐生"的思想、康德美学"游戏"的思想乃至柏格森生命"创化"的思想等中西哲学和美学理论资源中的合理成分,并从十九、二十世纪之交的民族现实出发而提出来的,他把他的趣味人生观融之于审美领域,而将审美论与人生论融汇一体所做出的阐释是极为独到而富有创见的。他提出的"生活的艺术化"的口号,对于朱光潜、宗白华等人的美学思想以及二十世纪三四十年代我国的美学研究都产生过十分深刻的影响。梁启超的趣味美学思想自然不免带有一种"审美救世主义"的倾向,因为当时中华民族所面临的问题是社会变革,制度的问题是不可能凭审美所能解决的。但是梁启超所认为的真正标志国家民族存亡的,不是"社稷、宗庙、正朔、服色"的存亡,而是"国民性"的存亡,所强调的国民精神与国家民族发展存亡的关系具有决定性意义的思想却是一个颠扑不破的真理。所以我非常赞同金雅同志在书中所指出的:梁启超提倡"趣味人生",希图通过"趣味教育"造就"趣味的人","它指向的就是二十世纪中国几代思想家所关注的中国国民性的问题。……'趣味'的终极目标也就是'移人'",为了"新民",为了国家和民族的富强。因而,在我看来,这种无所为而无所不为的"趣味"理论的价值,不仅没有随着社会的发展而丧失,而且在今天更显得突出。这些年来,我们的物质生活虽然有了极大的提高,但精神生活并没有比物质匮乏的年代来得充实而丰盈。人倒反而被物支配了。对一些人来说,他的活动除了受物欲所驱使以外,已找不到其他的精神源泉和动力了。吃、穿、玩、乐几乎成了人生存的全部内容,看不到物质生活之外还有一个物质生活之上的世界。这实在是一种生命的消退,也是"趣味"的沦丧。这样的生活,必然陷于干枯、乏味、平庸、空虚,这也是导致各种社会问题孳生的一个重要原因。所以我觉得今天我们提倡"趣味主义"就比任何时代都有更现实而迫切的意义。

在人生态度方面,我自己就是一个"趣味主义"者。我平时往往凭趣味行事,并且希望即使在没有理性告诫、"责任心"的驱使下,仅凭着趣味,也能尽心尽责把事情做好,并在工作中虽苦不觉其苦,不会有目前"打工族"中所较为普遍存在的那种倦怠的情绪。在美学和文艺理论研究方面，我深感当前"跟风赶潮"、"追新逐异"、盲目追随西方思潮的不良倾向对我国美学、文艺理论的发展与建设所造成的危害，认为要使我国的美学和文艺理论有所发展、有所创新、有所建树，应该立足于我国实际，根据现实需要，在有批判地吸取中西理论优秀成果的基础上，走中西融会的道路，务求对人的全面发展、社会的全面进步起到有益的作用。我觉得在融会中西文化的方面，梁启超不仅是一个先行者，而且是一个成绩卓著的实践者，他足可成为我们的榜样，他的成功的经验是非常值得我们总结和学习的。出于上述考虑，当金雅同志到我们这里读博士不久，在谈起今后的研究方向时，我就建议她不妨研究研究梁启超。她也非常乐意接受我的建议。在学习期间，她不仅细心研读了梁启超的全部著作，而且翻遍了一切所能收集到的研究梁启超的资料。在深入钻研、周密分析的基础上，根据自己的体会，对梁启超关于美与艺术的诸多分散的论述作出了精到的梳理和归纳，提出："梁启超美学思想构筑了一个以趣味为核心、情感为基石、力为中介、移人为目标的人生论美学思想体系，具有变而非变的纵向演化轨迹"；从中可以看出梁启超"从前期更多地关注审美（艺术）与社会（政治）的关系到后期更多地关注审美与人（人生）的关系，不管研究视野、研究重点、具体观点有哪些变化，其把审美视为启蒙的重要途径与人格塑造的重要工具的基本思想始终具有内在的一致性。终其一生，梁启超都不能算是一个唯美的美学家"。可以说，这是一个很有见地的结论。再如，她认为虽然梁启超前期着眼于启蒙主义的教化论，后期着眼于趣味主义的人生论，前期审美观尚有几分倾向于他律论，后期则完全转向自律论，但通过分析、揭示"移人"和"趣味"两者理论取向上的一致性，指出"'趣味'使'移人'的内涵具体化、人文化，使'移人'有了具体的落脚点"，目的都是为了"新民"，从而解决了理解梁启超美学思想内在统一性的一个关键性问题。类似有见地的分析和结论，书中还有不少，相信大家读后自会发现。此外，金雅同志还从当今现实语境出发，努力发掘出梁启超美学思想中许多对于我们今天仍富有理论价值和现实意义的思想精华，读来也颇能给人以感发和启悟。

金雅同志现在在中国社会科学院文学研究所博士后工作站工作，师从钱中文、杜书瀛、党圣元先生，继续从事与梁启超美学思想相关方面的研究，相信她在诸位名家的指导下，一定会有更大的进步和收获！预祝她有更出色的成果问世！

2005 年 2 月 16 日

附录五

初版序三

聂振斌

金雅博士的国家社科基金项目研究的终期成果《梁启超美学思想研究》,即将交付出版社出版。我与金雅本不相识,由于吾友杜书瀛教授的推荐,使我有幸结识了这位美学研究的同行。金雅博士是浙江大学王元骧教授的高足,现从事研究于中国社会科学院文学所钱中文先生门下。读了她的《梁启超美学思想研究》很高兴,也很受启发。这样的研究成果拿去出版发行,以便产生普遍而积极的社会影响,是很有意义的。作者有个性,善于独立思考,有创新精神。她的《梁启超美学思想研究》,是我所见到的最为系统而有理论深度的一部专著,在这一研究领域中,可谓独树一帜,自成一家言。"名师出高徒",此话不虚。

我国学术界,对于梁启超文学思想的研究较早,关注的人较多,发表的论文也不少,并且有专著出版。而对梁启超美学思想进行研究者相对较少,发表的论文也不多,专著尚未见到。金雅的《梁启超美学思想研究》如果很快出版,可能是第一部。当然,一部学术著作的存在价值,主要不是看它是不是"第一部",而是另有标准——创新。创新才是学术研究的根本目标,才是学术发展的生命。这部学术专著写的是历史题材,但不同于一般的历史描述和思想述评,而是着重探索梁启超美学思想的内在联系和逻辑结构,发掘其真精神真价值。

金雅从哲学的观察角度出发,知人论世,对于文本进行全面而系统的研读、梳理,从而对于梁启超其人、其思想以及其思想的各种表现形态有一个整体把握,避免断章取义、以偏概全(这种情况在梁启超文学、美学研究中是存在的);在此基础上,作者抓住梁启超美学思想中几个重要范畴和命题进行深入的分析、联系、比较,从而探索其本质关系,不停留于事物的表面,不作泛泛而论。由于作者观察问题的方法角度不同一般,所下的功夫到家,使得本专著有颇多的新发明。例如常为人们所忽略的梁启超后期美学思想,是本书研究的重点之一,作者搜索开掘、分析剖判,可谓细致深入,从而有力地揭示了梁启超美学思想的重要内涵与价值。再如对梁启超早期的文学思想,突破了以往那种社会政治的观察角度而进行美学批评与论述,并与后期美学思想逻辑地联系起来,整合为一有机整体,重新揭示和评估了梁启超美学思想的价值意义。不能不承认,这是梁启超美学思想研究中的一个开拓性的新贡献。

梁启超是中国近现代史上一位叱咤风云的政治家、革新家,也是大名鼎鼎的学者、教育家。从十九、二十世纪之交至二十世纪二十年代末,他的言行,他的思想,在政界、学界、文化教育界都发生了巨大的影响。梁启超兴趣广泛、才气横溢,思想睿智,勤奋好学,著述丰赡,在政治、历史、哲学、文学、教育等诸多领域给我们留下了宝贵的文化精神遗产。仅就美学以及与美学密切相关的文学艺术领域而言,梁启超也作出了卓越的历史贡献。"百日维新"失败后,梁启超总结政治改良运动的经验教训,认为要救国复兴必须从精神入手,进行思想启蒙。为此,首先要革新文艺,以新文艺改造国民性。梁启超是一位开风气之先的人物。他的这些思想,通过他的激扬流畅的文笔,影响了一代人。鲁迅、郭沫若等人弃医从文,正是接受了梁启超的思想影响。二十世纪二十年代之后,梁启超退出政治舞台而从事教育和学术研究,发表了一系列有深度、有激情、有广泛影响的美学论著和演讲，同样培育了一代人。梁启超的为学做人、道德文章是令人崇敬的，值得大大弘扬。然而，说来惭愧，我们对这样一位伟大人物的研究和估价是很不够的。在一个很长的历史时期，人们习惯于从狭隘的政治观点出发，对于他为祖国为民族的献身精神和历史功绩，有意无意地加以遮蔽和曲解，产生了广泛的消极影响。至今仍有一些人看不到梁启超的人格精神和道德文章的真实价值，看不到梁启超美学思想的真正意义。二十世纪八十年代，我在研究这一段美学史时，本打算对蔡元培、王国维、梁启超三位先生的美学思想各以专著的形式加以述论。但在写完蔡、王两人之后，由于种种原因，梁启超的一本至今未写成，此事一直耿耿于怀。现在读了金雅的《梁启超美学思想研究》，此种遗憾与愧疚，终于得到了一定的消解。因为一部我想看到的梁启超美学思想的专著，终于写成即将出版，从而弥补了这一研究领域的欠缺。也打消了我写梁启超美学思想的念头：借花献佛，以还吾愿，岂不乐哉！所以读了金雅的大作，我不仅高兴，还含有几分感激。

金雅的梁启超美学思想研究并没有到此止步。她还要对梁启超美学思想及其相关问题进一步作专题研究、比较研究，向深度开掘，向广度拓展，向更高的目标进取。艺无止境，贵在不断地追求，锲而不舍，并以高标准要求自己。"欲穷千里目，更上一层楼。"援引此句，与金雅共勉。

2004 年 11 月 21 日

附录六

初版后记

本书是我所承担的国家社科基金青年项目"梁启超美学思想研究"的终期成果。

梁启超是十九、二十世纪之交中国思想文化由古典向现代拓进转型时期的一代宗师。梁启超的思想文化创构面临着中西古今等一系列重大理论问题,面临着民族命运与民族人格的迫切现实问题,他交出了自己个性鲜明卓有成绩的答卷。今天,在新世纪民族学术文化创构的历史课题面前,包括梁启超美学思想等在内的中华民族文化的诸多优秀成果亟待整理、研究与发掘。

从二十世纪九十年代末给中文系本科学生开设小说理论选修课接触到梁启超的小说论文,到 2000 年选定以梁启超美学思想作为博士论文的选题,再到近年申请并完成一系列相关课题,梁启超渐渐进入我的视野,梁启超美学思想逐渐成为我研究的主要目标。

虽然中外都不乏梁启超思想研究的专家,但从美学思想的角度切入,较系统地整理资料,予以较全面的研究,似少有人做过。我要做的首要工作就是从梁启超逾一千万字的可查文献资料中,将其有关美的问题的相关篇章、言论遴选出来。这个工作看似简单,做起来却颇费精力。梁启超的美学思想很少在一文一书中集中表述,大量的是散见于各类著述、演讲稿、书信等各色文本中,并且很大程度上是与哲学、文化、教育、生活、艺术等问题交缠在一起。因此,这个资料整理的工作,不仅仅需要时间与耐心,更需要琢磨与揣思。

对我个人来说,这是一次既有难度亦具挑战的思想之旅。梁启超的文章文字明晰,具有明确的问题指向,但他并不注重静态理论建构,也不注重单篇论著中思想的系统性与理论的严密性。梁启超对美的问题有自己独到精辟的看法,但其思想本身充满了矛盾复杂的因素,且有一个发展演化的过程。因此,要对梁启超美学思想作出准确的把握,首先就要对其繁芜论述背后的内在思想特质与逻辑脉络进行解读。关于梁启超美学思想的内在逻辑与价值取向,过去基本上以否定为主,贬多于褒。而对于梁启超美学思想的具体理论命题与现代价值意义,一直以来发掘甚少。研究伊始,我给自己规定了三个基本任务,一是较全面的资料整理,二是更为完整科学的内涵观点阐释,三是重新发现梁启超。研究的过程是对我个人的学术基础、理论修养、思维能力、表达能力以及言说勇气的一次全面检阅。因为个人的水平,我只能勤以补拙,抓紧一点一滴的时间不断地阅读、不断地思考、不断地写作。在这个过程中,我不仅对学界已有的一些研究成果产生了疑惑,也屡屡推翻了自己已经形成的某些看法。用梁启超的话说,就是"以今日之我,难昔日之我"!

回首前路,这亦是一次充满愉悦的思想之旅。首先,梁启超是一个能充分予人思想震撼和阅读快感的思想者与言说者,是一个具有旺盛的 energy 的生命永动者。阅读梁启超,你不一定就赞成他的观点,但你不能不被他洋溢在文本中的鲜明的精神个性所感染。其思想的酣畅淋漓、观念的独步开新、语言的汪洋恣肆、生命的丰富率真,勾勒了一个践履趣味主义的审美人生的鲜明形象!对象的生动性使得本来枯燥的研究平添了色彩。当然,逾五年的研究,确切地说,是酸甜苦辣均有,单调迷惘常伴。但正是在这个过程中,那种不断的痛苦和不断的感悟,那种如抽丝剥茧般的自我否定的历程,使我日渐领悟了思之魅力。思之愉悦就在思之过程中。这段研究的历程将成为我生命中一段不可抹去的体验!

我要深深感谢我的硕博导师——浙江大学教授王元骧先生！王先生不仅在选题上给予了高屋建瓴的精辟引导，也在整个研究与写作过程中给予了切实且卓有成效的指导！同时，王先生是我真正迈入学术之门的第一个引路人，他的学格与人品将使我终身受益！

我要诚挚感谢我的博士后导师——中国社会科学院文学所钱中文先生、党圣元先生以及钱竞、杜书瀛诸先生！诸位先生不仅对我的研究选题和研究成果给予了高度的肯定，还以深厚的学识与开阔的视野就研究工作的进一步深化拓展提出了宝贵的建议，给我很大启迪！

本课题在获得国家社科基金立项以前，关于梁启超美学、文学思想的相关研究专题曾先后获得浙江省哲学社会科学规划、浙江省社联、浙江省教育厅、台湾中流基金、杭州师院等课题立项。书中的大部分章节以论文形式陆续在《文学评论》、《文艺报》、《学术月刊》、《文艺理论与批评》、《浙江学刊》等国内多家报刊刊发，共计13篇；其中多篇论文为《中国美学年鉴》、《人大复印报刊资料》等转载，共计10篇（次）。部分研究成果获得浙江省高校优秀科研成果奖和浙江省社科联青年社科研究优秀成果奖等奖项。这一切都给了研究巨大的支持与动力！

在研究开展的具体过程中，我的诸多好友密切地关注着研究的进展，诸多素不相识的朋友也因为研究而相识相知！他们或认真提出意见建议，或来信来电索稿磋商，或积极帮助联系出版，给予了我极大的精神鼓励！

我所工作的杭州师院、杭州师院人文学院为研究及成果出版提供了切实的支持！

我所尊敬的中国近代美学研究专家聂振斌先生欣然提笔为本书作序。他认真校读书稿，并提出了具体而恳挚的意见，使我深为感佩前辈学者严谨的学术态度与积极扶掖后学的热诚！

在本书即将交付出版社之际，钱中文师、王元骧师放下手头诸多事务,极为认真地为本书撰写了厚实的序言!两位老师的策勉之心殷殷,我唯有加倍努力以报!

因为本书责编丛晓眉女士的慧眼,拙著得以在我所心仪的商务印书馆以我所喜欢的面貌出版。谢谢丛女士以及她为本书所做的大量工作!

因为我的家人对我的研究与文字生涯的一如既往的理解与支持,这本小书如期在这个春阳微薰的季节完稿!

由于个人的学识所限和本书的篇幅所限,书中尚有不少疏陋之处。其中一些问题将在下一阶段的研究中进一步展开,而有一些问题则诚待方家指正!

金 雅

2005 年春于杭州西溪

跋

本书 2005 年 6 月在商务印书馆初版,当时我在中国社会科学院文学研究所师从钱中文先生做博士后研究。感谢王德胜教授给我推荐了商务印书馆的丛晓眉女士,这部书稿一开始是想给上海的一个出版社出版的,但我和丛女士一见即觉缘分。丛女士优雅、精致、干练,思路清晰,情怀内潜,身上满蕴着我喜欢的书卷气息和从容睿智。2012 年 11 月,本书的修订版辑入我主编的《中国现代美学名家研究丛书》,继续由丛女士负责,在商务印书馆出版。其间,丛女士运筹帷幄,克服了很多迄今想来仍觉困难的状况,使丛书得以高质量地在较短时间内面市。现在,本书将由南京大学出版社再版,之前我和施敏女士也是一见如故,先期有了《说艺论美》一书的合作。施女士踏实、认真、素雅,善于听取作者意见,做事质量效率兼具。诚挚感谢两家出版社及相关领导、责编的大力支持,感谢丛晓眉女士、施敏女士的出色工作!

梁启超是与王国维、蔡元培比肩的中国现代美学三大开拓者和奠基人之一。虽然对梁启超美学思想的认识、发掘、评判,至今仍有种种不同的见解,但要讲中国美学史,是不可能绕开梁启超的,也不可能回避梁启超对中国美学由古典走向现代的历史进程的重大影响。我一直以为,人类历史上那些伟人,他们的贡献,最重要的是为我们开启了一种新的可能,他们的伟大,在于那种承前启后的无畏开拓，而启迪于我们除旧迎新的更多可能，在于启示和引领后人有可能从新的方向上继续探索前行。他们不是终结，也不是完美。我想，梁启超的美学思想，亦当如此。

从2005年本书初次面世，迄今已十六载有余。2006年12月，小书登上《新京报》图书排行榜，位列学术类第五。当时，我在文学所做博士后研究，记得是我的导师钱中文先生告诉我的，我的心里小小地激动了一把。这样比较专业性的学术书，之所以还能受到读者的欢迎，我想首先在于梁启超美学思想自身的魅力，在于它确实内蕴着启益于今之处。我在书中，主要是做了这样一些努力，即尝试对梁启超美学思想资源予以系统整理、完整观照、特色掘发、价值重估。

很高兴，本书将再次面世。感谢读者朋友们的厚爱。诚挚期待对中华美学优秀资源的发掘研究，不断取得新的进展；期待中华美学的精神瑰宝，更好地融入大众生活，更好地与不同的文明对话互鉴。

金雅 2022 年初春
杭州运河畔松风居